Principles of Molecular Virology

분자 바이러스학

제4판

ISBN : 9780120887873
Translated Edition ISBN : 9788958811121
Publication Date in Korea : 30. Mar. 2008

Translated by Academy Publishing Co.
Printed in Korea

분자 바이러스학 제4판

인쇄 • 2008년 3월 20일
발행 • 2008년 3월 30일
역자 • 정용석 정상인 최태진 유병제
발행인 • 박선진
발행처 • 도서출판 월드사이언스
주소 • 서울특별시 동작구 사당5동 240-15
등록일자 • 1987년 12월 14일
등록번호 • 3-136
TEL • (02)581-5811~3
FAX • (02)521-6418
E-mail • worldscience@hanmail.net
URL • http://www.worldscience.co.kr

정가 • 18,000원
ISBN • 978-89-5881-112-1

이 도서의 국립중앙도서관 출판시도서목록(CIP)은 e-CIP 홈페이지(http://www.nl.go.kr/cip.php)에서 이용하실 수 있습니다.(CIP제어번호: CIP2008000907)

Principles of Molecular Virology

분자 바이러스학 제4판

Alan J. Cann
University of Leicester, UK

역자_정용석 정상인 최태진 유병제

월드사이언스
worldscience.co.kr

역자소개

정용석

(현) 경희대학교 생물학과 교수

정상인

(현) 중앙대학교 의과대학 교수

최태진

(현) 부경대학교 미생물학과 교수

유병제

(현) 대구대학교 생물학과 교수

차 례

제4판 저자 서문 ix
제3판 저자 서문 x
제2판 저자 서문 xi
초판 저자 서문 xii
제3판 역자 서문 xiv
제4판 역자 서문 xvi

제1장 **서 론** **1**
살아있는 생물체와 구별되는 바이러스의 특징 2
바이러스학의 역사 3
살아 있는 숙주를 이용한 연구 시스템 5
세포 배양법 7
혈청학적/면역학적 방법 9
초미세구조 연구 12
분자생물학 18
참고문헌 24

제2장 **바이러스 입자** **25**
바이러스 입자의 구성과 기능 25
캡시드 대칭과 바이러스의 건축술 28
외막형 바이러스 39
복합형 바이러스의 구조 42
단백질 – 핵산 상호작용과 유전체의 포장 48
바이러스 수용체: 인식과 결합 53

바이러스 캡시드와 숙주세포의 기타 상호작용 53
단원 요약 54
참고문헌 54

제3장 **바이러스 유전체** **56**
바이러스 유전체의 구조와 복잡성 56
분자유전학 59
바이러스 유전학 62
바이러스 돌연변이체 64
억제 67
바이러스 간의 유전적 상호작용 68
바이러스간의 비유전적 상호작용 71
'대형' DNA 유전체 73
'소형' DNA 유전체 75
양성(+)가닥 RNA 바이러스 78
음성(−)가닥 RNA 바이러스 82
분절형 및 다중분할 바이러스 유전체 84
역전사와 위치 이동 87
진화와 역학 98
단원 요약 101
참고문헌 101

제4장 **복 제** **102**
바이러스 복제의 개요 102
바이러스 복제에 관한 연구 104
복제 과정 108
단원 요약 129
참고문헌 129

제5장 **유전자의 발현** **131**
유전 정보의 발현 131
원핵세포 유전자 발현의 조절 132
박테리오파지 람다(λ)의 유전자 발현 조절 133
진핵 세포 유전자 발현의 조절 138

유전체의 암호화 전략 140
발현의 전사 조절 150
발현의 전사후 조절 155
단원 요약 163
참고문헌 164

제6장 **감 염** **165**
식물의 바이러스 감염 166
바이러스 감염에 대한 동물의 면역반응 169
바이러스와 세포사멸 174
인터페론 177
바이러스에 의한 면역 작용의 회피 181
바이러스-숙주 상호작용 183
바이러스 감염의 경로 192
바이러스 벡터와 유전자 치료 199
바이러스 감염의 화학 요법 200
단원 요약 206
참고문헌 206

제7장 **바이러스 병인론** **208**
세포 손상 기전 210
바이러스와 면역결핍 212
바이러스 관련 질환 221
박테리오파지와 사람의 병 224
바이러스에 의한 세포 형질전환 225
바이러스와 암 236
신종 및 변종 바이러스 240
인수공통전염병 246
생물테러 247
단원 요약 248
참고문헌 248

제8장 **준바이러스성 병원체** **249**
위성바이러스와 비로이드 249

프리온 253
단원 요약 267
참고문헌 267

부록1 용어와 약어 269
부록2 준 세포성 감염인자의 분류체계 279
부록3 바이러스학의 역사 292
찾아보기 297

제4판 저자 서문

분자바이러스학 4판에서는 기존 내용의 완전한 업데이트는 물론, 사스(SARS)나 생물테러 등과 같은 다수의 새로운 내용과 그림을 추가하였다. 그러나 대부분의 변화는 사실이 교재에 포함된 CD에서 찾아 볼 수 있다. CD의 완전한 재구성과 함께, 내용도 완전히 개정하여 캡시드의 대칭성, 바이러스의 증식, 그리고 면역학적 인식이나 바이러스에 감염된 세포의 사멸과 같은 주요 주제들을 다루는 일련의 동영상 자료까지 최초로 포함시켰다. 또한 CD에는 각 장마다 대화방식의 새로운 자가진단 문제들을 담아 자신의 바이러스학 지식에 대한 자체적인 판단이 가능하도록 하였다.

이 지면을 빌어 이 책을 준비하는 동안 도움을 아끼지 않은 Elsevier의 담당직원들에게 고마움을 전하고자 한다.

Alan J. Cann
University of Leicester, UK
alan.cann@leicester.ac.uk
April 2005

제3판 저자 서문

분자바이러스학(*Principles of Molecular Virology*) 제3판은 앞서 나온 제1판과 제2판의 성취도 향상을 추구하였다. 이전 판을 완전히 개정했을 뿐만 아니라 수많은 내용을 추가하여 텍스트의 보강을 꾀하였다. 제6장 '바이러스와 세포사멸(apoptosis)'과 제7장 '박테리오파지와 인간의 질병'이 새로운 단원으로서 추가되었으며 각 단원의 학습목표 그리고 바이러스학 역사의 주요 사건을 서술한 부록 등이 이전 판에 더해졌다(부록 3). 그러나 대부분의 독자들이 가장 먼저 느낄 만한 변화라면 주안점(key-point)에 대한 이해를 향상시키기 위해 색감 있는 그림을 도입한 부분일 것이다.

디지털 시대의 보조교재로서 이 책에 포함된 CD는 흥미롭고 새로운 도약이라 하겠다. 각 단원을 보조해주는 CD의 대화식 학습자료 외에도 학습자가 교재 내용의 범위를 넘어 온라인을 통해 보다 상세한 정보를 얻을 수 있도록 'Virology Online' 섹션을 첨부하였다.

이 개정판을 준비하는 데 도움을 아끼지 않은 나의 동료 학자들에게 깊은 고마움을 전하고 싶다. 특히 나와 연락하며 이전에 발간된 판본들에 관해 조언과 제안을 전해준 많은 사람들의 공로는 그 가치를 논할 수 없을 정도이다. 이 개정판의 독자들도 이 같은 조언과 제안을 지속해줄 것을 바란다. 이 책을 준비하는 동안 지원과 협조로 격려해 준 Academic Press의 편집진에도 또한 감사의 말씀을 드리고자 한다. 마지막으로 내 서재 입구에 오랜 동안 걸려 있던 '연구 중, 출입금지' 표지판을 참고 이해 해준 내 가족들에게 고마움을 전한다. 얘들아, 이제 괜찮다. 표지판 치웠단다.

Alan J. Cann
Department of Microbiology & Immunology
University of Leicester
June 2000

제2판 저자 서문

1993년, 분자바이러스학(*Principles of Molecular Virology*)의 초판이 발간된 이후로 많은 변화가 있었지만 이 책의 필요성은 그 어느 때보다 높아졌다. 제2판은 새롭게 알려진 정보들을 포함하여 완전히 개정되었으며 새로운 그림과 표들도 다수 추가되었다. 이 때문에 전체적인 분량이 다소 늘어나긴 했지만 현대 바이러스학의 관심사를 학생들에게 보다 간결하고 이해하기 쉽게 제시하고자 했던 원래의 목표를 흐릴 만큼 방만해진 것은 아니기를 바라고 있다.

이번 개정판이 만들어지는데 감사해야 할 많은 이들이 있지만 몇 사람은 특별한 고마움을 전하고 싶다. 우선, 이 책의 초판에 대해 피드백을 제공한 모든 이들에게 진심으로 감사를 표하며 그 분들의 조언과 요청을 최대한 반영하기 위해 노력했음을 밝힌다. 이로 인해, 빠르게 성장하고 있는 식물바이러스학 분야가 특별히 확장되어 소개될 수 있었다. 또한, Leicester를 포함한 여러 대학에서 강의하고 있는 동료 교수들의 제안에도 감사한다. 마지막으로, 길고 고통스러운 편집과정을 담당했던 Academic Press 사의 Tessa Picknett에게 가장 큰 감사를 전하고 싶다.

Alan J. Cann
Department of Microbiology & Immunology
University of Leicester
July 1996

초판 저자 서문

이 책은 내가 강의하는 학부 바이러스학의 강의교재로 사용하기 위해 쓰여 졌다. 현재 바이러스학 분야의 서적들이 특별히 부족한 것은 아니지만 그다지 길지 않은 내 교수경력에 비추어 봐도 이 분야가 놀라운 속도로 확장되어 왔고 이 때문에 대부분의 전문가들은 이처럼 빠르게 변화하는 학문의 새로운 세대를 시작해야 한다는 책임감은 말할 것도 없이 당장의 경향을 따라잡는 데만 해도 부담을 느끼는 것이 사실이다. 보다 자세하게, 그리고 다소간 전통적인 방법으로 바이러스 주제를 다룬 훌륭한 최신 교재들이 많이 출판되어 있다; 그 중, *Fields' Virology* (Raven Press, 1990) 제2판, Matthew's *Plant Virology* (Academic Press, 1991) 제3판, 그리고 보다 보편적인 느낌의 *Molecular Biology of the Cell* (Garland Press, 1989) 등을 우선 손꼽을 수 있겠다. 하지만 이 책들이 강의교재로 사용되기에는 아쉽게도 두 가지 큰 약점이 있다. 첫째, 바이러스학 주제를 처음 접하거나 또 세세한 정보들의 바다에서 필요한 것들을 분류해낼 수 없는 학생들의 입장에서 볼 때 이 책들에 담긴 내용은 너무나 방대하다. 둘째, 요즘 학생들이 이처럼 두터운 전문 학술서를 구입하기에는 그 비용이 만만찮다. 또한 예산상의 지속적인 압박을 받고 있는 대학 도서관에도 한 두권 이상을 비치하도록 설득하는 것이 쉽지 않으며 늘어나는 학생 수를 고려할 때 사실 적절한 방법도 되지 못한다. 그렇다면 이 교재들은 적합한 독자들을 위해 참고 도서로 비치하고 학생들에게는 보다 부드러운 방법으로 바이러스학을 소개하는 것이 나을 것으로 생각된다.

내가 몸담고 있는 학교를 포함, 여러 대학의 동료교수들과 상의해 본 바로는 현대 바이러스학이 갖는 주안점과 관심 사항들을 다루는 교재 한 권쯤은 필요하다는 의견이 주류를 이루었으며 이와 같은 대화를 통해 무엇이 필요한 지도 분명해졌다. 나와 같은 세대의 학자들은 '분자 바이러스학'이라는 제목에 익숙한 편이지만 이 책의 내용을 그처럼 포괄적으로 정의할 수 있을 지에는 대부분 곤란해 할 것이다. 내가 이 책에서 바이러스학에 접근한 방법을 가장 효과적으로 표현한다면 아마도 'virology at a molecular level' 혹은 좀 더 나은 표현으로 'molecules and viruses' 정도이리라. 집필 의도와는 달리 2000

쪽에 걸친 엄청난 양의 참고자료에다 모든 것을 포괄하는 '분자 바이러스학'의 정의까지 함께하고 보면 결국 문제는 분명하게 부딪히는 이 두 논점을 어떻게 풀어낼 것인가 하는 것이다. 내가 선택한 해법은 바이러스라는 주제를 원론적으로 그려내는 동시에 토의하고자 하는 사항을 잘 나타내는 특정 예를 선정하여 참조할 수 있도록 하는 것으로 하였다. 따라서 특정 사항에 대해 보다 많은 정보를 얻기 위해 조금 더 상세한 '참조 교재'나 매년 출판되는 방대한 연구논문들을 찾아보는 것은 독자들의 몫이 될 것이다.

나는 바이러스학의 역사가 우리가 어떠한 과정을 통해 지금에 이르렀는지를 이해하는데 흥미진진하고 소중한 안목을 제공할 것으로 믿기 때문에 제1장에서 이 주제를 논의하는데 훨씬 많은 지면을 할애하고 싶었다. 그러나 현실적으로는 간단한 개괄을 제공하고 독자들은 이 주제에 관련하여 출판된 다른 많은 교재들을 제시하는 데 그치고 말았다. 아마도 이 분야는 단기간 안에 낡은 업적으로 취급 받지 않는 바이러스학 분야일 것이다. 사실 나의 의도는 독자들이 이와 같은 과제를 성공적으로 성취하는데 필요한 기반을 갖추도록 하는 것에 두고 있다. 따라서 누군가가 자신이 특별히 관심을 갖고 있는 영역에 대해 충분히 논의하지 않았거나 언급되지 못한 것에 대해 불만을 갖게 된다면 내 의도를 간파하지 못한 데 기인하리라고 생각한다.

가급적 사용하지 않으려 노력했지만 본문에서 사용된 실험실용 은어나 불가피한 기술용어들의 해설은 이 책의 부록인 용어사전에 실어 놓았다. 본문에 **볼드체**로 진하게 인쇄된 용어들의 정의는 이 용어사전에서 찾아보도록 하자.

누구나 마찬가지겠지만, 이 책이 만들어지는데 도움을 준 모든 이에게 개별적으로 감사를 전하기에는 사실 그 수가 너무 많다. 아쉽지만, Leicester 및 여타의 대학에서 좋은 토론을 제공해준 내 동료교수들, 여러 해의 교수직을 수행하는 동안 도움과 격려를 아끼지 않은 모든 사람들, 그리고 이 책의 수요자이며 현장에서 그 유용성을 시험해준 학부생들에게 고마움을 표하는 것으로 만족해야 할 것 같다.

Alan J. Cann
Microbiology Department
University of Leicester
October 1992

제3판 역자 서문

오늘날 인류가 겪는 감염성 질병의 절반 이상은 바이러스에 의한 것으로 보고 있다. 지나간 인류 역사에서 겪은 바이러스 감염의 대재앙은 차치하더라도 여러분이 이 책장을 펼치는 이 순간에도 수천, 수만의 인명이 독감, AIDS, 뇌염, 장염, 그리고 각종 출혈열 등의 바이러스성 질병으로 인해 직·간접적인 죽음에 이르고 있다. 가축을 포함한 동물은 물론이고 식물바이러스에 의한 농작물의 감염까지 해마다 막대한 경제적 피해를 낳고 있는 현실이다. 어쩌면 지구상에 생명체가 등장한 이후로 바이러스는 생명체 진화 역사의 방향을 가늠해왔을 것이다. 세포성 생명체는 바이러스와 끊임없이 생존을 위해 경쟁해왔고, 지금도 경쟁하고 있으며, 앞으로도 험난한 싸움을 계속해 가야만 할 것이다. 바이러스와의 전쟁을 피할 수는 없겠지만 이 싸움의 주도권을 빼앗기지 않는 유일한 방법이라면 그들의 실체를 정확하게, 그리고 가능한 깊고 넓게 파악하여 대비하는 것이리라.

짧은 바이러스학의 연구 역사 동안에도 적지 않은 업적들이 세워졌다. Jenner에 의한 천연두 예방백신의 발견이나 Pasture의 광견병 백신, Salk와 Sabin의 소아마비 백신 개발을 필두로 바이러스에 대응하는 훌륭한 전략무기들이 속속 개발되어왔다. 바이러스학의 눈부신 발전은 면역학을 비롯한 다양한 생명과학 분야의 기여에 기초한 것이며 그 중에서도 분자생물학과의 관계는 특히 주목할 만하다. 기실, 현대 분자생물학의 기초는 바이러스 연구가 주도해왔다고 해도 지나치지 않을 것이다. bacteriophage를 이용하여 유전물질의 정체성과 유전자 발현의 조절 메커니즘을 규명했고, retrovirus를 통해 분자생물학의 '중심원리'와 종양의 형성 메커니즘을 재정립하였으며, 진핵생물 유전체 구성의 핵심적 이해를 불러온 이어맞추기(스플라이싱)의 발견은 adenovirus 연구의 결과였다. 앞으로도 바이러스학과 분자생물학의 공생은 생명현상의 근원을 이해하고 또 바이러스와의 전쟁에서 성공을 이끄는 원동력으로 기여하리라는 것은 의심의 여지가 없다.

예전과 달리 이제는 국내의 각 자연계 대학에서도 활발한 바이러스학의 강의가 이뤄지고 있으며 다수의 바이러스학 영문판 교재가 수입되어 활용되고 있다. 그러나 우리말 교재는 극히 적은 실정이어서 학부생들이 친숙하게 접할 만한 대학교재의 아쉬움이 끊이지 않던 터에 Alan J. Cann 교수의 명저 'Principles of Molecular Virology (3rd ed.)'의 번역본 출간은 미래의 독자들에게 보다 넓은 선택을 제공하는 첫걸음이 되기를 바라고 있다. 이 책은 바이러스학의 핵심원리를 훌륭하게 정리해놓았을 뿐만 아니라 다른 바이러스학 교재에서 좀처럼 다루지 못하고 있는 감염과 면역, 그리고 질병에 관한 분자생물학적 메커니즘까지 간결하되 빈틈없이 제시하고 있다는 점에서 특별하다. 국내의 모든 학자들이 공통적으로 느끼는 어려움이라면 원문 용어의 적절한 우리말 화일 것이다. 이를 위해 한국과학기술단체총연합회의 '과학기술용어집', 한국생물과학협회의 '생물학용어집', 그리고 대한의학협회의 '의학용어집'을 참조하였으며 바이러스학 분야의 특수성을 고려하되 생명과학 전반에서 널리 인정되는 용어의 선택이 되도록 유의하였다. 그럼에도 인명과 바이러스의 이름은 다양한 학술서와 연구논문에서 등장하는 원어를 접할 때 발생하는 혼란을 최소화하기 위해 우리말 전환이 가능한 경우에도 예외 없이 영문 표기를 그대로 적용하였다. 최선을 다한 번역이지만 적지 않은 오류가 지적될 것을 기대하며 독자 제위의 마땅한 고언은 다시금 후학들을 위한 밑거름이 될 것을 믿는다.

끝으로 훌륭한 교재의 번역기회를 제공해주신 월드사이언스사의 박선진 사장님과 실무를 추진해주신 임후택 부장님, 그리고 편집을 위해 가장 어려운 시간을 감내해주신 장부례님과 편집부 여러분께 깊은 감사를 드리고자 한다.

2005년 3월

고황산 기슭에서
대표역자 정용석

제4판 역자 서문

Principles of Virology 제3판의 번역본이 출간되고 벌써 3년이 흘렀다. 일부 매끄럽지 못한 번역과 전문 용어의 부자연스러움 등으로 인해 원저의 우수성을 미처 다 반영하지 못한 아쉬움도 컸지만 우리말이 가져다주는 편안함으로 학부과정 학생들에게는 꽤 생소했던 바이러스학 분야의 기반학습에 적잖은 도움이 있었다는 주변의 격려에 이 기회를 빌어 깊은 고마움을 표하고자 한다. 이번 4판에서는 SARS, 바이오테러리즘 등의 새로운 주제들이 추가되었고, 기존의 정보들도 최신 학술자료를 반영하여 상당부분 개정되었다. 특히 온라인을 통한 보충교재의 활용은 바이러스의 입자 구조나 감염에 대한 면역반응 등을 이해하는데 큰 도움이 될 것이며 상호 의견교환이 가능한 자가진단 문제들도 학습성취도 향상에 훌륭한 도구가 될 것으로 믿는다. 번역 내용의 일관성과 전문성을 위해 제3판의 역자진을 변경 없이 유지하였다. 새롭게 추가된 주제나 정보는 물론이지만 이번 번역에서 특히 관심을 기울인 부분은 가독성의 향상이라 할 수 있다. 부자연스러웠던 일부 전문 용어의 우리말 전환에 역자 간 의견을 교환하여 재정리하는 한편, 번역문의 특성 상 자칫 저지르기 쉬운 '영문틀 안의 우리말' 현상을 최소화하고자 많은 노력을 함께 기울였다. 그럼에도 불구하고 아직 미흡한 부분에 대한 지적이 적지 않을 것으로 기대하며, 이를 보다 나은 교재 개발의 편달로 삼고자 한다.

우리나라 전문 과학교재의 활성화를 위해 많은 어려움을 감내 해 주시는 월드사이언스사의 박선진 사장님과 역자들에 대한 변함없는 믿음을 내어주시는 임후택 부장님, 그리고 다시금 편집을 맡아 애써주신 장부례님과 편집부 여러분께 한 아름의 고마움을 전한다.

2008년 3월

고황산 기슭에서
대표역자 정 용 석

분자바이러스학 CD

본문 중 아이콘이 표시된 모든 곳에서는 이 책에 포함된 콤팩트디스크(CD)에서 부수적인 학습 자료를 찾아볼 수 있다. CD 사용 전, 사용자의 컴퓨터에 Macromedia FLASH Player가 설치되었는지 먼저 확인하도록 하자. FLASH는 작고 빠른 멀티미디어 버튼은 물론, 동영상, flying logo 및 그래픽까지 보여줄 수 있으며 용량이 작아 짧은 시간 내에 다운로드할 수 있어 웹상에서 멀티미디어를 체험할 수 있는 매우 좋은 출발이 될 것이다. 이 프로그램을 무료로 다운로드 받으려면 *http://www.macromedia.com/downloads/*로 들어가서 'Macromedia Flash Player'를 선택하면 된다.

PC에서 CD를 사용하려면 먼저 CD를 컴퓨터의 CD-ROM 드라이브에 넣고 내컴퓨터(My Computer) 아이콘을 더블클릭한 다음, CD-ROM 아이콘과 START.htm 파일을 차례대로 더블클릭하면 된다. Macintosh에서 CD를 사용하려면 역시 CD-ROM 드라이브에 CD를 넣고, 이어서 CD-ROM 아이콘과 START.htm 파일을 차례대로 더블클릭하면 된다.

CD에는 이 책의 각 장을 보완해주는 대화식의 학습 자료가 들어 있다. 그렇지만 이 디스크를 최대한으로 활용하려면 아무래도 인터넷에 연결하는 것이 필요하다. 'Virology Online' 섹션에 있는 자료들은 이 책에 실린 내용을 넘어서 학습자가 탐구하고자 하는 모든 주제에 관하여 정보를 찾을 수 있도록 도울 것이다. 본문에서 나타나는 단어나 이름에 대해 잘 이해되지 않는다면? 'Virology Online'에 나타나는 검색 창에 용어를 써 넣음으로써 얼마나 많은 정보를 얻을 수 있는가에 놀라게 될 것이다.

그러나 독자들은, 셀 수 없이 다양한 인터넷 사이트에서 찾아낸 정보의 질과 정확성에 주의를 기울여야 한다. CD에서 제안하는 모든 자료들은 질적으로 최고 수준이지만 이 자료들이 저자 자신이나 혹은 아카데미 출판사조차도 한없이 무료로 이용될 수 있으리라는 보장은 할 수 없다. 검색엔진을 통해 얻어내는 정보는 또 다른 사안이다 이 같은 방법으로 찾아내는 자료들에 대한 질적 판단은 사용자에게 달려 있다.

- 정보의 저자는 누구인가? 인정할 만한 대학교의 학식 높은 학자인가 아니면 그저 한 10대 청소년이 자기 침실에서 쓴 글인가?
- 정보가 작성된 시기는 언제인가? 올해인가 아니면 6년 전인가 그나마 작성 시기는 밝히고 있는가?
- 대중이 관련 정보에 접근할 수 있도록 한 동기는 무엇인가? 이윤을 추구하는가 혹은 비영리인가?

이와 같이 정보의 질을 함께 고려한다면 독자들은 이 책의 용량을 무한대로 확장할 수 있을 것이다.

본문에 나오는 CD의 내용은 월드사이언스 홈페이지(http:www.worldscience.co.kr)의 공지사항에서 다운받으시기 바랍니다.

1

C H A P T E R

서 론

학습목표

- 바이러스란 무엇인지를 이해하고 바이러스와 다른 생물체들과의 차이점 설명
- 바이러스학의 역사를 요약하고 바이러스에 대한 오늘날의 지식수준이 어떻게 이루어졌는지 설명
- 바이러스 연구에 자주 사용되는 각종 연구기법에 관한 이해

바이러스는 박테리아, 식물과 동물계 등 모두를 합하여 비교해도 보다 많은 생물학적 다양성을 가지고 있다. 이 다양성은 지금껏 알려진 살아 있는 모든 생물체에 기생하는 바이러스의 성공적인 결과물이며, 따라서 이 다양성은 바이러스와 숙주와의 상호관계를 이해하는 열쇠이다. 이 책은 비교적 넓은 의미에서의 분자바이러스학을 다루고 있다 — 즉, '분자수준에서의 바이러스', 또는 '분자들과 바이러스'라고도 말할 수 있겠다. 단백질-단백질, 단백질-핵산, 그리고 단백질-지질의 상호관계가 바이러스 입자의 구조, 바이러스 유전체(genome) 또는 유전체의 합성과 발현, 숙주세포에 미치는 바이러스의 영향 등을 결정한다. 이러한 것이 분자수준에서의 바이러스학이다.

그러나, 이 주제에 대한 이야기를 더 풀어나가기 전에 바이러스의 본질을 이해하는 것이 우선 필요하다. 또한 바이러스학의 역사, 좀 더 정확히 말해서 바이러스학이 어떻게 독자적인 학문으로 정립되었는지를 알아 두는 것은 바이러스 현재의 관심사와 미래의 연구방향을 이해하는데 도움이 될 것이다. 바로 이들이 제1장의 학습목표이다. 이 장에서 언급되고 있는 특정 기법들의 원리에 대해 일부 독자들은 익숙하지 않을 것이다. 그래도 이 장의 끝부분에

소개한 '참고문헌'을 이용한다면 이 방법들을 잘 알게 되는데 도움이 되리라 믿는다. 이 책의 본문에 나오는 용어 중 **초록색 볼드체**로 표시한 것들은 '용어해설'에 정의 해 놓았다(부록 1) (본문에 나타나는 이 CD 아이콘은 책에 첨부된 CD에서 대화식의 관련 학습 자료를 찾아 볼 수 있음을 의미한다)

살아있는 생물체와 구별되는 바이러스의 특징

바이러스는 초현미경적이며(submicroscopic), 절대적 기생물이다. 간단하지만 유용한 이 정의는 다른 생물 그룹들로부터 바이러스를 구분하여 설명하는데 오랫동안 사용된 바 있다. 그러나 이 간단한 정의는 본질적으로 부적합하다. 물론, 이 정의는 크기가 큰 고등생물에 비교하여 바이러스를 정의하는 데에는 문제가 없다. 심지어, **원핵생물** 및 현미경관찰이 필요한 **진핵생물**(조류, 원생동물, 곰팡이 등)까지 포함하는 미생물학의 광범위한 정의에서도 무리가 없다. 하지만 일부 원핵생물은 세포 내에 기생하는 생활상을 갖기 때문에 이런 식의 정의는 혼란을 일으킨다. 이런 경우에 해당되는 *Rickettsiae*와 *Chlamydiae*는 절대적인 세포내 기생성 세균들로서 숙주세포 밖에서는 단지 짧은 시간 동안만 생존능력을 잃지 않고 존재할 수 있도록 세포와 긴밀하게 연관되어 진화되었다. 따라서 바이러스를 보다 적절하게 정의하기 위해서는 추가적인 설명들이 필요하다.

- 바이러스 입자들은 미리 만들어진 각 구성요소들의 조립으로 생산된다. 반면에 다른 병원체들은 세포를 구성하는 성분들의 총합이 증가함으로써 성장하며 분열에 의해 생식이 이루어진다.
- 바이러스 입자(**비리온**) 자체는 성장하거나 분열하지 않는다.
- 바이러스에는 대사 에너지를 생성하거나 단백질을 합성에 필요한 기관(리보솜)을 암호화하는 유전 정보가 없다.

알려진 바이러스들 중 모든 종류의 생물학적 공정(예: 고분자 합성)을 진행하는데 필요한 에너지를 생성하는 생화학적 혹은 유전적 잠재력을 갖는 것은 없다. 따라서 바이러스들은 이러한 기능을 위해 절대적으로 숙주세포에게 의존한다. 이 때문에 사람들은 종종 바이러스가 살아있는 것인지의 여부를 묻는다. 하나의 관점은, 숙주세포 안에서 바이러스는 살아있는 반면에 숙주세포 밖에서는 대사적으로 불활성인 화합물의 복잡한 조합체에 불과하다고 보는 것이다. 이것은 세포 바깥에 있는 바이러스 입자 안에서 화학적 변화가 나타나지 않는다는 뜻이 아니라(다른 곳에서 다시 설명하겠지만) 살아있는 생물이 나타내는 '성장'의 의미가 보이지 않는다는 것이다.

바이러스는 모두 세균보다 작을 것이라고 추정하는 것은 일반적인 오류이다. 물론 대부분의 경우는 그렇지만, 크기 그 자체는 바이러스를 세균을 구별할 수 있는 척도가 되지 못한다. 현재까지 가장 크다고 알려진 바이러스(Mimivirus, 'mimicking microbe'에서 유래)의 입자는 직경이 400 nm에 달하는 반면에 가장 작은 세균들(예: *Mycoplasma*, *Ralstonia pickettii*)은 길이가 200~300 nm 정도이다. 너무 작아 관찰하기 어렵고 또 대부분 그 때문에 연구하기도 어려운 경우에 있어서 일부의 예외나 불확실성은 항상 존재하기는 하지만, 대부분 위에 설명한 지침들은 바이러스의 정의를 확립하는데 충분하리라고 본다.

새롭게 발견되는 다수의 병원성 실체들은 위의 정의를 혼동시키는, 그러면서도 다른 생물에 비해서는 훨씬 더 바이러스와 유사한 특성을 가지고 있다. 이러한 실체들로서, **바이로이드**(viroid), **바이러소이드**(virusoid), **프리온**(prion) 등이 있다. 바이로이드는 매우 작은 (200~400 뉴클레오티드) 고리형 RNA 분자로서 막대 모양의 이차구조를 형성한다. 이들은 **캡시드**(capsid)나 **외막**(envelope)이 없으며, 특정 식물 질병과 관련되어 있다. 이들의 복제 전략은 바이러스와 같으며 절대적인 세포 내 기생체이다. 바이러소이드는 바이로이드 — 유사 분자이며 바이로이드보다는 약간 크지만(예: 약 1000 뉴클레오티드) 일종의 위성바이러스(setellite)로서 바이러소이드가 증식하기 위해서는 바이러스의 복제가 일어나고 있어야 한다(이 때문에 '**위성바이러스**'라고 불린다): 이들은 마치 손님처럼 바이러스의 캡시드에 함께 실려 조립된다. **프리온**은 감염성 인자로서 핵산은 없고, 단일 종류의 단백질로 구성된다고 알려져 있다. 프리온 단백질과 이를 암호화하는 유전자가 '감염되지 않은' 정상세포에서도 발견된다는 사실로 인해 혼란은 발생된다. 이러한 병원체들은 인간의 크로이츠펠트-야콥(Creutzfeldt-Jakob)병, 양의 면양떨림병(scrapie), 그리고 소의 해면뇌병증(bovine spongiform encephalopathy, BSE)과 같은 '지발성 바이러스 질환(slow virus disease)'들과 연관되어 있다. 이처럼 감염능력이 있는 준바이러스성(subviral) 병원체들에 대해서는 제8장에서 자세히 다룰 것이다. 더욱이, 유전체 분석연구를 통해 **진핵세포 유전체**의 10% 이상이 retrovirus의 염기서열과 유사한 이동성 인자인 **레트로트랜스포존**(retrotransposon)일 것으로 밝혀졌으며, 이들은 복잡한 유전체 구조를 형성하는데 매우 중요한 역할을 담당할 것으로 생각된다(제3장). 게다가, 특정 **박테리오파지**(bacteriophage)의 유전체들은 구조나 복제 방법에 있어서 박테리아의 **플라스미드**(plasmid)와 상당히 닮아 있다. 이와 같은 연구를 통해, 바이러스와 다른 생물체 간의 상호관계는 이전에 생각했던 것보다 더 복잡하리라는 것이 밝혀지고 있다.

바이러스학의 역사 

우리가 개인적으로 경험해보기 이전에 일어난 사건들을 원시적인 것으로 치부하는 것은 쉬운 일이다. 바이러스학에 대한 글들의 대부분은 생물학에 있어서 하나의 '새로운' 학문분야로서 여겨졌으며 다른 살아있는 생물체들과 구별된 바이러스의 형식적인 인정이 이루어진 시점을 고려해 볼때 사실 그렇기도 하다. 그러나 지금 우리는, 고대 사람들이 바이러스 감염에 의한 영향을 인식했을 뿐만 아니라 경우에 따라서는 바이러스 질병의 원인과 예방에 대한 적극적인 연구를 수행했음을 알고 있다. 아마도 바이러스 감염에 대한 첫 번째 기록은 고대 이집트의 수도 멤피스(Memphis)에서 발견된 약 BC 3700년경의 상형문자로 볼수 있는데 여기에는 전형적인 소아마비의 임상적 증상을 나타내는 한 사원의 사제가 그려져 있다. 이집트의 파라오 람세스 5세는 BC 1196년에 죽었지만 그의 미이라는 매우 잘 보존되어 있으며 현재 카이로 박물관에 보관되어 있다. 미이라 얼굴에서 보여지는 농포성의 상흔(lesions)은 요즘 환자들의 것과 상당히 비슷한 것으로 보아 람세스 5세는 천연두(smallpox)에 의해 죽은 것으로 생각된다.

천연두는 BC 1000 년경 중국에서 일어난 **풍토병**으로서 이로 인해 **인두접종**(variolation)의 시술이 발달하였다. 한번 천연두에 걸렸다 살아남은 사람들은 다시는 천연두에 감염되지 않는다는 것을 깨달았던 당시의 중국인들은 천연두 종기에서 얻어낸 딱지를 말려 코로 들여 마시거나, 나중에는 방법을 달리하여 팔뚝에 일부러 상처를 내고 환자의 종기에서 나온 고름을 바르기도 하였다. 이 같은 접종의 결과는 언제나 불확실했기 때문에 비록 위험하긴 했지만 인두접종은 수세기 동안 계속 시술되었으며 효과적인 예방법으로 여겨졌다. Edward Jenner는 7살 때 인두접종을 받고 거의 죽을 뻔했었다! 이 같은 사건을 경험한 Jenner가 보다 안전한 방법을 찾으려 노력했던 것은 당연한 일이었다. 1796년 5월 14일, Jenner는 자신의 고향인 영국 Gloucestershire의 Berkeley에서 우유 짜는 일에 종사하던 Sarah Nemes의 cowpox에 감염된 손으로부터 종기 물질을 얻어냈고 이를 사용하여 당시 8살인 James Phipps를 대상으로 성공적인 예방접종을 시술하였다. 비록 처음에는 논쟁을 일으켰지만, 천연두에 대한 **백신접종**(vaccination)은 19세기 동안 거의 전 세계에서 받아들여졌다.

비록 과학적인 관찰과 추론에 의해 얻어진 성취이긴 했지만, 백신접종 초기의 성공은 감염성 병원체의 본질에 대한 실질적 이해에 바탕을 둔 것은 아니었기 때문에 이는 다른 추론 방향과는 별개의 사건이었다. 네덜란드의 상인인 Antony van Leeuwenhoek(1632~1723)이 처음으로 단순한 현미경을 개발하였을 때, 그는 자신이 표본에서 관찰했던 박테리아를 일종의 '극미동물(animalcule)'로 동정하였다. 그러나 이 작은 생명체의 중요성이 확인된 것은 1980년대 Robert Koch와 Louis Pasteur가 질병의 '세균이론 또 미생물병인론(germ theory)'을 함께 제안한 후였다. Koch는 오늘날 'Koch의 가정'으로 알려진 4개의 유명한 기준을 정의하였으며 지금도 Koch의 가정은 하나의 감염성 병원체가 한 특정 질병의 원인인지를 밝히는 근거가 되고 있다:

- 그 병원체는 동일한 모든 질병의 사례에서 발견되어야 한다.
- 그 병원체는 감염된 숙주로부터 분리되어 *in vitro*에서 성장해야 한다.
- 순수 배양한 그 병원체를 건강하면서 감수성이 있는 숙주에게 주입하였을 때 같은 질병이 재발되어야 한다.
- 실험적으로 감염된 숙주로부터 처음과 동일한 병원체가 다시 발견되어야 한다.

이후, Pasteur는 'virus'(라틴어로 poison)에 의해서 발병하는 것으로 확신한 광견병에 대해 광범위하게 연구하였지만 그는 박테리아와 질병을 일으키는 기타 병원체의 차이점을 구분하지 못했다. 1892년 러시아의 식물학자 Dimitri Iwanowski는 질병에 걸린 담배잎 추출물이 가장 작은 크기의 세균도 걸러내는 것으로 알려진 세라믹 필터를 통과한 후에도 다른 식물에게 질병을 전이할 수 있다는 것을 보여주었다. 불행하게도 그는 이 결과의 중요성을 완전히 인식하지 못했다. 그로부터 몇 년 후(1898) Martinus Beijerinick는 Iwanowski의 연구결과를 발전시켜 마침내 tobacco mosaic virus(TMV)를 확인하기에 이르렀으며, 이를 살아있는 액체성 병원체(*contagium vivum fluidum*)로 묘사하여 바이러스에 대한 현대적 개념을 제창하였다. 같은 해에 Freidrich Loeffler와 Paul Frosch(1898)도 이와 비슷한 물질이 소의 구제역을 일으키는 원인임을 증명하였다. 그러나 새로 발견된 이 병원체들이 식물뿐만 아니라 동물에서도 질병을 일으킨다는 인식에도 불구하고 이들이 사람의 질병에도 모종의 연관성이 있을 것이라는 생각은 좀처럼 받아들여지지 않았다. 이와 같은 거부감은 1909년 Karl Landsteiner와 Erwin Popper 등이 인간의 척수성 소아마비도 '필터를 통과하는 병원체'가 원인임을 입증하고서야 비로소 해소되었다. 소아마비는 바이러스 감염에 의한 인간의 질병으로 인식된 첫 번째 사례이다.

Frederick Twort(1915)와 Felix d'Herelle(1917)는 박테리아를 감염하는 바이러스를 처음으로 인지하고 d'Herelle는 이를 **박테리오파지**(bacteriophges: 박테리아의 포식자)라고 불렀다. 1930년대와 그 후 수십 년 동안 Salvador Luria, Max Delbruck 등의 많은 선구적인 바이러스 학자들은 앞서 말한 바이러스들을 모델 시스템으로 이용하여 바이러스의 구조(제2장), 유전학(제3장), 복제(제4장) 등을 포함한 바이러스학의 많은 분야를 탐구해왔다. 비교적 단순한 이 바이러스들이 증식이나 연구가 가장 어려운 인간의 바이러스를 포함, 모든 유형의 바이러스를 이해하는데 중요한 역할을 담당해 온 것이다. 그 이상의 바이러스 역사라면 실험적인 도구와 바이러스를 분석하는 시스템 개발, 그리고 이로 인해 완전히 새로운 생물학 분야들이 활짝 열린데 관한 이야기들이다. 이 같은 분야에는 바이러스 자체의 생물학은 물론 바이러스들이 전적으로 의존하고 있는 숙주세포의 생물학도 포함된다.

살아있는 숙주를 이용한 연구 시스템

1881년, Louis Pasteur는 동물의 광견병을 연구하기 시작했다. 수년간의 연구 끝에 그는 실험적으로 광견병 바이러스에 감염시킨 토끼의 척수를 점차적으로 건조시킴으로써 약독화된 바이러스 표본을 만들어 내는데 성공하였다. 이 표본을 동물에게 접종했을 때, 이 표본은 독성이 있는 바이러스로부터 동물들을 보호하곤 했었다. 1885년 파스퇴르는 Joseph Meister 라는 아이에게 이 바이러스 표본 즉, 인공적으로 만들어진 최초의 바이러스 **백신**을 접종하였다(고대에 시술되었던 **인두접종**과 Jenner가 **백신접종**에 사용했던 cowpox virus는 자연 상태의 바이러스들을 이용한 것임을 기억하자). Iwanowski에 의해서 처음으로 tobacco mosaic virus가 발견된 이후로 개체수준의 식물들이 식물 바이러스에 의한 감염연구에 사용되어 왔다. 이러한 연구에서는 바이러스 입자가 포함된 표본을 잎이나 줄기에 문질러 식물체를 감염시켰다.

19세기 후반에 있었던 스페인-미국 전쟁과 그 후 파나마 운하를 건설하는 동안 황열병(yellow fever)에 의한 미국인 사망자 수는 이루 헤아릴 수 없을 만큼 많았다. 이 질병은 북쪽을 향하며 서서히 미국 대륙으로 퍼져나갔다. 1990년 Walter Reed는 쥐를 이용한 전이실험을 통해서 황열병의 원인이 모기에 의해 확산되는 바이러스라는 것을 증명하였다. 이 발견으로 인해 1937년 Max Theiler는 닭의 배아를 이용하여 바이러스를 증식시켜 나가면서 마침내 약독화된 백신 17D 바이러스주(virus strain) 생산에 성공했고 이 백신은 오늘날에도 사용되고 있다. 이 방법이 성공함으로써 1930년대부터 1950년대에 이르기까지 많은 연구자들은 병원성 바이러스의 증식과 동정연구를 위한 동물시스템들을 개발할 수 있었다.

진핵세포는 *in vitro*(조직배양)에서 자랄 수 있으며 바이러스는 이 배양에서 증식될 수 있지만 이와 같은 기술은 비용이 많이 들고 기술적으로도 매우 어려운 것이다. Influenza virus와 같은 일부 바이러스들은 발생중인 달걀 배아의 살아있는 조직에서 복제된다. 이렇듯 달걀 배아에 적응된 influenza virus 주(strain)는 달걀에서 잘 복제되며 바이러스 **역가**(titer) 또한 매우 높다. 배아상태의 달걀은 20세기 초에 수십 년 동안 바이러스의 증식에 처음 사용되었다. 이 방법은 특히 influenza virus 주와 다양한 poxvirus(예: vaccinia virus)를 포함하여 많은 바이러스의 배양과 분리에 아주 효과적이라는 것이 입증되었다. Vaccinia virus가 복제할 때 형성하는 달걀 뇨막(chlorioallantonic membrane)의 '포크(pock)' 숫자를 세는 것은 바이러스의 양을 측정하는 최초의 분석방법이었다.

동물체를 숙주로 이용하는 시스템은 다음과 같은 목적에서 지금도 그 효용가치를 인정받고 있다:

- *In vitro*에서 효율적으로 연구할 수 없는 바이러스의 생산(예: hepatitis B virus)
- 바이러스 감염의 병리 연구(예: coxsackievirus)
- 백신의 안전성 검사(예: 경구투여 poliovirus 백신)

그럼에도 불구하고, 동물숙주의 이용은 아래와 같은 이유로 인해 점차 줄어드는 추세이다:

- 병원성 바이러스에 감염된 동물을 키우고 번식시키는 일은 비용이 많이 든다.
- 개체 수준에서의 동물은 시스템이 복잡하여 때때로 증상이나 징후들을 구분하여 인식하는 일이 어렵다.
- 개체마다 다를 수 있는 숙주의 다양성으로 인해 반복된 실험의 결과들이 항상 일치하지는 않는다.
- 불필요하게 실험동물을 사용하거나 남용하는 것은 도덕적인 반감을 낳는다.
- 동물숙주를 이용하는 연구시스템은 세포배양과 분자생물학 등의 '현대과학'에 의해 빠르게 대체되고 있다.

개체로서의 식물체를 숙주로 사용하는 것은 살아있는 동물을 사용하는 경우만큼 도덕적인 반대가 큰 것은 아니며, 식물 바이러스의 연구에 중요한 역할을 담당하고 있다. 그러나 식물숙주를 이용한 연구결과를 얻기까지 때로는 오래 기다려야 하고 또 이를 유지하는 일도 비용이 적지 않다.

최근들어, 숙주에 대한 바이러스의 영향을 연구하는데 완전히 새로운 기술이 이용되고 있다. 이 기술은 바이러스 **유전체**의 일부 혹은 전부를 실험용 생물체에 넣어 통합시킴으로써 바이러스의 **mRNA**와 단백질이 숙주의 체세포(때로는 생식세포)에서 발현되는 **유전자 조작**(transgenic) 동물이나 식물을 만들어낸다. 이렇게 해서, 개별적으로 혹은 복합적으로 작용하는 바이러스 단백질들의 병원성 효과를 살아 있는 숙주 안에서 연구할 수 있게 된다. 일례로 'SCID – hu' 생쥐는 면역이 결핍된 실험동물에게 인간의 조직을 이식하여 만들어졌으며 이러한 생쥐들이 human immunodeficiency virus(인간면역결핍증 바이러스, HIV)의 병인론을 연구하는 흥미로운 모델이 되는 이유는 이 중요한 바이러스의 특성을 생체 내에서 연구하는 실질적인 대안이 없기 때문이다. 이와 같은 유전형질전환 기술도 '전통적' 방법인 바이러스의 실험동물 감염과 같은 도덕적 반감을 종종 불러오지만 이는 바이러스의 병원성 연구에 지극히 효과적인 새로운 도구이다. 비록 실험결과가 항상 예상과 같지 않고, 또 많은 경우 감염실험에서 얻어진 관찰결과와도 병립시키기 어렵다는 것도 사실이지만 이런 방식으로 분석된 식물과 동물 바이러스 유전자의 수는 점차 늘고 있다. 어찌되었든, **유전자 조작** 생물체를 만드는데 수반되는 기술적 어려움이 해결되어 가면서 그 활용범위도 훨씬 더 넓어질 것은 자명하다.

세포 배양법

세포배양은 20세기 초에 기관을 통째로 배양하는 형식으로 시작되었으며, **일차세포**(primary cell, 실험용 동물의 체세포 또는 환자로부터 얻어내며 짧은 기간 동안만 배양이 가능하다) 혹은 적절한 조건 하에서 지속적으로 자라나 무한정 배양할 수 있는 **불멸**(immortalized) 세포주를 키우는 방법으로 발달되었다.

1949년 John Enders와 그의 동료들은 인간의 일차세포 배양에서 poliovirus를 증식시키는데 성공했다. 학자들은 이 연구를 기점으로 소위 '바이러스학의 황금기'가 열린 것으로 여기고 있다 — 1950년대와 1960년대에 걸쳐 enterovirus 및 adenovirus와 같은 호흡기 바이러스를 포함, 많은 바이러스들이 분리되었고 또 인간의 관련 질환들이 확인되었다. 바이러스의 분리연구가 넓게 확장되면서 준임상적(불현성)인 바이러스 감염이 매우 흔하다는 것도 알려졌다. 그 예로, 가장 독성이 큰 poliovirus 주의 **유행병**에서도 마비성 소아마비 한 사례 당 대략 100개 사례의 준임상적 감염이 있다.

1952년 Renato Dulbecco는 **플라크** 분석법 이용하여 처음으로 동물 바이러스를 정확히 정량하였다. 이 기술은 우선, 바이러스 희석액을 **단층**의 배양세포에 감염시킨 후, 그 위에 부드러운 한천(agar)을 덮어 바이러스의 확산을 제한한다. 그 결과 국소적으로 세포가 죽게 되며, 세포 단층을 염색하면 플라크가 나타낸다(그림 1.1). 플라크의 수를 세는 것은 배양용기에 넣어준 감염성 바이러스의 입자 수를 직접적으로 결정하는 것이다. 플라크 분석법은 여러 유형의 바이러스가 섞여 있을 때 한 유형만을 순수 분리하는 기술인 바이러스의 생물학적 클로닝에도 이용될 수 있다. 이 기술은 **박테리오파지** 부유액을 한천평판 상에 가득 자란 박테리아 세포 'lawn'에 접종하여 감염성 바이러스의 입자의 수를 측정하는데 한동안 사용되었지만 **진핵생물** 바이러스에 적용함으로써 꼭 필요한 바이러스 복제연구의 빠른 향상을 가져올 수 있었다. 기존에는 배양액 중의 바이러스 수를 측정하는 통계적 방법으로 $TCID_{50}$(조직배양 감염용량, Tissue Culture Infectious Dose 50)등의 종말점 희석기법(endpoint dilution technique)이 사용되었지만 플라크 분석법으로 대부분 대체되었다. 그러나 종말점 기법은 배양세포에서 복제하지 않는 바이러스나 또는 human immunodeficiency virus처럼 세포병

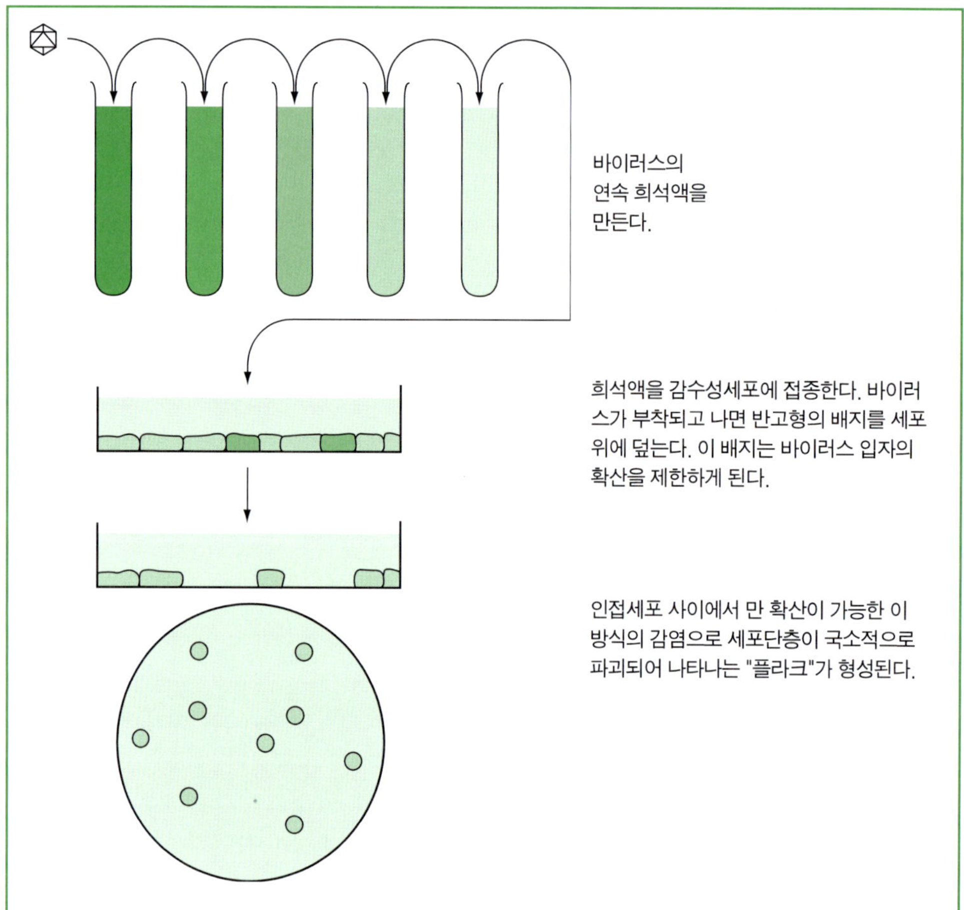

그림 1.1 플라크 분석법은 적절하게 희석된 바이러스 검체를 배양용기에 꽉 들어차있거나 혹은 조금 덜 들어찬 감수성 세포 단층에 접종하는 과정이다. 이 때 세포는 배양용기의 바닥에 붙어 자란 상태이다. 바이러스가 세포에 흡착하고 감염을 시작하도록 일정 시간을 준 후, 기존의 액체배지는 감염된 세포로부터 방출된 바이러스 입자들이 주변으로 퍼지는 것을 막아주는 아가로오스(agarose)나 카복시메틸 셀룰로오스(carboxylmethyl cellulose)와 같은 중합체가 들어 있는 반고형배지로 바꾸어준다. 이렇게 하면 바이러스는 단지 세포 사이의 직접적인 전파만이 가능하여, 세포단층의 국소적인 파괴가 일어난다. 적정 시간이 지나면 배지를 제거하고 염색하면 단층 상에 형성된 구멍(플라크)을 쉽게 볼 수 있다. 각각의 플라크는 하나의 플라크 형성 단위(plaque-forming unit, p.f.u.)에 의한 감염으로부터 나온 결과이다.

변을 일으키지 않고 플라크도 형성하지 않는 바이러스를 정량할 때 여전히 유용하다.

혈청학적/면역학적 방법

바이러스가 학문으로 나타난 것처럼 면역학의 연구기법도 또한 발전되었으며, 근래의 분자생물학과 함께 이 두 학문은 언제나 매우 가까운 관계에 있었다. 바이러스 감염에 대한 면역메커니즘의 이해를 발전시키는 것도 물론 매우 중요하다. 최근 들어, 병리학에서 담당하는 면역체계 자체의 역할은 잘 알려져 있다(제7장 참조). 그 자체로서 하나의 학문인 면역학은 바이러스학에서 이용되는 많은 전통적 연구기술에 크게 기여해왔다(그림 1.2).

1941년, George Hirst는 influenza virus에 의한 혈구응집반응(haemagglutination)을 관찰하였다(제4장 참조). 이것은 influenza 뿐만 아니라 rubella virus와 같은 다른 여러 바이러스의 연구에도 중요한 도구가 되었다. 주어진 표본 안에 있는 바이러스의 역가(상대적인 양)를 측정하는 것 이외에도 이 기술은 한 바이러스가 나타내는 항원성의 유형을 결정할 때에도 사용될 수 있다. 바이러스의 혈구응집소(haemagglutinin)에 결합하여 응집반응을 차단하는 항체가 존재하는 상태에서는 혈구응집반응이 일어나지 않는다. 주어진 혈구응집 단위에 대한 항혈청을 적정한다면 혈청에 존재하는 혈구응집반응 간섭 역가(inhibition titre)와 항혈청의 특이성도 결정될 수 있다. 또한, 특이성을 알고 있는 항혈청을 혈구응집반응에 대한 간섭제로 사용한다면 미지의 바이러스가 갖는 항원성의 유형도 알아낼 수 있다. 1960년대와 그 이후에 걸쳐 한층 개선된 바이러스 검출방법들이 많이 개발되었으며 다음은 그 몇 가지 예이다:

- 보체 고정법(Complement fixation tests)
- 방사성면역분석법(Radioimmunoassay)
- 면역형광법(Immunofluorescence)
- 효소연계면역흡착법(Enzyme-linked immunosorbent assay, ELISA)
- 방사성면역침전법(Radioimmune precipitation)
- 웨스턴블롯(Western blot assay)

이러한 기술들은 반응이 민감하고 빠르며 정량적이다.

1975년 George Kohler과 Cesar Milstein은 특정한 항원 표적에 대응하여 단일한 특이성을 갖는 항체를 제작하기 위해 *in vitro* 상에서 세포 클론을 선택하고 이로부터 최초의 단일클론항체를 분리하였다. 이를 바탕으로, 이제 바이러스 학자들은 전체로서의 바이러스뿐만 아니라 각 바이러스 항원의 특정 지역 항원결정기(epitope)까지 살펴볼 수 있게 되었다(그림 1.3). 이로 인해 바이러스 단백질 각각의 기능에 대한 이해가 크게 증진되었다. 단일클론항체는 기타 혈청학적 분석법(예: ELISA)의 재현성, 민감도 및 특이성을 높이는데도 사용되는 등 광범위하게 활용사례가 늘고 있다.

빠르게 확장되고 있는 하나의 지식영역인 기술적 세부사항에 대해 여기에서 너무 길게 소개하는 것은 바람직하지 않을 것이다. 하지만 앞에서 설명한 혈청학적, 면역학적 기법들과 친숙하지 않은 독자는 이 장의 참고문헌에 소개된 교재 중 하나 이상을 참조하여 이 주제와 완전히 친숙해질 것을 적극적으로 추천한다. 그 때문에 소비된 시간은 이 책을 공부하는 동안 보답 받게 될 것이다.

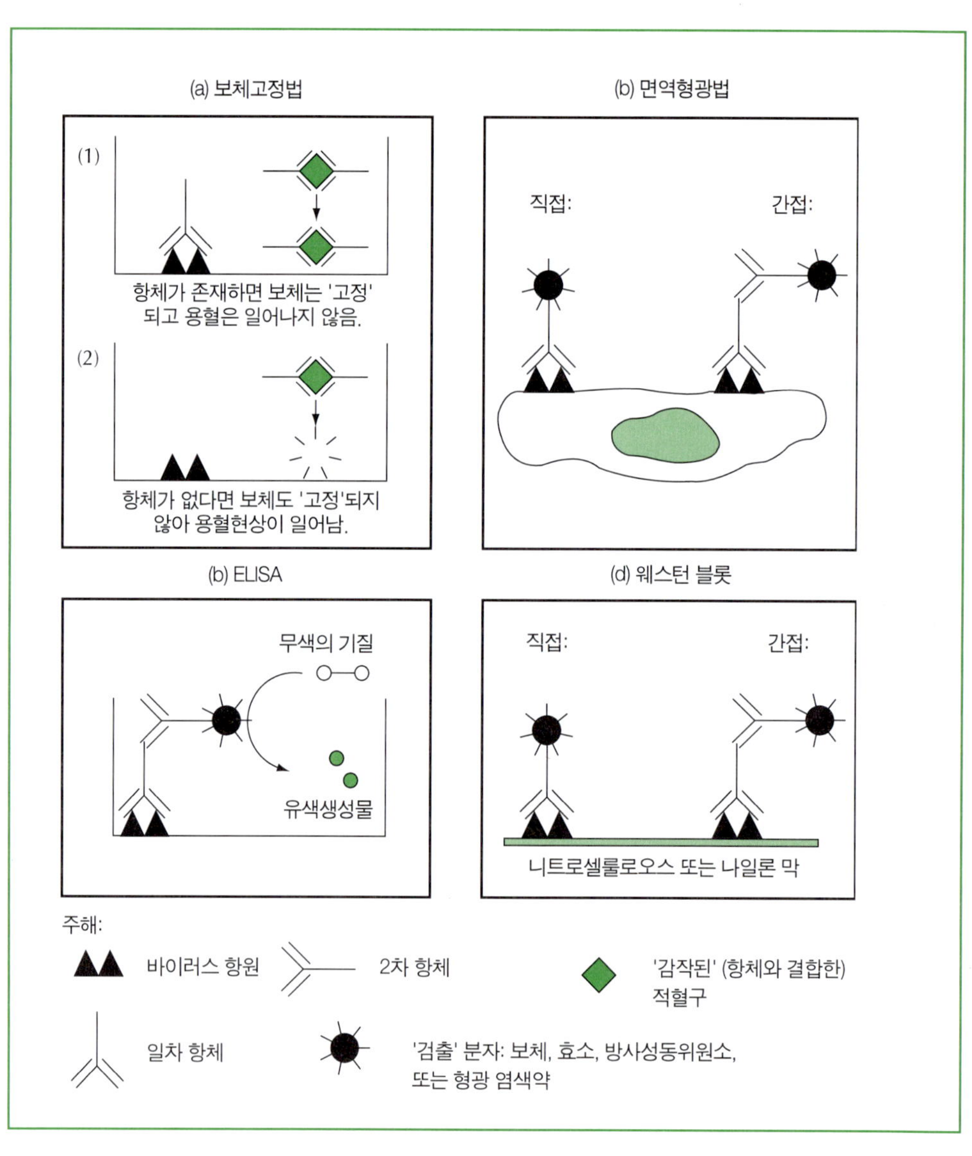

그림 1.2 바이러스학에 사용되는 혈청학적 방법론은 말할 나위 없이 중요하다. 이 그림에서 도표로 나타낸 4 가지의 분석법은 여러 해 동안 폭넓게 사용되고 있다. (a) 보체고정법(*complement fixation test*)은 항원-항체 복합체에 의해 보체의 활성이 소멸되는 원리에 기초한다. 항체에 덮여 '감작된(sensitized)' 적혈구 세포, 양을 알고 있는 보체, 바이러스 항원과 검사대상 혈청을 다중 홈 배양용기(multi-well plate)의 홈에 넣어준다. 바이러스 항원에 대한 항체가 없을 때는 보체가 자유롭게 활동할 수 있어 감작된 적혈구 세포가 파괴된다(hemolysis). 그러나 이 검사혈청 안에 충분히 높은 역가의 항바이러스 항체가 있을 때는 보체가 자유로운 상태로 존재할 수 없게 되고, 적혈구 세포의 용혈현상도 일어나지 않는다. 연속희석(serial dilution)법으로 검사혈청을 적정(titerating)하면 혈청 내에 존재하는 항바이러스 항체의 양을 측정할 수 있다. (b) 면역형광법(*immunofluorescences*)은 항체 유도체를 이용하는 것으로서 이 유도체에는 다양한 파장의 빛을 비춰줄 때 특징적인 색깔의 빛을 발산하는 형광물질[예: 로다민(rhodamine)-적색, 플루오레신(fluorescein)-녹색]이 공유결합으로 연결되어 있다. 직접면역형광법은 항바이러스 항체 자체에 형광물질이 결합된 것을, 간접면역형광법은 항바이러스 항체에 작용하는 2차 항체에 형광물질이 결합된 것을 이용하는 것이다. 면역형광법은 세포집단이나 조직절편에서 바이러스에 감염된 세포를 식별하는데 뿐만 아니라, 바이러스의 특정 단백질이 세포 내 어느 곳(예: 핵 또는 세포질)에 위치하는 지를 확인할 때 사용된다. (c) 효소연계면역흡착법(*enzyme-linked immunosorbent assay*, ELISA)은 적은 양의 바이러스 항원이나 항바이러스 항체의 양을 측정하고 확인하는데 사용되는 빠르고 민감한 방법이다. 항원(항체를 측정하고자 할 때) 또는 항체(항원을 측정하고자 할 때)를 다중 홈 배양용기의 홈 바닥에 흡착시킨다. 그 다음, 검사할 항원에 특이적인 항체(alkaline phosphatase 또는 horseradish peroxidase와 같은 효소가 부착되어 있는)를 넣어준다. 면역형광법과 마찬가지로 ELISA도 검사대상 항원의 직접적 혹은 간접적인 검출이 가능하다. 짧은 배양시간 동안 무색의 효소기질(substrate)이 유색의 생성물로 전환되고, 이에 따라 매우 적은 양의 항원이 만들어 내는 신호가 증폭되는 것이다. 생성물의 의한 색의 강도는 특별한 분광광도계('플레이트 판독기')로 측정한다. ELISA는 기계화될 수 있기 때문에 많은 양의 임상시료를 일상적으로 검사하는데 적합하다. (d) 웨스턴블롯(*Western blotting*)은 항원이 복잡하게 뒤섞여 있는 혼합물에서 특이적인 바이러스 단백질을 분석하는데 이용된다. 바이러스 항원이 포함되어 있는 표본(입자, 감염된 세포 또는 임상 가검물)들을 폴리아크릴아미드(polyacrylamide) 겔에서 전기영동 한다. 겔 상의 단백질을 겔에서 나뉜 상대적 위치 그대로 니트로셀룰로오스(nitrocellulose) 또는 나일론 막(nylon membrane)으로 이동시키고 고정한다. 검출하려는 항원에 대해 반응하는 항체를 막과 반응시키면 특정 항원이 검출된다. 크기와 양을 알고 있는 단백질 시료를 이용하면 검출 항원의 정확한 분자량과 상대적인 양을 알아낼 수 있다.

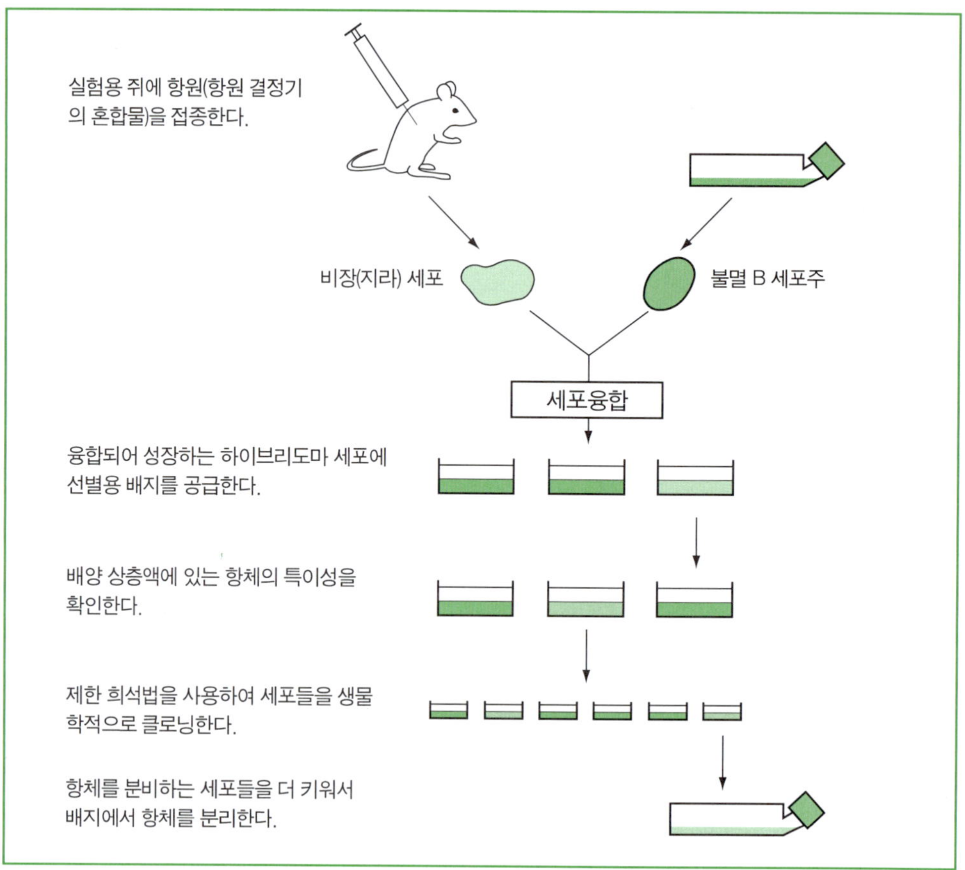

그림 1.3 단일클론항체는 항원결정기(epitope)들이 복합적으로 섞여 있는 항원을 동물에 면역시켜 만들어 낸다. 그 다음, 그 동물의 비장에서 미성숙한 B 세포를 추출하여 미엘로마(myeloma) 세포주와 융합시키면 지속적으로 항체를 분비하는 형질전환 세포가 형성된다. 이 세포들 중 일부가 특정 항원결정기와 반응하는 한 가지 유형의 항체(단일클론항체)를 생산할 것이다. 아직은 여기에 설명된 원래의 접근방법을 대체하지는 못하지만, 최근에는 단일클론항체의 선정시간을 앞당겨주는 *in vitro* 분자적 기술이 개발되고 있다.

초미세구조 연구

초미세구조 연구는 물리적 방법, 화학적 방법, 그리고 전자현미경의 세 분야에서 고려될 수 있겠다. 바이러스 입자의 물리적인 측정은 1930년대 다양한 구멍 크기의 콜로이드막을 통과하는 여과비율에 따라 처음으로 바이러스 입자들의 크기를 결정하면서 시작되었다. 이 같은 유형의 실험으로 인해 바이러스 입자 크기의 추정이(정확하지는 못했지만) 처음으로 가능해졌다. 이 추정방법의 정확도는 1960년대 초원심분리기에서 바이러스의 침강 특성을 연구함으로써 크게 향상되었다(그림 1.4). 차등 원심분리는 숙주세포의 내용물이 오염되지 않고 정제된 고농도의 바이러스 표본을 얻는데 매우 효과적임이 입증되었으며 이렇게 만들어진 다양한 바이러스 표본은 화학적 분석에 사용될 수 있다. 자당(sucrose)이나 염화세슘(caesium

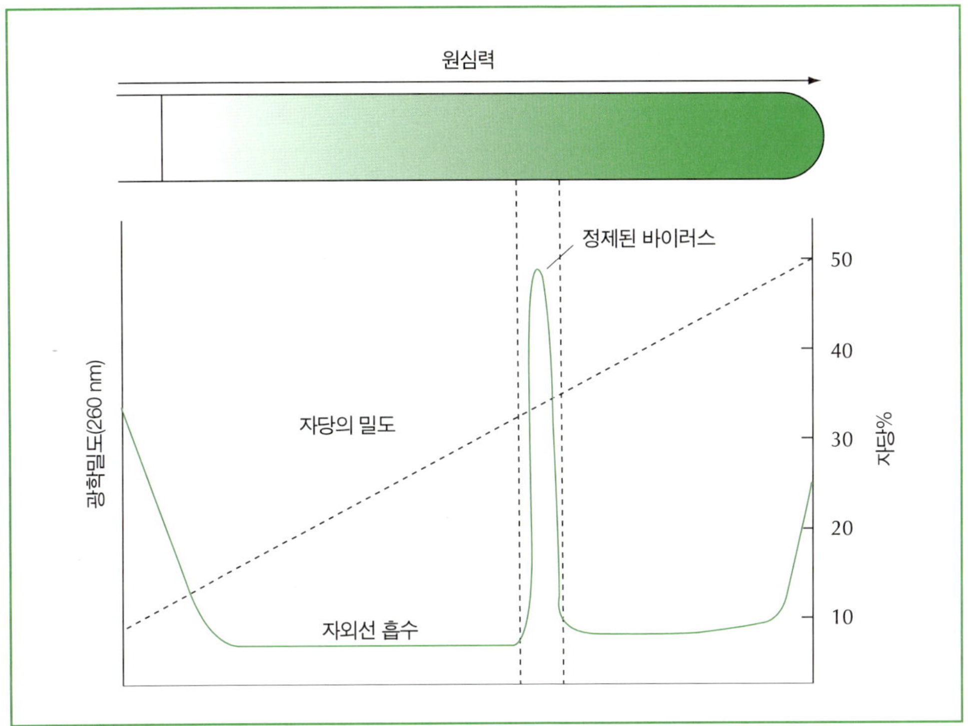

그림 1.4 여러 종류의 침강기술이 바이러스 연구에 사용될 수 있다. 여기서 나타낸 비례영역원심분리(rate zonal centrifugation)에서, 바이러스 입자들은 미리 형성된 밀도구배(density gradient) - 즉, 자당(sucrose)이나 염(salt) 용액의 밀도가 시험관 위쪽에서 바닥쪽을 향하면서 점차 증가하는 윗부분에 놓인다(그림 위). 일정 시간 동안의 초원심분리(ultracentrifuse) 후에는 구배를 수 많은 분획으로 나누어 받아내고 바이러스의 입자가 어느 분획에 존재하는지 조사한다. 그림에서, 바이러스 유전체의 핵산은 자외선의 흡광도에 따라 검출된다(그림 아래). 이 방법은 바이러스 입자나 핵산을 정제하기 위해서, 혹은 이들의 침강 특성을 결정하는데 사용될 수 있다. 평형 또는 등밀도(isopycnic) 원심분리에서는 염화세슘(caesium chloride)과 같은 고밀도 염의 균질한 혼합물에 시료를 섞은 상태로 시작한다. 원심분리를 하는 동안 시험관 안에는 밀도구배가 형성되고, 시료는 자신과 밀도가 일치하는 시험관 내의 한 위치에서 하나의 띠를 형성한다. 따라서 이 방법은 바이러스 입자의 밀도를 결정하거나, 플라스미드 DNA를 정제히는데 흔히 사용된다.

chloride) 용액에서 측정되는 바이러스 입자의 상대적 비중은 고유한 특성으로서, 그 입자가 갖는 핵산과 단백질의 비율을 말해준다.

이와 같은 바이러스의 물리적 특성은 입자 내부의 핵산을 검사하기 위해 자외선을 이용하거나 혹은 입자의 광산란(light-scattering) 특성을 결정하기 위해 가시광선을 이용하는 분광기에 의해 결정될 수 있다. 손상되지 않은 바이러스 입자의 전기영동 분석에서 얻을 수 있는 정보는 때로 제한적이지만 겔(gel) 전기영동에 의한 각 **비리온**(virion) 단백질, 그리고 핵산 **유전체**(제3장 참조)의 전기영동 분석은 매우 유용하다. 그러나 바이러스의 구조를 밝히는데 있어 가장 중요한 방법은 정제된 바이러스의 결정체가 만들어내는 X-선 회절을 사용하는 것이다. 이 기술을 이용하면 비리온의 구조를 원자 수준에서 결정할 수 있게 된다.

여러 가지의 주요 그룹을 대표하는 많은 바이러스들의 완전한 구조는 불과 수 옹스트롱(Å)의 해상도까지 결정되어 있다(제2장 참조). 이로 인해 바이러스 구조의 기능에 관한 이해의 폭이 상당히 넓어졌다. 그러나 상당수의 바이러스는 결정체로 만들기 쉽지 않아 X-선 분석이 어렵다는 점이 증명된 바 있으며 이 점은 매우 훌륭한 이 기술이 갖는 근본적 문제점 중 가장 큰 것이다. 또 다른 문제점은 바이러스를 우선 고도로 정제해야 하는 것이며 그렇지 못할 경우 바이러스에 대한 특이적 정보는 얻을 수 없다. 따라서 이 기술을 적용하려면 적정량의 바이러스를 세포배양이나 감염된 조직 및 환자로부터 얻을 수 있고 또 구조적 완전성의 손상 없이 바이러스 입자를 정제하는 방법이 존재한다는 것 등이 전제되어야 한다. 상당수의 중요한 바이러스들이 이러한 문제점으로 인해 보다 깊이 있는 연구가 이루어지지 못했다(예: hepatitis C virus). 정제된 바이러스는 또한 비정형결정배열(paracrystalline array)을 이루어 방사선원이 의미 있는 회절을 만들 정도로 충분히 커야 한다. 어떤 바이러스는 이러한 과정이 단순하며 비교적 만들기 쉬운 결정체도 맨눈으로도 보일 만큼 충분히 커서 강하게 회절한다. Tabacco mosaic virus(TMV, 1935년 Wendell stanley에 의해 처음으로 결정체로 만들어졌다)와 turnip yellow mosaic virus(TYMV) 같은 많은 식물 바이러스들이 이러한 경우에 해당되며, 이들은 1950년대에 결정된 구조들 중 첫 번째 사례에 해당한다. 이 두 바이러스가 바이러스 입자의 두 가지 기본 유형을 나타낸다는 것은 의미가 깊다: TMV의 **나선형** 구조 및 TYMV의 **정이십면체형** 구조. 그러나 많은 경우에서 이들은 단지 미세한 결정체로만 만들어진다. 이 문제점에 대한 부분적인 해결책은 작은 결정체에서도 좋은 정보를 얻어낼 수 있는 훨씬 강한 방사선원을 사용하는 것이다. 강한 방사성 광선을 생성하는 강력한 신코트론(synchotron) 선원이 지난 수십 년에 걸쳐 설립되었으며 현재는 이러한 용도로 폭 넓게 사용되고 있다. 그러나 보다 큰 이익을 위해 이 폭발적인 힘으로 접근하는 데에도 넘지 못할 한계가 있다. 중요한 바이러스들 중 적잖은 수는 아직도 결정체로 만들어지지 못하고 있기 때문이다. 특히, 지질 **외막**을 갖는 부정형의 바이러스에 있어서는 가장 보편적인 문제이며, HIV와 같이 이러한 유형에 해당하는 많은 바이러스의 완전한 고해상도 원자구조는 아직 밝혀지지 않고 있다. 기본적인 회절 기술을 변형(막-연합 단백질 배열에 의한 전자 산란과 동결전자현미경 등)하여 앞으로는 보다 많은 정보를 얻는데 도움이 되겠지만 이런 정도의 변화로 문제가 완전히 해결될 가능성은 없다. 또 다른 제한점은 poxvirus와 같이 거대한 입자의 바이러스에 해당하는 것으로 수백 종류의 서로 다른 단백질로 이루어진 입자는 현재의 기술로 분석하기에 너무 복잡하다.

핵자기공명(nuclear magnetic resonance, NMR)은 단백질과 핵산을 포함한 모든 분자 종류의 원자구조를 알아내는데 사용되며 그 빈도도 높아지고 있다. 이 방법의 한계는 단지 비교적 작은 크기의 분자들만 분석할 수 있다는데 있으며, 분석신호가 너무 복잡해지면 현재의 기술로 해석하는 것이 불가능하다. 현재 이 기술을 적용할 수 있는 분자크기는 가장 작은 바이러스 입자보다도 훨씬 작은 약 30,000~40,000 이하의 분자량으로 제한된다. 그럼에도 불구하고 이 방법은 앞으로도 활용가치가 적지 않을 것이며 온전한 비리온보다는 분리된 바이러스 단백질의 분석에 효과적으로 사용될 것이다.

화학적인 분석방법으로는 전반적인 바이러스 구성 및 바이러스 유전체를 이루고 있는 핵산의 본질뿐만 아니라 입자의 구조 및 캡시드의 각 구성요소들이 어떻게 서로 연관되어 있는지를 알 수 있다. 바이러스 구조에 대한 고전적 연구는 대부분이, 느린 pH 변화, 또는 요소(urea), 페놀, 계면활성제 등의 단백질 변성 시약을 조금씩 첨가할 때 일어나는 바이러스 입자의 점진적인 붕괴에 그 기초를 두고 있다. 이러한 조건 하에서는, 비교적 간단한 실험으로도 때때로 가치 있는 정보를 얻을 수도 있다. 예를 들어, 정제된 adenovirus 입자 표본에 요소(urea)를 넣고 그 농도를 점차적으로 증가시키면, 입자는 규칙적이면서 단계적인 흐름에 따라 분해되어 하부구조인 단백질 조합체가 떨어져 나오고, 이로써 바이러스 입자가 어떻게 만들어지는지도 알 수 있다. 이와 비슷하게, 캡시드 단백질이 다양한 조건하에서 어떻게 재구성되는지 살펴보는 캡시드 조직연구들이 TMV를 대상으로 수행되었다(그림 1.5). 간단히 말해서 바이러스 캡시드를 변성시키는데 사용된 시약들은 각 구성요소 간에 일어나는 안정된 상호작용의 기초가 무엇인지 말해준다. 정전기적 상호작용에 의해 함께 결합하고 있는 단백질들은 이온 염을 첨가하거나 pH의 변화로 떨어뜨릴 수 있고, 비이온성(non-ionic)이고 소수성 상호작용으로 연결된 단백질은 요소(urea)에 의해, 그리고 지질 성분과 상호작용하는 단백질 분자들은 비이온성 계면활성제나 유기용매에 의해서 녹아 분리될 수 있다.

순차적인 변성은 입자의 기본 구조를 결정하는 것뿐만 아니라 입자 표면에 위치하는 항원성 부위의 손실이나 변성을 관찰하는데도 사용되며 이러한 방식으로 입자의 물리적 상태를 나타내는 도면을 개발할 수도 있다. 바이러스 표면에 노출된 단백질들은 다양한 화합물(예: 요오드, iodine)을 이용해 표시할 수 있어서 입자의 구성 단백질 어느 부분이 노출되어 있는지 또는 입자 안쪽에 위치하거나 지질 외막에 덮여 있는지 알 수 있다. 소라렌(psoralens)과 같은 교차연결 시약이나 일정한 길이의 측쇄(side-arm)를 갖고 있는 새로운 합성 시약 종류는 온전한 바이러스 입자에서 나타나는 단백질과 핵산 사이의 공간적 상호관계를 결정하는데 사용된다.

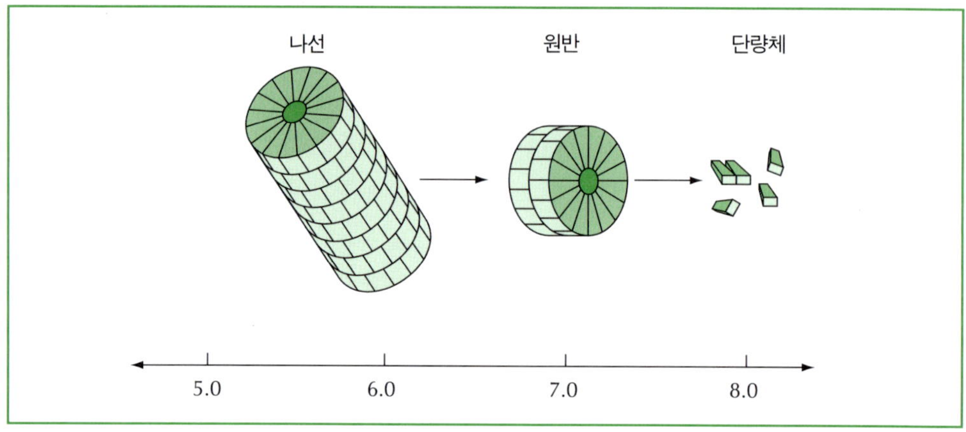

그림 1.5 바이러스 입자의 구조와 안정성은 점진적인 변성과 재구성 연구로 분석할 수 있다. 주어진 특정한 이온 강도 하에서 tabacco mosaic virus(TMV)의 캡시드 단백질은 용액의 pH에 따라서 자연스럽게 다양한 구조로 조합된다. pH가 6.0 근처일 때는 입자는 감염력이 있는 바이러스 입자의 모습과 유사한 나선구조를 형성한다. pH가 증가하여 7.0에 도달하면, 디스크와 비슷한(disklike) 구조가 만들어진다. 이보다 더 pH가 높아지면, 각각의 캡시드 단량체는 보다 복잡한 구조로 조합되지 못하게 된다.

1930년대에는 전자현미경이 개발되어 광학현미경의 근본적인 한계 즉, 가시광선이 조명하는 파장과 기기의 광학에 의해 발생하는 물리적 제한 때문에 낱개의 바이러스 입자들을 구별할 수 없었던 문제점을 극복하였다. 바이러스(TMV)의 첫 번째 전자현미경 사진은 1939년에 출판되었다. 여러 해가 지나면서 기술은 향상되고, 바이러스를 100,000배 이상의 고배율로 직접 관찰하는 것도 가능해졌다. 전자현미경에는 두 가지 기본 유형으로 주사전자현미경(scanning electron icroscope, SEM)과 투과전자현미경(transmission electron microscope, TEM)을 들 수 있다(그림 1.6). SEM을 이용하면 3차원으로 나타나는 아름다운 영상을 얻을 수는 있지만, 바이러스 구조연구의 실용성은 보다 높은 배율로 관찰할 수 있는 TEM의 활용에서 확인되었다. 전자현미경을 이용할 때 두 가지 유형의 기본적인 정보를 얻을 수 있다: 준비된 표본 속에 존재하는 바이러스 입자의 총 수(total count) 및 **비리온**의 구조와 모양을 말한다(아래 참조). 전자현미경은 바이러스를 검출하고 진단하는 신속한 방법이 될 수 있지만 자칫 잘못된 정보를 줄 수도 있다. 수많은 세포 내 구성물들 중, 리보솜과 같은 것들은 '바이러스-유사 입자'처럼 보이며 특히 잘 정제되지 않은 표본에서 이 같은 오류가 잦다. 이 문제점은 철-함유 단백질인 페리틴(ferritin)이나 콜로이드 상태의 금 용액(colloidal gold suspensions)과 같은 고밀도-전자 표지(electron-dense marker)의 역할을 하면서 특정 바이러스 항

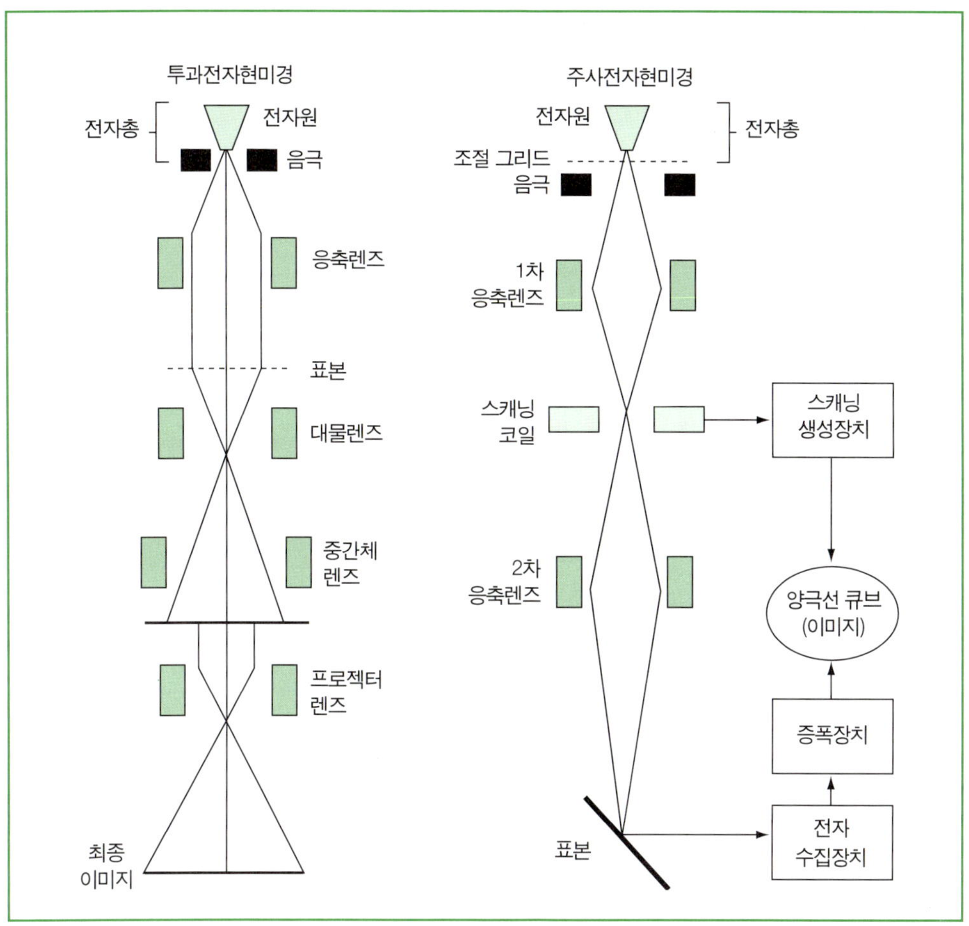

그림 1.6 투과 및 주사 전자현미경의 작동원리.

원에 결합하는 특이적 항혈청을 사용하여 극복할 수 있다. 특이도가 뛰어난 이 기술을 면역 전자현미경법이라 하며 신속한 진단방법으로서 점차 인정받고 있다.

전자현미경법의 발달로 입자가 으깨지기 쉬워 X-선 결정분석법으로는 분석할 수 없는 바이러스의 구조연구가 가능해졌다. 이러한 응용기술에는, 바이러스 입자를 차가운 표본대 위에 매우 낮은 온도로 유지하는 냉동전자현미경법; 얼음 결정 형성에 의해 입자가 손상되는 일이 없도록 바이러스 입자를 유리질의 얼음에 파묻힌 상태에서 관찰하는 검사법; 쏟아져 내리는 전자들로 인해 표본이 손상되는 것을 줄여준 저준위-방사선 전자현미경법; 그리고 개별적으로는 질이 매우 낮은 이미지들을 통합하여 정확한 3차원 영상을 만들어내는 정교한 이미지분석 및 이미지재구성 기술 등이 있다. 재래식 전자현미경법의 구조 해상도는 50~70 Å 정도의 크기가 한계이다(일반적인 원자의 지름은 2~3 Å, α-helix 단백질의 지름은 10 Å, 그리고 DNA 이중나선의 지름은 20Å). 이와 같은 새로운 기술들을 이용하면 입자구조의 해상도를 25~30Å까지도 높일 수 있다.

1950년대 후반 Sidney Brenner와 Robert Horne은 전자현미경을 사용하여 바이러스 입자구조의 세세한 부분까지 상당수준 나타낼 수 있는 정교한 기술을 개발하였다. 가장 유용한 기술 중 하나는 텅스텐인산(phosphotungstic acid)이나 우라닐 초산염(uranyl acetate)과 같은 고밀도-전자 염색시약을 사용한 음성염색법으로 바이러스 입자를 검사하는 것이다. 이러한 염색시약 내에 존재하는 작은 금속이온들은 바이러스 **캡시드**를 구성하는 단백질 소단위체 사이의 아주 작은 틈 사이로 침투할 수 있기 때문에 입자의 미세구조까지 관찰할 수 있다. 이렇게 얻은 데이터를 이용하여 Francis crick와 James Watson(1956)은 수많은 정형의 단백질 소단위체들이 나선형이나 입방체(**정이십면체형**) 대칭으로 배열됨으로써 하나의 바이러스 캡시드가 구성된다고 처음 제안하였다. 1962년에는 Donald Caspar와 Aaron Klug은 이러한 관찰결과를 확장, 프로토머(protomer)들의 반복으로 바이러스 캡시드가 구성되는 대칭의 기본원리를 설명하였으며 이는 **유사등가**(quasi-equivalence)의 원리에 기초를 둔 것이다. 바이러스의 입자구조에 대한 오늘날의 이해수준은 이와 같은 이론과 실용적 접근의 조화로 인한 결과라고 하겠다.

'분자생물학'

앞에 설명한 모든 연구 기술들은 용어가 갖는 원론적 의미에서 본다면 그 자체가 '분자생물학'이다. 그러나 '분자생물학'이라는 용어는 '유전공학' 또는 '유전자 조작'으로서의 새롭게 변화된 또 다른 의미도 갖게 되었다. *In vitro*(살아있는 세포나 조직 바깥)에서 핵산을 다루는데 사용되는 이 새로운 기술들은 새로운 학문영역을 구성한 것이라기보다는 지난 50여년에 걸쳐 발전된 생화학과 세포학 분야의 파생물인 것이다. 그럼에도 불구하고 이 강력한 새로운 기술은 바이러스학에 혁명을 일으켰고 상당 부분 관심의 초점을 바이러스 입자로부터 바이러스의 **유전체**로 바꿔놓았다. 다시 말하지만, 이러한 방법들의 기술적 측면을 이 책에서는 자세히 다루지 않으므로 독자들은 이장의 마지막에 제공된 많은 참고문헌 중 관련된 것들을 참고해야 할 것이다.

바이러스 감염은 '정상'(감염되지 않은)세포 안에서 일어나는 반응을 연구하는데 오랫동안 이용되었으며, 그 예로 거대분자 합성의 관찰을 들 수 있다. 실제로 박테리아의 유전학 연구에 **박테리오파지**가 활용되고 또 많은 연구를 통해 진핵생물 바이러스들은 고등생물의 세포학과 유전체 구성에 관한 근본적인 정보를 제공한 바 있다. 1970년 John Kates는 vaccinia virus mRNA의 3′ 말단이 폴리아데닐화(polyadenylation)된 사실을 처음으로 관찰하였다. 같은 해에 Haward Temin과 David Baltimore는 각각 retrovirus가 감염된 세포로부터 역전사효소(RNA-의존성 DNA 중합효소)를 동정하였다. 이 발견으로 인해 소위, 생물학의 '중심원리(central dogma)' 즉, 유전정보는 DNA에서 RNA를 경유하여 단백질로 이어지는 단일 방향으로 흐른다는 믿음이 붕괴되는 한편, **진핵생물** 유전체의 가소성(plasticity)도 밝혀졌다.

이후, retrovirus 입자로부터 이 효소를 정제해내면서 RNA 유전체를 갖는 바이러스의 연구를 크게 촉진시킨 cDNA 클로닝도 가능해졌다. 이 사건은 과학적 진보에 있어서의 촉매적 본질을 나타내는 좋은 예로 남았다. 1977년 Richard Roberts와 Phillp Sharp는 각자의 독립적 연구에서 adenovirus의 mRNA가 스플라이싱(splicing, 이어맞추기)을 통해 개재서열(intervening sequence)을 제거한다는 것을 알아냈으며 이는 바이러스와 세포 유전체가 공유하는 유사성을 보여준다.

적어도 초기에는, 이 새로운 기술의 영향은 연구의 중점이 단백질에서 핵산으로 전환되는데 작용하는 정도였다. 하지만 기술력이 발달함에 따라 바이러스의 **유전체** 전체의 뉴클레오티드 서열을 결정하는 것도 순식간에 가능해졌다. 1970년대 중반, 가장 작은 **박테리오파지**의 유전체를 시작으로 가장 큰 herpesvirus와 poxvirus의 유전체까지 분석하고 있으며 현재까지 뉴클레오티드 서열의 상당 부분이 결정되었다.

뉴클레오티드 서열결정과 바이러스 유전체의 인공적인 조작이 지향하는 '궁극적'인 성취에 더해서 이와 같은 핵산 중심의 기술은 또한 핵산 혼성화반응(hybridization)을 이용한 바이러스 검출 및 바이러스 감염진단에 의미 있는 진전을 가져왔다. 이 기본적인 아이디어의 다양한 변형이 있지만, 본질적으로는 검출을 쉽게 하도록 어떤 식으로든 표지를 붙인 혼성화반응 탐침(probe)과 마구잡이로 섞인 핵산의 혼합물이 반응하는데 원리가 있다. 탐침의 염기서열과 이에 상보적인 바이러스 염기서열 사이의 특이한 상호작용은 상보적인 염기쌍 사이에서 수소결합이 형성되어 서로 결합하는 것이며, 이로써 바이러스 유전물질의 존재도 밝혀졌다(그림1.7). 이 접근 방법은 중합효소연쇄반응(polymerase chain reaction, PCR)과 같은 *in vitro*에서의 다양한 핵산증폭공정의 발달에 힘입어 더욱 주목받게 되었다. PCR은 보다 민감한 기술로서 바이러스 핵산 분자가 단 하나만 존재하더라도 이를 검출할 수 있다(그림 1.8).

아주 최근에는, 새로운 생물학에 기초하여 바이러스 단백질에 대한 관심이 새롭게 나타나고 있는데 이 새로운 생물학 자체는 *in vitro*에서 핵산을 조작하고, 또 면역학에서 출발한 단백질 검출기법의 발달에 의존하고 있다. *In vitro*에서, 분자수준으로 클론된 cDNA로부터 단백질을 합성하고 발현하는 방법들이 빠르게 발전했으며 지금은 새로운 분석기술들도 많이 등장했다. 단백질-핵산 사이의 상호작용에 관한 연구는 바이러스 구조와 유전자의 발현을 이해하는데 특히 유용하다는 것이 입증되고 있다. 발전된 전기영동 기술로 인해 바이러스에 감염된 숙주세포 내의 모든 단백질들(**프로테옴**, proteome)에 대한 동시 분석 또한 가능해졌다.

분자생물학자들에게는 비장의 무기가 하나 더 있다. 반복적이면서 디지털화되는 뉴클레오티드 서열의 본질로 인해, 컴퓨터는 이러한 정보량을 저장하고 처리하는 이상적인 도구이다. '생물정보학(bioinformatics)'은 생물학에 대한 컴퓨터의 적용을 모두 포괄하는 폭 넓은 의미의 용어로서 1980년대에 도입되었다. 생물정보학은 인공지능과 자동화로부터 유전체 분석에 이르는 모든 것을 다 포함한다. 좀 더 구체적으로 말하면, 이 용어는 단백질의 구조 분석을 포함하여 생물학적 염기서열 데이터의 컴퓨터 작업을 말한다. 생물정보학으로 인해 선형(linear)의 염기서열로부터 단백질의 기능을 추정할 수 있게 되었고, 따라서 이것은 현대 생물학의 모든 부문에서 중심을 차지했다. 염기서열 정보의 홍수가 끊임없이 밀려들면서 컴

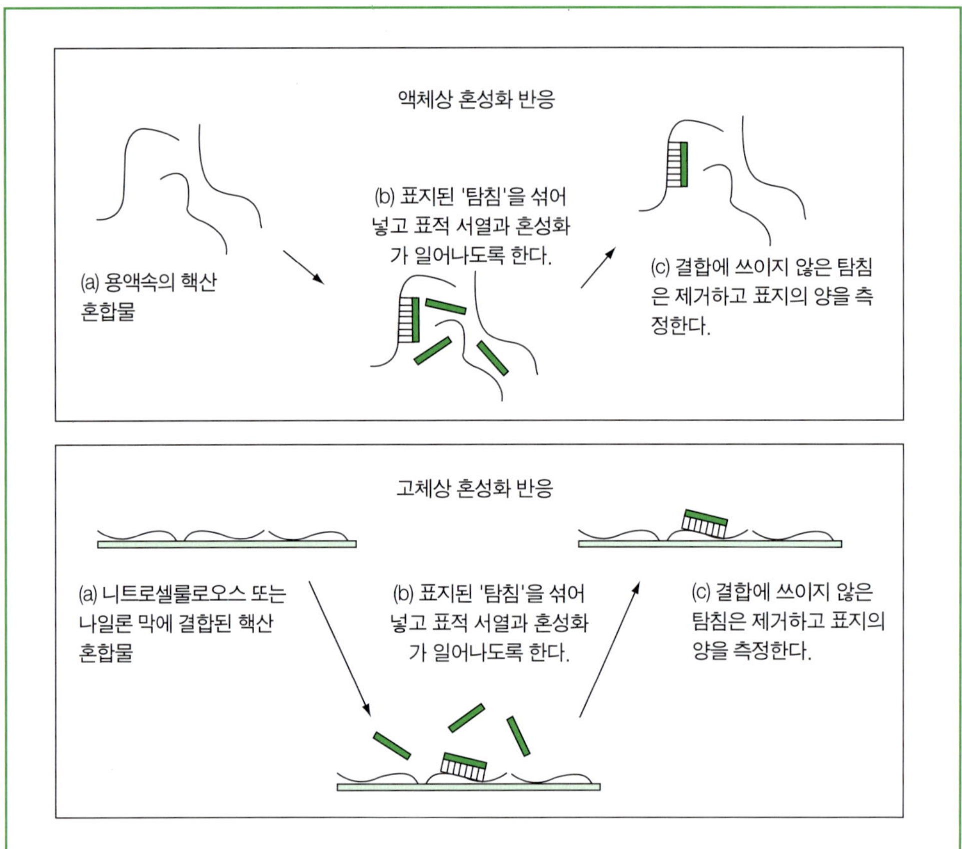

그림 1.7 핵산 혼성화반응(hybridization)은 표지가 부착된 핵산 탐침(probe)이 검사시료에 들어 있는 염기서열의 복잡한 혼합물에서 상보성을 갖는 표적 염기서열을 골라내도록 하는것이다. 탐침을 확인하기 위해 부착시키는 표지로는 방사성동위원소 또는 효소나 발광화합물 같은 비방사성 표지 시스템도 사용된다. 혼성화 반응은 액상으로 존재하는 검사대상 염기서열(그림 위) 또는, 니트로셀룰로오스(nitrocellulose)나 나일론 막(nylon membrane)과 같은 고체에 붙어있는 검사대상 염기서열(그림 아래)에 탐침을 섞어줌으로써 일어난다. 두 가지 방법 모두 검사대상 염기서열을 정량하는데 사용될 수 있다. 그러나 고체 상태의 혼성화반응에서는 막 상에 고정되어 있는 염기서열의 위치를 확인할 때도 사용될 수 있다. 플라크나 집락(colony)에 대한 혼성화 반응을 이용하면 한천평판 상에 널려있는 박테리아 집락이나 **박테리오파지**의 플라크들 중 어느 것에서 재조합 분자가 만들어지는지 확인할 수 있다. 노던(Northern)과 써던(Southern) 블롯은 일단 분자의 혼합물을 겔 전기영동으로 분리하고 이 분자들을 이동시킨 다음 RNA와 DNA를 찾아내는데 각각 사용된다(웨스턴 블롯 참조, 그림 1.2).

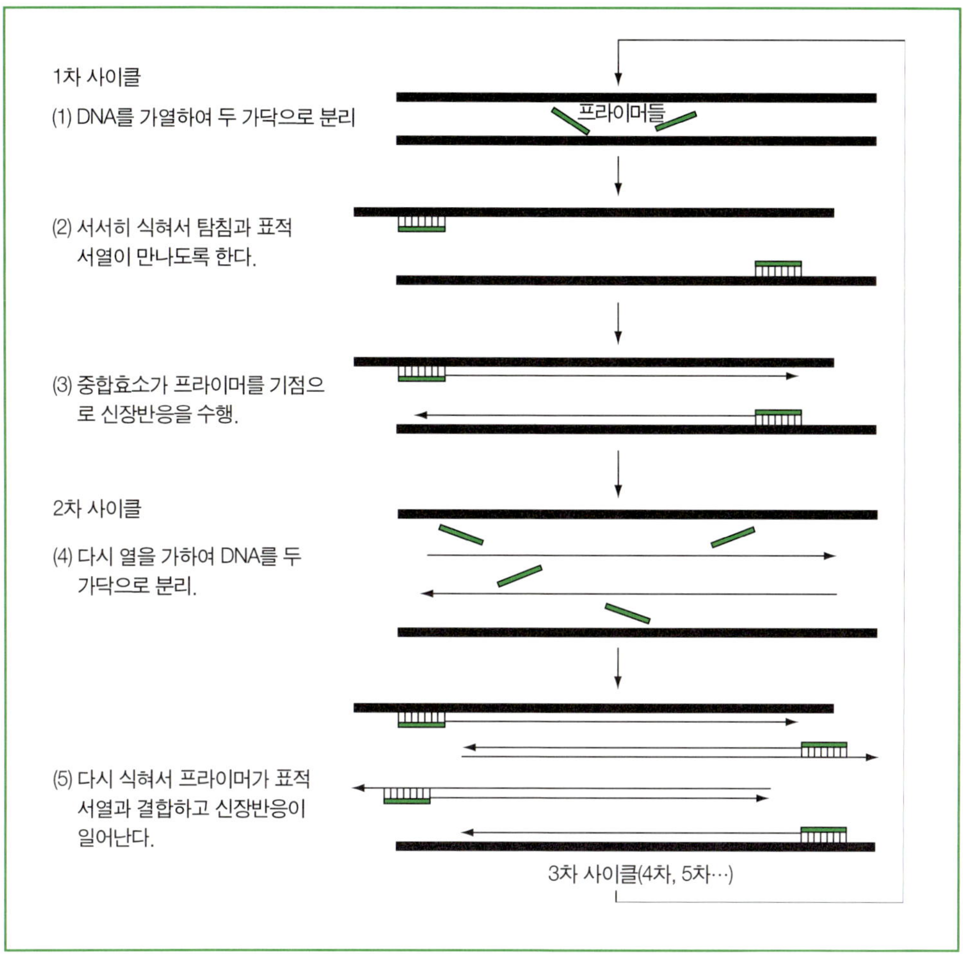

그림 1.8 중합효소연쇄반응(polymerase chain reaction, PCR)은 열안정성 DNA 중합효소에 의한 DNA 합성의 시작하기 위해 합성 올리고뉴클레오티드 탐침과 핵산의 혼합물에 존재하는 상보적 염기서열 사이의 특이적인 염기쌍 형성에 기초한 것이다. 프라이머(primer)의 결합(annealing)과 신장(extension) 그리고 가열에 의한 변성(denaturation)은 자동화 공정으로 진행되어 두 프라이머 사이에 위치하는 표적 염기서열이 엄청나게 증폭되는 것이다(n회의 증폭 싸이클 후에는 염기서열이 2^n배로 증가).

퓨터는 뉴클레오티드 서열을 근거로 예측을 만드는데 점점 많이 사용되고 있다(그림 1.9). 여기에는 열린번역틀(open reading frame, ORF), 이 틀이 암호화하는 단백질의 아미노산 서열, **프로모터**(promoter)나 이어맞추기 신호와 같은 유전자 조절부위, 그리고 단백질과 핵산의 이차구조 등을 검색하는 일들이 포함된다. 그러나 (특히 RNA에서) 분자가 형성할 수 있는 이차구조는 그 분자가 겪게 될 생물학적 반응을 결정하는 데 있어서 일차적인 뉴클레오티드 서열만큼이나 중요하다. 실제가 아닌 예측성 정보에 대한 해석에는 충분한 주의를 기울여야 하며, 생화학적 그리고/또는 유전적인 데이터에 의해 확인되지 않은 한, 그와 같은 예측의 신뢰성에 의문을 제기하는 것은 당연하다. 그러나 어떤 단백질의 구조가 X－선 결정분석이나 또는 NMR에 의해서 일단 밝혀졌다면, 그 단백질의 모양은 컴퓨터상에서 3차원으로 정확한 모델로 만들어져 탐구될 수 있을 것이다(그림 1.10).

한 생물체의 유전정보 전체를 구성하는 핵산의 합을 **유전체**라고 할 때, '유전체학(genomics)'이란 한 생물체가 갖는 유전물질 전체의 조성과 기능을 연구하는 분야를 말한다. 바이러스의 유전체학은 1977년 처음으로 완전하게 결정한 바이러스의 유전체 서열 연구로부터 시작되었다(박테리오파지 ϕX174). 핵산과 단백질 서열정보에 관한 엄청난 규모의 국제적 데이터베이스가 현재 구성되어 있으며, 이 자료들은 새롭게 결정된 염기서열과 이미 그 기능까지 상세하게 연구된 기존의 염기서열을 컴퓨터로 비교하는데 있어서 신속한 대조자

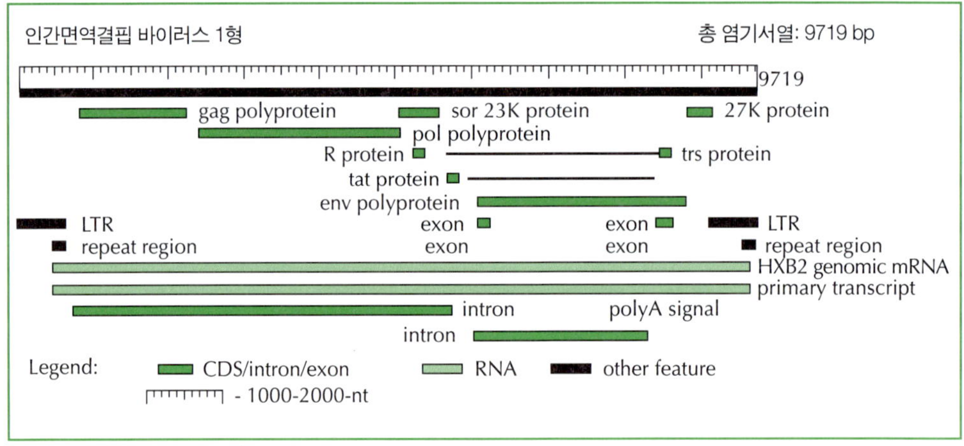

그림 1.9 핵산의 염기서열로부터 얻은 디지털 정보의 저장과 처리를 위한 컴퓨터의 사용 예. 이 그림은 HIV-1 **프로바이러스**(provirus)에 존재하는 모든 열린번역틀(open reading frame, ORF)의 분석결과를 보여주고 있다. Retrovirus의 주요 세 유전자 *gag*, *pol*, *env*에서 이 ORF들을 확인할 수 있다. 일반적인 개인 컴퓨터를 사용하더라도 이와 같이 복잡한 분석이 불과 몇 초 안에 이루어지지만 같은 일을 사람이 직접 한다면 며칠씩 걸릴 것이다.

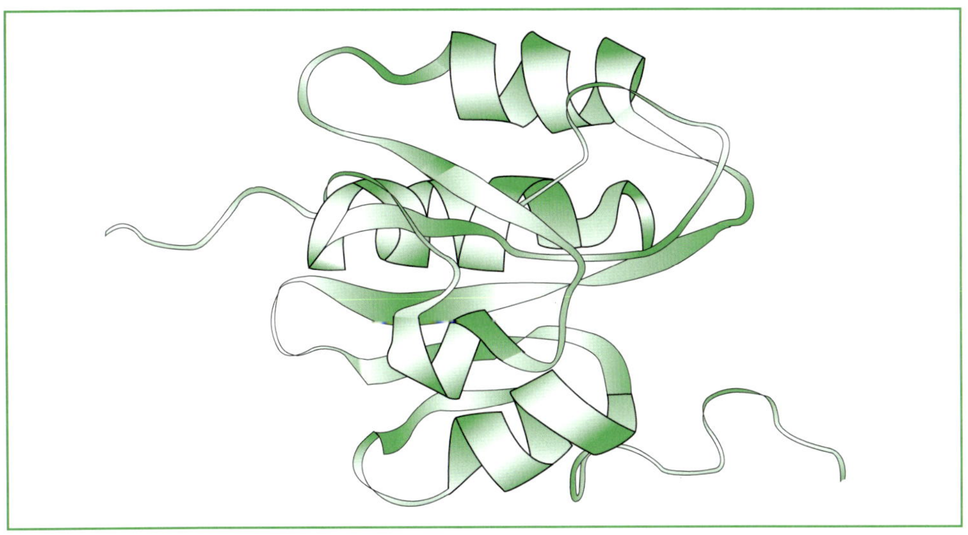

그림 1.10 SV40 T - 항원의 DNA 결합 도메인(domain)의 3차구조. NMR 자료를 컴퓨터로 재구성해 만들어냈다.

표 1.1 다양한 생명체들의 유전체 비교

Organism	Number of genes	Percent(%) of genes with known or inferred function
Hepatitis B virus	4	75
SV40	6	100
Herpes simplex virus	80	95
Mimivirus	900	10
Escherichia coli	4,288	60
Yeast	6,600	40
Caenorhabditis elegans	19,000	40
Drosophila	14,000	25
Arabidopsis	25,000	40
Mouse	100,000	10
Human	100,000	10

료로 활용될 것이다. 이 책이 출판될 즈음에는 서로 다른 1500여개 바이러스의 완전한 유전체 염기서열이 발표되었으며 매주 마다 새로 염가서열 정보가 추가되고 있다(표 1.1).

어떤 의미에서 우리는 바이러스 연구에 있어서 한 바퀴 완전하게 돌아본 셈이다 — 입자에서 출발하여 유전체를 지나 다시 단백질까지 — 그리고 이 생명체에 대해 훨씬 더 심오한 이해에 이르렀다. 그러나 바이러스학 연구의 현재 흐름은 우리가 알아야 할 것이 여전히 많이 남아 있음을 지적하고 있다.

참고문헌

Alberts, B., Bray, D., Hopkin, K., Johnson, A., Lewis, J., Raff, M., Roberts, K., and Walter, P. (2003). *Essential Cell Biology*, Garland Science, New York. ISBN 0815334818.

Cann, A. J.(1999). *Virus Culture: A Practical Approach*. Oxford. University press, Oxford. ISBN 0199637148.

Hendrix, R. W. (2003). Bacteriophage genomics. *Current Opinion in Microbiology*, 6: 506-511

Kuby, J., Goldsby, R., Kindt, T.J., and Osborne, B. (2003). *Immunology*. W.H.Freeman, New York. ISBN 0716749475.

Lesk, A.M. (2002). *Introduction to Bioinformatics*. Oxford University Press, Oxford. ISBN 0199251967.

Lio, P. and Goldman, N. (2004). Phylogenomics and bioinformatics of SARS-CoV. *Trends in Microbiology*, 12: 106-111.

Primrose, S.B., Twyman, R.M., and Old, R.W. (2001). *Principles of Gene Manipulation*. Blackwell Scientific, London. ISBN 0632059540.

Rohwer, F. and Edwards, R. (2002). The phage Proteomic Tree: a genome-based taxonomy for phage. *Journal of Bacteriology*, 184: 4529-4535.

2 CHAPTER

바이러스 입자

학습목표

- 바이러스가 입자 구조를 만들기 위해 필요한 단백질 유전자를 암호화하는 이유의 이해
- 바이러스 입자를 구성하는 구조들의 주요 유형 확인
- 증식과정 동안 바이러스 캡시드가 숙주세포나 바이러스 유전체 등과 상호 작용하는 방법의 설명

바이러스 입자의 구성과 기능

바이러스 구조에 대한 대부분의 정보는 그 특성 상 매우 시각적이기 때문에 글로써 묘사하기는 어렵다. 따라서 바이러스 구조에 대한 자료를 담아 놓은 첨부 CD를 활용하도록 하자. 그림 2.1에도 서로 다른 바이러스 과(family)들의 대략적인 모양과 크기들을 삽화로 나타내었다.

바이러스는 **유전체**를 담기 위한 입자 구조를 반드시 필요로 하는 것일까? 사실, **바이로이드**(viroid)와 같은 일부 감염인자들은 입자구조로 존재하지 않는다(제8장 참조). 그러나 바이러스가 입자의 구성요소들을 발현하고 조립하는 유전학적 및 생화학적 부담을 그대로 지니며 존재해 왔다는 사실은 이와 같은 바이러스의 생존 전략에 반드시 긍정적인 이득이 있을 것임을 엿볼 수 있다. 가장 단순한 수준에서 볼 때, 바이러스 입자 중 바깥쪽 껍질의 기능은 물리적, 화학적, 또는 효소절단에 의해 손상 받기 쉬운 핵산 유전체를 보호하는 것이다. 숙주세포에서 방출된 이후, 바이러스는 보호 층 없이 노출된 유전체가 빠르게 활성을 잃을 수밖에 없는 적대적인 환경에 놓이게 된다. 핵산은 기계적 힘에 의한 절단이나 햇빛의 자외선에 의한 화학적 변형 등에 취약하다. 또한 자연환경은 죽거나 손상된 세포, 또는 미생물 감염에

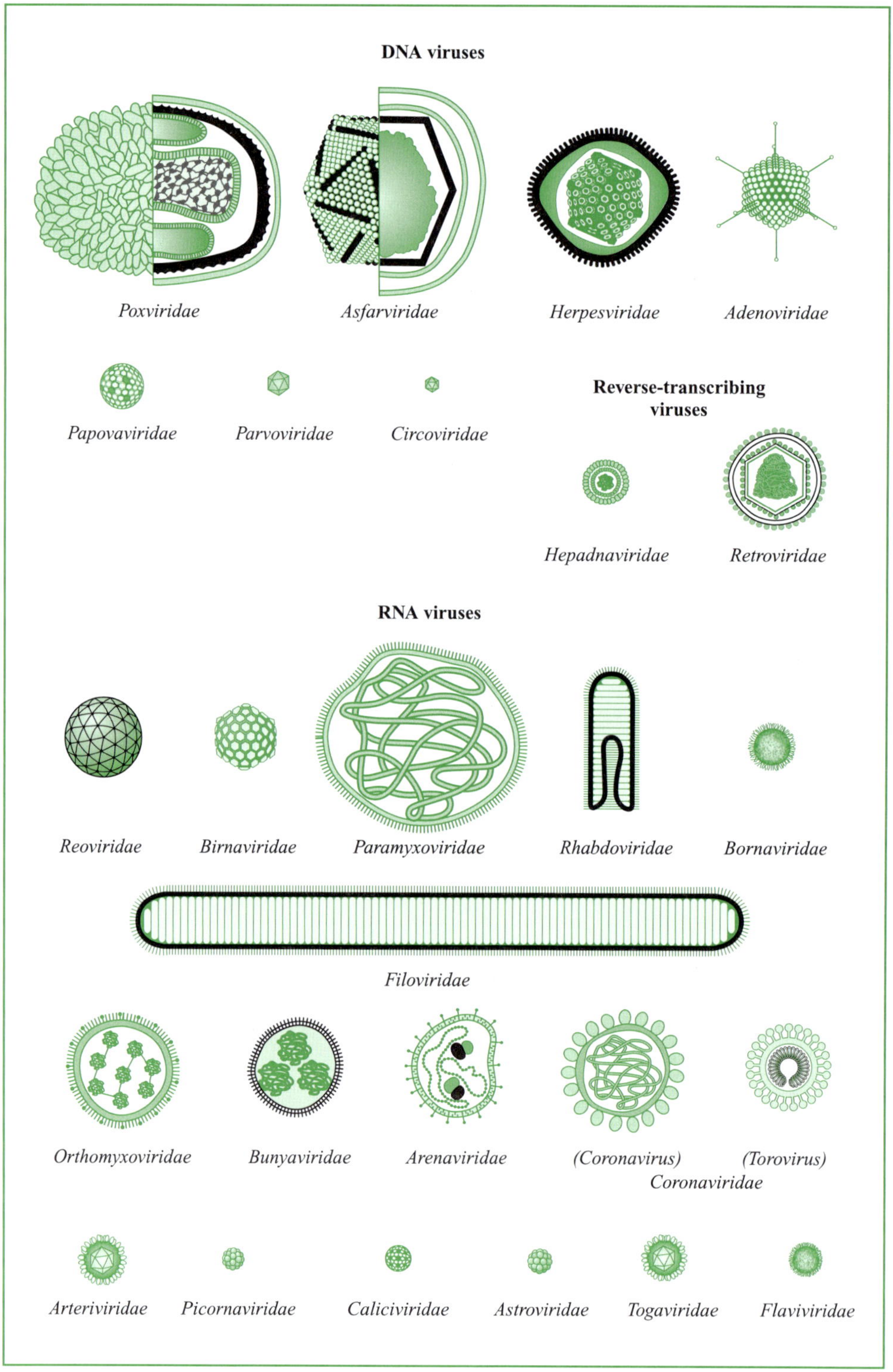

DNA viruses

Poxviridae *Asfarviridae* *Herpesviridae* *Adenoviridae*

Papovaviridae *Parvoviridae* *Circoviridae*

Reverse-transcribing viruses

Hepadnaviridae *Retroviridae*

RNA viruses

Reoviridae *Birnaviridae* *Paramyxoviridae* *Rhabdoviridae* *Bornaviridae*

Filoviridae

Orthomyxoviridae *Bunyaviridae* *Arenaviridae* *(Coronavirus)* *(Torovirus)*
Coronaviridae

Arteriviridae *Picornaviridae* *Caliciviridae* *Astroviridae* *Togaviridae* *Flaviviridae*

그림 2.1 동물성 바이러스, 인수공통 바이러스 및 사람의 병원체 가 포함된 다양한 바이러스 과들의 모양과 크기를 나타낸 도해. 각 비리온(virion)들은 크기에 따라 그렸지만 입자 구조를 나타내기 위해 미술적인 기법을 적용하였다. 일부 비리온은 캡시드(capsid)와 외막(envelop)의 절단구조와 내부의 유전체를 함께 나타내었다. 크기가 매우 작은 비리온은 크기와 대칭구조만을 나타내었다. (Courtesy of F.A. Murphy, School of Veterinary Medicine, University of California, Davis)

대응하기 위해 척추동물들이 의도적으로 방출하는 각종 핵산분해효소들로 가득 자있다. 단일가닥으로 구성된 유전체를 갖는 바이러스들의 경우, 단 한 곳의 인산에스테르 결합이 끊어지거나 단 한 개의 뉴클레오티드만 화학적으로 변형되어도 유전체의 복제가 불가능해져 바이러스로서의 생명력을 잃게 된다. 그렇다면 유전체는 어떻게 보호될 수 있을까? 바이러스 **캡시드**는 동일한 단백질 분자들, 즉 단백질 소단위체(subunit)들이 반복적으로 결합되어 만들어지며 따라서 바이러스 입자 한 개 당 수많은 개수의 소단위체가 존재한다. 따라서 단백질 소단위체 한 두 개 정도가 손상될 경우, 그 소단위체들이 기능을 잃을 수는 있겠지만 입자 전체의 감염성을 파괴시키기는 쉽지 않다.

바이러스 입자의 지름은 불과 10억분의 1미터 정도에 지나지 않지만 입자의 바깥층을 이루는 단백질 껍질은 매우 단단하여 Perspecs® 혹은 Plexiglas® 등과 같은 플라스틱의 견고함에 버금간다. 그러나 이 껍질은 또한 가소성도 뛰어나 특별히 손상되는 일 없이 3단계에 걸친 형태변화가 가능하다. 이와 같은 강도, 유연성 및 극히 작은 크기의 조합은 바이러스의 입자를 물리적 압력을 사용하여 깨뜨려 여는 일이 불가능하지는 않더라도 물리적으로 어렵다는 것을 의미한다.

바이러스 입자의 외부 표면은 또한 숙주세포를 인식하고 첫 번째 접촉이 이루어지는 곳이기도 하다. 이와 같은 만남은 우선 특이적인 하나의 **바이러스-부착 단백질**(virus-attachment protein)과 숙주세포의 **수용체**(receptor) 분자 사이에 결합이 형성됨으로써 시작된다. 뿐만 아니라, 바이러스 캡시드는 바이러스의 **유전체**를 숙주세포와 상호작용 할 수 있는 형태로 전달해주는 기능이 있어 바이러스가 감염을 시작하는데 기여하기도 한다. 경우에 따라서 이 단계는 단순히 숙주세포의 세포질 속으로 바이러스 유전체를 쏟아 놓는 정도의 과정이 될 수도 있지만 훨씬 더 복잡한 과정으로 이루어지기도 한다. 예를 들어, retrovirus는 숙주세포에 들어간 후에도 유전체가 입자에 아직 담겨있는 동안 단일가닥의 RNA를 이중가닥의 DNA로 변환시키고, 그 다음에야 DNA는 숙주세포의 핵 안으로 유입된다. 이와 같이 캡시드는 바이러스 감염을 정립시키는 매우 핵심적인 역할을 맡고 있다.

바이러스들은 감염능력을 갖춘 입자를 구성하기 위해 두 가지의 근본적인 문제를 극복해야만 한다. 첫째로, 바이러스들은 입자를 구성하는 요소들 자체에 갖춰진 정보를 이용하여 입자를 조립해야 한다는 점이다. 둘째, 입자를 구성하는 단백질 분자들의 모양이 불규칙함에도 불구하고 바이러스 입자들은 규칙적인 기하학적 구조를 형성해야 한다는 점이다. 바이러스처럼 단순한 생명체가 어떻게 이처럼 어려운 문제들을 해결할 수 있었을까? 두 문제에 대한 공통의 해결책은 다름 아닌 대칭의 법칙(rule of symmetry)에 있다.

캡시드 대칭과 바이러스의 건축술

간단한 바이러스 입자로서, 가운데가 텅 비어있고 그 속에 **유전체**를 담아 넣을 수 있는 하나의 단백질로 만들어진 바이러스 **캡시드**를 생각해 봄직하다. 그러나 이와 같은 배열은 다음과 같은 이유들로 인해 실제로는 만들어지지 않는다. 한 개의 아미노산을 지정하는 하나의 유전암호는 3개의 뉴클레오티드(혹은 염기쌍)들이 합해진 것이다. 물론 바이러스의 유전암호도 숙주세포의 시스템에 의해 번역될 수 있어야 하므로 바이러스들이라고 해서 보다 경제적인 대체 방법이 있는 것은 아니다. 3개의 뉴클레오티드로 구성된 유전암호 하나의 평균 분자량을 약 1000이라 하고 아미노산 하나의 평균분자량을 약 150이라고 할 때, 하나의 유전자가 암호화할 수 있는 단백질의 크기는 핵산분자량의 15%를 넘길 수 없을 것이다. 그러므로 바이러스의 캡시드는 여러 개의 동일한 단백질 소단위 분자를 반복적으로 사용하여 만들어야만 하며 이와 같은 단백질 소단위체들을 어떤 방법으로 배열할 것인가의 문제를 해결해야 한다.

1957년, Heinz Fraenkel-Conrad와 R. C. Williams는 정제된 tobacco mosaic virus(TMV)의 RNA와 외피 단백질을 함께 섞어 배양하면 바이러스 입자가 형성된다는 것을 보여주었다. 아무런 외부 정보의 도입 없이 정제된 단백질 소단위체만으로 바이러스 입자들이 형성될 수 있음을 발견한 것은 입자들이 자유에너지 최소준위에 있으며 따라서 입자구조는 구성요소들이 선호하는 구조임을 의미한다. 이러한 안정성은 바이러스 입자들의 주요 특징이다. 일부 바이러스들이 구조적으로 매우 취약하고 숙주세포에 의한 보호적 환경을 떠난 후에는 생존능력이 급격히 떨어지긴 하지만 다수의 바이러스들은 자연 환경에서도 오랜 기간 동안 잘 버텨내며 일부는 수년 이상 감염능력을 잃지 않기도 한다.

바이러스 입자의 조립을 이끄는 힘에는 소수성 및 정전기적 상호작용이 포함되며 공유결합이 다수의 소단위체를 연결하기 위해 사용되는 경우는 흔치 않다. 생물학적 용어로 말하면 이는 단백질-단백질, 단백질-핵산, 그리고 단백질-지방 사이의 상호작용이 이용된다는 것을 의미한다. 아직까지는 이러한 상호작용들이 세세한 수준까지 완전히 이해되고 있다고 말할 수 없지만 서로 다른 다양한 종류의 바이러스 입자 구성을 주도하는 일반적 원리 및 반복된 구조적 모티프(motif)들은 현재 잘 이해되어 있다. 이 부분은 바이러스 구조의 두 가지 주류인 **나선형** 대칭(helical symmetry) 및 **정이십면체형**(icosahedral) 대칭에서 논의해보자.

나선형 캡시드

Tobacco mosaic virus(TMV)는 바이러스의 두 가지 주요 구조유형 중 나선 대칭의 대표적 예이다. 다수의 동일 단백질 소단위체들을 배열하는 가장 단순한 방법은 회전 대칭(rotational symmetry)을 기초로 하나의 원을 따라 부정형의 단백질 분자들을 배열하여 가운데가 뚫린 원반(disk)을 만드는 것이다. 그 다음 여러 개의 원반들을 하나씩 쌓아 올려 원통을 구성하고 원통의 내부 공간에 **유전체**가 담기도록 하면 된다. TMV를 이용한 단백질 변성 및 상(phase) 전환 연구는 바이러스 입자가 바로 이 방법을 택해 구성되었음을 제시하고 있다(제1장 참조).

X-선 결정분석법을 이용한 TMV 입자의 정밀연구에 의해 **캡시드**의 구조는 단순히 원반이 쌓여 있다기보다는 실제로 **나선**을 형성하고 있음이 밝혀졌다. 나선은 수학적으로 두 개의 매개변수에 의해 측정될 수 있다: 하나는 원통의 지름 즉, 진폭(amplitude)이고 다른 하나는 나선이 1회전할 때 점유하는 거리 즉, 피치(pitch)이다(그림 2.2). 어찌 보면, 나선이란 서로 간에 일정한 상관관계(진폭과 피치)를 유지하며 반복되는 요소들이 중첩되어 구성되는 단순한 구조이다. 만약 이와 같은 단순한 상호연결이 망가지면 나선은 곧 풀어져 바이러스의 유전체를 안전하게 담지 못하는 불안정한 나선유사구조가 될 것이다. 단백질 소단위체 각각의 측면에서 보면 나선은 1회전 당 존재하는 소단위체의 개수(m)와 소단위체 당 나타나는 축의 높이(p)로 설명될 수 있다. 따라서 나선의 피치 P는 다음과 같이 표현된다:

$$P = \mu \times p$$

TMV의 경우, $\mu = 16.3$으로서 나선 1회전 당 16.3개의 외피 단백질 분자가 존재하며 $p = 0.14$ nm이다. 따라서 TMV 나선의 피치는 16.3 × 0.14 = 2.28 nm가 된다. TMV 입자는 단단한 막

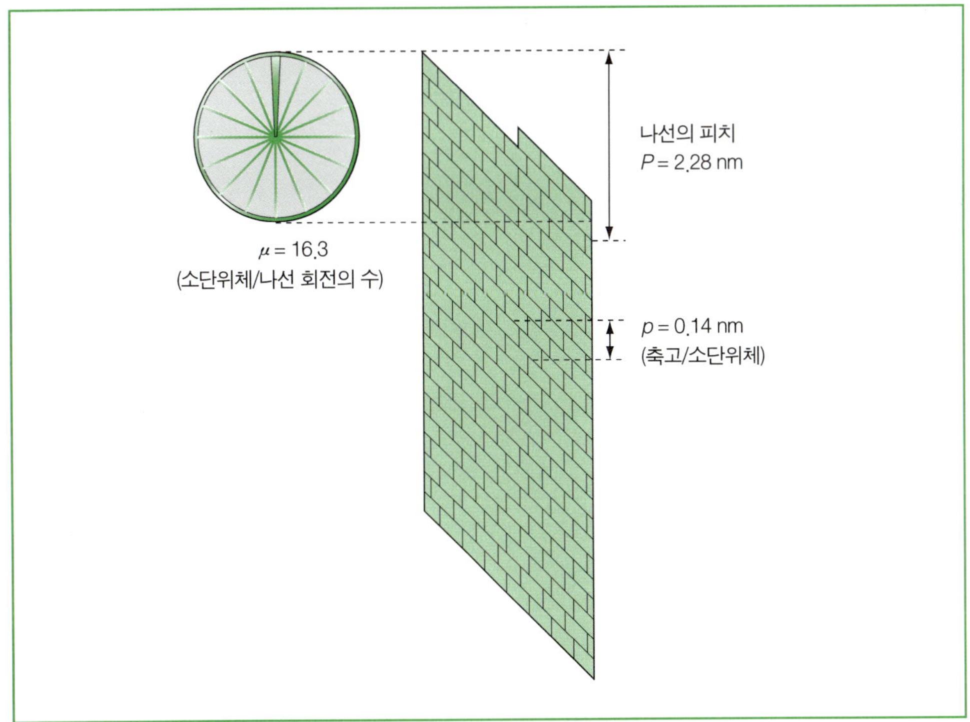

그림 2.2 Tobacco mosaic virus(TMV)는 한 종류의 외피 단백질 여러 개가 일정 관계를 유지하며 피치가 22.8 Å인 나선을 형성하는 캡시드를 갖는다.

대모양의 구조이지만 나선구조 바이러스들 중 일부는 상당히 유연한 입자구조를 갖는 경우도 있으며 상대적으로 길이가 긴 나선구조 바이러스 입자들은 종종 휘거나 굽은 모양으로 관찰된다. 입자의 유연성(flexibility)은 중요한 특성으로 생각된다. 나선의 길이가 길수록 입자는 전단응력(shear force)에 보다 취약하지만 입자가 휘어질 수 있다면 절단이나 손상 가능성을 줄여줄 수 있기 때문이다.

나선형 대칭이 단일 종류의 단백질 소단위체로 입자를 구성하는 유용한 배열방법이라는 사실은 이러한 유형의 캡시드 배열로 진화해온 많은 바이러스 종류를 통해 확인된다. 가장 단순한 형태의 나선형 캡시드로 M13 및 fd 등으로 잘 알려진 *Inoviridae* 과(family)의 **박테리오파지**(bacteriophage)를 들 수 있다. 이 **파지**(phage)들의 입자는 5종류의 단백질로 구성되어 있으며 길이는 900 nm, 지름은 9 nm 정도이다(그림 2.3). 주요 외피 단백질은 파지 유전자 8(g8p)의 발현산물로서 입자 1개 당 2700~3000 조각이 존재한다. 나머지 4종류의 파지 유전자에서 발현되는 부차적인 캡시드 단백질들(g3p, g6p, g7p 및 g9p)은 각 5조각씩 존재하며 필라멘트형 입자의 양쪽 말단에 위치하고 있다. 외피 단백질 g8p의 1차 구조는 입자 구조특

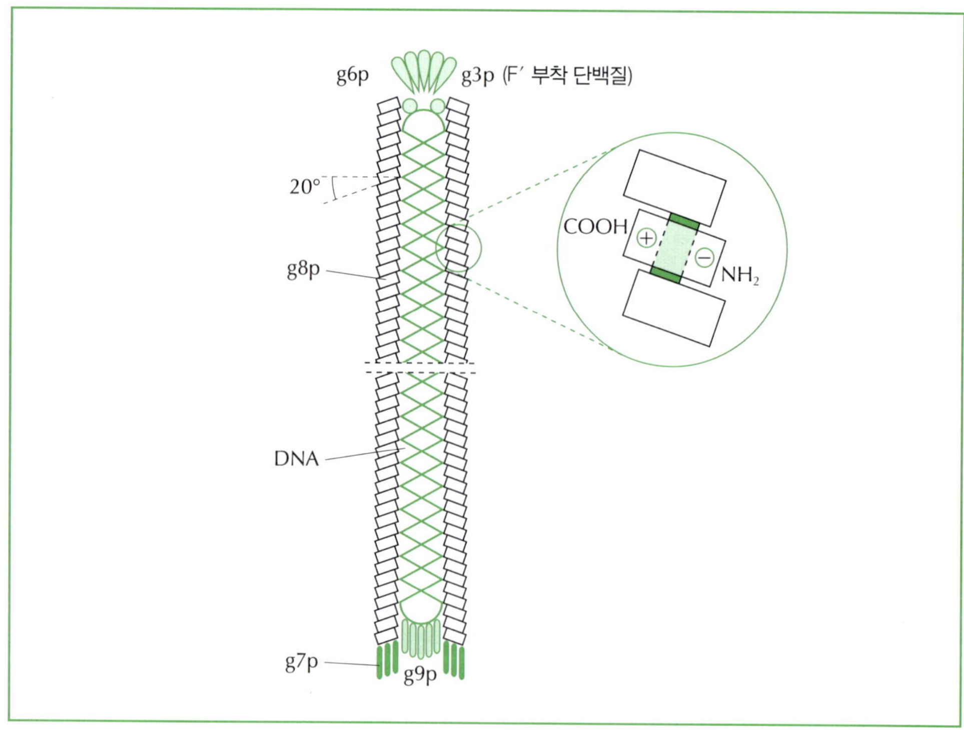

그림 2.3 Enterobacteria phage M13 입자(*Inoviridae*)의 모식도. 주요 외피 단백질인 g8p가 나선형으로 배열되어 물고기의 비늘처럼 서로 겹쳐진다. 비리온의 생물학적 활성에 필요한 다른 캡시드 단백질들은 입자의 양 끝에 위치하고 있다. 원 안의 그림은 g8p 단량체 사이의 소수성 상호작용을 보여주고 있다(엷은 회색 부분).

성의 많은 부분을 설명해주고 있다. 최종적으로 다듬어진 g8p 분자는 약 50개의 아미노산 잔기로 만들어져 있고(23개의 아미노산으로 구성된 신호서열은 단백질 전구체가 숙주 박테리아의 외막으로 이동하는 과정 중에 잘려나간다) 거의 대부분이 α-나선 구조를 이루고 있어 분자 자체가 짧은 막대 모양을 형성한다. 이 막대 모양 분자에서는 3가지의 특징적인 도메인(domain)들을 찾아볼 수 있다. 아미노기 말단(amino-terminus)에는 산성 아미노산 잔기들로 구성된 음전하를 띤 지역이 있어서 바이러스 입자의 친수성 외표면을 형성하고 카복시 말단(carboxy-terminus)에는 염기성의 양전하 지역이 있어, 음전하를 띤 DNA 유전체와 인접하는 단백질 원통의 안쪽 면을 덮고 있다. 이 두 도메인 사이에 위치한 소수성 지역은 g8p 소단위체 사이에 상호작용이 일어나는 곳으로서 박테리오파지 입자의 안정된 구조 형성에 기여한다(그림 2.3). Inovirus 입자들은, 지질 구성요소들을 전혀 갖고 있지 않음에도 불구하고 클로로포름(chloroform)으로 처리하면 산산이 부서지며 이는 외피 단백질 소단위체 사이의 소수성 상호작용에 의한 연결로써 입자가 만들어진다는 사실을 의미한다. 나선이 회전되는 연결부위에서 g8p 소단위체는 입자의 장축(long axis)을 기준으로 약 20도 가량 기울어진 상태로 그 다음 소단위체와 맞물려 연결되어 마치 물고기의 비늘처럼 연쇄적으로 겹쳐있다. 나선의 완전한 1회전 당 존재하는 단백질 소단위체의 수를 나타내는 μ는 4.5이고 소단위체의 축고(axial rise)는 $p = 1.5$ nm이다.

파지의 DNA는 나선형 입자의 중심 코어(core)에 담겨지므로 입자의 길이는 유전체의 길이에 따라 정해진다. 모든 Inovirus의 표본을 관찰해보면 예외 없이 폴리파지(*polyphage*, 원래 유전체 길이의 1배 이상의 DNA가 담겨 있다), 미니파지(*miniphage*, 유전체 일부가 결실되어 원래 길이의 0.2~0.5에 해당하는 DNA가 담겨 있다), 맥시파지(*maxiphage*, 원래 유전체 길이의 1배 이상의 DNA가 담겨 있지만 유전적 결함이 있는 형태)들이 모두 발견된다. 분자생물학자들은 이와 같은 필라멘트형 입자들의 가소성(plastic property)을 이용하여 M13 유전체를 클로닝 벡터(cloning vector)로 개발하기에 이르렀다. 파지 유전체에 외래 DNA를 끼워 넣으면 원래의 야생형(wild-type) 필라멘트보다 길어진 재조합 파지 입자가 만들어진다. 이 같은 필라멘트형 입자구조는 대부분의 바이러스와는 달리 입자에 담기는 유전체 길이의 한계를 엄격하게 제한하지 않는다. 그러나 M13 유전체의 길이가 길어질수록 복제효율은 떨어진다. 재조합 파지의 유전체 길이가 야생형 보다 1~10% 정도 더 긴 경우에는 특별히 문제가 되지 않는데 비해 10~50% 범위로 길어질 때는 복제가 급격히 늦어진다. 재조합 유전체의 길이가 정상길이의 50% 이상 늘어난 경우에는 늘어난 정도에 따라 재조합 파지를 얻어낼 확률은 점차 낮아진다.

Inovirus 캡시드의 구조는 적절한 박테리아 숙주세포에서 일어나는 감염과정들을 설명해주기도 한다. Inovirus 파지는 '웅성-특이적(male-specific)'이다. 즉, 표면에 F 선모(pilus)를 갖고 있는 대장균(*Escherichia coli*)에만 감염할 수 있다. 감염과정에서 일어나는 첫 번째 사건은 g6p와 함께 필라멘트 구조의 한 쪽 끝에 위치한 g3p와 F 선모 선단 사이의 상호작용이다. 이 상호작용은 g8p의 구조적 변화를 일으킨다. 우선, 100% α-나선구조가 85%의 α-나선으로 변화되고 이로 인해 필라멘트의 길이가 짧아진다. F 선모의 끄트머리에 결합한 바이러스 입자 구조가 활짝 열리고 파지 DNA가 노출된다. 이어서 g8p의 2차적인 구조변화가 일어나면서 필라멘트의 알파나선은 85%에서 50%로 축소되고 파지 입자는 지름 40 nm 정도의 속 빈 구형으로 변하게 된다. 이때 파지의 DNA가 밀려나오며 숙주세포의 감염이 시작되는 것이다.

나선 대칭은 식물 바이러스에서도 많이 찾아볼 수 있다(부록 2,). 이 입자들은 길이가 약 100 nm(tobravirus)에서 약 1,000 nm(closterovirus)에 이르기까지 다양하다. 가장 많이 연구된 사례는 앞서 말한 TMV로서 tobamovirus에 속한다. 상당수의 식물 바이러스들이 왜 이와 같은 입자구조를 갖는 쪽으로 진화해 왔는지는 명확하지 않지만 숙주 식물세포의 생물학적 특성이나 숙주와 숙주 사이의 전파(transmission)방법과 관련이 있을 것으로 생각된다.

나선구조로서 나출형(naked, non-enveloped)인 동물 바이러스는 없다. 이는 입자구조와 숙주세포의 생물학적 특성 및 바이러스 전파와의 관련성을 다시 한 번 일깨우지만 정확한 이유는 확실하지 않다. 나선 대칭구조를 가진 동물 바이러스는 무수히 많지만 입자의 제일 바깥 쪽은 모두 지질 외막(lipid envelop)으로 싸여있다. 이 같은 구조의 바이러스들을 일일이 열거하기에는 너무 많지만 사람을 감염하는 것들 중 매우 잘 알려진 예로 인플루엔자(influenza) 바이러스(*Orthomyxoviridae*), 유행성이하선염(mumps) 바이러스와 홍역(measles) 바이러스(Paramyxoviridae), 그리고 광견병(rabies) 바이러스(*Rhabdoviridae*) 등이 있다. 이들 모두 단일가닥의 음성(negative-sensed) RNA 유전체를 가지고 있다(제3장 참조). 이 바이러스들의 분자적 디자인은 모두 비슷하다. 감염된 세포 내부에서 바이러스 핵산과 염기성의 핵산결합 단백질은 함께 응축되어 나선형의 뉴클레오캡시드(nucleocapsid)를 구성한다. 이 단백질-핵산 복합체는 물리적, 화학적 요인에 의해 손상되기 쉬운 바이러스 유전체를 보호하고 경우에 따라서는 바이러스 복제와 관련된 일정 기능을 수행하기도 한다. 외막은 숙주세포의 막으로부터 유래한 것이며 바이러스가 증식하는 과정 중 막에 연결된 단백질 분자들과 함께 뉴클레오캡시드 코어에 첨부된다(제4장 참조).

외막으로 덮인 나선형의 동물 바이러스 중 일부는 상대적으로 단순한 구조를 갖고 있다. 예로는 rabies virus와 이 바이러스와 가까운 종류인 vesicular stomatitis virus(VSV)가 이에 해당한다(그림 2.4). 이 바이러스들의 입자는 음성 RNA 유전체를 감싸며 형성된 구조로서 rhabdovirus 유전체의 길이는 약 11,000 뉴클레오티드(11 kilobase, 11 Kb)에 달한다. RNA 유전체와 염기성의 뉴클레오캡시드 단백질(N)이 상호 작용하여 약 5 nm 정도 피치의 나선형 구조를 형성하고 여기에 두 종류의 비구조(non-structural) 단백질 L과 NS(바이러스 중합효소의 구성요소이다: 제4장 참조) 등이 결합하여 바이러스 입자의 코어(core)를 형성한다. 중심 코어를 구성하는 핵산단백질(nucleoprotein) 복합체는 대략 30~35회전의 나선구조이며 길이와 지름은 각각 180 nm와 80 nm이다. 각각의 N 단백질 단량체(monomer)의 크기는 약 $9 \times 5 \times 3$ nm이며 한 개당 RNA 유전체 뉴클레오티드 9개와 마주하고 있다. 앞서 말한 필라멘트형 파지 입자들의 경우와 마찬가지로 N 단백질의 역할은 RNA 유전체를 안정시키고 화학적, 물리학적 요인이나 효소에 의한 손상으로부터 보호하는 것이다. 대부분의 외막을 가진 바이러스들의 공통점은 뉴클레오캡시드를 감싸는 부정형의 층이 있어 중심코어와 이를 덮고 있는 외막 사이를 연결한다는 점이다. 이 층을 간질 또는 매트릭스(matrix)라고 한다. 매트릭스(M) 단백질은 일반적으로 바이러스 입자를 구성하는 단백질 중 가장 많은 수를 차지하고 있다: 예를 들어 VSV 입자 하나를 구성하는 데는 약 1,800개의 M 단백질 조각과 1,250개의

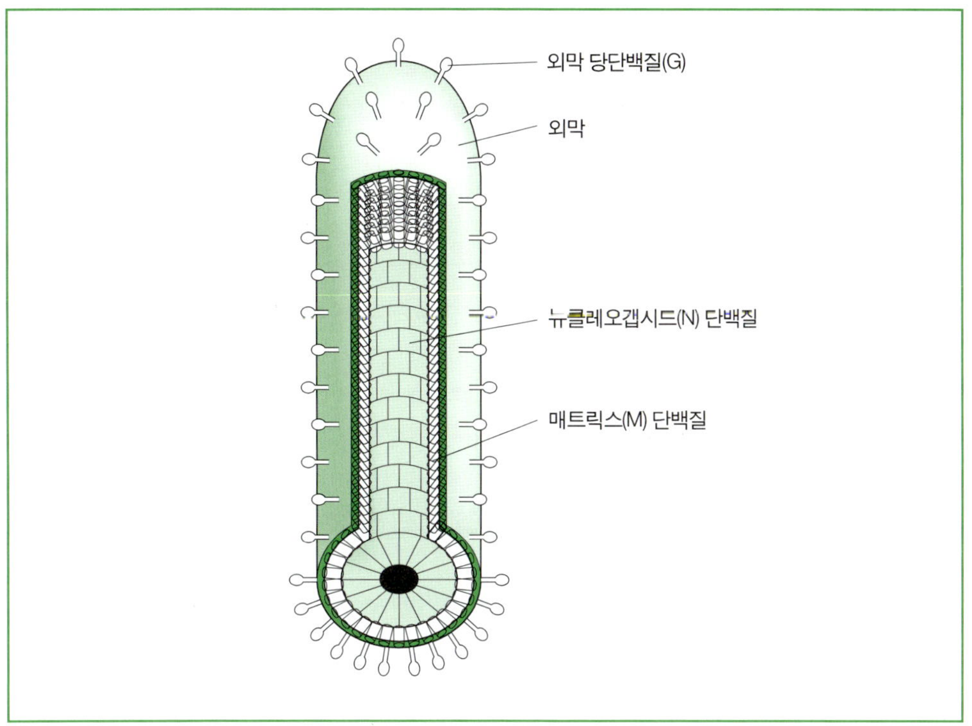

그림 2.4 Vesicular stomatitis virus와 같은 rhabdovirus 입자는 안쪽에 나선형의 뉴클레오캡시드가 있고 그 바깥을 지질 외막 및 연관된 당단백질이 둘러싸고 있다.

N 단백질 조각이 필요하다. 지질 외막과 이에 관련된 단백질들은 후반부에 조금 더 자세하게 논의될 것이다.

서로 다른 그룹의 많은 바이러스들이 나선 대칭의 방향으로 진화해왔음은 확실하다. 유전체의 크기가 작은 단순한 바이러스들은 여러 종류의 캡시드 단백질을 만들기 위한 유전적 부담을 최소화하면서 유전체를 보호할 수 있는 이러한 건축술을 이용한다. 보다 복잡한 구조의 바이러스 입자들도 이 같은 나선구조를 바이러스 입자의 기반구조로 이용하지만 추가적인 단백질과 지질층 구성으로 정교한 작업이 더해진다.

정이십면체형 캡시드

바이러스 캡시드를 구성하는 또 다른 방법으로는 단백질 소단위체를 배열하여 속이 비어 있는 공 또는 구와 유사한 구조를 만들고 유전체를 그 내부에 담는 것이다. 소단위체 분자들을 다면체의 표면에 배열하는 기준(criteria)들은 나선을 만드는 일보다는 조금 더 복잡하다. 이론적으로, 동일한 모양의 소단위체들을 연결하여 만들 수 있는 다면체의 수는 적지 않다. 정사면체(4개의 정삼각형), 정육면체(6개의 정사각형), 정팔면체(8개의 정삼각형), 정십이면체

(12개의 정오각형), 그리고 20개의 정삼각형이 구면을 따라 배열되어 구성되는 **정이십면체**까지 모두 5종류가 이에 해당된다(그림 2.5).

1960년대 초반, 많은 수의 조그마한 구형(spherical) 바이러스 입자들을 전자현미경으로 관찰한 결과 모두 **정이십면체형**(icosahedral) 대칭을 이루고 있음이 밝혀진 바 있다. 처음 관찰 당시에는 다수의 서로 다른 바이러스들이 이 대칭구조를 공통적으로 '선택'한 이유가 명확하게 설명되지 못했다. 그러나 이론적으로 정사면체나 정육면체와 같은 비교적 단순한 대칭 배열로 **캡시드**를 구성할 수 있음에도 불구하고 그렇게 하지 않는 실질적인 이유들이 있다. 앞에서 말한 바와 같이 유전적 용량(capacity)을 고려할 때, 적은 수의 크기가 큰 소단위체보다는 작고 동일한 모양의 소단위체 분자들을 반복적으로 연결하여 캡시드를 구성하는 것이 보다 경제적이다. 불과 4개의 동일한 단백질 분자로 구성된 단순한 정사면체 구조의 내부 용적은 가장 작은 크기의 바이러스 유전체조차도 담기 어려울 것으로 생각된다. 설령 담을 수 있다 하더라도 구성 소단위체들 사이의 틈이 너무 벌어져 다면체는 밀폐되지 못할 것이고 그렇게 되면 바이러스 **유전체**를 담아 보호해야 하는 캡시드로서의 일차적인 기능을 수행하지 못하게 된다.

여러 소단위체들을 반복적으로 배열하여 캡시드를 구성하기 위해서 바이러스는 이 단위체들의 배열 방식을 주도하는 '규칙을 알아야' 한다. **정이십면체**를 구성하기 위한 규칙들은 2-3-5 대칭으로 알려져 있는 다면체의 회전대칭에 바탕을 두고 있으며 이 대칭의 특성은 다음과 같다(그림 2.5):

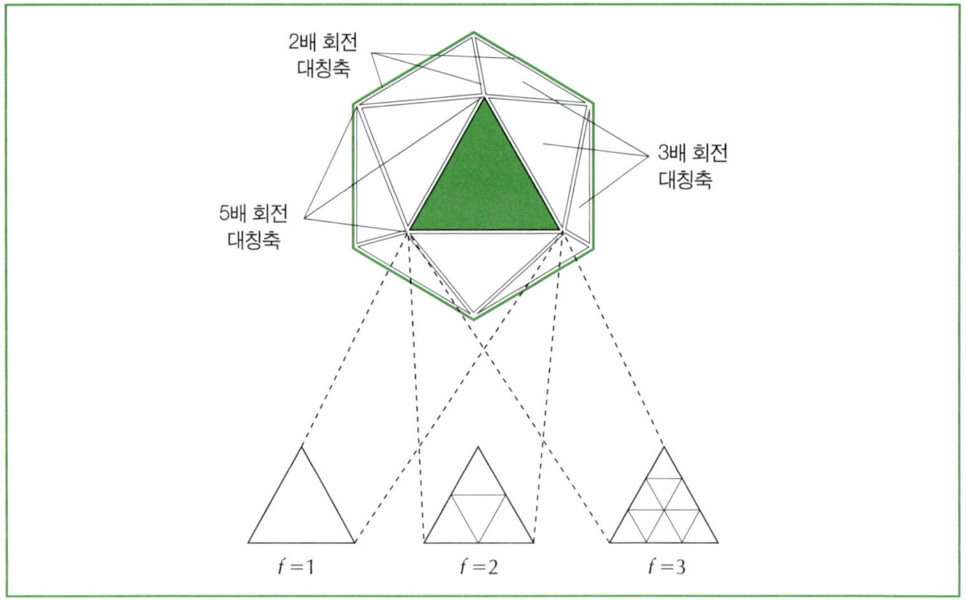

그림 2.5 정이십면체의 2-3-5 대칭을 나타낸 도해. 보다 복잡한('고차원') 정이십면체들도 구조물의 삼각분할수, $T=f^2 \times P$에 의해 정의될 수 있다. 일반적인 정이십면체는 정삼각형으로 구성된 면을 가지며 P가 1 또는 3일 때 만들어진다. P가 그 외의 수일 때는 오른쪽이나 왼쪽으로 비틀린 형태의 보다 복잡한 구조가 된다.

- 2배(two-fold) 회전대칭의 축은 삼각형을 구성하는 각 변의 중심을 관통한다.
- 3배(three-fold) 회전대칭의 축은 삼각형의 중심을 관통한다.
- 5배(five-fold) 회전대칭의 축은 각 삼각형의 한쪽 구석들이 합쳐져 만드는 꼭지점(vertex)을 관통한다.

단백질 분자들은 모양이 불규칙하여 정상적인 등변 삼각형을 만들 수 없으므로 가장 단순한 형태의 정이십면체형 캡시드는 3개의 동일한 소단위체가 모여 각각의 삼각형을 구성하여 만들어진다. 즉, 하나의 완전한 캡시드를 형성하는데 모두 60개의 동일한 소단위체가 필요하다는 것을 의미한다. 이와 같은 방법으로 구성된 단순구조의 바이러스 입자들도 여러 종류가 알려져 있다: *Microviridae* 과의 $\phi X174$와 같은 **박테리오파지**(bacteriophage)들을 그 예로들 수 있다. 먼저, **프로캡시드**(procapsid)라고 부르는 속이 텅 빈 형태의 입자 전구체가 이 박테리오파지의 조립(assembly)과정에서 형성된다. 프로캡시드의 조립은 성숙된 비리온에서는 발견되지 않는 2개의 골격단백질(scaffolding protein)을 필요로 한다.

대부분의 정이십면체형 바이러스 캡시드들은 60개 이상의 소단위체들을 포함하고 있는 것으로 밝혀졌으며 이는 앞서 말한 유전학적 경제성과 관련이 있는 것으로 생각된다. 그러나 이 사실은 새로운 문제점을 제기한다. 60개의 동일한 소단위체로 구성되는 정상적인 **정이십면체**는 각 소단위체가 모두 등가의 결합을 할 수 있기 때문에 매우 안정된 구조를 형성한다. 즉, 각 소단위체들은 서로 동일한 공간을 유지하며 각각의 자유에너지가 최소인 상태로 존재한다. 그러나 소단위체의 수가 60개 이상이 되면 인접한 모든 소단위체 사이에 정확한 등가 결합을 형성하는 완전한 대칭적 배열은 불가능하다. 왜냐하면 진정한 의미의 정이십면체는 20개의 소단위체 만으로 구성되기 때문이다. 이 문제를 해결하기 위해 1962년 Donald Casper와 Aaron Klug은 **유사등가**(quasi-equivalence)이론을 제안하였다. 이 간단한 이론에 따르면, 동일한 지역적 환경조건에 놓이는 소단위체들은 서로 인접한 단위체들 사이에 거의 등가에 가까운 결합을 형성함으로써 여러 개의 소단위체들이 합쳐져 정이십면체형을 구성한다는 것이다. 이와 같은 고차적 정이십면체의 경우에 입자의 대칭은 정이십면체의 **삼각분할수**(triangulation number)에 의해 정의된다(그림 2.5). 삼각분할수 T는 다음과 같이 정의 된다:

$$T = f^2 \times P$$

여기서 f는 삼각형 각 변에 접한 소분할(subdivision)의 수를 나타낸다; 따라서 f^2는 각 삼각형 면에 포함되어 있는 소삼각형(subtriangle)들의 개수가 된다; 그리고 $P = h^2 + hk + k^2$ 이며 h와 k는 음수가 아닌 정수이다. 이는 T 값이 일련의 1, 3, 4, 7, 9, 12, 13, 16, 19, 21, 25, 27, 28 등에 해당된다는 의미이다. $P = 1$ 또는 3일 때 정상적인 정이십면체가 만들어진다. 그 외에 나머지 P값들은 다소 비틀린 형태의 정이십면체형을 형성하게 되며 정이십면체를 구성하는 소삼각형들은 각 면이 서로 맞닿는 경계선을 기준으로 볼 때 대칭적으로 배열되어 있지는 않다(그림 2.6). $T = 1$ (*Microviridae*, 예: $\phi X174$), $T = 3$ (다수의 곤충 및 식물, 동물 바이러스, 아래 참조), $T = 4$ (*Togaviridae*) 그리고 $T = 7$ (λ와 같이 꼬리부분을 가진 **박테리오파지**들의 머리부분) 정이십면체형 바이러스 입자들의 자세한 구조들이 밝혀진 바 있다.

보다 큰 삼각분할수로 나타내는 바이러스 입자들은 정이십면체의 면과 꼭지점을 연결하

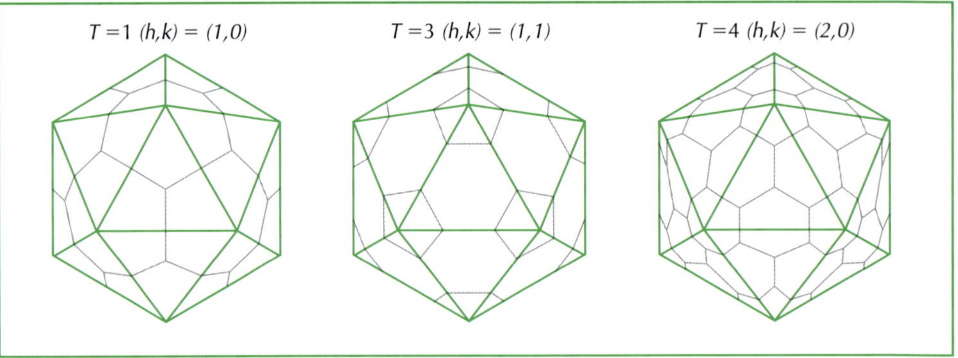

그림 2.6 삼각분할수가 1, 3, 및 4에 해당하는 정이십면체들.

기 위해 좀 더 다른 소단위체 조합 방법을 이용하며 기본 틀로서 작용하는 내부 골격단백질을 가진다. 일반적으로, 이 골격단백질들은 미리 형성된 단백질들의 소단위 조합체들을 한데 모아 캡시드를 형성하는 과정을 주도한다(ϕ*X*174 형성과정 참조). 정이십면체 대칭의 기본구조가 다양하게 변형되는 현상은 많은 바이러스 입자들에서 끊임없이 발견되고 있다. 예를 들어, *T* = 1 정이십면체 한 쌍이 융합되어 만들어진 geminivirus 입자들은 각 입자마다 하나씩의 오량체(pentamer)를 잃게 된다(이 바이러스의 이름도 그리스신화에 나오는 쌍둥이 Castor와 Pollux에서 유래). Geminivirus 입자들은 110개의 캡시드 단백질 소단위체와 하나의 양성(+)단일가닥인 ~2.7kb 정도의 DNA로 이루어져 있다(제3장). 정이십면체 대칭의 구성요소들은 보다 큰 단위의 단백질 조합을 이루는 하부구조에서 종종 확인할 수 있다(복합구조형 바이러스 참조).

Picornavirus(*Picornaviridae*) 종류들은 정이십면체형 바이러스 입자구축의 좋은 표본이다. 최근들어 서로다른 여러 picornavirus들의 캡시드에 대한 원자수준의 구조가 결정되었다. Poliovirus type 1과 3(PV1 과 PV3), foot-and-mouth disease virus(FMDV)와 human rhinovirus 14(HRV-14), 그리고 그 외 여러 종류들이 해당된다. 실제로 이 바이러스들의 입자구조는 곤충바이러스인 *Nodaviridae* 과나 식물바이러스인 comovirus 그룹과 같이 연관성이 없는 다른 많은 바이러스의 입자구조와 놀라울 만큼 비슷하다. 이러한 바이러스 그룹 모두는 지름이 약 30 nm 정도이고 **삼각분할수** *T* = 3인 정이십면체형 캡시드를 갖고 있다(그림 2.7). 이 캡시드는 60개의 단백질 소조합체(subassembly)로 구성되어 있으며 각 소조합체는 3종류의 소단위체 단백질 VP1, VP2, 및 VP3이 합해 형성된다. 즉, 60 × 3 = 180개의 표면 단량체가 모여 하나의 완전한 picornavirus 입자를 구성하게 되는 것이다. 소단위체 단백질 3 종류는 모두 비슷한 구조로서 150~200여 개의 아미노산 잔기로 구성된 'eight-strand anti-parallel β-barrel' 모양으로 묘사된다(그림 2.8). 이와 같은 소단위체 구조는 현재까지 조사된 *T* = 3인 모든 정이십면체형의 RNA 바이러스 캡시드(예: picornavirus, comovirus, nepovirus)에서 공통적으로 발견되며 이는 아마도 특정 바이러스 과 사이의 진화적 상관관계의 거리를 반영하는 것으로 보인다.

이와 같은 *T* = 3 캡시드 구조에 관한 지식은 또한 이러한 입자들이 조립되는 방법과 성숙

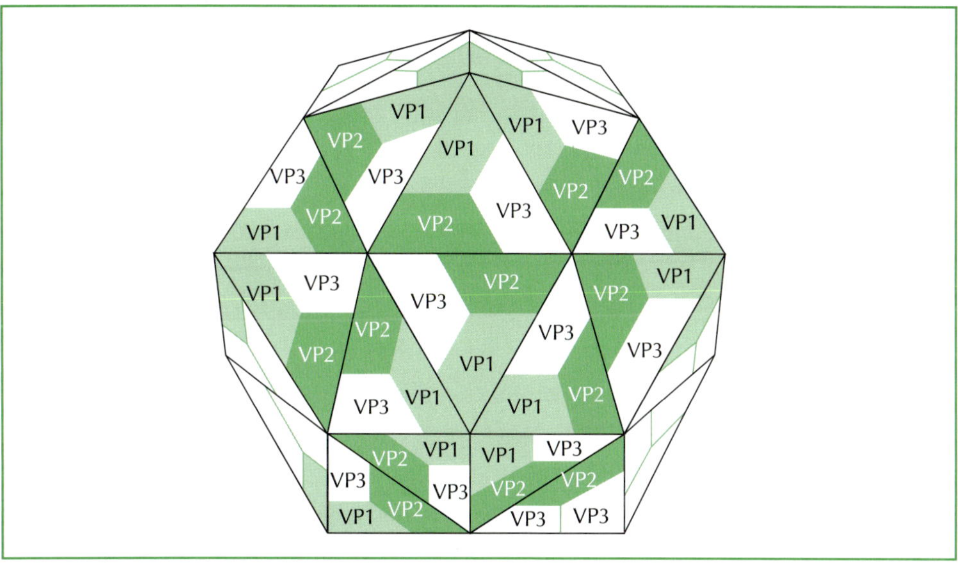

그림 2.7 Picornavirus 입자들은 삼각분할수 $T = 3$인 정이십면체형 구조이다. 세 종류의 단백질 VP1, VP2 및 VP3가 입자의 표면을 덮고 있다. 네 번째 단백질인 VP4는 비리온의 표면에 노출되지는 않지만 캡시드를 만드는 60개의 반복 단위마다 하나씩 존재한다.

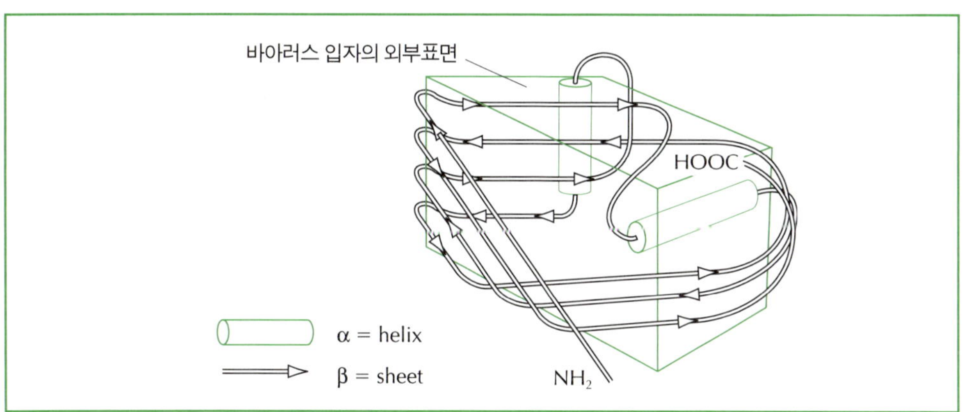

그림 2.8 모든 $T = 3$ 정이십면체형 RNA 바이러스 캡시드에서 발견되는 'eight-strand anti-parallel β-barrel' 소단위 구조.

한 캡시드의 기능에 대한 정보를 나타내기도 한다. Picornavirus 캡시드는 4종류의 구조단백질로 만들어진다. 앞서 말한 3종류의 주요 단백질 VP1, VP2 및 VP3 이외에 자그마한 4번째 단백질인 VP4가 있다. VP4는 대부분이 캡시드의 안쪽에 위치하고 있으며 입자 표면으로 노출되지 않는다. 초기의 **폴리프로틴**(polyprotein, 제5장 참조)가 4개의 캡시드 단백질로 가공되는 방법은 picronavirus에 감염된 세포의 생화학적 연구를 통해 오래 전부터 알려진 바 있다(그림 2.9). VP4는 캡시드 조립의 후반부에 VP0가 VP2 + VP4로 절단되면서 만들어지며 폴리펩티드 번역 후 아미노말단에는 14-탄소 불포화 지방산인 미리스트산(myristic acid)이 공유결합으로 연결된다. 다섯 개의 VP4 단량체는 소수성의 미셀(micelle)을 형성하면서 하나의 5량체를 우선 조립해낸다. 이렇게 만들어진 5량체들이 성숙한 캡시드의 꼭지점들을 구성하며 입자 조립의 주요 전구체가 되는 생화학적 증거가 있다. 그러므로 picornavirus의 캡시드를 만들어내는 단백질의 화학적 특성, 구조와 대칭성 등은 입자의 조립이 어떻게 완성되는지를 보여준다.

Picornavirus는 사람에서 수많은 주요 감염질환을 일으키는 원인 바이러스이기 때문에 바이러스학자들의 집중적인 연구대상이었다. 이러한 관심은 구조적으로 단순한 바이러스들에 대한 지식의 홍수를 가져왔다. Rhinovirus의 구조와 표면 기하학에 관한 상세한 지식을 기반으로 바이러스와 숙주세포, 그리고 면역체계 간의 상호작용에 관한 많은 이해가 이루어졌다. 근년에 이르러는 이처럼 바이러스에 관한 정보뿐 만 아니라 ICAM-1(제4장 참조)과 같은

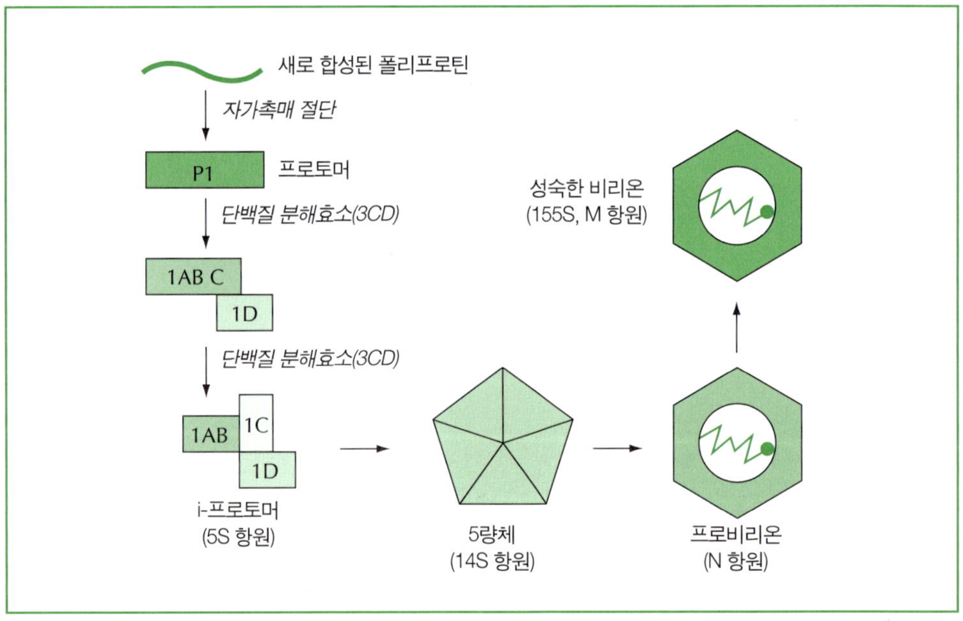

그림 2.9 Picornavirus 캡시드 단백질의 단백질 분해공정.

숙주세포 수용체(cellular receptor)의 정체성에 관해서도 많은 것들이 알려진 바 있다. 이에 더하여 많은 picornavirus 입자들의 면역학적 구조도 밝혀졌다. 일련의 단일클론항체(monoclonal antibody)를 사용하여 숙주세포와 결합하는 바이러스 결합부위들을 일차적 아미노산 서열 수준까지 지정한(mapped) 연구결과들이 발표된 바 있다. 이 연구들은 돌연변이 바이러스들에 대한 항체들의 반응성을 검사하거나 또는 결합을 차단하는 합성 펩티드 사슬들을 이용하여 이루어졌다. 이러한 실험들에서 얻은 정보는 구체적인 항체중화(antibody-neutralization) 부위들을 다수 확인하는데 사용되었다. 이 부위들 중 일부는 캡시드 단백질의 일차적 아미노산 서열에서 연속적인 선형(linear) 부위와 상응하고 다른 항체유도 부위들은 소위 형태적(conformational) 부위로서 성숙한 바이러스 입자에서는 서로 떨어져 있는 아미노산 서열들이 모여 구성된 것으로 나타났다. Picornavirus 캡시드 구조가 보다 상세히 밝혀지면서 오늘날 이 부위들은 입자 표면에서 물리적으로도 확인되고 있다. 이들은 대부분 친수성이며, 노출된 루프 구조로서 항체가 결합하기 쉽고, 캡시드 조립단위인 각 5량체 마다 반복적으로 존재한다. 현재 이 부위들의 물리적 제한점들이 알려져 있고 또 이러한 정보들은 입자의 특정 구조나 부위들을 인위적으로 조작하는데 이용되어 한 바이러스의 구조적 특성을 가지고 있으면서 한편으로는 다른 바이러스의 핵심 항원을 발현하는 소위 '항원 키메라(antigenic chimera)'를 만드는데 활용된다. 오늘날, 컴퓨터를 활용하는 디자인 도구를 합리적으로 적용하면서 이러한 키메라 유형의 디자인과 실질적 구축의 효율을 높일 수 있을 것이다. 사실 이와 같은 복합형 바이러스들은 미래의 백신으로 기대되기도 한다.

외막형 바이러스

지금까지는 소위 '나출형(naked)' 바이러스, 즉 캡시드 단백질이 외부환경에 노출되는 입자들의 구조에 대해 주로 살펴보았다. 나출형 바이러스는 감염된 숙주세포가 죽는 바이러스 복제 말기에 세포가 파괴되어(lysis) 세포 내부에서 만들어진 비리온들이 방출됨으로써 생성된다. 이 같은 단순한 전략에는 약점들이 있다. 조건에 따라서는 숙주세포의 죽음이 앞당겨짐으로써 비경제적이다. 또한 지속감염(persistent infection)이나 잠복감염(latent infection)의 가능성도 낮다. 따라서 많은 바이러스들은 감염한 세포를 총체적으로 파괴하지 않고도 방출되어 나올 수 있는 효과적인 전략을 개발해왔다. 어려운 점이라면 살아 있는 모든 세포들은 지질 이중층으로 구성된 막으로 덮여 있다는 것이다. 세포의 생존은 이 막의 완전성에 달려 있다. 그러므로 세포에서 방출되는 바이러스들은 이 막이 손상 없이 유지되도록 해야 한다. 이는 막을 통한 입자의 분출 또는 출아(budding)에 의해 이루어지며 이 과정에서 바이러스 입자는 세포에서 유래한 지질 외막(envelop)으로 싸이고 따라서 그 조성도 세포막과 유사하다(그림 2.10).

한편 바이러스들은 이와 같은 필요성을 하나의 이점으로 전환시켰다. 외막 안쪽의 기본 구조는 나선형 또는 정이십면체형 대칭이며 세포를 떠나기 전에 미리 형성되거나 방출되면서 조립되기도 한다. 대부분의 경우, 외막형 바이러스는 입자의 직접적인 조립을 허용하는

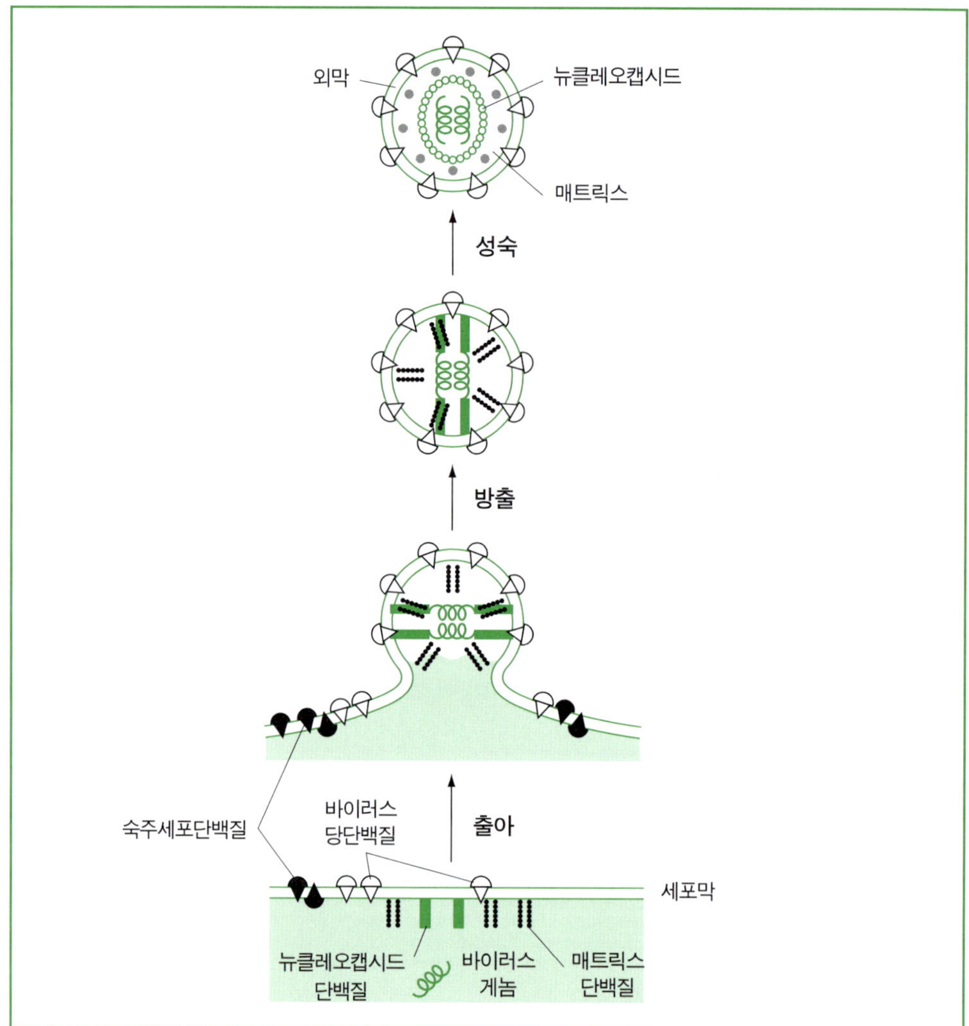

그림 2.10 외막형 바이러스 입자들은 숙주세포의 막을 통한 출아로 형성되며 이 과정에서 입자는 세포막에서 유래한 지질 이중층으로 둘러싸이게 된다. 바이러스에 따라 입자구조의 조립과 출아 과정이 동시에 일어나거나 이와 달리 미리 형성된 코어(core)가 막을 밀고 나오기도 한다.

장소로서 생체막을 활용한다. 세포 내부에서의 입자 구성과 **성숙**(maturation) 및 **방출**(release) 단계는 대부분 연속적인 공정이다. 조립이 일어나는 장소는 바이러스에 따라 다양하다. 모두 다 세포 표면의 세포막을 이용하는 것은 아니며 많은 종류가 골지체(golgi apparatus)와 같은 세포질 내의 생체막을 이용하는 한편, herpesvirus와 같이 핵 내에서 복제하는 바이러스들은 핵막을 사용할 것이다. 이런 경우에는 바이러스가 일종의 소낭(vacuole) 형태로 막구조의 소기관 내부로 방출되어 이어지는 막수송 경로를 따라 세포 밖으로 나오게 된다. 이 부분은 4장에서 조금 더 자세히 소개될 것이다.

만약 바이러스 입자가 매끈하고 손상되지 않은 지질 이중층으로만 덮이게 된다면 오히려 문제가 될 것이다. 이런 외막은 실제로 입자를 비활성적으로 만들며 효소활성에 의한 손상이나 지나친 건조를 막아주는 보호막으로서는 효과적일 수 있지만 숙주세포 표면의 **수용체** 분자를 인식할 수 없게 된다. 따라서 바이러스들은 외막과 3 가지 중 하나의 방법으로 연결되는 몇 가지 등급의 단백질을 합성함으로써 자신의 지질 외막의 특성을 바꾼다(그림 2.11). 이를 정리하면 다음과 같다:

- **매트릭스(matrix) 단백질**. 이 분자들은 **비리온** 내부 단백질로서 내부의 **뉴클레오캡시드**(nucleocapsid) 조립체와 외피를 효과적으로 연결하는 기능을 갖는다. 그런 단백질은 일

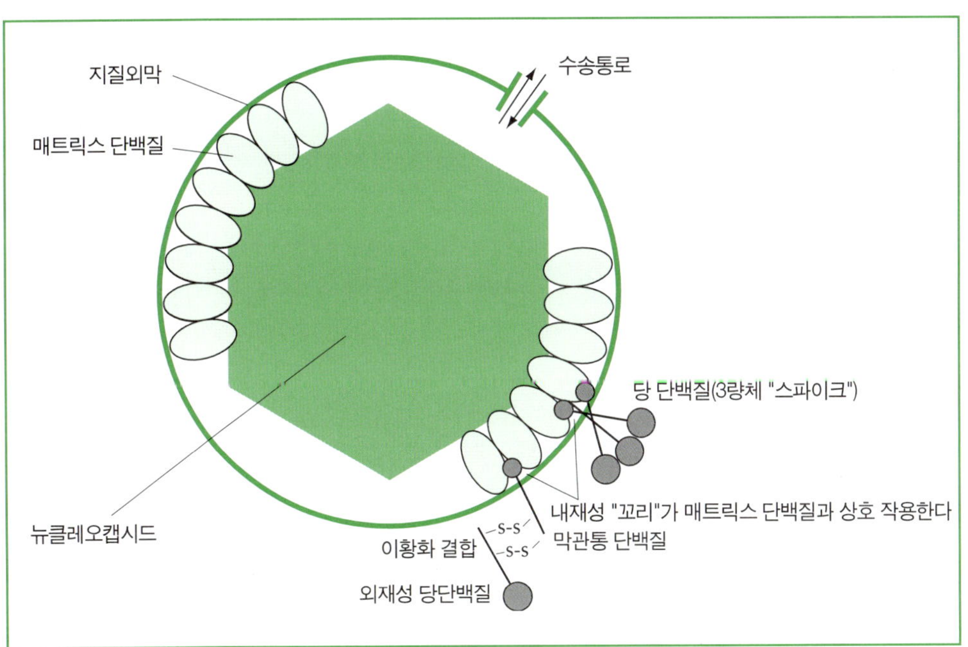

그림 2.11 바이러스 외막과 연결된 여러 등급의 단백질. 매트릭스(matrix) 단백질은 외막과 입자의 코어 사이를 연결한다. 바이러스가 발현하여 외막에 유착시킨 당단백질(glycoprotein)들은 여러 가지 기능을 수행한다. 외막의 외부로 노출된 외재성(external) 당단백질은 수용체의 인지와 결합을 책임지는 한편, 막관통(transmembrane) 당단백질은 외막을 가로지르는 수송통로(transport channel)의 역할을 수행한다. 숙주세포에서 유래한 단백질 분자들도 적지만 일부가 외막에서 가끔 발견된다.

반적으로 당 분자에 의한 수식이 없고 매우 많은 양이 존재하여 retrovirus의 경우 비리온 전체 무게의 약 30%를 차지한다. 일부 매트릭스 단백질은 막을 관통하는 앵커 도메인(anchor domain)을 갖기도 하고 어떤 단백질들은 표면의 소수성 절편 또는 외막 당단백질과의 단백질 간 상호작용에 의해 막과 연합된다.

- **당단백질(glycoprotein)**. 소수성 도메인을 이용해 막에 고정되어 있는 막관통 단백질이며 기능에 다라 두 가지 유형으로 나뉜다: 외재성 당단백질(*external glycoprotein*)은 하나의 막관통 도메인에 의해 외피에 고정된다. 이 단백질의 구조 대부분은 막의 외부로 향해 있으며 상대적으로 짧은 꼬리 부분이 내부로 뻗어 있다. 각 단량체 분자들이 종종 서로 연합하여 형성하는 '스파이크(spike)'는 많은 외막형 바이러스의 표면에서 전자현미경으로도 관찰되며 주요 항원으로 작용한다. 당 분자의 연결 형태는 N- 또는 O-연결(O-linked)이며 이 단백질 분자들의 다수가 꽤 많은 양의 당 분자로 수식되어 있다; 단백질 분자 중량의 75%에 이르는 정도의 당 그룹이 번역 후에 첨부된다. 이 단백질은 일반적으로 외막형 바이러스의 주요 항원이며 외부 환경과의 접촉을 제공할 뿐만 아니라 종종 많은 주요 기능들을 수행한다; 한 예로 influenza virus의 혈구응집소(haemagglutinin)는 수용체에의 결합, 막 **융합**(fusion) 및 **혈구응집반응**(haemagglutination)에 필요한 당단백질이다. 수송통로(*transport channel*) 단백질은 소수성의 막관통 도메인들을 여러 곳에 갖고 있으며 외막을 관통하는 하나의 단백질 관을 형성한다. 이로 인해 바이러스는 막의 침투성을 변화시킬 수 있다(예: 이온 통로). 이 단백질은 바이러스 입자의 **성숙**(maturation)과 감염성(infectivity)의 발달을 위해 필요한 생화학적 변화를 허용 및 추진하는 **비리온** 내부 환경의 보정에 종종 중요한 역할을 담당한다(예: influenza virus의 M2 단백질).

척추동물에 많은 외막형 바이러스가 있는 반면, 식물을 숙주로 하는 외막형 바이러스는 몇 종류에 불과하다. 이들의 대부분은 *Rhabdovoridae*에 속하며 구조는 앞에서 소개된 바 있다(나선형 캡시드 참조). 식물 rhabdovirus를 제외하면 소수의 bunyavirus들이 식물을 감염하며 그 중 *Tospovirus* 속에 해당하는 종류들이 지질 외막을 갖고 있다. 외막형 식물 바이러스가 상대적으로 적은 이유로는 숙주의 세포생물학적 특성이 반영되었을 것이며 특히 감염세포로부터의 바이러스 **방출** 메커니즘에 견고한 세포벽을 깨내고 나와야만 하는 과정이 필요하기 때문일 것으로 생각된다. 하지만 **원핵생물**에 감염하는 바이러스들에는 다수의 외막형 바이러스 과들이 존재하며 식물에서와 같은 제약이 적용되지 않고 있다(예: *Cystoviridae*, *Fuselloviridae*, *Lipothrixviridae* 및 *Plasmaviridae*).

복합형 바이러스의 구조

대부분의 바이러스들은 앞에서 소개된 세 가지의 구조적 집단(**나선형** 대칭, **정이십면체형** 대칭, 혹은 **외막형** 바이러스) 중 하나에 부합될 수 있다. 그러나 보다 복잡한 구조를 가지는 바이러스들도 적지 않다. 이런 경우, 위의 대칭구조들의 원리가 복합형 바이러스 외각(shell:

이 바이러스들은 종종 여러 겹의 단백질과 지질층으로 구성되는 특징이 있다)의 일부를 구성하는데 종종 이용되기는 하지만 보다 크고 복잡한 바이러스 종류들은 단순한 나선 또는 정이십면체와 같은 수학적 등식으로 정의할 수 없다. 이와 같은 일부 바이러스들의 복잡성 때문에 과학자들은 1장에서 소개된 정밀기술 등을 이용하여 이 바이러스들의 원자적 구조를 결정하기 위한 시도를 포기한 바 있다.

*Poxviridae*는 이러한 바이러스들의 대표적 예이다. 이 바이러스는 타원형 또는 '벽돌 모양(brick-shaped)'의 입자로서 길이는 200~400 nm 정도이다. 사실 이 바이러스 입자는 매우 큰 편이어서 1886년 **백신**(vaccine) 접종을 한 림프액 시료에서 고분해능(high-resolution)의 광학현미경을 사용해 최초로 관찰되기도 했으며 당시에는 '단구균(micrococci)의 포자(spore)'라고 생각했었다. **비리온**의 외부 표면은 두렁 모양의 융기가 나란히, 때로는 나선형으로 배열해 있다. 입자는 지극히 복잡한 형태를 이루며 적어도 100종류 이상의 서로 다른 단백질들을 포함하는 것으로 보인다(그림 2.12). 바이러스 증식과정에서는 두 가지 형태의 입자들이 관찰된다: 세포 외부로 방출된 형태는 두 개의 막 층을 가지고 있으며 세포 내부에서의 입자 형태는 내막(inner membrane) 만으로 싸여 있다. Poxvirus와 복잡한 구조의 다른 바이러스(예: African swine fever virus)들은 retrovirus나 influenza virus와 같은 '단순한' 외막형 바이러스와는 다른 방법에 의해 지질 외막을 획득한다. 즉 세포막이나 세포내부 막 소기관을 이용해 출아하여 한 겹의 외막을 얻는 대신 복합형 바이러스들은 소포체로 둘러싸여 두 겹으로 된 막을 얻는다(그림 2.13).

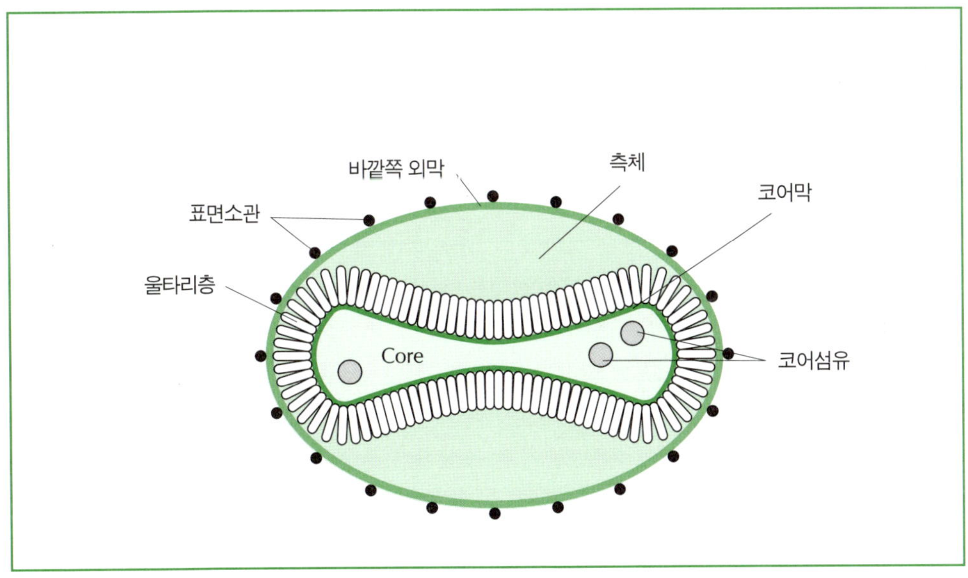

그림 2.12 Poxvirus의 입자는 알려진 것들 중 가장 복잡한 형태의 비리온으로서 100 종류가 넘는 바이러스의 발현 단백질 분자들이 다양하게 배열되어 내외부 구조들을 이루고 있다.

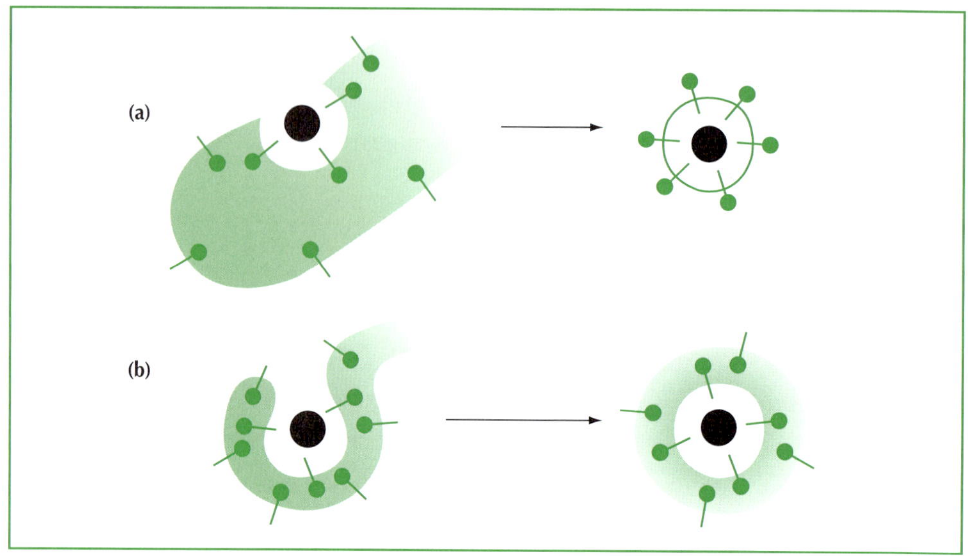

그림 2.13 (a) '단순한' 외막형 바이러스들은 세포 표면이나 세포내 막 소기관의 내강으로 출아하는 방법으로 한 겹으로 된 외막을 획득한다. (b) '복잡한' 외막형 바이러스들은 소포체 혹은 다른 생체막 구조로 둘러싸임으로써 여러 겹의 외막을 얻는다.

Poxvirus를 얇게 저민 시료를 전자현미경으로 관찰하면 비리온의 외부 표면이 지질과 단백질로 구성된 것을 알 수 있다. 이 구조가 양면이 오목한 아령 모양의 코어와 아직 기능이 밝혀지지 않은 두 개의 '측체(lateral body)'를 감싸고 있다. 코어는 심하게 응축되어 있으며 핵산단백질(nucleoprotein)이 이중가닥의 DNA 유전체(genome)를 감아 싼 형태이다. 항원성(antigenicity)으로 말하면 poxvirus는 특이적이거나 교차반응이 가능한 두 종류 항체의 생성을 모두 유도하는 매우 복잡한 성격을 띤다 — 이 때문에 하나의 질병에 대해 같은 과의 다른 바이러스를 이용한 백신접종의 가능성을 제공한다(예: 천연두(smallpox, variola) 바이러스에 대응한 면역유도에 vaccinia virus를 사용). Poxvirus 및 기타 복합형 바이러스들은 또한 몇몇 바이러스 종류들의 진정한 복잡성을 부각시키기도 한다 poxvirus 입자에는 적어도 10 종류 이상의 효소들이 존재하며 이들은 대부분 유전체의 복제나 핵산의 대사과정에 관여한다.

지금까지 알려진 것들 중 poxvirus는 가장 복잡한 구조의 입자로서 이 과에 속하는 일부 대표적인 바이러스들의 유전체 염기서열이 현재 완전히 밝혀졌음에도 불구하고(3장 참조) 이 바이러스 입자들의 구조는 아직까지 확실하게 설명되지 못하고 있다. 이는 앞에 설명된 여러 종류의 가장 단순한 바이러스 입자들과 비교해 볼 때 바이러스학 분야에서는 아주 예외적인 경우이다. 하지만 복합형 바이러스의 입자구조가 훨씬 자세하게 분석된 다른 경우도 있다. 이러한 바이러스 그룹의 대표적인 예로 장내세균(enterobacteria)의 꼬리형 파지(tailed phage)를 들 수 있다. *Myoviridae, Siphoviridae* 및 *Podoviridae* 과들로 구성된 *Caudovirales* 목의 바이러스들은 매우 실질적인 이유들로 인해 깊이 있게 연구되어 온 바 있다 이 바이러스들은 박테리아 세포에서 증식시키기 쉬워 많은 개체수(high **titre**)를 한번에 얻을 수 있으며 정제가 간편하여 생화학적 연구나 구조 분석에 유리하다. 입자의 머리부분은 근본적으로 $T = 7$의 정이십면체형이며 수축이 가능한 나선형의 꼬리부분과는 일종의 목받침(collar)으로 연결되어 있다. 꼬리부분의 끝에는 박테리아 숙주에 부착하는 기능을 가진 평판(plate)이 붙어 있으며 여기에는 리소자임(lysozyme)과 유사한 효소의 기능이 있어 파지의 **침투**(penetration)에도 기여한다. 또한 평판에는 가느다란 단백질 섬유(fiber)가 부착되어 있어 평판과 함께 숙주세포 벽에 있는 수용체 분자와의 결합에 관여한다. 실제 이 파지들의 구조는 이 설명보다 훨씬 더 복잡하다: 예를 들어 머리부분 내부의 DNA 유전체와 나선형 꼬리부분의 표층 안쪽에 위치한 관 구조는 여러 종류의 내부 단백질과 폴리아민(polyamine) 분자들과 연합되어 있다. 감염된 박테리아 세포의 내부에서는 입자의 머리부분과 꼬리부분이 각기 구별된 경로를 따라 조립되고 이들은 감염 말기에 서로 합쳐져 비리온을 형성하게 된다(그림 2.14). 따라서 이러한 바이러스들을 통해 우리는 앞에서 설명된 단순 원리로부터 어떻게 복합형 입자가 만들어지는지를 엿볼 수 있다. 이와 같은 현상의 보다 확실한 예로, 2개의 $T = 1$ 정이십면체들이 샴쌍둥이처럼 붙어 형성된 geminivirus 입자를 들 수 있다. 각각의 정이십면체는 구조형성에 필요한 소단위체 하나씩이 빠진 상태이며 그 부위에서 서로 결합된 성숙한 바이러스 입자는 총 110개의 단백질 단량체가 22개의 형태학적 소단위체를 구성한 모양이다.

Reoviridae 과(family)의 바이러스들은 지질 외막이 없고 복잡한 구조의 단백질 층이 두 겹으로 싸인 $T = 13$의 **캡시드**를 갖고 있다(그림 2.15). 최근, 전사활동이 활발한 상태의 bluetongue virus 코어가 학계에 보고되었으며 이는 원자수준의 해상도(3.5 Å)까지 확인된 것들 중 가장 큰 구조물로 생각된다. 이 바이러스의 바깥쪽 껍질(외각, outer shell)은 지름이 약 80 nm이고 코어를 둘러싸고 있는 안쪽 껍질(내각, inner shell)의 지름은 약 60 nm이다. 외각의 구조는 매우 복잡하여 아직까지 원자수준에서 해석되지 못했지만 동결전자현미경법(cryoelectron microscopy)과 형상화공정(image-processing) 등의 구조분석기법을 이용하여 다소 덜 정밀한 3 nm 수준까지 해석된 바 있다. 이러한 방법들에 의한 구조 분석은 비록 그 분해능이 X-선 회절에 비해 10배정도 떨어지긴 하지만 결정화(crystallization) 작업이 불가능한 복잡하거나 깨지기 쉬운 구조물에 대해서는 효과적이다. 이 바이러스의 RNA **유전체**는 이중가닥이며 입자의 각 정점에 위치한 전사복합체(transcriptional complex)을 둘러싼 상태로 코어 내부에 빼곡히 들어차 있다. 유전체 분절(segment)들은 전사과정 동안 나름대로의 질서를 유지한다. 또한 12개의 '스파이크(spike)'들이 코어로부터 뻗어 나와 외각을 관통하고 있다. *Reoviridae*에 속하는 바이러스 입자들은 자연환경에서 매우 안정하며 일반적으로 먹는 물을 통해 확산되는 rotavirus는 그 대표적 예이다. 분변(faecal) 속에 오염되어 있는 rotavirus 입자는 상온에서 7개월 간 감염력(infectivity)을 유지할 수 있으며 염소가 함유된 소독제에도 쉽게 훼손되지 않아 손상되기 쉬운 RNA 게놈을 보호하는 복잡한 입자의 효용성을 나타낸다.

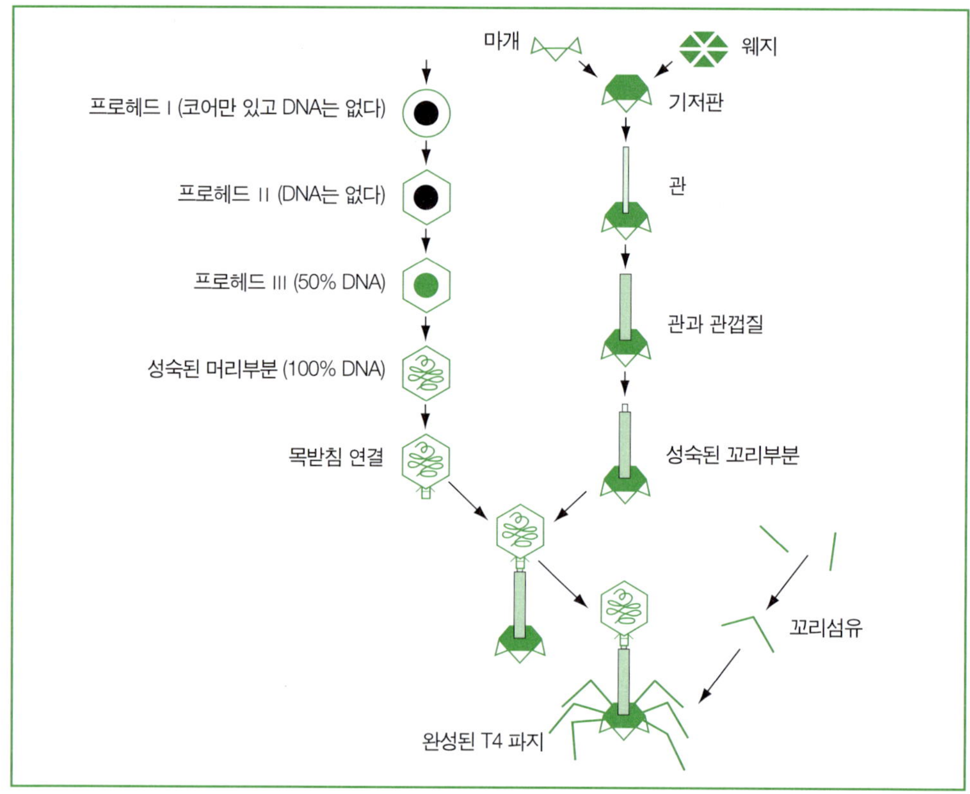

그림 2.14 Enterobacteria phage T4 입자(*Myoviridae*)의 조립과정을 간단히 나타낸 모식도. 머리와 꼬리 부분이 별도로 조립되어 감염 후기에 합쳐진다. 이와 같은 복잡한 공정은 입자 구성에 관여하는 각 유전자들의 돌연변이를 찾아내고 하나씩 확인해나가는 길고 어려운 연구과정을 통해 확인되었다. 주요 구조단백질 외에도 부수적이지만 많은 종류의 '뼈대형성(scaffolding)' 단백질 분자들이 복잡한 입자의 형성과정에 관여한다.

복합형 바이러스 구조의 마지막 예로는 *Baculoviridae*를 들 수 있다(그림 2.16). 근년에 이르러 이 바이러스는 많은 이유로 인해 크게 주목 받고 있다. 원래 절지동물의 병원체인 이 바이러스 종류는 자연 발생하였거나 혹은 유전공학적으로 변형된 baculovirus 모두 해로운 곤충을 제어하기 위한 생물학적 인자로 활발하게 연구되고 있다. 더욱이 폐쇄형(occluded) baculovirus(하단 참조)는 재조합 단백질의 대량생산을 위한 발현벡터(expression vector)로 그 사용빈도가 증가하고 있다. 이 복합형 바이러스는 12~30종류의 구조단백질을 발현하며 지름이 30~90 nm이고 길이가 200~450 nm인 막대모양(rod-like, baculo)의 **뉴클레오캡시드**를 가지고 있다. 약 90~230 kbp의 이중가닥 DNA 유전체는 단백질과 함께 이 뉴클레오캡시

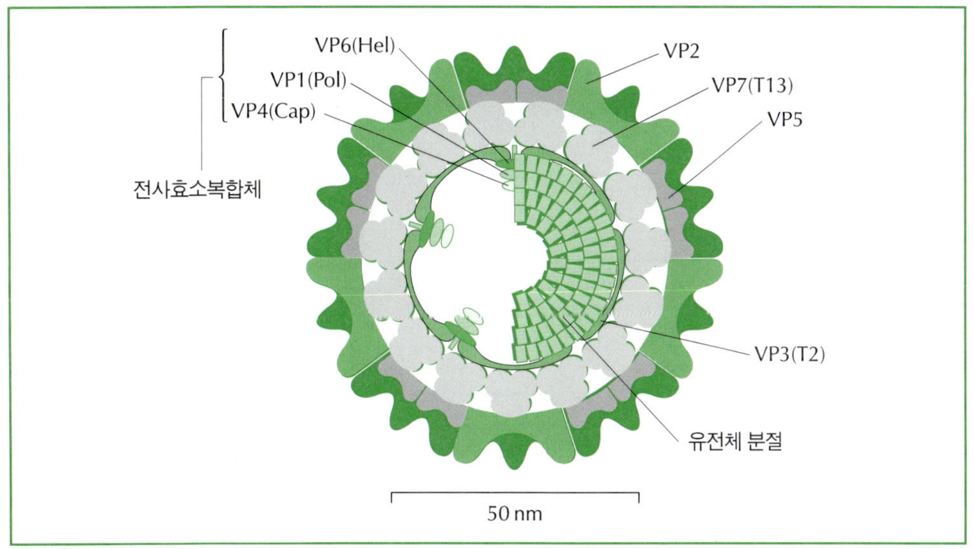

그림 2.15 Reovirus 입자는 정이십면체형의 단백질 껍질이 이중으로 코어를 둘러싸고 있는 모습이다. 이 모식도는 Blutongue virus 입자의 연구로부터 얻어진 구조적 정보를 활용하여 그린 것이다(제공자: Peter Mertens, Institute for Animal Health, UK).

드를 구성하며 이를 다시 지질 이마이 감싸는데 결정질의 메트릭스(matrix) 단백질이 그 바깥쪽에 존재하는 경우와 그렇지 않은 경우가 있다. 만약 이처럼 단백질 결정체로 된 외각(outer protein shell)이 존재한다면 조합물 전체를 '폐색체(occlusion body)'라고 부르며 바이러스는 폐색 또는 폐쇄되어 있다고 말한다(그림 2.17). 폐쇄형 baculovirus에는 2개의 속이 있다: 지름이 1,000~15,000 nm인 다면폐색체(polyhedral occlusion)의 *Nucleopolyhedrovirus* 속은 외막(envelop) 안에 여러 개의 뉴클레오캡시드를 갖고 있으며(예: *Autographa californica nucleopolyhedrovirus*) *Granulovirus* 속은 지름이 200~500 nm인 타원폐색체(ellipsoidal occlusion)이다(예: *Cydia pomonella granulovirus*). 이처럼 거대한 폐색체의 기능은 해로운 환경조건에 저항성을 부여하는 것으로 생각된다. 폐색체 구조로 인해 바이러스는 새로운 숙주에 감염되기까지 긴 기간 동안 토양이나 식물성 유기물 속에서도 잘 지탱해낸다.

이 같은 전략이 효용성이라면 바이러스를 마치 철갑을 씌워 보호하는 것이라 하겠나. 흥미롭게도, 폐쇄형 입자를 생성하는 전략은 적어도 3종류의 곤충바이러스들에서 각기 독립적으로 진화해온 것으로 생각된다. 폐쇄형 입자는 baculovirus 외에도 곤충의 reovirus(예:

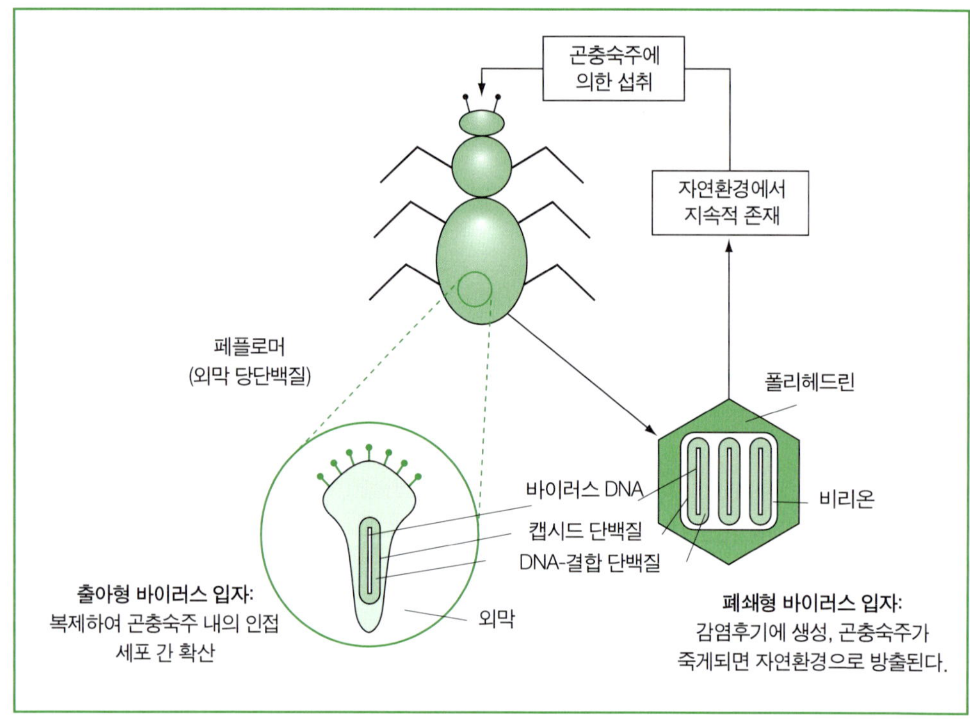

그림 2.16 일부 baculovirus의 입자는 두 가지 형태가 존재한다: 하나는 상대적으로 단순한 '출아형(budded)'으로서 곤충 숙주 몸속에서 발견되며 다른 하나는 체외환경 조건에도 저항력을 갖는 결정체로서의 단백질-폐쇄형이다.

cytoplasmic polyhedrosis virus)와 poxvirus(entomopoxvirus)에서도 찾아볼 수 있기 때문이다. 그러나 이러한 저항성 코팅 구조는 만약 바이러스가 증식과정을 진행하기 위한 적절한 시기에 제거되지 못한다면 오히려 해가 될 수도 있다. 다행히 이 폐색체는 알칼리성 조건에 취약하여 pH가 높은 곤충의 중장(midgut)에서 쉽게 분해됨으로써 뉴클레오캡시드를 방출, 숙주에 감염할 수 있게 된다. 비록 입자 전체의 구조는 아직까지 완전하게 확정되지 못했지만 적어도 폐색체가 단 한 종류의 단백질이 무수히 합쳐져 만들어진다는 사실은 알려져 있다. 이 단백질을 폴리헤드린(polyhedrin, 다면체원)이라 하며 약 245개의 아미노산 잔기로 이루어졌다. 감염 후반부, 폐색체를 형성하기 위해 이 유전자 산물은 매우 강력한 전사 프로모터(promoter)에 의해 과다하게 발현된다. 이 폴리헤드린 프로모터를 이용하여 외래 유전자 클론도 발현할 수 있기 때문에 baculovirus는 효과적인 발현용 벡터로 사용되고 있다.

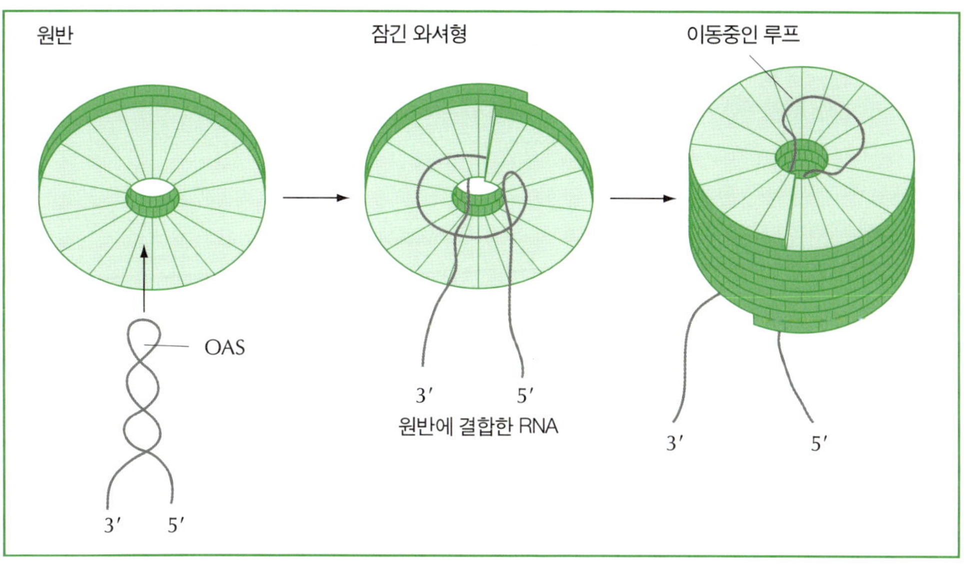

그림 2.17 Tobacco mosaic virus(TMV) 입자의 조립.

단백질-핵산 상호작용과 게놈의 포장

바이러스 입자의 일차적인 기능은 바이러스가 적절한 숙수를 만나기 전까지 자신의 **유전체**(genome)를 잘 담아 보호하는데 있다. 그러므로 **캡시드** 단백질은 핵산으로 구성된 유전체와 반드시 상호작용을 해야만 한다. 다시 말하지만, 상대적으로 매우 큰 핵산 분자를 비교적 작은 캡시드의 공간에 담는 작업은 심각한 물리적 제약을 가져오며 이는 반드시 극복되어야 할 문제이기도 하다. 대부분의 경우 선형(linear)의 바이러스 유전체가 수용액상태에서 펼쳐진 길이는 입자의 지름보다 최소 10배 이상이 길다. 위상학적 측면에서 보면 그처럼 제한된 공간에 유전체를 밀어 넣는 자체만으로도 대단한 일이 아닐 수 없다. 더욱이 뉴클레오티드 잔기를 연결하는 인산기로 인해 축적된 정전기적 음전하는 서로 반발함으로써 좁은 공간에 큰 핵산 분자를 밀어 넣어야 하는 문제는 한층 더 복잡해진다. 바이러스들은 이 같은 음전하의 반발을 상쇄해주는 다량의 양전하 분자들을 유전체와 함께 섞어 담는 전략으로 이 어려움을 극복하고 있다. 이러한 분자들에는 크기가 작은 양이온(Na, Mg, K 등)들과 폴리아민(polyamine) 및 다양한 핵산-결합 단백질이 포함된다. 이 단백질 중 일부는 바이러스 유전자에서 발현되는 것으로서 유전체와의 상호작용에 유리한 염기성 곁사슬(side-chain)을 가진 아르기닌(arginine)이나 리신(lysine) 등의 아미노산이 함유되어 있다. 이 같은 단백질의 종류는 매우 많지만 몇 가지 예를 들면 retrovirus의 NC와 rhabdovirus의 N(**뉴클레오캡시드**) 단백질, 그리고 influenza virus의 NP 단백질(nucleoprotein) 등이 있다. 이중가닥의 DNA 바이러스 중 적지 않은 종류가 DNA 유전체와 긴밀하게 연합되어 있는 염기성의 히스톤(histone)-유사 분자를 가지고 있다. 이 단백질 종류 중 일부는 바이러스 유전자에서 발현되는 것으로서 adenovirus의 폴리펩티드 VII을 예로 들 수 있다. 하지만 어떤 바이러스 종류는 숙주세포에서 유래한 단백질을 이용하기도 한다. 예를 들어 polyomavirus 의 유전체는 숙주세포의 히스톤 단백질(H2A, H2B, H3 및 H4)과 연합하여 숙주의 유전체와 비슷한 **염색질**(chromatin)-유사 구조를 형성한다.

바이러스가 극복해야 하는 두 번째 과제는 수많은 숙주세포의 핵산 분자들과 섞인 상황에서 특별히 바이러스의 **유전체**를 선택하여 캡시드에 담는데 필요한 특이성을 과연 어떻게 확보하느냐 하는 것이다. 대부분의 경우, 바이러스 입자의 조합이 일어나는 감염 후기에 접어들면(4장 참조) 숙주세포 유전자의 전사가 줄어드는 반면 바이러스 유전체가 축적되어 큰 무리를 형성한다. 이와 같은 바이러스 핵산의 과다 생산이 유전체 포장(packaging)에 필요한 특이성의 문제를 해결하는 데 다소 도움이 되기는 하지만 그렇다고 완전한 해결책이 되는 것은 아니다. 그러므로 바이러스가 발현하는 특정한 캡시드 혹은 뉴클레오캡시드 단백질이 필요하게 되는 것이며 상대적으로 짧고 간결한 유전체를 갖는 retrovirus나 rhabdovirus 등도 이러한 유형의 단백질을 발현하고 있다.

분절형(segmented) **유전체**를 갖는 바이러스(다음 장 참조)는 추가적인 문제점을 안고 있다: 이 바이러스들은 숙주세포 유래의 핵산 분자를 배제하면서 바이러스의 핵산을 캡시드에 담아야 하는 것은 물론, 완전한 유전체를 구성하는 데 필요한 핵산 분절을 하나씩 빠짐없이 챙겨 담아야 한다. 이 시점에서 우리는 바이러스가 조립되는 동안 종종 실수가 일어날 수 있다는 점을 알아둘 필요가 있다. 이 점은 '입자의 수 : 감염성' 비율, 즉 주어진 시료에 존재하는 바이러스 입자의 수(전자현미경 관찰에 의한 계수)에 대해 실제 증식하여 자손 바이러스를 생산할 수 있는 입자의 수(**플라크** 또는 제한희석 분석법 등으로 계수)의 비율을 계산하는 물리적 방법으로 측정이 가능하다. 경우에 따라서는 수천 개의 바이러스 입자 당 1개가 감염성 **비리온**인 것으로 확인되기도 하였으며 이 비율이 1 : 1에 접근하는 경우는 매우 드물다. 그러나 influenza virus의 경우, 8개의 서로 다른 유전체 분절들이 무작위로 선택되어 입자에 담기게 될 경우에 계산되는 입자수 : 감염성 비율보다 훨씬 낮은 수치가 어렵지 않게 확인된다. 사실 influenza virus의 각 입자는 8개보다 많은 9~11개의 RNA 분절을 담고 있다. 이처럼 여분을 갖는 것으로 전체 바이러스 입자의 집단에서 적정 수의 감염성 비리온을 확보하는데 충분할 수도 있을 것이다. 그러나 이 방법이 분절형 바이러스의 문제를 해결하는 열쇠인지는 아직 알 수 없으며 아직 밝혀지지 않은 influenza virus의 메커니즘이 존재할 가능성도 있다. 예를 들어 입자의 형태가 구성되는 동안 대부분의 입자들이 유전적 상보성(complementation)을 확보하는 방향으로 각 리보핵산단백질 복합체(ribonucleoprotein complex)들을 통합해가는 전략을 생각해 볼 수 있다.

핵산의 포장에 관련한 다른 한 면으로는 **유전체**가 갖고 있는 특정한 염기서열(**포장 신호**, packaging signal)에 있으며 이로 인해 바이러스는 숙주세포의 핵산 분자로 가득한 집단에서 자신의 핵산을 선택적으로 골라낼 수 있게 된다. 이제까지 많은 바이러스 유전체의 포장 신호가 확인된 바 있다. 합성 'retrovirus' 유전체를 바이러스 입자에 포장하는데 사용되어 온 설치류 retrovirus 유전체의 ψ(psi) 신호와 여러 종류의 DNA 바이러스(일부 adenovirus와 herpesvirus) 유전체가 입자에 담기기 위해 필요한 것으로 밝혀진 특정 염기서열들은 선명하고 정확하게 밝혀진 포장 신호의 좋은 예들이다. 하지만 정확하고 효율적인 유전체 포장을 위해서는 선형의 뉴클레오티드 서열뿐만 아니라 유전체 핵산이 보다 복잡한 구조로 접혀져 형성되는 2차 구조가 제공하는 정보도 필수적이라는 것이 다양한 방향으로 시도된 많은 연구를 통해 확인되었다. 한편, 또 다른 바이러스들의 경우에서는 유전체 상에 존재하는 선형의 특정 포장 신호를 찾아내려는 적지 않은 시도가 실패로 돌아갔으며 그 이유는 아마도 대부분의 바이러스들이 갖고 있는 유전체 포장의 특이성에 관한 열쇠가 유전체가 형성하는 2차 구조에 숨겨져 있기 때문일 것으로 생각된다.

바이러스 조립과정에서 볼 수 있는 다른 여러 측면들과 마찬가지로 유전체 포장 역시 조절되는 과정이지만 대부분은 잘 알려져 있지 않다. 그렇지만 이 과정을 이해하는 열쇠는 **유전체**와 **캡시드** 사이에 일어나는 특이적 분자간 상호작용에 있을 것으로 믿어진다. 비록 지난 몇 년 동안 포장에 대한 유전학적 분석이 광범위하게 시도되었지만, 최근까지 바이러스 입자 안에 들어 있는 유전체의 물리적 구조연구는 매우 빈약한 수준에 머물러 있었다. 구조에 대한 정보 없이 바이러스 증식의 한 주요과정인 포장과정을 완전히 이해할 수 없다는 점을 고려하면 안타까운 일이지만 바이러스 캡시드 구조분석에 이용되는 기법들(예: X-선 회절)로는 단백질 껍질에 싸여 있는 상태의 유전체 구조에 대한 정보 취득이 지극히 어려울 수밖에 없다는 점에서 한편으로는 이해가 가기도 한다. 그러나 지금은, 일부이긴 하지만 유전체를 캡시드에 담는 과정의 메커니즘과 특이성에 관한 자세한 정보가 알려진 경우들도 있다. 여기에는 나선대칭 바이러스와 몇몇 정이십면체 대칭의 바이러스들이 포함된다.

유전체의 포장 메커니즘이 가장 잘 알려진 예는 물론 (+)극성의 RNA 나선형 식물바이러스인 TMV이다. TMV는 캡시드를 구성하는 주요 단백질이 불과 한 종류이고 정제된 RNA와 구성 단백질 분자들이 시험관에서도 자연발생적 조립이 가능한 상대적 단순성을 지니고 있다. 이 바이러스의 경우, 외피 단백질 분자 여럿이 모여 만들어진 상태의 원반('discs')과 6.4 kb RNA **유전체** 상에 존재하는 5444~5518번째 염기서열, 즉 조립기원 서열(origin of assembly sequence, OAS) 사이의 연합에 의해 입자의 조립과정이 시작된다(그림 2.17). 편평한 원반 하나는 모두 17개의 소단위체가 모여 만들어지며 성숙한 입자 상태에서 보면 한 바퀴 감기는데 16.34개의 소단위체들이 연결되어 있다. 실제로 각 원반들은 정확한 대칭 상태라기보다는 뚜렷한 극성을 띤다. 입자의 조립은 원반 하나와 RNA 유전체 상의 OAS가 상호작용하면서 시작된다. 이 상호작용으로 인해 원반들은 나선형의 'locked washer' 구조로 전환되며 이 구조의 끝부분은 3′ 외피 단백질 소단위체로 마감된다. 여기에 더해지는 새로운 원반 역시 'locked washer' 구조로 변환된다. 게놈 RNA는 소위 'traveling loop'라고 말하며 이와 같은 입자 구성 메커니즘의 일반명도 바로 이 모습 때문에 붙여졌다. 나선구조가 길어지면서 vRNA(virion RNA)는 결국 원반 내부에 갇힌 모양이 된다. 나선구조의 신장은 양쪽 방향으로 다 일어나지만 그 비율은 다르다. 5′ 방향의 신장속도가 보다 빠른 편인데 그 이유는 원반이 단백질 실린더 구조에 직접적으로 첨부되면서 RNA 'traveling loop'도 실린더 내부를 관통하며 끌려 올라가기 때문이다. 이와 달리 3′ 방향의 신장이 늦는 이유는 새 원반이 실린더 구조에 합쳐지기 전에 먼저 RNA 가닥이 새 원반의 내부에 정렬되어야 하기 때문이다.

Enterobacteria phage M13은 바이러스 입자의 단백질-핵산 간 상호작용이 비교적 쉽게 이해되는 또 하나의 나선형 바이러스이다(그림 2.3). 이 바이러스의 **캡시드**를 구성하는 단백질의 방향성은 g8p 분자를 이루는 아미노산 1차 서열에 따라 결정된다. 우선, 음전하를 띤 **유전체**와 상호 작용하는 막대형 **파지**(rod-like phage) 캡시드의 안쪽 면은 양전하를 띠는 한편, 실린더형 캡시드의 바깥쪽 표면은 음전하를 띠고 있다. 그러나 캡시드 단백질과 유전체가 서로 만나 연합하는 방법은 이 보다는 좀 더 복잡하다. 복제가 진행되는 동안 유전체 DNA는 비구조단백질(non-structural protein)인 DNA결합 단백질 g5p와 연합된 상태로 존재한다. 이 단백질은 감염된 *E. coli* 세포 내에서 발견되는 바이러스 단백질 중 가장 많은 양을 차지하며 새로이 복제된 단일가닥(single-strand)의 파지 DNA를 둘러싸 성숙한 바이러스 입자와 비슷하지만 약간 길고 두꺼운 모양(1100 × 16 nm)의 막대형 코어(core)를 형성한다. 이 DNA결합 단백질은 숙주세포의 핵산분해효소(nuclease)의 공격으로부터 바이러스 유전체를 보호하고 또 새로 합성된 핵산 분자들을 감싸 캡시드에 담길 수 있도록 준비함으로써 유전체의 복제를 중단시키는 기능이 있다. 새로 합성된 외피 단백질 단량체(g8p) 분자들은 숙주세포 내막(inner membrane)의 세포질 쪽 면에 덮이는데 바로 이곳에서 바이러스 입자의 조립이 일어난다. 내막 안쪽의 g5p 덮개 층은 코어가 내막을 뚫고 숙주세포 바깥을 향해 나가는 동안 내막에서 벗겨지며 코어를 감싸지만 궁극적으로는 가공이 끝난 g8p 단백질과 그 외의 부속 단백질로 대체된다. 이 과정을 진행시키는 원동력은 아직 완전히 이해되지 못했지만 오히려 단순해 보이는 단백질-핵산 상호작용, 양전하와 음전하의 정전기적 상호작용, 그리고 편평하게 뻗어있는 캡시드 단백질의 측쇄(side chain) 사이사이에 겹쳐지는 DNA 염기 등이 관여할 것으로 생각된다. M13 유전체의 가소성(plasticity)과 여분의 유전물질까지도 비교적 제한 없이 담을 수 있는 입자의 포장능력은 이러한 추정에 신빙성을 더하고 있다.

Rhabdovirus와 같은 또 다른 종류의 나선형 바이러스에서 보이는 단백질-핵산 상호작용은 다소 복잡한 양상으로 나타난다. **외막**(envelop)을 보유한 나선형 바이러스 대부분은 핵산단백질(nucleoprotein) 코어가 우선 만들어 지고, 이를 매트릭스(matrix) 단백질, 그리고 당단백질 분자들이 부착되어 있는 외막이 차례로 감싼다(그림 2.4). 코어의 미세구조는 아직 밝혀지지 않았지만 약 4.5~5.0 nm 간격으로 줄무늬가 교차되어 나타나며 이 줄무늬 간격은 단백질-RNA 복합체의 1회전(one turn)과 일치하고 있어 외막이 없는 나선형 바이러스 TMV와 그 모양이 유사하다. 외막과 코어 사이의 기질 단백질은 육각형의 배열패턴을 나타내는데 이 패턴과 그 안쪽의 **뉴클레오캡시드**(nucleocapsid) 구조가 어떤 상관관계를 갖는지 또는 바이러스 입자의 한쪽 끝이 어떻게 돔(dome) 구조를 형성하는 지에 대해서는 분명하지 않다.

정이십면체 대칭을 갖는 바이러스의 경우, 입자 내부의 **유전체**가 어떻게 정렬되어 있는지에 관해서는 상대적으로 잘 알려져 있지 않지만 몇 가지 예외는 있다. 이들은 $T = 3$인 정이십면체형의 RNA 바이러스로서 단백질 소단위체의 대부분이 앞서 말한 'eight-strand anti-parallel β-barrel'의 구조적 모티프를 갖는다. 이런 경우, 안쪽을 향해 뻗은 음전하의 캡시드 단백질 분지는 입자 중심에 위치한 RNA와 상호 작용하고 있다. Bean pod mottle virus

(BPMV)는 유전체가 두 개의 분자로 나뉘어(bipartite) 존재하는 $T = 3$의 comovirus에 속한다. 이 바이러스의 X-선 결정분석 결과에 따르면 입자 내부의 RNA가 정이십면체형 대칭으로 접혀 있는 것으로 추정되며 이는 외부를 둘러싼 캡시드의 대칭과 상응하고 있다. 캡시드 단백질과 접촉하는 유전체 부위는 단일가닥으로서 공유결합 보다는 정전기적 상호작용에 의해 연결되는 것으로 생각된다. 원자 수준에서 본 $\phi X174$의 구조분석에서도 DNA 유전체의 일부분이 캡시드 안쪽 면에 노출된 아르기닌(arginine) 잔기와 상호 작용하는 것이 관찰되었으며 이는 BPMV의 경우와 비슷하다.

이러한 연구결과를 바탕으로 정이십면체형 바이러스 캡시드 내에 존재하는 핵산의 물리적 상태에 관한 합의도 점차적으로 이루어질 것으로 생각된다. 많은 정이십면체형 바이러스 종류들이 유전학적 배경이 서로 다르면서도 'eight-strand antiparallel β-barrel'의 구조적 모티프를 갖는 단량체를 기초로 하는 것과 마찬가지로 캡시드 내부의 유전체도 캡시드의 각 꼭지점 안쪽 면에 위치한 염기성 아미노산 잔기와 상호작용하는 정이십면체형 대칭을 나타낼 것이다. 그러므로 이와 같은 공통적 구조 모티프들은 머지않아 바이러스 입자가 어떻게 유전체 핵산분자를 선택적으로 담아 넣는지 설명해줄 수 있을 것으로 생각되며 더 나아가 이와 같은 상호작용을 방해하는 특이적 치료제를 고안할 수 있는 기회를 제공해 줄지도 모를 일이다.

바이러스 수용체: 인식과 결합

다양한 분류군에 속하는 서로 다른 많은 바이러스들이 이용하는 세포의 **수용체**(cellular receptor) 분자들이 확인된 바 있다. 바이러스의 외부표면과 세포 수용체 사이의 상호작용은 이어지는 증식과정과 감염 결과를 결정짓는 주요한 사건으로서 불활성 상태의 세포외(extracellular) 바이러스 입자를 활성화시키고 증식 생활사를 시작하는 결합작업이다. 이 같은 수용체 결합은 뒤에 나오는 4장에서 자세하게 다루어질 것이다.

바이러스 캡시드와 숙주세포의 기타 상호작용

이 장의 도입부에서 설명한 바와 같이 **캡시드**의 기능은 유전체를 보호하는 데 그치지 않고 유전체를 적절한 숙주세포에게로 전달하는 것까지 포함한다. 보다 정확히 표현하면 **유전체**는(**진핵세포** 생물의 경우) 복제의 진행이 허용되는 숙주세포 내 적절한 구획(compartment)으로 전달되어야 한다. 한 예로 숙주세포의 핵에서 복제하는 바이러스의 **뉴클레오캡시드** 단백질은 '핵 위치 신호(nuclear localization signal)'라고 불리는 1차 아미노산 서열을 보유하고 있다. 이 신호가 있음으로 해서 바이러스의 유전체와 부속 단백질 분자들은 바이러스 복제가 진행될 수 있는 핵으로 이동할 수 있게 되는 것이다. 이 과정 역시 뒤에 나오는 4장에서 자세히 논의될 것이다.

사실 **비리온**(virion)은 불활성 구조물이 아니다. 비록 숙주세포의 생화학적 환경을 벗어난 상태에서는 활발하지 않지만 많은 바이러스 입자들이 하나 이상의 효소활성을 지니고 있다.

음성가닥(negative-sense) RNA **유전체**를 갖는 모든 바이러스는 예외 없이 바이러스에 특이한 RNA-의존성 RNA 중합효소(RNA-dependent RNA polymerase, RdRP)를 입자 내에 가지고 있어야 한다. 대부분의 **진핵세포**에는 RNA를 주형으로 RNA를 합성해내는 효소기능이 없기 때문에 이 효소가 바이러스 입자에 들어 있지 않다면 유전체의 복제는 일어날 수 없다. 한편, retrovirus 유전체의 역전사(reverse transcription)는 입자 복합체 내에서만 일어나며 입자와 분리된 상태의 수용액에서는 일어나지 않는다. 보다 복잡한 DNA 바이러스(예: herpesvirus 및 poxvirus)들은 핵산 물질대사에 관여하는 여러 종류의 효소를 입자에 보유하고 있다.

단원 요약

제2장의 내용은 지금까지 알려진 모든 바이러스의 구조를 소개하려는 의도로 서술된 것은 아니다. 대신, 바이러스 조립을 조절하는 몇 가지 원리의 예들과 지극히 미세한 구조를 연구하는 어려움 등을 보여주는데 그 목적을 두었다. 이 책을 공부하는 학습자는 알려진 바이러스 구조의 상세한 부분을 소개하는 과학논문들과 데이터베이스를 참고하는 것이 바람직하며 많은 새로운 연구결과들이 지속적으로 쌓여가고 있다. 그럼에도 불구하고 서로 다른 많은 바이러스 그룹에서 적지 않은 수의 반복적 구조 모티프(motif)가 발견된 바 있다. 그 중 가장 두드러진 것으로 수많은 바이러스들이 나선형 대칭과 정이십면체형 대칭을 기준으로 나눈 것을 들 수 있다. 좀더 자세하게는, 'eight-strand anti-parallel β-barrel'와 같은 공통적 단백질 구조 모티프가 다수의 $T = 3$ 정이십면체형 바이러스 캡시드에서 발견되었고 또, 이들 중 일부 바이러스에서는 내부에 존재하는 RNA 유전체가 정이십면체형 대칭에 따라 접힌 구조를 하고 있음이 밝혀지고 있다. 바이러스의 입자는 불활성 상태가 아니다. 상당수의 바이러스들이 일련의 복잡한 반응들을 수행하는 다양한 효소들로 무장되어 있으며 대부분은 주로 게놈의 복제에 관여하고 있다.

참고문헌

Chiu, W. and Burnett, R. M. (Eds.) (1997). *Structural Biology of Viruses*. Oxford University Press, Oxford. ISBN 0195118502.

Chiu, W. and Johnson, J.E. (Eds.) (2003). *Virus Structure*, Vol. 64, Advances in Protein Chemistry. Academic Press, San Diego, CA. ISBN 0120342642

Dokland, T. et al. (1999). The role of scaffolding proteins in the assembly of the small, single-stranded DNA virus ϕX 174. *Journal of Molecular Biology*, 288: 595-608.

Gouet, P. et al. 1999). The highly ordered double-stranded RNA genome of Bluetongue virus revealed by crystallography. *Cell*, 97: 481-490.

Grimes, J. M. (1998). The atomic structure of the Bluetongue virus core. *Nature*, 395: 470-478.

Ivanovska, I.L. et al. (2004). Bacteriophage capsids: tough nanoshells with complex elastic properties. *Proceedings of the National Academy of Science USA*, 101: 7600-7605.

Maurer-Stroh, S. and Eisenhaber, F. (2004). Myristoylation of viral and bacterial proteins. *Trends in Microbiology*, 12:178-185.

Mckenna, R. et al. (1992). Atomic structure of single-stranded DNA bacteriophage ϕX 174 and its functional implications. *Nature*, 355: 137-143.

Mertens, P.P. and Diprose, J. (2004). The bluetongue virus core: a nano-scale transcription machine. *Virus Research*, 101: 29-43.

Rasched, I. and Oberer, E. (1986). Ff coliphages: structural and functional relation-ships. *Microbiology Review*, 50: 401-427.

3

C H A P T E R

바이러스 유전체

학습목표

- 다양한 바이러스의 유전체에 대한 구조와 조성의 이해
- 바이러스에 영향을 미치는 중요한 유전 현상의 이해
- 대표적인 바이러스 유전체의 도식화

바이러스 유전체의 구조와 복잡성

바이러스 유전체의 구성과 구조는 세균, 식물, 또는 동물계 전체에서 볼 수 있는 것보다 다양하다. **유전체**를 구성하고 있는 핵산은 단일가닥(single-stranded) 또는 이중가닥(double-stranded)으로 되어 있으며, 선형, 고리형 또는 여러 분절로 이루어져 있다. 단일가닥으로 되어있는 바이러스의 유전체는 양성[positive (+) sense], 즉 **mRNA**와 같은 극성(또는 같은 염기서열)이거나 음성[negative (−) sense]또는 두 가지가 혼합되어 있는 **양극성**(ambisense)이다. 바이러스 유전체의 크기는 약 3,500 뉴클레오티드(nt) (예: *Leviviridae* 과의 MS2나 Qβ와 같은 **박테리오파지**)에서 최근에 발견된 Mimivirus의 1백2십만 염기쌍(2,400,000 nt)에 이르기까지 다양하며, 후자의 경우 가장 작은 세균(예: Mycoplasma)의 유전체보다 크다. DNA로 이루어져 있는 다른 모든 세포의 유전체와 달리 바이러스의 유전체는 유전정보가 DNA 또

는 RNA에 저장되어 있다.

바이러스의 유전체가 무엇으로 구성되어 있든 간에 이들은 다음의 한 가지 조건을 만족하여야 한다. 바이러스는 적절한 숙주세포의 세포내에서만 복제가 가능한, 절대적인 세포내 기생체이기 때문에 바이러스의 유전체는 이 바이러스가 기생하고 있는 각각의 숙주세포에 의하여 인식될 수 있고 해석될 수 있는 형태로 유전정보를 가지고 있어야 한다. 바이러스가 이용하는 유전 암호는 숙주생물의 것과 일치하거나 적어도 인식될 수 있어야 한다. 마찬가지로 바이러스의 유전자의 발현을 조절하는 조절신호 역시 숙주세포에 적합하여야 한다. 제4장에서는 바이러스의 유전체가 복제되는 방법이 설명되어 있으며, 제5장에서는 바이러스 유전정보의 발현을 조절하는 방법이 좀 더 구체적으로 설명되어 있다. 이 장의 목적은 바이러스 유전체의 다양성을 설명하고 이러한 다양성이 어떻게, 그리고 왜 나타나는지를 알아보고자 한다.

분자생물학은 단백질을 조작할 수 있는 많은 기법들도 발전시켰지만, 이러한 기법의 유용성은 주로 핵산에 집중되어 있다. 바이러스학의 발달이 이러한 새로운 기법에 의존하는 것과, 바이러스 자체가 이러한 새로운 기법의 개발에 기여한 것에는 아주 긴밀하고 상호 의존적인 관계가 있다. 그 결과 처음으로 전체 염기 서열이 밝혀진 것은(1977년) 세균의 바이러스, 즉 박테리오파지 ϕX174였다. 이 바이러스는 여러 가지 이유에서 선택되었다. 첫째로 이 바이러스는 가장 작은 유전체(5386 nt)를 가지고 있다. 둘째로, 많은 양의 **파지**가 대장균에서 생산될 수 있으며 쉽게 분리가 가능하고, 유전체 DNA가 추출 될 수 있다. 셋째로, 이 파지의 유전체는 DNA 사슬종결법에 의하여 염기서열의 직접분석이 가능한 단일가닥의 DNA로 되어 있다. 이때에도 이중가닥 DNA의 염기서열을 분석할 수 있는 방법이 개발되어 있었지만, ϕX174는 단일가닥의 유전체를 가진 박테리오파지가 DNA 염기서열 분석을 위한 클로닝 벡터로 유용하다는 것을 증명하였으며, M13과 같은 파지가 이러한 목적으로 그 후에 개발 되었다.

바이러스 유전체의 구조와 핵산서열에 대한 연구는 재조합 DNA 기법이 이러한 분야에 초점을 맞추고 있기 때문에 최근 들어 집중적으로 연구되고 있다. 분자생물학을 바이러스학에서 아직 해결되지 않은 문제를 해결하는 유일한 방법으로 여기는 것은 잘못이지만, 이러한 기법이 제공하는 여러 가지 가능성 및 최근에 이러한 기법으로 얻어진 지식의 폭발적 증가를 무시하는 것도 어리석은 일이다.

몇 종의 간단한 **박테리오파지**들이 가장작고 가장 간단한 유전체를 가진 파지로 위에서 인용되었다. 이와는 반대로 herpesvirus나 poxvirus와 같은 크기가 큰 이중가닥의 DNA 바이러스는 현재 바이러스 유전체의 전체 염기서열이 꽤 밝혀지고 있지만, 오늘날까지 완전한 기능성 분석이 불가능할 정도로 복잡하다. 많은 **진핵생물**의 DNA 바이러스들이 소유하고 있는 유전체는 생물학적 측면에서 그들이 감염하는 숙주세포와 매우 유사하다.

일부 DNA 바이러스 유전체는 바이러스 입자 안에서 **염색질**-유사구조를 만들기 위하여 숙주세포의 히스톤 단백질과 결합되어 있다. 숙주세포의 핵 안으로 들어간 후 이러한 유전체는 작은 위성 염색체처럼 행동하며, 세포의 효소와 세포주기의 신호를 따른다.

- Vaccinia virus의 mRNA는 1979년에 John Kates에 의하여 3′쪽에 폴리 A 꼬리가 있다는 것이 확인되었는데, 이것은 이러한 현상이 가장 먼저 밝혀진 예이다.
- 유전정보가 없는 **인트론**(intron)과 단백질을 암호화하고 있는 **엑손**(exon)으로 구성되어 있는 분할 유전자와 이어맞추기(splicing, 스플라이싱) 과정을 거친 mRNA가 Richard Roberts와 Philip Sharp에 의해 발견되었다.
- **원핵생물**의 인트론은 박테리오파지 T4에서 1984년 처음 발견되었다. 이와 같은 현상의 몇 가지 예가 현재 T4 및 다른 파지에서 발견되었다. 이들은 모두가 비슷하며 '자가 이어맞추기(self-splicing)' 타입의 제1형 인트론에 속한다. 그러나 이러한 발견은 매우 중요한 의미를 가진다. 일반적으로 원핵생물의 유전체는 **진핵생물**의 유전체보다 크기가 작고 빨리 복제하기 때문에 훨씬 능률적인 것으로 여겨져 왔다. 파지 유전체는 160 kbp의 이중가닥 DNA 사슬로 되어 있으며 유전자가 매우 조밀하게 배열되어 있다. 예를 들면, **프로모터**와 번역을 조절하는 염기서열이 앞쪽에 겹치게 위치하는 또 다른 유전자의 암호화 부위 안에 자리 잡고 있다. 불필요한 염기서열을 제거할 필요가 있는 **박테리오파지** 유전체에 인트론이 존재하다는 것은, 이와 같은 유전인자가 이러한 압력을 피하거나 또는 무력화시키고 '기생체의 기생체'로 존재할 수 있는 메커니즘을 개발해 왔다는 것을 보여준다.

모든 바이러스 유전체는 크기의 최소화에 대한 압력을 받는다. 예를 들면, **원핵생물**을 숙주로 하는 바이러스는 숙주세포와 함께 충분하게 빨리 복제하여야 하며, 이것은 많은 박테리오파지의 유전자가 조밀하게 배열된 이유이다. 겹쳐진 유전자도 일반적이며, 최대한의 유전정보 용량이 최소한의 유전체에 밀집되어 있다. **진핵생물**을 숙주로 하는 바이러스 또한 유전체 크기의 제한을 받는다. 그러나 이 경우는 주로 바이러스 입자의 '포장 용량(packaging size)', 즉 **비리온** 안에 들어갈 수 있는 핵산의 양이 제한된다. 따라서 이러한 바이러스들은 진핵세포의 유전체 안에 덜 조밀하게 배열된 유전정보와 비교하여 매우 밀집된 구성을 보여준다.

위에서 이미 설명하였듯이 이러한 기본 규칙에도 예외가 있다. T4와 같은 *Myoviridae* 과에 속하는 일부 박테리오파지들은 170 kbp에 달하는 상대적으로 큰 유전체를 가지고 있다. 이제까지 알려진 가장 큰 바이러스의 유전체는 Mimivirus의 유전체로서 약 1.2 Mbp에 달하며 여기에는 약 1,200개의 ORF가 포함되어 있고 이들 중 10%만이 이제까지 기능이 알려진 단백질에 유사성을 보인다. 진핵생물의 바이러스 중에서 herpesvirus와 poxvirus 또한 235,000 bp에 달하는 크기가 큰 유전체를 가지고 있다. 이러한 바이러스들의 유전체는 복제에 필요한 많은 유전자, 특히 핵산의 대사에 관련된 효소의 유전자를 포함하고 있다. 따라서 이러한 바이러스들은 추가적인 생화학적 기구를 가지고 있음으로 해서, 숙주세포의 생화학적 제한을 기본적으로 피할 수 있다. 이에 대한 역효과는, 이러한 유전체를 채워 넣을 수 있는 크고 복잡한 바이러스 입자를 만드는데 필요한 모든 정보를 가지고 있어야 한다는 것과, 유전체 크기의 제한을 해결해야 한다는 것이다. 이 장의 후반부에서 작고 밀집된 것과 크고 복잡한 바이러스 유전체에 대하여 자세히 설명할 것이다.

분자유전학

위에서 설명하였듯이, 분자생물학의 새로운 기법들은 바이러스의 유전체에 연구가 집중될 수 있도록 영향을 끼쳐왔다. 이러한 기법들을 자세히 설명하는 것은 이 책의 범주를 벗어난다. 실제로, 이 책의 독자들은 이미 이러한 기법들의 원리와 여러 가지 변형된 형태에 대하여 잘 알고 있는 것으로 가정하고 이 교재가 쓰여졌다. 그러나 이러한 기법들이 바이러스학에 어떻게 적용되었는가를 설명하고, 이러한 새로운 기법들이 고전적인 바이러스 연구 기법을 대체하는 것이 아니라 보완하여 준다는 것을 설명하는 것은 도움이 될 것이다. 일반적으로, 특정한 바이러스의 유전체를 연구하는 데는 다음과 같은 질문들이 포함된다.

- 구성 — DNA 또는 RNA 단일가닥 또는 이중가닥, 선형 또는 고리형(circular)
- 크기와 분절의 개수
- 말단구조
- 염기서열
- 유전정보 용량 — 열린번역틀(open reading frames)
- 조절신호 — 전사 **증진자**(enhancers), **프로모터**, 종결자(terminator)

바이러스 유전체에 대한 분자 수준의 분석은 두 종류로 나누어 질 수 있다: 첫째는 구조와 염기서열에 대한 물리적 분석으로 이것은 주로 *in vitro*에서 수행되며, 둘째는 전체 바이러스 유전체와 각 개별적인 유전요소간의 상호작용을 알아보는 좀 더 생물학적인 분석으로서 주로 *in vivo*에서 바이러스의 표현형을 분석하는 과정이 수반된다.

바이러스 유전체에 대한 물리적 분석의 일반적인 출발점은 다양한 순도를 가진 시료에서 정제된 바이러스로부터 핵산을 분리하는 것이다. 분자생물학적 클로닝 방법이 좀 더 발전함에 따라 고도의 순수분리에 대한 중요성이 감소하였지만 아직도 분자생물학에서 어느 정도 중요하다. DNA 바이러스의 유전체는 클로닝 과정을 거치지 않고 직접 제한효소 절단으로 분석할 수 있으며, 이것은 1971년에 SV40의 DNA를 대상으로 최초로 이루어졌다. 처음으로 클로닝된 DNA 조각은 박테리오파지 λ (lamda)의 DNA 조각인데, 1972년에 Paul Berg와 그의 동료들이 SV40의 유전체에 클로닝 하였다. 따라서 바이러스의 유전체는 처음으로 이용된 클로닝 벡터인 동시에 이러한 기법을 이용하여 처음으로 분석된 핵산이다. 이미 언급하였듯이, ϕX174의 유전체는 전체 염기서열이 최초로 밝혀진 **복제단위체**(replicon)이다.

이후에 M13과 같은 파지 유전체는 DNA 염기서열 분석을 위한 벡터로 이용하기 위하여 상당부분 변형되었다. RNA에 특이적인 핵산분해효소에 대한 효소학적 연구는 그 당시 많이 발달하여, 특이적인 절단부위를 가지는 다양한 종류의 효소들이 RNA 바이러스 유전체의 분석 또는 염기서열의 결정에 이용되었다(tRNA의 짧은 염기서열이 1960년대 중반에 밝혀졌다). 그러나 이러한 방법을 이용한 RNA의 직접분석은 많은 노동력을 필요로 하며 매우 어렵다. RNA 서열의 분석은 1970년대에 RNA를 cDNA로 바꾸는데 이용되는 역전사효소(조류 myoblastosis 바이러스에서 분리)가 널리 이용될 때까지 빠르게 발전하지 않았다. 1980년대 이후 중합효소연쇄반응(polymerase chain reaction, PCR)은 바이러스 유전체분석을 보다 향상시켰다(제1장 참조).

분자클로닝 외에, 여러 가지 분자적 분석기법은 바이러스 연구에 많은 공헌을 하였다. 전자현미경을 이용한 직접관찰을 적절한 기준물질과 비교될 경우 핵산분자의 크기를 측정하는데 이용될 수 있다. 아마도 가장 중요한 하나의 기법은 전기영동일 것이다(그림 3.1). 분자들을 분리하기 위하여 처음에 이용된 겔의 재료는 녹말에 기초한 것이며 분리능력이 우수하지 못했다. 현재는 크기가 큰 핵산 분자[크기가 매우 커서 pulsed-field gel electrophoresis (PFGE)와 같은 기법에서는 수 메가베이스(백만 염기쌍)에 이른다]의 분리에는 아가로오스(agarose) 겔이 이용되며 작은 조각(수개의 뉴클레오티드 정도)을 분리하기 위해서는 폴리아크릴아미드 겔 전기영동(polyacrylamide gel electrophoresis, PAGE)이 이용된다. 염기서열 분석이 길이에서 하나의 뉴클레오티드 차이가 나는 분자들을 분리할 수 있는 점에 의존하는 것과 달리 전기영동은 온전한 바이러스의 유전체를 분석하는데, 특히 여러 조각으로 이루어진 유전체를 가진 바이러스의 분석에 매우 유용하다. 상보적인 염기서열의 혼성화반응(hybridization) 또한 바이러스의 유전체를 분석하는 방법으로 이용될 수 있다(제1장 참조).

바이러스 집단의 표현형 분석은 바이러스 연구에서 일반적인 기법으로 오랫동안 이용되었다. 변이형의 바이러스와 자연적으로 발생하는 돌연변이체의 연구는 바이러스 유전자의 기능을 결정하는데 오랫동안 이용된 방법이다. 더욱이 분자생물학으로 인해 *in vitro*에서 특이적인 돌연변이, 결실, 그리고 재조합 등을 고안하고 만드는 것이 가능해졌으며 이것은 매우 강력한 연구방법이다. 유전자 암호의 용량과 단백질 기능의 어느 정도는 **mRNA**를 *in vitro*에서 번역하기 위하여 세포에서 분리된 추출물을 이용함으로써 분석이 가능하지만 바이러스 유전체의 완전한 기능 분석은 온전한 바이러스를 이용해야만 가능하다. 다행히 바이러스 유전체가 상대적으로(가장 간단한 세포와 비교하여) 단순하다는 점은 이러한 분석에 매우 유리한데, 순수분리하거나 클로닝된 핵산으로부터 감염성을 가진 바이러스를 복구할 수 있다. 핵산만으로 세포에 감염을 일으키는 것을 **트랜스펙션**(transfection) 또는 핵산감염이라 한다.

양성(+) RNA로 구성된 바이러스의 유전체는 바이러스의 단백질 없이 순수 분리된 바이러스 입자 내부의 RNA(vRNA)를 세포에 접종하였을 때 감염성을 가진다. 그 이유는 양성(+) vRNA란 근본적으로 mRNA이며, 정상적으로 감염된 세포 내에서의 첫 번째 과정은 유전체 복제에 필요한 단백질을 만드는 번역과정이기 때문이다. 이러한 경우 세포 내부로의

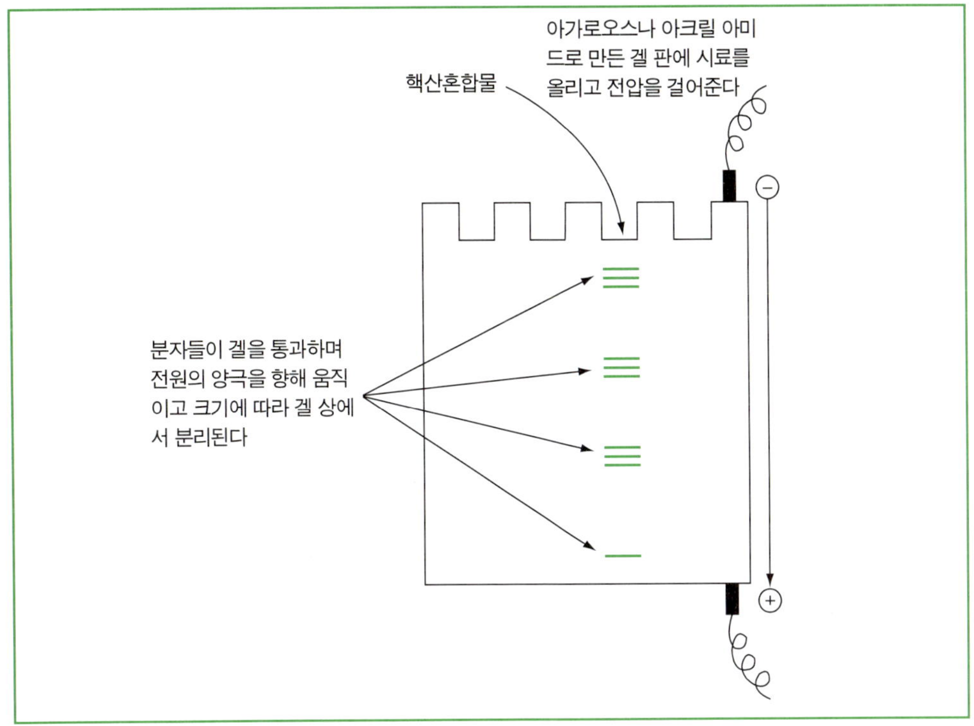

그림 3.1 전기영동에서 핵산 (또는 단백질) 혼합물은 겔에 넣고 전기장을 걸면 이들이 겔의 매질을 통과하여 이동한다. 핵산분자 구조의 인산기가 갖는 음전하에 의하여 이들은 음극에서 양극으로 이동한다. 작은 분자들은 겔의 매질을 쉽게 이동할 수 있으며 그 결과 천천히 이동하는 큰 분자들보다 멀리 이동하게 되어, 분자의 크기에 따라 분리된다.

RNA의 직접 유입은 복제과정의 초기단계를(제4장 참조) 비껴갈 수 있도록 한다. 이중가닥의 DNA로 되어있는 바이러스의 유전체도 감염성을 가진다. 이 경우에는 바이러스의 유전체로부터 숙주의 RNA 중합효소에 의하여 mRNA를 만들기 위한 전사가 일어나야 하기 때문에 좀 더 복잡하다. 이러한 과정은 원핵생물에 들어온 파지의 유전체에서는 상대적으로 간단하지만, herpesvirus와 같이 진핵생물의 핵에서 복제하는 바이러스의 경우 우선적으로 바이러스 DNA는 복제에 적절한 장소로 전달되어야 한다. 트랜스펙션에 의하여 세포내부로 전달된 DNA의 대부분은 세포내부의 핵산분해효소에 의하여 분해된다. 그러나 염기서열에 상관없이, 새로 유입된 DNA의 일부는 핵으로 전달되어 세포의 중합효소에 의하여 전사된다.

예상과 달리, 비록 vRNA보다 덜 효과적이기는 하지만 양성(+) RNA 바이러스 (예: picornaviruses) 유전체의 cDNA 클론도 감염성을 가진다. 이것은 아마도 DNA가 세포내 효소에 의하여 RNA를 만들기 위하여 전사되기 때문일 것이다. 그러나 *in vitro*에서 유전체의 cDNA 주형으로부터 전사된 RNA가 감염을 일으키는 데는 보다 효과적이다. 이러한 기술을 이용하여 *in vitro*에서 인위적으로 조작된 것들을 포함하여 클로닝된 유전체로 바이러스가 복구될 수 있다.

최근까지 이러한 기술은 음성(−)의 유전체를 가진 바이러스의 분석에는 이용이 불가능하였다. 이것은 이러한 바이러스 입자들은 바이러스 특이적 중합효소를 포함하고 있기 때문이다. 이러한 바이러스 유전체가 세포 안으로 들어온 후 최초로 일어나는 과정은 음성(−)의 유전체가 중합효소에 의하여 복사되어 mRNA로 직접 이용되는 양성(+)의 전사체를 만들거나, 복제 중간체(replicative intermediate, RI) 또는 복제형(replicative form, RF)으로 불리는, 다음 단계의 **mRNA** 합성에 주형으로 이용되는 이중가닥의 RNA를 형성하는 것이다. 따라서 음성(−) 유전체는 직접 번역할 수 없고, 바이러스의 중합효소 없이 복제도 불가능하기 때문에 이러한 유전체는 근본적으로 감염성이 없다. 순수분리 되었거나 클로닝된 핵산으로부터 음성(−) 유전체를 가진 바이러스를 획득할 수 있는 방법은 최근에서야 개발되었다. 이러한 기법은 종종 "역유전학(reverse genetics)" 이라고 일컬어지며, DNA를 중간 매개체로 하여 음성(−)의 RNA 유전체를 조작하는 것이다. 이러한 모든 시스템은 리보핵산단백질(ribonucleoprotein) 복합체가 RNA-의존성 RNA 중합효소(RNA-dependent RNA polymerase)에 의하여 유전체 복제를 위한 주형으로 이용될 수 있다는 사실에 근거하지만 여기에는 두 가지 형태가 있다.

- ***In vitro* 복합체 형성**: 감염된 세포에서 분리된 바이러스의 단백질과 클로닝된 cDNA로부터 전사된 RNA를 혼합하여 복합체를 만든 후, 감염을 유도하기 위하여 이것을 감수성 세포에 도입하는 것이다. 이러한 방법은 paramyxovirus, rhabdovirus, bunyavirus 등에서 이용되었다.
- ***In vivo* 복합체 형성**: *in vitro*에서 형성된 리보핵산단백질 복합체를 '보조(helper)' 바이러스로 미리 감염시킨 세포에 도입하는 것이다. 이러한 방법은 influenza virus, bunyavirus 그리고 reovirus나 birnavirus와 같은 이중가닥 RNA 바이러스에 이용되었다.

이러한 기법의 개발로 이전에 불가능하였던 음성가닥 RNA 바이러스와 이중가닥 RNA 바이러스의 유전적 연구가 가능해졌다.

바이러스 유전학

현재 염기서열 분석은 바이러스 유전체 분석의 주류를 이루지만, 동물 바이러스의 유전학적 기능 분석은 대부분 돌연변이체의 분리와 분석에 기초하며 대개는 플라크의 분리(생물학적 클로닝)를 통하여 이루어진다. 세포변성의(cytopathic) 특성이 없거나 배양세포에서 자라지 않아 이러한 방법을 이용할 수 없는 바이러스의 경우, 분자유전학의 발달 이전에는 유전학적 분석이 거의 불가능하였다. 그러나 몇 가지 기법를 통하여 세포 변성 특성이 없는 바이러스에 기본적인 유전학적 기법을 적용할 수 있게 되었다.

- **생화학적 분석:** 유전자 지도를 만들기 위하여 대사 억제물질을 이용; 번역 억제물질(예 : puromycin과 cycloheximide 등)과 전사억제물질(예: actinomycin D)은 유전적 조절 메커니즘을 분석하는데 이용될 수 있다.
- **포커스 면역분석(focal immunoassay):** 세포변성 특성이 없는 바이러스의 복제는 관찰이 가능한 포커스들을 생성하기 위한 혈청학적 염색을 통하여 이루어진다(예 : human Immunodeficiency virus).
- **분자생물학:** 염기서열 분석 등.
- **물리적 분석:** 바이러스의 단백질이나 핵산의 유전적 다형성(polymorphism)을 분석하기 위하여 고해상도의 전기영동을 이용
- **형질전환 포커스(transformed foci):** 세포변성 특성이 없으면서 포커스를 형성하는 바이러스에 의하여 세포단층에 형질전환된 포커스(transformed foci)를 형성하도록 함

또한 다음과 같은 다양한 종류의 유전자 지도가 얻어질 수 있다.

- **재조합 지도(recombination map):** 두 개의 유전자 표지 사이에 재조합이 일어날 가능성으로부터 얻어진 돌연변이의 순서로서 전통적인 유전학적 방법이며, 재조합이 일어날 확률은 유전자 표지간의 거리에 비례한다. 이러한 기법은 단일 조각의 유전체(DNA 또는 RNA)를 가진 바이러스에 이용될 수 있다.
- **재분류 지도 또는 그룹(reassortment map):** 여러 분절로 구성된 유전체를 가진 바이러스에서 돌연변이들을 특정한 유전체 분절에 배정하면, 각각의 유전체 분절에 해당하는 유전적 연관성이 있는 재분류 그룹을 확인할 수 있다.

그 외에도 다음과 같은 지도가 만들어질 수 있다.

- **물리적 지도:** 돌연변이나 기타 특성은 돌연변이체를 감수성 세포에 트랜스펙션(transfection)한 후 야생형 유전체의 조각 일부분을 사용하여 돌연변이 유전체를 복구(예: 돌연변이체와 야생형 DNA의 heteroduplex 형성)하는 방법을 통하여 바이러스 유전체 상에서 물리적인 위치를 부여할 수 있다. 또는 세포를 돌연변이체의 유전체와 야생형의 각 조각들과 섞어서 동시에 트랜스펙션하여 돌연변이의 위치를 확인한다. 마찬가지로, 여러 가지 다형성(단백질 전기영동에서의 이동성의 차이)도 바이러스의 유전자 구조를 결정하기 위하여 이용된다.
- **제한효소(restriction) 지도:** 제한효소에 의하여 DNA가 특정위치에서 잘리는 특성은 바이러스 유전체의 구조를 결정하는데 이용할 수 있다. RNA 유전체는 cDNA로 클로닝 한 후에 이 기법을 이용하여 분석할 수 있다.
- **전사 지도:** 각각의 mRNA를 암호화하고 있는 부뷰에 대한 지도는 제한효소 절편과 같은 각각의 유전체 조각에 mRNA를 혼성화(hybridization)하여 만들 수 있다. mRNA의 시작/종료 지점은 방사능 물질로 표시된 탐침(probe)을 단일가닥에 특이적인 핵산분해 효소

로 분해함으로써 확인할 수 있다. 각각의 mRNA에 암호화된 단백질은 *in vitro* 번역에 의하여 결정할 수 있다. RNA 바이러스 유전체에 대한 자외선 조사는 열린번역틀(open reading frame, ORF)의 위치를 결정하는데 이용될 수 있는데 이는 번역 시작점에서 멀리 있는 ORF는 자외선 조사에 의하여 바이러스 RNA가 부분적으로 분해된 후 *in vitro* 번역으로 발현될 가능성이 낮아지기 때문이다.

- **번역 지도:** 번역의 개시를 억제하는 팩타마이신(pactamycin)은 enterovirus에서 단백질을 암호화하고 있는 부위의 위치를 결정하기 위하여 이용된다. 'Pulse labeling'에서는 이 약제를 첨가하기 전에 개시된 단백질에만 방사능이 첨가된다. 유전체의 3′ 쪽에 암호화된 단백질은 가장 많이 표지되고, 유전체의 5′ 쪽에 암호화된 단백질은 가장 적게 표지된다.

바이러스 돌연변이체

'돌연변이체' '주(strain)' '형(type)' '변이형(variant)' 또는 '분리주(isolate)'는 바이러스 학자들 간에 특정한 바이러스를 다른 바이러스 또는 원래의 '부모형(parental)', '야생형(wildtype)' 또는 이 바이러스의 '유행주(street)'와 구별하기 위하여 복합적으로 사용된다. 좀 더 정확하게 이러한 용어들은 다음과 같이 적용된다:

- **주(strain):** 같은 바이러스의 다른 계열(lines) 또는 분리주(isolates), 즉 다른 지역이나 환자에서 분리된 바이러스
- **형(type):** 같은 바이러스의 다른 혈청형(예: 다양한 항체 중화형)
- **변이주(variant):** 원래의 야생형 계통과 다른 표현형을 가졌으나, 이러한 다양성에 대한 유전적인 배경이 밝혀지지 않은 바이러스

돌연변이 바이러스의 유래

자연발생 돌연변이

일부 바이러스에서 돌연변이의 확률은 뉴클레오티드 당 10^{-3} ~10^{-4}에 이를 정도로 높다(예: HIV와 같은 retrovirus). 반면에 다른 바이러스(예: herpesvirus)에서는 10^{-8}~10^{-11}정도로 낮은데, 이것은 세포의 DNA에서 나타나는 돌연변이 비율과 동일하다. 이러한 차이는 유전체의 복제메커니즘과 관련이 있는데 RNA-의존성 RNA 중합효소의 오류 확률은 DNA-의존성 DNA 중합효소에 비하여 월등히 높다. 일부 RNA 바이러스의 중합효소는 교정기능을 가지고 있지만 일반적으로 DNA 바이러스보다 RNA 바이러스에서 훨씬 높다. 바이러스에서 돌연변이는 손해와 이득이 모두 존재하는 현상이다. 면역반응을 피할 수 있는 항원 변이주를 만들 수 있는 능력은 분명한 장점이다. 그러나 대부분의 돌연변이가 해로우며 많은 결손 바이러스 입자를 생산한다. HIV와 같은 극단적인 경우에는 중합되는 뉴클레오티드 당 오류 확률이 10^{-3}~10^{-4}에 이른다. HIV의 유전체는 9.7 kb이다. 따라서 각각의 유전체가 복사될 때마

다 0.9~9.7개의 돌연변이가 있게 된다. 따라서 이 경우 야생형 바이러스란 실질적으로 모든 바이러스 종류가 존재하는 역동적 평형(유전체의 집단)에서 우위를 점하고 있는 유동적 대표형(fleeting majority)이다. 이러한 분자수준의 변이주 집합을 유사종(quasispecies)이라 하며, picornavirus와 같은 다른 RNA 바이러스에도 존재한다. 그러나 이 돌연변이체들의 대부분은 감염성이 없거나 치명적인 결함을 가지고 있어 증식하는 집단 내에서 급격히 감소한다. 이 메커니즘은 바이러스의 진화에 중요한 압력으로 작용한다(진화와 역학 참조).

유도 돌연변이

역사적으로, 바이러스에 대한 유전적 분석은 돌연변이 물질로 처리한 집단에서 분리한 바이러스 돌연변이체를 대상으로 이루어졌다. 돌연변이 유도물질은 두 가지로 분류된다:

- ***In vitro* 돌연변이 유도제(mutagens):** 핵산을 화학적으로 변화시키는 이 유도제들이 작용하기 위해서 반드시 바이러스의 복제가 일어날 필요는 없다. 이러한 예로는 아질산(nitrous acid), 히드록시아민(hydoxylamine), 그리고 알킬화(alkylating) 제제〔(예: 니트로소구아니딘(nitrosoguanidine)〕등이 있다.
- ***In vivo* 돌연변이 유도제:** 이들이 활성을 나타내기 위해서는 대사의 진행, 즉 핵산이 복제과정 중에 있어야 한다. 이들은 새로 복제되는 핵산에 삽입되어 다음 단계의 복제과정에서 돌연변이를 일으킨다. 이러한 예는 잘못된 염기쌍 형성을 유도하는 5-브로모우라실(bromouracil)과 같은 유사 뉴클레오티드(nucleotide analogue), 염기 사이에 끼어들어서 삽입 또는 결실을 유도하는 삽입제[intercalating agents(예: 아크리딘 염색약(acrydine dye)], 자외선 등이 있는데 자외선은 피리미딘 이량체(pyrimidine dimer)의 형성을 유도하지만 이들은 DNA 복제에 이용되는 일반적 효소보다 훨씬 오류가 적은 복구기능에 의하여 DNA에서 제거된다.

화학적인 돌연변이 유도제를 이용한 실험에는 몇 가지 문제점이 있다.

- **안전성:** 돌연변이 유도물질은 대부분 발암물질이며 독성이 강해서 연구에 사용하기 매우 불편한 물질이다.
- **사용량:** 사용되는 돌연변이 유도물질의 양은 유전체 당 평균 0.1회의 돌연변이를 유도할 수 있도록 주의하여 결정되어야 하며, 그렇지 않을 경우 유도된 돌연변이체가 여러 개의 돌연변이를 포함하고 있어 표현형의 분석이 복잡해 질 수 있다. 대부분의 바이러스들은 돌연변이를 포함하고 있지 않을 경우 돌연변이체를 선별하는 과정이 필요하며 이 과정이 엄청난 노력이 필요한 작업이기 때문에, 전체과정이 비효율적일 수 있다.
- **조절:** 돌연변이가 일어나는 위치를 조절할 수 없기 때문에 의도하는 특정 유전자나 관련 부위의 돌연변이체를 분리하는 일은 매우 어렵거나 불가능하다.

이러한 이유 때문에 최근에는 올리고뉴클레오티드를 이용한(oligonucleotide-directed) 돌연변이 유도, 혹은 PCR에 기초한 돌연변이 유도와 같이 위치-특이적(site-specific)인 분자생물학적 방법이 보다 일반적으로 이용되고 있다. 이 방법은 결손을 유도하기 위한 효소절단과 삽입을 유도하기 위한 링커스캐닝(linker scanning)과 같은 기법들과 함께 사용되어, 현재는 바이러스 유전체의 어떠한 부위에든 정확하고 안전하게 거의 모든 종류의 돌연변이를 유도할 수 있다.

돌연변이 바이러스의 유형

돌연변이 바이러스의 표현형은 이들이 가지고 있는 돌연변이 유형의 종류와 유전체 상의 돌연변이 위치에 따라 결정된다. 다음에 제시된 돌연변이의 유형은 자연적으로 생길 수도 있고 실험 목적에 따라 인위적으로 유도될 수도 있다.

- **생화학적 표지(marker):** 이러한 종류에는 약제내성 돌연변이, 병원성의 변화를 가져오는 특이적 돌연변이, 단백질이나 핵산의 전기영동 이동성에 변화를 주는 다형성, 불활성화 물질에 대한 감수성의 변화 등이 포함된다.
- **결손:** 어떤 면에서는 넌센스(nonsense) 돌연변이와 (아래 참조) 비슷하지만, 하나 또는 그 이상의 바이러스 유전자가 포함될 수 있으며 단백질을 암호화하고 있지 않은 조절부위(예: **프로모터**)가 관련될 수도 있다. 자연적인 결손돌연변이는 바이러스 집단에서 종종 결손간섭입자[defective interfering (DI) particle]로서 축적된다. 감염성이 없지만 유전적으로는 반드시 불활성은 아닌, 이러한 유전체들은 특정 바이러스 감염에 있어서 감염과정이나 병인론(pathogenesis)에 중요하게 여겨지고 있다(제6장 참조). 유전적 결손은 **재조합**에 의해서 야생형으로 복귀될 수 있지만 그 확률은 매우 낮다. 결손 돌연변이체는 물리적 분석으로 손쉽게 결손위치를 알아낼 수 있기 때문에 바이러스 유전체의 구조-기능 사이의 연관성을 알아보는데 매우 유용하다.
- **숙주 범위:** 이 용어는 동물 숙주 개체 또는 *in vitro*에서 허용성(permissive) 세포에 모두 적용 될 수 있다. 이러한 부류의 **조건적 돌연변이체**는 앰버-억제(amber-suppressor) 세포(주로 파지에서 이루어졌으나 *in vitro* 시스템을 이용하여 동물 바이러스에서도 이루어짐)을 이용하여 분리되었다.
- **넌센스(nonsense):** 이러한 돌연변이는 단백질 암호화 염기서열이 3개의 번역 종료 코돈(UAG, amber; UAA, ochre; UGA, opal) 중의 하나로 바뀌어 나타난다. 번역이 종료되면 아미노말단(amino-terminal) 부분만으로 구성된 단백질 조각이 생성된다. 이러한 돌연변이의 표현형은 변형된 억제 tRNA를 가진 세포(세균, 혹은 최근 들어 동물도 포함)에 이 바이러스를 감염시킴으로써 억제될 수 있다. 넌센스 돌연변이는 불완전한(leaky) 경우가 거의 없으며 단백질의 정상적 기능이 완전히 제거되어 원래의 위치에서만 야생형으로 복귀될 수 있다(아래참조). 따라서 이러한 돌연변이는 낮은 복귀율을 나타낸다.
- **플라크 형태:** 이러한 돌연변이는 야생형보다 빨리 복제하는 큰 플라크 돌연변이와 그 반대인 작은 플라크를 형성하는 돌연변이다. 플라크의 크기는 종종 온도 감수성(temperature sensitivity, t.s.) 표현형과 관계가 있다(아래 참조). 이러한 돌연변이는 종종 다인자 교차에서 비선택적 표지로 유용하다.

- **온도 감수성(t.s.):** 이러한 종류의 돌연변이는 조건적 치사돌연변이(conditional lethal mutation)를 분리할 수 있기 때문에 매우 유용한데, 이러한 현상은 바이러스의 복제에 절대적으로 필요한 유전자나 다른 방법으로는 기능을 확인할 수 없는 유전자의 기능을 확인하는데 좋은 방법이다. 온도 감수성 돌연변이는 주로 단백질의 미스센스(mis-sense)돌연변이(아미노산이 바뀌는 변화)에 의하여 나타나며, 그 결과 크기는 같지만 약간 변형된 모습의 단백질이 생성되어 낮은 온도에서는 작용할 수 있으나(permissive) 높은 온도에서는 기능을 가지지 못한다(nonpermissive, 비허용성). 일반적으로 돌연변이형 단백질은 면역학적으로 변하지 않기 때문에 매우 유용한 특성이 될 수 있다. 이러한 돌연변이는 일반적으로 '불완전(leaky)'하기 때문에 비허용성의 고온에서도 정상적인 활성의 일부를 유지하게 된다. 반대로 단백질의 기능은 종종 허용성 온도에서도 비정상적일 수 있다. 따라서 이러한 종류의 돌연변이의 연구에서는 야생형 바이러스가 돌연변이체보다 빠르게 증식될 수 있기 때문에 높은 복귀율이 문제가 될 수 있다. 일부 바이러스에서는(예: reovirus, influenza virus) 각각의 바이러스 유전자에 대하여 대단히 많은 t.s. 돌연변이들이 유도되어 분자생물학의 발전 이전에 이들 유전체의 완전한 유전적 분석이 가능해졌다.
- **저온 감수성 (cold-sensitive, c.s.):** 이 돌연변이는 t.s. 돌연변이와 반대되는 것으로서 낮은 온도에서도 증식할 수 있는 숙주세포에 감염하는 박테리오파지나 식물바이러스 연구에 매우 유용하다. 그러나 동물바이러스의 경우, 이들의 숙주세포는 일반적으로 정상보다 현저히 낮은 온도에서는 자라지 않기 때문에 유용성이 덜하다.
- **복귀돌연변이체 (revertant):** 복귀돌연변이는 그 나름대로 매우 유용한 돌연변이이다. 위에서 설명한 대부분의 돌연변이는 복귀돌연변이를 할 수 있으며, 이러한 돌연변이는 단순한 '복귀돌연변이(back mutation)' (원래의 돌연변이가 복구된 경우) 또는 제2의 위치에서의 '상보성 돌연변이(compensatory mutation)' 일 수 있는데, 후자의 경우 원래의 돌연변이와 물리적으로 떨어진 곳에 나타날 수 있으며, 반드시 원래의 돌연변이가 일어난 유전자에 존재할 필요도 없다.

억 제

억제(suppression)는 제 2의 돌연변이에 의하여 원래 돌연변이의 표현형이 억제되는 것을 말하며 이것은 바이러스 유전체 상에 나타날 수도 있고, 숙주세포의 유전체에 나타날 수도 있다. 이러한 유전적 억제(genetic suppression)는 '정보성 억제(informational suppression)', 즉 숙주에 의하여 암호화된 억제 tRNA에 의하여 사슬 종료(amber) 돌연변이가 억제되는 것과는 다른 종류의 억제 메커니즘이라는 점이 중요하다. 유전적 억제란, 바이러스가 유전적으로는 아직 돌연변이를 갖고 있는 상태의 유사복귀체(pseudorevertant)이면서도 분명한 야생형의 표현형을 나타내는 것을 말한다. 이러한 현상은 원핵생물에서 가장 잘 연구되어 있으며, 보다 최근에는 reovirus, vaccinia, influenza와 같은 동물 바이러스에서도 이러한 예가 발견되었다. 이들의 경우, 약독화한 백신바이러스가 병원성을 가지는 바이러스로 복귀되었으며,

이 사례는 의학적으로 매우 중요할 수 있다. 한편, 억제는 바이러스가 돌연변이의 부작용을 극복할 수 있게 하여 집단 중에서 우선적으로 선택될 수 있다는 점에서 생물학적으로도 중요하다. 이 처럼 돌연변이체 바이러스는 세 가지 유형의 과정을 거쳐 원래의 표현형으로 복귀될 수 있다.

1. 원래의 돌연변이가 복귀돌연변이(back mutation)에 의하여 야생형의 유전형과 표현형으로 되돌아가는 것(진정한 복귀).
2. 돌연변이가 일어난 동일한 유전자에서 또 다른 돌연변이가 일어난 원래의 돌연변이를 상쇄하는 경우. 예를 들면, 2번째 틀이동(frameshift) 돌연변이에 의하여 원래의 번역틀(reading frame)로 복귀하는 경우(유전자내 억제, intragenic suppression).
3. 바이러스의 다른 유전자나 숙주의 유전자에 발생하는 억제 돌연변이(유전자 외 억제, extragenic suppression).

바이러스 간의 유전적 상호작용

숙주생물은 종종 하나 이상의 바이러스에 의하여 감염될 수 있기 때문에, 바이러스간의 유전적 상호작용은 자연적으로 자주 발생한다. 그러나 이러한 현상은 일반적으로 너무 복잡해서 성공적으로 분석하기 어렵다. 유전적 상호작용은 배양세포에 바이러스를 **중복감염**(superinfection)시켜 실험적으로 분석할 수 있다. 이와 같은 실험을 통하여 두 종류의 정보를 얻을 수 있다.

- 돌연변이체를 기능성 그룹인 **상보**(complementation) 그룹에 배치.
- **재조합** 빈도의 분석에 의하여 선형(linear)의 유전자 지도에 돌연변이를 순차적으로 배열.

상보(complementation)는 중복감염에서 바이러스 유전자 산물 간의 상호작용으로 나타나며, 그 결과 두 바이러스는 유전적으로는 변하지 않은 상태에서 이들 바이러스의 하나 또는 양쪽의 생성이 증가한다. 이러한 경우, 중복감염 중의 한 바이러스는 특정한 기능에 결함이 있는 다른 바이러스에게 정상적인 기능을 가지는 유전자 산물을 제공한다(그림 3.2). 만약 두 돌연변이체가 같은 기능에 결함이 있으면 복제의 촉진효과는 나타나지 않으며, 이들 두 돌연변이체는 같은 상보 그룹에 속한다고 볼 수 있다. 이러한 검사의 중요성은 만약 특정한 상보 그룹에 속하는 돌연변이 중 하나의 생화학적 기초가 알려진 경우, 확인되지 않은 돌연변이의 기능적 분석이 가능하다는 것이다. 이론적으로, 상보 그룹의 수는 바이러스 유전체에 존재하는 유전자의 수와 일치한다. 실제로는, 유전자의 수보다는 적은 수의 상보 그룹이 존재하는데 이것은 일부 유전자의 돌연변이는 항상 치명적이거나 반대로 생존에 절대적으로 필요한 것이 아니어서 이러한 종류의 검사로는 확인될 수 없기 때문이다. 크게 나누어 두 가지 유형의 상보가 존재한다.

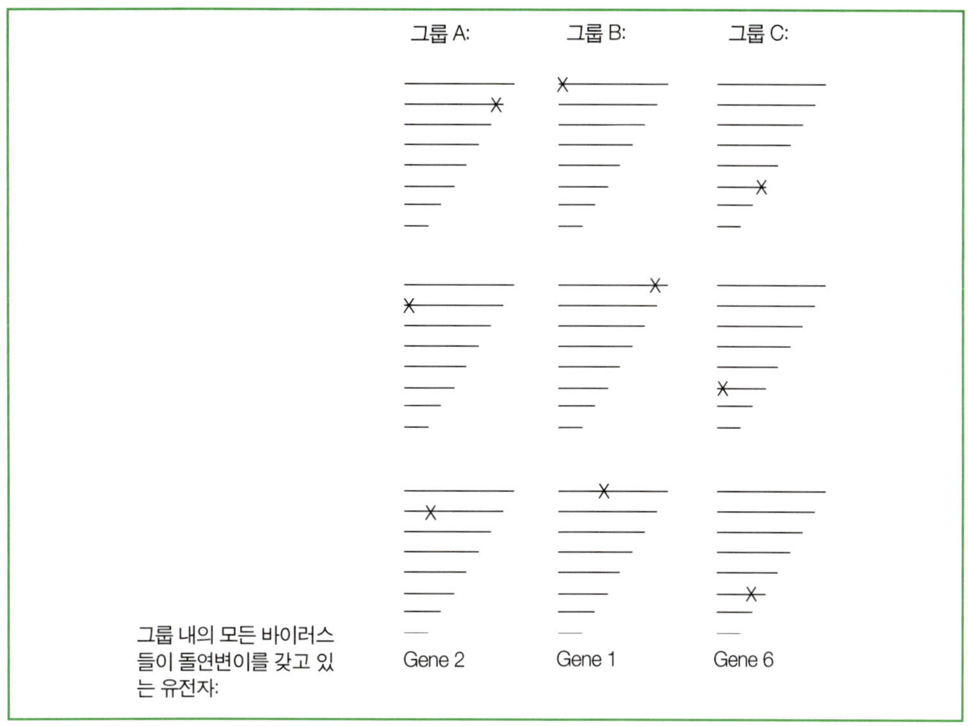

그림 3.2 Influenza (또는 다른) virus의 상보 그룹은 같은 유전자에 돌연변이를 가지고 있어 같은 상보 그룹의 다른 바이러스 유전체 상의 돌연변이를 복구할 수 없다.

- 대립유전자(allelic) 상보는 유전자내(intragenic) 상보로서 서로 다른 돌연변이체가 같은 단백질에 상보가 가능한 결함을 가지고 있을 때, 즉 서로 다른 기능성 도메인 또는 복합체 단백질의 서로 다른 소단위(subunit)에 돌연변이가 있을 때 나타난다(이러한 경우는 드물다).
- 비대립유전자(non-allelic) 상보는 유전자간(intergenic) 상보로서 서로 다른 유전자에 결함을 가지는 돌연변이체 사이에 나타나며, 보다 일반적으로 나타나는 종류이다.

상보는 비대칭적; 두 종류의 돌연변이 바이러스 중 하나만 증식하는 경우 – 일 수 있다. 이러한 경우는 완전하거나 부분적인 복제 제한이 이루어진다. 상보가 자연적으로 일어날 경우, 복제가 정상적으로 일어나는 야생형 바이러스가 결함이 있는 돌연변이체를 도와주는 것이 일반적이다. 이 경우에 야생형 바이러스는 **암유전자**(oncogene)를 가진 결손형 형질전환(defective transforming) retrovirus에서와 같이 보조바이러스로 일컬어진다(그림 3.3, 제7장 참조).

재조합은 중복감염 동안 바이러스 유전체 간에 일어나는 물리적 상호작용으로서, 양쪽 바이러스의 어느 쪽에도 존재하지 않던 새로운 유전자 조합이 나타나는 것을 말한다. 이러한

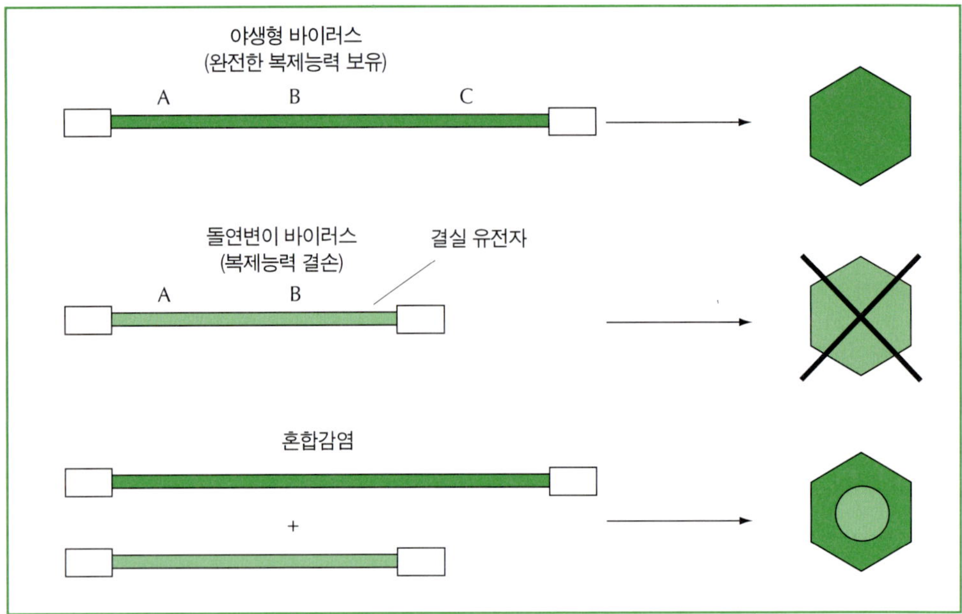

그림 3.3 보조(helper) 바이러스는 스스로 복제가 가능한 바이러스로서 혼합 감염에서 복제에 결함이 있는 바이러스의 복구를 도와주어 이들의 증식과 전파를 가능하게 한다.

현상이 일어날 수 있는 메커니즘은 세 종류이며 이는 바이러스 유전체의 구조에 의하여 결정된다.

- **가닥의 절단과 재결합에 의한 분자내 재조합:** 이러한 과정은 모든 DNA 바이러스와 DNA를 중간매체로 복제하는 RNA 바이러스에서 일어난다. 특정한 재조합에 결함을 가진 바이러스의 돌연변이체가 아직 발견되지 않은 점으로 미루어 이러한 과정은 세포내 효소에 의하여 이루어지는 것으로 여겨진다.
- **'주형선택(Copy-choice)'에 의한 분자내 재조합:** 이 과정은 RNA 바이러스에서 일어나며 (1960년대에 picornavirus에서 알려졌으며 최근에는 coronavirus와 같은 다른 바이러스에서도 확인되었다), 바이러스의 중합효소가 유전체 합성과정에 주형이 되는 가닥을 바꾸는 메커니즘을 통하여 일어난다. 이 현상에 대한 분자수준의 자세한 과정은 알려져 있지 않다. 숙주세포의 효소(예: 스플라이싱 효소)가 관여할 수도 있으나, 그 가능성은 희박하며 이러한 현상은 무작위로 일어나는 것으로 추측된다. 결손간섭입자(defective interfering particle, D.I.)는 RNA 바이러스 감염과정에서 이러한 과정을 통하여 생성된다(제6장 참조).
- **재분류(reassortment):** 여러 분절로 이루어진 유전체를 가진 바이러스에서, 유전체 분절들은 중복감염 동안에 무작위로 섞일 수 있다. 자손 바이러스는 각 유전체 조각의 하나 이

상을 받게 되지만 모두 한쪽의 부모 바이러스에서만 받지는 않는다. 예를 들어 influenza virus는 8 개의 유전체 분절을 가지고 있어, **중복감염**에서는 $2^8 = 256$ 종류의 자손 바이러스가 가능하다. 이러한 바이러스에서의 유전체를 포장하는 메커니즘은 완전히 알려져 있지 않지만, 재분류가 일어나는 것과 관련이 있을 것이다.

분자내 재조합에서 두개의 표지 사이에서 절단-재결합 또는 사슬의 교체 (즉 재조합)이 일어나는 빈도는 두 표지 간의 거리에 비례한다. 따라서 한 쌍의 표적은 직선형 유전자 지도상에 '지도 단위' 즉, 재조합의 백분율에 따라 측정된 거리에 따라 배열될 수 있다. 재분류에서는 두 개의 표적 간의 재조합 비율이 매우 높거나(두 개의 표적이 서로 다른 조각에 위치한다는 것을 나타낸다), 매우 낮다(이것은 이들이 동일한 분절상에 존재한다는 것을 나타낸다). 이것은 재분류의 비율이 두개의 사슬 간에 나타나는 분자간 재조합에 의한 낮은 비율의 근원적 재조합을 훨씬 초과하기 때문이다.

재활성화(reactivation)는 감염성이 없는 부모 바이러스의 유전체로부터 감염성을 가지는 (재조합) 자손 바이러스를 만드는 것을 말한다. 이러한 과정은 *in vitro*에서 확인되었으며, *in vivo*에서도 중요할 것으로 생각된다. 예를 들면, 오랜 기간의 AIDS 진행과정 동안 결함을 가진 상태로 장기간 잠복해 있던 HIV의 **프로바이러스**(provirus)가 복구될 경우 항원적 다양성의 증가와 질병의 진행과정에 영향을 미칠 수 있다. 재조합은 자연 상태에서 자주 발생한다. 예를 들면, influenza virus의 재분류는 전 세계적인 **유행병**(pandemics)을 일으켜 수천만 명의 사람을 죽인 바 있다(제6장). 이러한 결과들 때문에 유전적 상호작용은 단순한 학문적 대상으로써 뿐만 아니라 보건적 측면에서도 많은 관심의 대상이다.

바이러스간의 비유전적 상호작용

바이러스 간에는 다양한 비(非)유전적 상호작용이 나타날 수 있으며, 이것은 유전적 교차 결과의 발현 또는 해석에 영향을 미칠 수 있다. **진핵생물**의 세포는 각 염색체에 대하여 2개의 복사본이 존재하는 이배체의 유전체를 가지고 있으며, 각각은 동일한 유전자에 대한 각각의 대립인자를 가지고 있다. 두 개의 염색체는 많은 위치에서 대립인자 표지가 다를 수 있다. 바이러스 중에는 retrovirus만이 전체 유전체에 대하여 완전한 2개의 복사본을 가지고 있는 진정한 이배체이지만, herpesvirus와 같은 일부 DNA 바이러스도 일부 반복된 서열을 가지고 있기 때문에 부분적인 이형접합체이다. 일부의(주로 **외막형**) 바이러스에는, 다수의 유전체가 비정상적으로 포장되어 때때로 이형접합체와 같은 다형의 입자를 만들기도 한다(예: Newcastle disease virus 입자에서는 10%에 이른다). 이러한 과정을 '이형접합(heterozygosis)'이라고 하며 바이러스 집단에서 유전적인 복잡성에 기여한다.

바이러스 간에 흔히 볼 수 있는 또 다른 비유전적 상호작용으로는 간섭(interference)이 있다. 이러한 현상은 한 바이러스에 이미 감염된 세포에서 또 다른 바이러스에 의한 **중복감염**에 대한 저항성에서 볼 수 있다. 동종간섭은 (즉, 같은 바이러스에 대한) 종종 필수적인 세포 구성성분에 대한 경쟁으로 인해 바이러스의 복제를 억제하는 D.I. 입자 때문에 나타난다. 그러나 간섭은 다른 종류의 돌연변이(예: 우성 t.s. 돌연변이)나 세포 안에서 복제중인 바이러스가 생산하는 과다한 **바이러스 부착단백질**로 인해 바이러스의 **수용체**가 고갈되면서 나타나기도 한다(예: avian retrovirus의 경우).

표현형 혼합(phenotype mixing)은 한 바이러스의 유전체가 다른 바이러스의 **캡시드** 또는 **외막**에 싸이게 되는 극단적인 **거짓표현형**부터(pseudotyping), 자손 바이러스의 캡시드/외막이 양쪽 바이러스의 단백질을 혼합하여 가지고 있는 경미한 것까지 다양하다. 이러한 혼합은 자손 바이러스의 유전적 변함없이 바이러스 입자에 포함된 단백질에 의하여 결정된 표현형적 특성(예: **친화성**, tropism)을 제공한다. 다음 세대의 바이러스는 원래 부모의 표현형을 전달받아 나타나게 된다. 이러한 과정은 상호 유연관계가 높은 나출형(외막이 없는) 바이러스(예: enterovirus의 서로 다른 계통) 사이, 또는 서로 간에 유연관계가 없는 외막형 바이러스 사이에서 쉽게 일어날 수 있다(그림 3.4). 후자의 경우, 이러한 현상은 서로 다른 바이러스의 당단백질이 비 특이적으로 막에 삽입되기 때문이며, 그 결과 이러한 표현형 혼합을 일으킨다. 복제결함이 있는 세포변형 retrovirus가 보조바이러스에 의해 복구되는 것도 '거짓표현형(pesudotyping)'의 한 예이다. 표현형 혼합은 바이러스의 특성을 조사하는데 매우 유용한

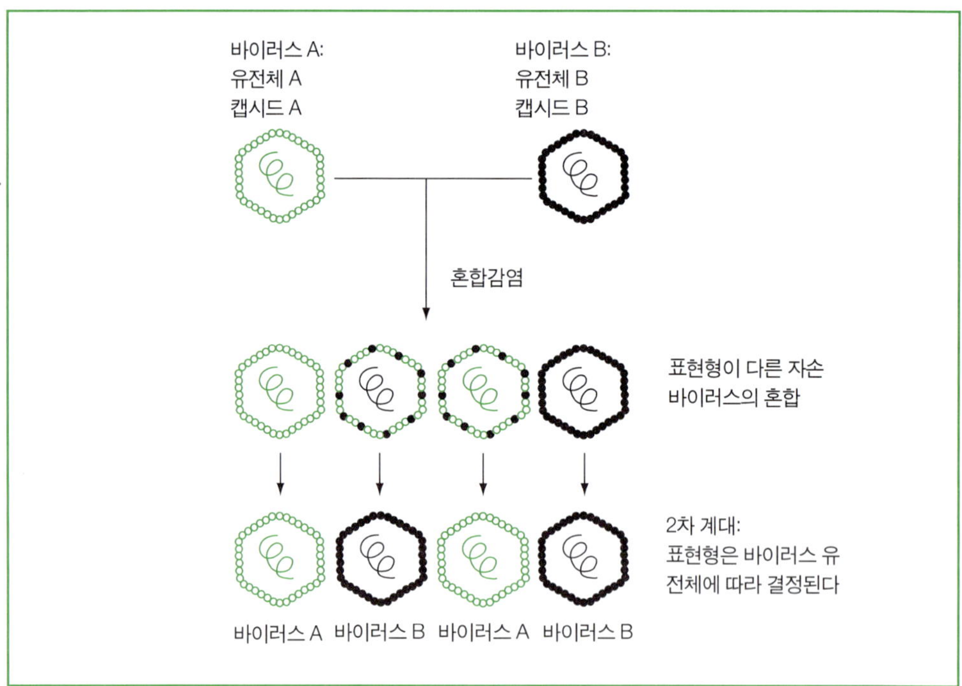

그림 3.4 표현형 혼합은 복합 감염에서 일어나며 유전적인 변화 없이 다른 바이러스의 일부 특성을 가지는 바이러스가 만들어지게 된다.

것으로 밝혀졌다. Vesicular stomatitis virus는 retrovirus의 당단백질을 갖는 '거짓표현형(pseudotype)'을 곧잘 형성하여 retrovirus의 친화성을 가지면서 동시에 VSV의 복제특성을 갖는, 플라크 형성 바이러스 입자를 만들어낸다. 이와 같은 기법은 HIV와 다른 retrovirus의 세포의 친화성(tropism) 연구를 위해 이용되고 있다.

'대형' DNA 유전체

크고 복잡한 이중가닥의 DNA 유전체를 가진 바이러스 그룹이 많이 있다. 이러한 바이러스들은 여러 가지 면에 있어서 그들이 감염하는 숙주세포와 유전적으로 비슷하다. 대표적인 두 종류의 예로 *Adenoviridae*와 *Herpesviridae* 과(family)에 속하는 바이러스를 들 수 있다.

*Herpesviridae*는 이제까지 조사된 동물 종의 대부분에서 적어도 하나 이상이 발견되어 100 종류 이상의 바이러스가 포함된 큰 과이다. 여기에는 8종류의 인간 herpesvirus가 있으며 이들은 전체적인 유전체 구조에서 공통점을 가지고 있으나, 세밀한 유전체의 구조와 뉴클레오티드 서열에서는 차이가 있다. *Herpesviridae*는 이들의 염기서열과 생물학적 특성에 의하여 3개의 아과(subfamily)로 나누어진다(표 3.1).

Herpesvirus는 235 kb에 달하는 크고 선형인 이중가닥 DNA유전체를 가지며, 이에 상응하는 약 35종류의 바이러스 폴리펩티드로 이루어진 크고 복잡한 바이러스 입자이다. 모든 유전체에는 핵산대사, DNA 합성, 그리고 단백질 가공[예: 단백질 키나아제(kinases)]과 관련된 다양한 효소가 암호화되어 있다. 이 과에 포함된 바이러스들은 유전체 염기서열과 단백질의

표 3.1 Herpesviruses

Alphaerpesvirinae	
감각 신경절에서 잠복 감염; 유전체 크기 120-180 kbp	
Simplexvirus	Human herpesvirus 1, 2 (HSV-1, HSV-2)
Varicellovirus	Human herpesvirus 3 (VZV)
Betaherpesvirinae	
한정된 숙주범위; 유전체 크기 140-235 kbp	
Cytomegalovirus	Human herpesvirus 5 (HCMV)
Muromegalovirus	Mouse cytomegalovirus 1
Roseololvirus	Human herpesvirus 6, 7 (HHV-6, HHV-7)
Gammaherpesvirinae	
림프아세포(lymphoblastoid cell)에 감염; 유전체 크기 105-175 kbp	
Lymphocryptovirus	Human herpesvirus 4 (EBV)
Rhadinovirus	Human herpesvirus 8 (HHV-8)

특성에 따라 다양하게 나누어지지만, 유전체의 구성에 있어서는 모두 비슷하다(그림 3.5a). 전부는 아니지만, 많은 herpesvirus의 유전체는 연속적으로 연결된 2개의 부분, 즉 하나의 'unique long'(U_L) 그리고 하나의 'unique short' (U_S)로 구성되어 있으며 각각은 역반복 배열(inverted repeats)로 싸여 있다. 이 역반복으로 인해 'unique'한 부분의 구조적 재배열이 가능해지고 따라서 이들 유전체는 네 종류의 이성체가 섞인 상태로 존재하며, 모두들 기능적으로는 동일하다(그림 3.5b). Herpesvirus의 유전체는 또한 여러 개의 반복된 염기서열을 가지고 있으며 반복의 수에 따라 같은 바이러스라도 분리주에 따라 유전체 크기가 최대 10 kb까지 차이가 날 수 있다.

이 과의 기본형은 herpes simplex virus(HSV)로서 이 바이러스의 유전체는 152 kb의 이중가닥 DNA로 되어 있으며, 현재 전체 뉴클레오티드 서열이 분석되어 있다. 이 바이러스는 약 80여개의 유전자를 가지고 있으며 각각 매우 조밀하게 배열되어 있고 겹쳐진 번역틀(reading frame)이 존재한다. 그러나 각 유전자는 개개의 **프로모터**에 의해 발현된다(아래의 adenovirus와 비교해보자). 8개의 인간 herpesvirus 유전체 대부분의 뉴클레오티드 서열이 밝혀져 있다. 뉴클레오티드 서열은 herpesvirus의 분류에 있어 중요한 기준으로 보다 많이 이용되고 있으며, 그 예로 최근에 발견된 human herpesvirus 8(HHV-8)의 경우를 들 수 있다(제8장 참조). 뉴클레오티드 서열분석이 발달하기 전에 HSV의 유전체는 매우 다양한 t.s. 돌연변이 연구들을 포함한 고전적 방법에 의하여 이미 상당 부분의 유전자 지도가 확보되어 있었다. 아마도 HSV는 복잡한 유전체를 가지는 바이러스 중 가장 집중적으로 연구된 바이러스일 것이다.

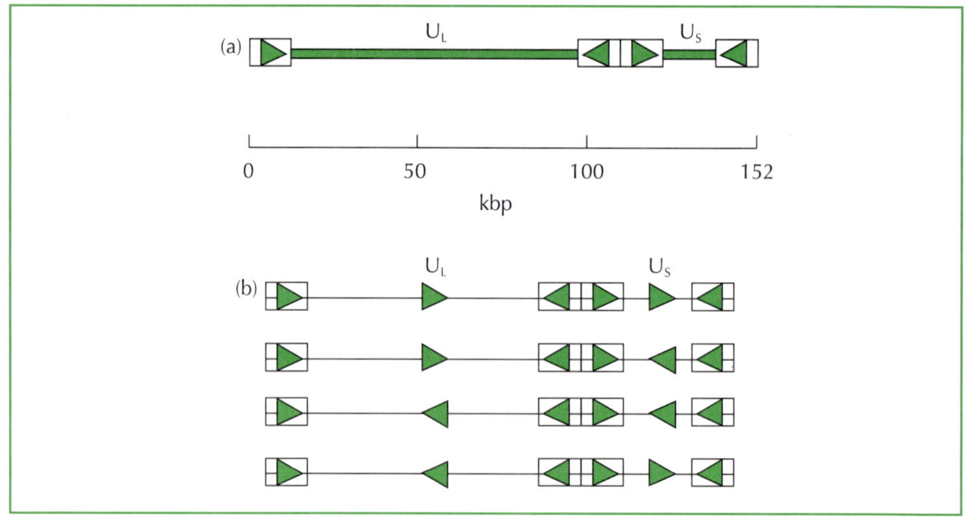

그림 3.5 (a) 일부 herpesvirus의 유전체(예: herpes simplex virus)는 공유결합으로 연결된 U_L과 U_S의 부분으로 구성되어 있으며 반복서열에 싸여 있다. (b) 이러한 구성으로 바이러스 유전체에서 4종류의 이성체가 만들어질 수 있다.

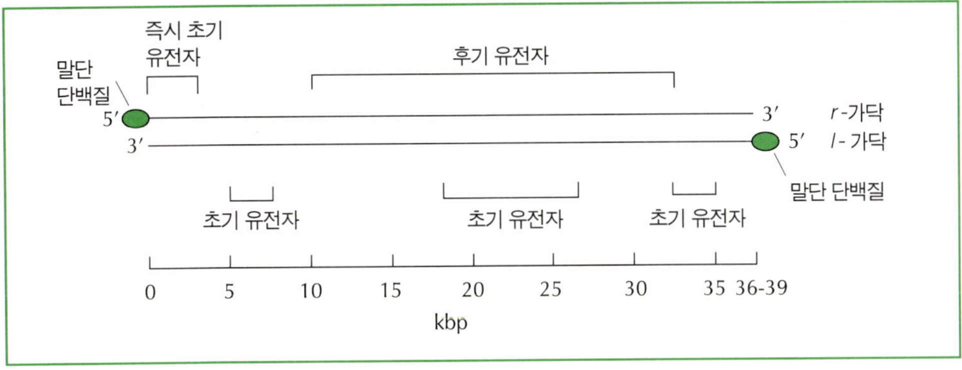

그림 3.6 Adenovirus 유전체의 구성.

Herpesvirus와는 다르게 adenovirus의 유전체는 30~38 kb의, 선형의 이중가닥 DNA이며 이들의 정확한 크기는 그룹에 따라 다르다. 이 바이러스의 유전체는 30~40개의 유전자를 포함하고 있다(그림 3.6). 각 DNA 사슬 말단부분의 뉴클레오티드 서열은 100~400 bp의 역반복 서열이며, 따라서 변성된 단일 가닥은 '팬-손잡이(pan-handle)' 구조를 이룰 수 있다. 이러한 구조는 각 사슬의 5′ 말단에 '말단 단백질(terminal protein)'로 불리는 55 kDa의 단백질이 프라이머(primer)로 작용하여 새로운 DNA 가닥의 합성을 개시하기 때문에 매우 중요하다. Adenovirus의 유전체는 herpesvirus의 유전체에 비하여 상대적으로 작지만 유전정보의 발현은 오히려 복잡하다. 여러 개의 유전자로 이루어진 집단(cluster)이 소수의 공유된 **프로모터**로부터 발현된다. 각각의 프로모터로부터 여러 종류의 폴리펩티드를 만들기 위하여 다양하게 이어맞춰진(spliced) mRNA와 교대 **이어맞추기**(alternate splicing) 유형이 이용된다(제5장 참조).

'소형' DNA 유전체

Enterobacteria 파지 M13은 제2장에서 이미 언급한 바 있다. 이 파지의 유전체는 6.4 kb의 양성(+)이며 단일가닥인 고리형 DNA로 되어 있고 10개의 유전자를 암호화하고 있다. 대부분의 **정이십면체형** 바이러스와는 달리 섬유모양인 M13의 **캡시드**는 단백질 소단위체(subunit)을 추가함으로써 길이가 늘어날 수 있다. 따라서 필수적인 부분이 아닌, 유전자 사이에 외래 염기서열을 삽입하여도 캡시드에 담아 넣지 못하는 문제없이 유전체의 크기가 증가될 수 있다. 다른 박테리오파지의 경우, 유전체를 담는 데는 한계가 있다. 예를 들면, 파지 λ는 정상적인 유전체 크기(49 kb)의 약 95~110%(약46~54 kbp)만이 바이러스 입자에 담을 수 있다. 모든 박테리오파지들이 M13처럼 간단한 유전체 구조를 가지는 것은 아니다. 예를 들면, 파지 λ의 유전체는 약 49 kb이며 파지 T4의 유전체는 약 160 kbp의 이중가닥 DNA로 되어 있다. 마지막 두 박테리오파지는 선형 바이러스 유전체의 또 다른 특성 — 유전체의 말단에 있는 염기서열의 중요성을 알려준다.

박테리오파지 λ의 경우, 바이러스 입자 조립과정에서 파지의 머리부분에 채워지는 재료는 복제과정의 후반기에 만들어지는 파지 DNA의 긴 연쇄체이다. DNA는 감긴 상태로 파지 머리부분에 담기며 유전체의 한 단위가 완전히 포장되면 파지가 암호화하는 핵산분해효소에 의하여 DNA상의 특이적인 서열부분이 잘리게 된다(그림 3.7). 이 효소로 절단된 양쪽 끄트머리는 5′ 쪽이 튀어나온 12개의 염기를 남기게 되며 이는 *cos* 자리라고 한다. 양쪽에 돌출된 이들 '접착성 말단(sticky ends)'간에 수소결합이 일어나면 고리형의 핵산분자가 만들어진

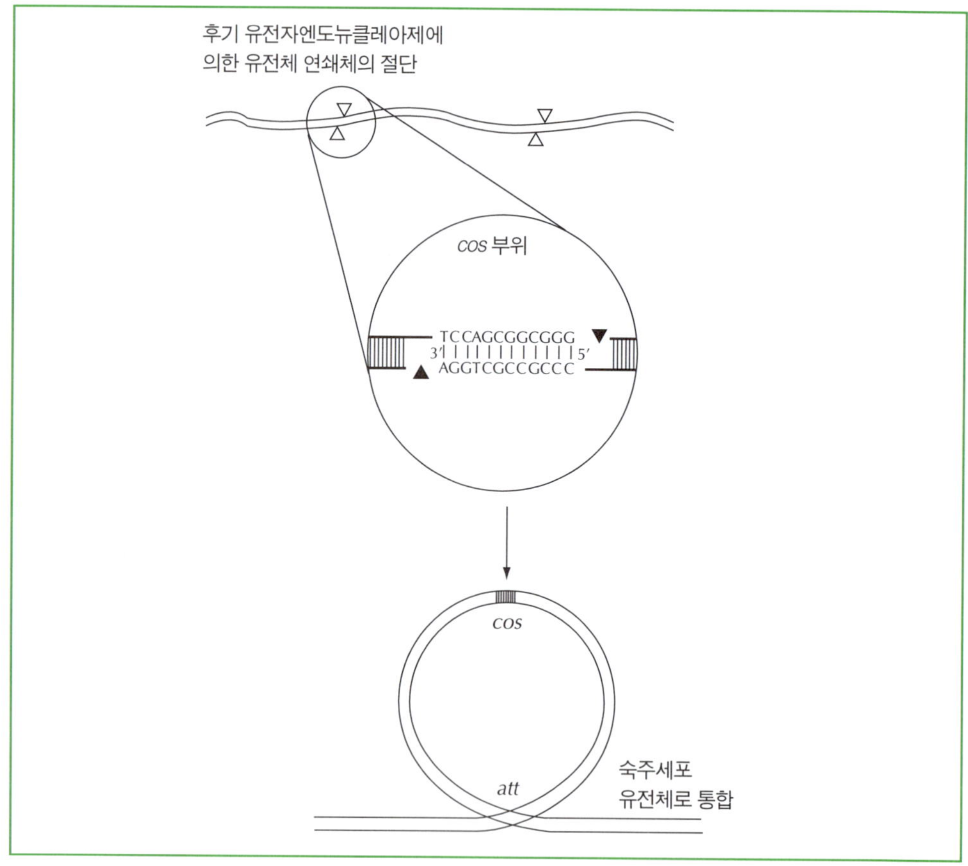

그림 3.7 박테리오파지 λ의 유전체에 있는 *cos* 부위의 결합력을 가지는 접착성 말단(sticky-ends)은 새로 감염된 세포에서 결합되어 원형의 분자가 만들어낸다. 이러한 원형 분자가 대장균 염색체로 끼어들어가는 과정은 파지 유전체의 *att* 부위의 특이적 인식과 절단에 의하여 일어난다.

다. 새로 감염된 세포에서 *cos*의 양쪽에 위치하는 틈은 DNA 접합효소(ligase)에 의해 메워지며 이 고리형 DNA상태로 복제과정을 수행하거나 세균의 염색체에 삽입된다.

Enterobacteria 파지 T4에서 볼 수 있는 **말단부 반복**(terminal redundancy) 현상은 선형 바이러스 유전체가 갖는 또 다른 분자적 특성이다. T4 유전체의 복제 역시 긴 연쇄체(concatemer) DNA를 생성한다. 이들도 특이적인 엔도뉴클레아제(endonuclease)에 의하여 절단되지만, λ 유전체와는 다르게, 입자에 담기는 DNA의 길이는 하나의 완전한 유전체 단위보다 약간 더 길다(그림 3.8). 따라서 유전체의 양쪽 끝에 있는 일부 유전자가 반복되면서 파지 입자에 담긴 DNA는 중복된 정보를 가지게 된다. 박테리오파지의 유전체는 작지도 않으며 결코 간단하지도 않다!

소형 DNA 유전체의 또 다른 예로, 동물바이러스인 parvovirus와 polyomavirus 두 그룹을 살펴보자. Parvovirus의 유전체는 선형이며, 분절로 나누어지지 않은 약 5 kb의 단일가닥 DNA로 되어있다. **비리온**에 담긴 대부분의 가닥은 음성(−)이지만, 일부 parvovirus는 동일한 개수의 양성(+)과 음성(−)가닥을 포함하며, 모든 바이러스는 적어도 일정 비율의 양성(+) DNA가닥을 담아 넣는다. 이들은 매우 작은 유전체로서, 자체적으로 복제가 가능한 parvovirus는 단지 2개의 유전자, 즉 전사에 관여하는 단백질을 암호화하는 *rep*과 외피 단백

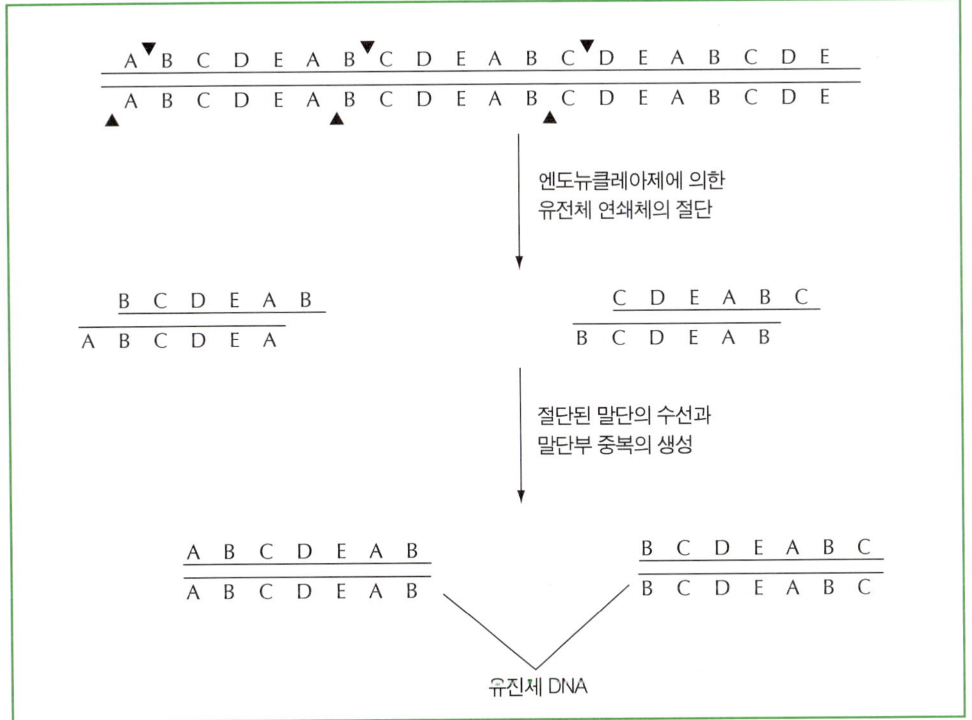

그림 3.8 박테리오파지 T4 유전체의 말단부 중복은 일부 유전자의 반복을 가져온다.

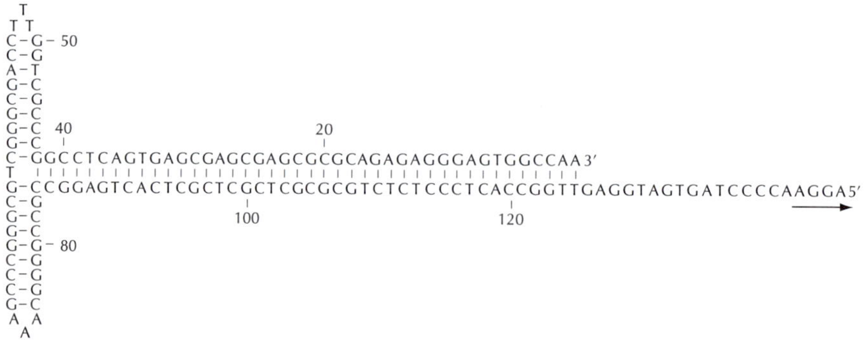

```
  T
 T T
 C-G- 50
 C-G
 A-T
 G-C
 C-G
 G-C
 G-C  40                   20
 G-C   |                    |
 C-GGCCTCAGTGAGCGAGCGAGCGCGCAGAGAGGGAGTGGCCAA3'
 T  ||||||||||||||||||||||||||||||||||||||||
 G-CCGGAGTCACTCGCTCGCTCGCGCGTCTCTCCCTCACCGGTTGAGGTAGTGATCCCCAAGGA5'
 C-G               |                    |
 G-C              100                  120                      ——→
 G-C
 G-G- 80
 C-G
 C-G
 C-G
 G-C
 A A
  A
```

그림 3.9 Parvovirus 유전체 말단의 'palindromic' 서열은 복제의 개시에 관여하는 머리핀 구조의 형성을 가져온다.

질을 암호화하는 *cap* 유전자를 가지고 있다. 그러나 유전자 발현은 좀 더 복잡하여 adenovirus에서 나타나는 유형과 비슷하며, 각각의 유전자에서 여러 종류의 **이어맞추기**(splicing) 유형을 볼 수 있다. 유전체의 양쪽 끝부분은 약 115 뉴클레오티드로 되어있는 'palindromic' 서열이 있어 머리핀 모양을 형성한다(그림 3.9). 이러한 구조는 유전체 복제개시에 절대적으로 필요하며 유전체말단에 위치하는 염기서열의 중요성을 다시 한 번 보여준다.

Polyomavirus의 유전체는 이중가닥의 원형 DNA분자로, 크기가 약 5 kbp이다. Polyomavirus 유전체의 구조(유전자의 수와 배열, 조절신호 및 체계의 기능)는 분자수준에서 자세히 연구되어 있다. 입자 안의 바이러스 DNA는 '슈퍼코일(supercoil)'의 형태로 존재하는 것으로 여겨지며 H2A, H2B, H3, H4라 불리는 4개의 세포 히스톤 단백질과 결합되어 있다(제2장 참조). 이 바이러스의 유전체는 최소한의 공간(5 kbp)에 최대한의 정보(6개의 유전자)를 채울 수 있도록 구성되어 있다.

이 구성은 유전체 DNA의 두 가닥을 모두 이용하고 유전자를 서로 중복되게 배열함으로써 가능하다(그림 3.10). VP1은 독립적인 **ORF**에 의하여 암호화되어 있지만, VP2와 VP3의 유전자는 겹쳐 있어 VP3가 VP2 안에 포함되어 있다. 복제 기점은 단백질을 암호화하지 않는 전사 조절부위에 둘러싸여 있다. Polyomavirus는 'T-항원'을 암호화하고 있는데, 이 단백질은 polyomavirus에 의해 유도된 종양을 가진 동물의 혈청에서 검출된다. 이 단백질은 복제 기점에 결합하여 복합적인 활성을 나타냄으로써 DNA 복제와 바이러스 유전자의 전사에 관여한다. 자세한 내용은 7장에서 다루어 질 것이다.

양성(+)가닥 RNA 바이러스

단일가닥으로 되어 있는 RNA 유전체의 최종적인 크기는, RNA의 부서지기 쉬운 특성과 긴 가닥이 쉽게 끊어지는 특성에 따라 제한된다. 또한 RNA 유전체는 DNA 유전체에 비하여 덜

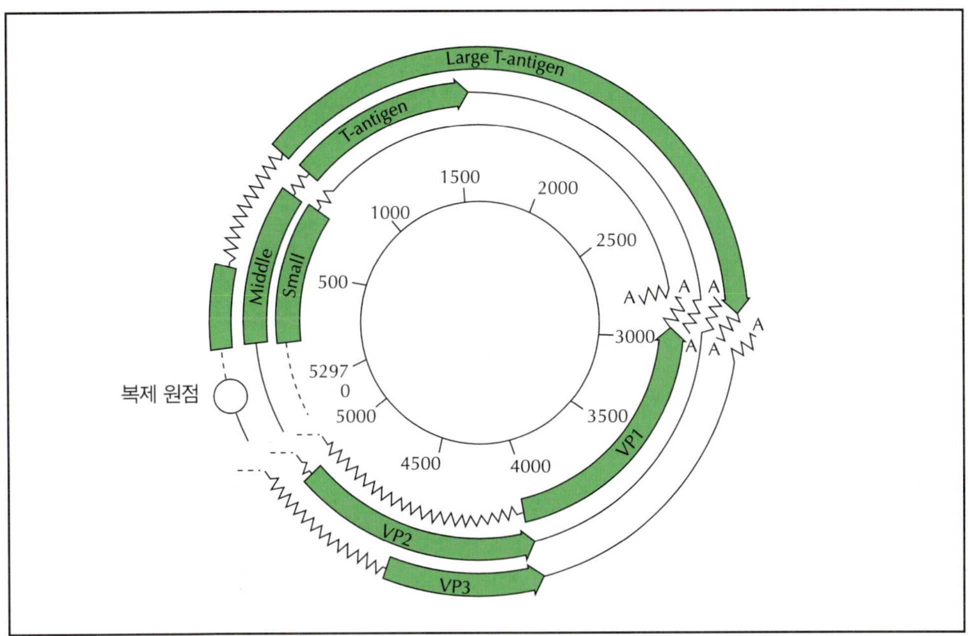

그림 3.10 Polyomavirus 유전체의 복잡한 구조는 많은 유전정보가 상대적으로 짧은 서열에 밀집되도록 한다.

정확하게 복사되기 때문에 높은 돌연변이 비율을 갖는다. 이 때문에 RNA 바이러스는 좀 더 작은 크기의 유전체를 가지도록 유도되었다. 단일가닥 RNA 유전체의 크기는 매우 다양하여 coronavirus의 유전체는 30 kb에 달하며 MS2와 Qβ와 같은 박테리오파지의 유전체는 3.5 kb에 불과하다. 대부분의 양성(+) RNA를 가진 동물 바이러스는 서로 다른 과(family)에 속하지만, 이 유전체들의 생물학적 특성은 비슷하다. 특히 순수 분리된 양성(+)의 바이러스 RNA는 바이러스 입자 자체를 감염시키는 것에 비해 수백만 배 이상 효율이 떨어지지만, 바이러스 단백질이 전혀 없이 감수성 숙주세포에 투여하더라도 직접적으로 감염성이 있다. 이들 과에 속하는 바이러스의 특성을 관찰해보면, 유전체의 세부구성에는 차이가 있지만 공통적 특징이 나타난다(그림 3.11).

Picornavirus

Picornavirus의 유전체는 하나의 단일가닥으로 된 양성(+)의 RNA 분자로서 크기는 7.2 kb의 human rhinovirus(HRV)에서 8.5 kb에 이르는 foot-and-mouth disease virus(FMDV)의 유전체까지 다양하며, 모든 picornavirus 종류에서 공통적으로 볼 수 있는 여러 가지 특징들을 포함하고 있다:

- 5′ 쪽 말단에는 번역, 병원성 및 캡시드포장(encapsidation)에 중요한 긴(600~1200 nt) 비번역부위(untranslated region, UTR)가 존재하며 3′ 쪽 말단에는 복제과정에서 음성(−)가닥

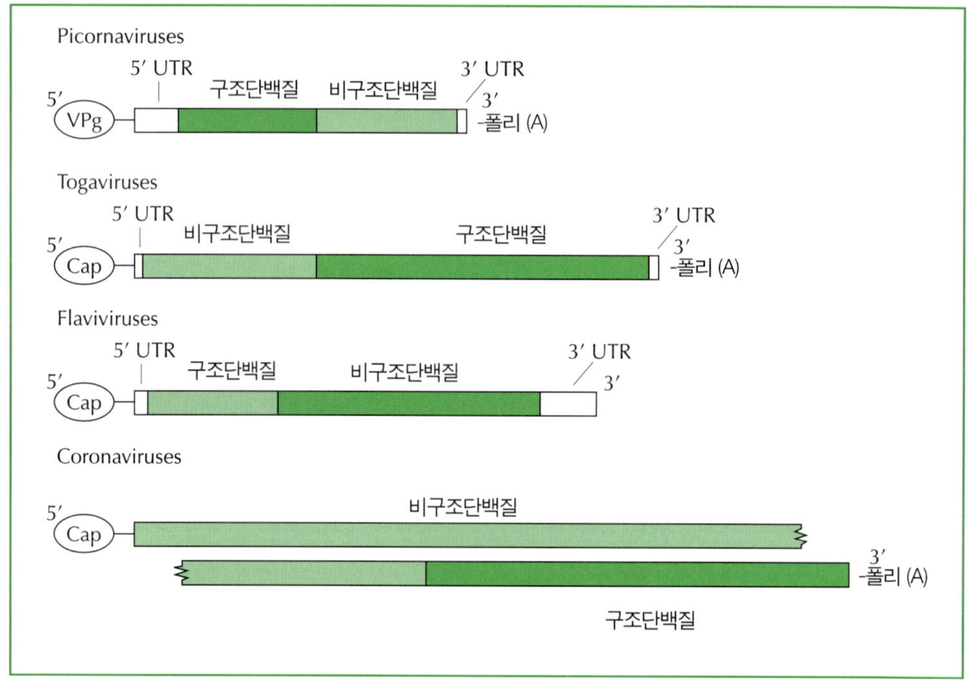

그림 3.11 양성(+)가닥 RNA 바이러스 유전체의 구조.

합성에 필요한 좀 더 짧은(50~100 nt) UTR이 존재한다.

- 5′ UTR은 **IRES** (internal ribosome entry site)로 알려진 클로버 잎 모양의 2차 구조를 가지고 있다(제 5장).
- 유전체의 나머지 부분은 2,100~2,400개의 아미노산으로 구성되는 하나의 **폴리프로틴**(polyprotein)을 암호화한다.
- 유전체의 양쪽은 모두 변형되어 5′ 말단은 작고 염기성을 띠는 VPg(23개 아미노산으로 구성)와 공유결합으로 연결되어 있고 3′ 말단은 폴리아데닐화(polyadenylation)되어 있다.

Togavirus

Togavirus의 유전체는 양성(+)의 단일가닥이며, 분절되지 않은 약 11.7 kb의 RNA로서 다음과 같은 특징을 갖는다.

- 이들은 5′ 메틸화캡(methylated cap)과 3′ 폴리(A)꼬리를 가진다는 점에서 세포의 mRNA와 유사하다.
- 발현은 2단계에 걸친 번역으로 이루어지는데 처음에는 유전체의 5′ 부위에 암호화된 비구조단백질을 생산하고 그 후에 3′ 부위로부터 구조단백질을 만든다.

Flavivirus

Flavivirus의 유전체는 하나의 단일가닥인 양성(+)의 RNA 분자로서 크기가 10.5 kb이고 다음의 특징을 가진다.

- 5′ 쪽에 메틸화된 캡이 있으나 대부분의 경우 3′ 쪽에는 폴리(A) 서열이 없다.
- 유전체의 구조는 구조 단백질이 유전체의 5′ 쪽에, 비구조단백질이 3′ 쪽에 암호화되어 있다는 점에서 togavirus의 유전체와 비교된다.
- 유전자 발현은 picornavirus와 비슷하며 **폴리프로틴**(polyprotein)을 생산한다.

Coronavirus

Coronavirus의 유전체도 분절되지 않은 단일가닥의 양성(+) RNA이며 그 크기는 약 27~30 kb로서 RNA 바이러스 중 가장 크다. 특징은 아래와 같다.

- 유전체의 5′ 쪽에 메틸화된 캡과 3′ 폴리(A)꼬리가 있으며 vRNA가 mRNA로서 직접 사용된다.
- 5′ 쪽 20 kb 부분이 우선 번역되어 바이러스 중합효소를 만들어내며, 이 중합효소가 전체 길이의 음성(−)가닥을 만든다. 이것은 다시 mRNA를 만들기 위한 주형으로 이용되어 전사체의 'nested set'를 만드는데, 이들은 모두 72 nt의 5′ 비번역성 리더서열(leader sequence)과 3′ 폴리아데린 말단을 공통적으로 갖고 있다.
- 각각의 mRNA는 **모노시스트론**(monocistron)이며 5′ 말단부위의 유전자는 가장 긴 mRNA로부터 번역되고 그 다음 유전자는 두 번째 크기의 mRNA로부터 번역된다. 이처럼 독특한 구성은 세포내에서 **이어맞추기**(전사 후 변형)에 의해 만들어지는 것이 아니라 전사과정 중에 바이러스 중합효소가 만들어낸 것이다.

식물의 양성(+)가닥 RNA 바이러스

일부를 제외한 대부분의 식물 바이러스 과(family)는 양성(+) RNA 유전체를 갖고 있다. Tobacco mosaic virus(TMV)는 그중에서도 자세히 연구된 대표적인 예이다(그림 3.12).

- TMV의 유전체는 6.4 kb의 RNA 분자로 4개의 유전자를 암호화하고 있다.
- 5′ 말단에 메틸화된 캡이 있으며 3′ 말단부위는 복잡한 2차 구조를 이루고 있으나 폴리(A) 서열은 없다.
- 유전자 발현은 togavirus의 메커니즘을 연상시키지만 차이가 있으며, 비구조단백질은 유전체의 5′ 쪽에 암호화된 ORF의 직접 번역에 의하여 만들어지고, 외피 단백질과 기타의 비구조단백질은 3′ 쪽에 암호화된 2개의 준유전체성(subgenomic) RNA로부터 만들어진다.

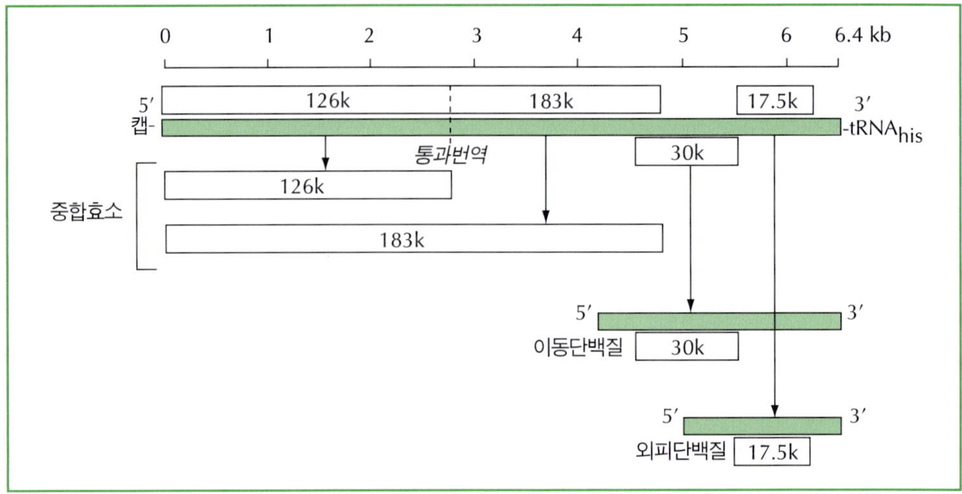

그림 3.12 TMV 유전체의 구조와 유전자 발현.

이런 종류의 바이러스 유전체간 유사성과 차이점은 아래와 제5장의 바이러스 진화 부분에서 다루어 질 것이다.

음성(−)가닥 RNA 바이러스

음성(−)의 RNA 유전체를 가진 바이러스들은 위에서 설명한 양성(+)가닥의 바이러스보다 좀 더 다양하다. 아마도 유전자 발현의 문제점 때문에 이들은 보다 많은 유전정보를 저장할 수 있는 큰 유전체를 가지는 경향이 있다. 이 때문에, 모든 바이러스가 다 그렇지는 않지만, 분절된 유전체가 이 바이러스들의 공통적인 특징이다(그림 3.13). 이 바이러스들의 유전체 중 어느 것도 정제된 RNA 상태로는 감염성이 없다. RNA-의존성 RNA 중합효소(RdRp)를 암호화하고 있는 유전자가 최근에 일부 진핵세포에서 발견되기는 했지만, 대부분의 정상세포는 바이러스의 복제를 도와줄만한 RdRp를 가지고 있지 않으며, 음성(−)의 유전체는 바이러스 입자에 들어 있는 RNA 중합효소 없이는 mRNA로 전사될 수 없기 때문에, 이 바이러스들의 유전체는 근본적으로 비활성이다. 여기에서 소개하는 바이러스 중 일부는 엄격한 의미에서 '음성(−)'이 아니라 유전체의 어떤 부분은 음성(−)이고, 또 다른 부분은 양성(+)인 **양극성**(ambisense)이다. 양극성 유전체의 유전자 암호화 방법은 식물바이러스(예: bunyavirus의 *Tospovirus* 속, rice stripe virus와 같은 tenuivirus)와 동물 바이러스(예: bunyavirus의 *Phleovirus* 속과 arenavirus)에서 모두 볼 수 있다.

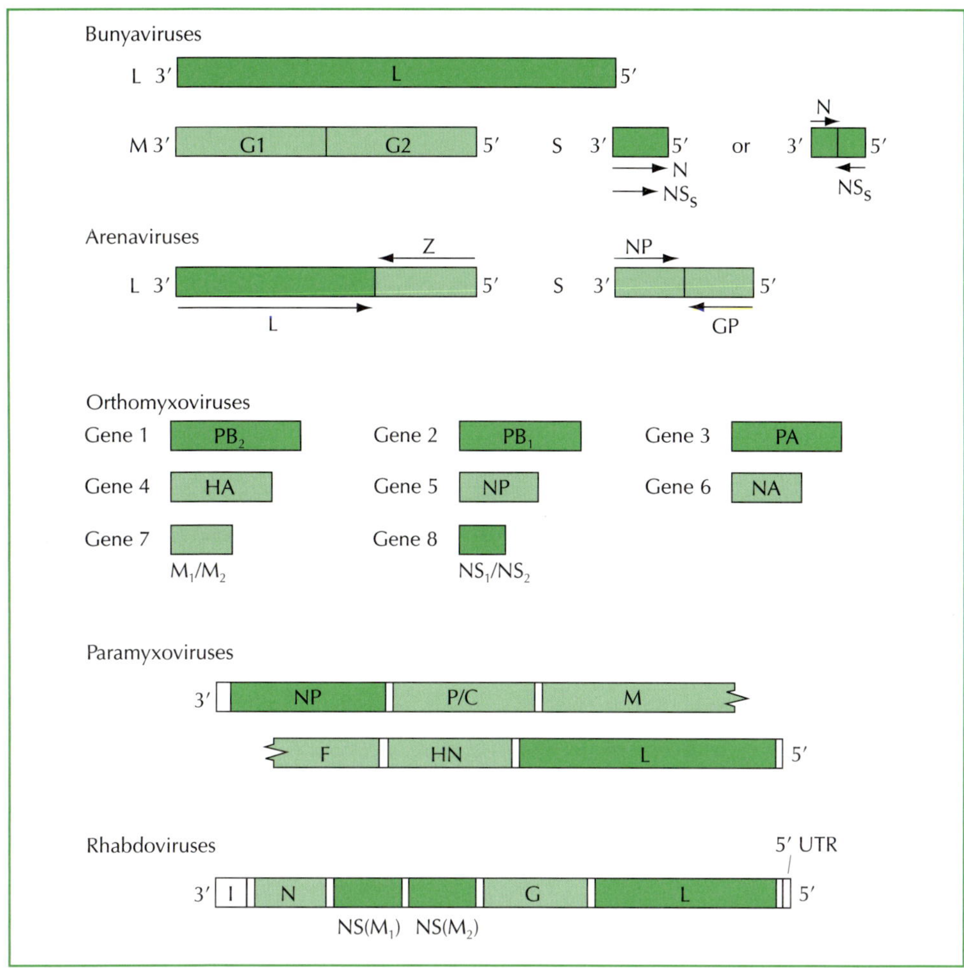

그림 3.13 음성(−)가닥 RNA 바이러스들의 유전체 구조.

Bunyavirus

Bunyaviridae 과에 속하는 바이러스들은 단일가닥이고 음성(−)이며 분절된 RNA를 가지고 있다. 이들의 유전체는 다음과 같은 특성을 가지고 있다.

- 유전체는 3개의 분자로 되어있다: L(8.5 kb), M (5.7kb) 그리고 S (0.9kb)
- 3개의 RNA 모두 선형이지만 비리온 안에서는 양쪽 끝이 염기쌍을 형성하고 있기 때문에 고리형으로 보인다. 3개의 유전체 분절이 각 비리온마다 동일한 개수로 담겨있는 것은 아니다.
- 모든 음성(−) RNA에서 공통적으로 나타나듯이 5′ 말단에는 캡(cap)이 없으며 3′ 말단에는 폴리(A)가 없다.

- *Phleovirus*와 *Tospovirus* 속의 바이러스는 이 과의 3개의 다른 속(*Bunyavirus*, *Nairovirus* 그리고 *Hantavirus*)의 바이러스와는 달리 S분절의 크기가 크고, 전체적인 유전체 구성이 **양극성**이다〔즉, 각 분절의 5′ 말단은 양성(+)이며 3′ 말단은 음성(−)이다〕. *Tospovirus* 속의 바이러스는 M 유전체분절에서도 양극성의 암호화 방식을 취하고 있다.

Arenavirus

Arenavirus의 유전체는 선형의 단일가닥 RNA로 되어있다. 유전체는 2개의 분절인 L(5.7 kb)과 S(2.8 kb)로 구성되어 있다. 두 개의 분절 모두 위에서 설명한 바와 같이 양극성이다.

Orthomyxovirus

여러 분절로 구성된 유전체 부분에서 설명될 것이다(아래 참조).

Paramyxovirus

*Paramyxoviridae*에 속하는 바이러스의 유전체는 분절로 나누어지지 않은 15~16 kb의 음성(−) RNA이다. 전형적으로, 6개의 유전자가 일렬로 배열되어 있으며(3′-NP-P/C/V-M-F-HN-L-5′) 각각은 일련의 반복서열(repeated sequence)로 분리되어 있고 이 반복서열은 유전자 끝의 폴리(A) 부착 신호, 유전자간 서열(GAA), 그리고 다음 유전자의 번역개시 신호로 구성되어 있다.

Rhabdovirus

*Rhabdoviridae*에 속하는 바이러스의 유전체는 분절로 나누어지지 않은 약 11 kb의 음성(−) RNA이다. 유전체의 3′ 말단에는 약 50 nt의 리더(leader)서열이 있으며, vRNA의 5′ 말단에는 60 nt의 비번역 부위(UTR)가 있다. 전체적인 유전자 배열은 paramyxovirus와 비슷하며, 각각의 유전자 끝 부분에 폴리(A) 부착 신호가 있고 5개의 유전자 사이마다 짧은 유전자간 서열(intergenic sequence)이 존재한다.

분절형 및 다입자성 바이러스 유전체

분절형(segmented) 및 다입자성(multipartite) 유전체구조는 곧잘 서로 혼동될 수 있다. 분절형 바이러스의 유전체는 물리적으로 분리된 2개 이상의 핵산 분자로 구성되지만, 이들은 모두 하나의 바이러스 입자에 들어있다. 반면에 다입자성 유전체도 여러 분절로 구성되지만, 각 유전체 분절들이 서로 다른 바이러스 입자에 담겨있다는 점에서 구별된다. 각 입자는 구조적으로 비슷하며, 같은 단백질 구성요소로 되어 있으나 담고 있는 유전체 분절의 길이에 따라 크기는 종종 다를 수 있다. 다입자성 유전체도 물론 분절형이지만 여기에서는 구별해서 쓰는 것처럼 이들 용어가 절대적인 것은 아니다.

유전체의 분절화는 여러 가지 장점과 단점들을 가지고 있다. 일체형으로 되어있는 바이러스의 유전체는 핵산의 물리적인 특징, 특히 긴 분자가 외부의 힘에 의하여 쉽게 절단되는 경향 (그리고 각각의 바이러스에서 **캡시드** 안에 담길 수 있는 핵산길이의 제한) 때문에 크기의 상한선이 있다. 핵산 가닥이 쉽게 절단되는 현상은 특히 단일가닥 RNA에서 문제가 되는데, 이들은 이중가닥의 DNA보다 화학적으로 훨씬 불안정하다. 가장 긴 단일가닥 RNA 유전체는 coronavirus의 유전체로 약 30 kb이지만, 가장 긴 이중가닥 DNA 바이러스의 유전체는 이보다 훨씬 길다(예, Mimivirus의 경우 1.2 Mbp). 유전체의 물리적 절단은 완전한 전사, 번역, 복제를 불가능하게 만들어 생물학적 불활성화를 초래한다. 분절화는 바이러스가 '모든 계란을 한 바구니에 담는 것'을 피하는 것을 의미하며, 전단(shearing)에 의하여 절단되는 확률을 감소시킴으로써 전체 유전체의 암호화 용량을 증대시킨다. 그러나 이 전략의 단점은 각각의 유전체 분절들 모두가 한 바이러스 입자에 담겨야 하며, 그렇지 않을 경우 유전정보의 결손으로 인하여 바이러스가 결함을 가지게 된다는 것이다. 일반적으로 이와 같은 포장(packaging) 과정이 어떻게 조절되는 지는 알려져 있지 않다.

유전체의 분절을 서로 다른 입자에 분리해서 담는 방법(다입자 전략)은 각 분절들을 분류하여 한 입자에 챙겨 넣어야 되는 어려움은 없지만, **새로운 감염**이 성공하려면 하나의 숙주세포에 각각의 분할 바이러스 입자 모두가 들어가야 된다는 새로운 문제를 가져온다. 이것이 다입자성 바이러스가 식물에서만 발견되는 이유일 것이다. 흡즙성(sap-sucking) 곤충에 의한 감염이나 조직의 물리적 상처에 의한 감염과 같이 대부분 식물바이러스 감염에서 감염성 바이러스 입자들이 대량으로 투입되어 최초에 감염되는 세포가 하나 이상의 바이러스 입자에 의하여 감염될 수 있는 기회가 제공된다.

분절형 유전체를 갖는 바이러스의 유전현상은 유전체가 단일 분자인 바이러스와 근본적으로 같지만, 위에서 언급한 각 분절들의 재분류(reassortment)가 추가된다. 재분류는 유전체의 분절들이 하나의 입자에 포함되어 있는 경우나 다입자성인 경우 모두에서 일어날 수 있다. 재분류는 유전적 다양성을 단기간에 이룰 수 있는 매우 효과적인 방법으로, 바이러스 진화에 기여하는 이유 중 하나가 될 것이다. 유전체의 분절화는 유전정보의 분할 및 이들이 발현되는 방법과 밀접한 관계가 있는데, 이것은 제5장에서 다루어 질 것이다.

이러한 유전체의 복잡성을 이해하기 위하여 분절형 바이러스 유전체(influenza A virus)과 다입자성 바이러스 유전체(geminivirus)의 구조를 자세히 살펴보자. Influenza virus의 유전체는 8개 분절(influenza A와 B의 경우이며, influenza C는 7개)로 되어있는 단일가닥의 음성(−) RNA로 구성되어 있다(표 3.2). 각각의 유전체분절에 암호화되어 있는 단백질의 종류는 처음에는 재분류 바이러스로부터 얻어진 각 분절의 전기영동 이동성 분석과, 전체 8개의 분절에 분포되어 있는 다수의 돌연변이체 분석에 의하여 이루어졌다. 8개의 분절 모두 5′ 말단과 3′ 말단 부위에 공통적인 뉴클레오티드 서열이 있으며(그림 3.14), 이들은 유전체의 복제에 필수적이다(제4장). 이 두 서열은 서로 상보적이며 바이러스 입자 안에서 유전체 분절의

표 3.2 Influenza virus 유전체 분절

분절	크기(nt)	폴리펩티드	기능(위치)
1	2341	PB_2	전사효소: 캡과 결합
2	2341	PB_1	전사효소: 신장
3	2233	PA	전사효소: (?)
4	1778	HA	혈구응집소
5	1565	NP	핵산단백질: RNA에 결합; 전사효소 복합체의 구성요소
6	1413	NA	뉴라미니다아제
7	1027	M_1	매트릭스 단백질: 비리온의 주요 구성성분
		M_2	내재성 막단백질: 이온 통로
8	890	NS_1	비구조단백질(핵): 기능 미규명
		NS_2	비구조단백질(핵+세포질): 기능 미규명

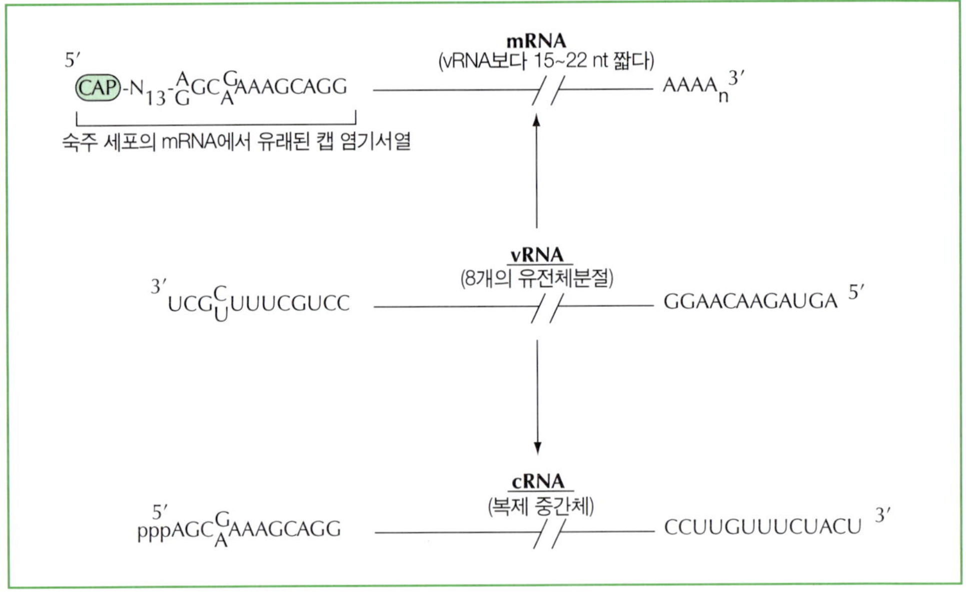

그림 3.14 Influenza RNA의 공통적인 말단부 구조.

양쪽 끝은 염기쌍에 의하여 고정되어 '팬 손잡이(pan-handle)' 구조를 이루며, 이 구조는 복제에 관여하는 것으로 생각된다. RNA 유전체 분절은 노출된 RNA 형태가 아니라 5번 유전자의 산물인 핵산단백질(nucleoprotein)과 결합되어 입자에 담겨 있으며, 전자현미경으로 보

면 **나선형** 구조로 관찰된다. 그러나 여기에 모순이 있다. 생화학적으로나 유전학적으로 각 유전체 분절은 개별적이며 독립적인 개체처럼 행동한다. 그러나 비이온성 세제로 파괴시킨 influenza virus 입자의 전자현미경 사진에는 **뉴클레오캡시드**(nucleocapsid)가 하나의 긴 섬유형태로 나타난다. 따라서 유전체 분절 간에는 분명한 상호작용이 있으며, 이것은 유전체 분절의 선별작업이 매우 어려운 작업임에도 불구하고 influenza virus가 각 분절을 매우 낮은 오류 확률로 바이러스 입자에 담을 수 있는 이유를 설명한다(제2장). 이와 같은 정교한 조절에 관여하는 유전체의 서열이나 단백질 상호작용은 아직 알려져 있지 않다.

Geminivirus들은 전 세계의 열대와 아열대 지역에서 매우 중요한 식물 병원체이다. Geminivirus들은 식물숙주(단자엽 식물 또는 쌍자엽 식물)와 매개곤충(멸구류와 가루이)에 따라 3개의 속으로 나뉜다. *Mastrevirus* 속과 *Curtovirus* 속 바이러스의 유전체는 2.7 kb 크기의 단일가닥 DNA 분자로 되어 있다. 감염된 세포에서 발견되는 양성(+)과 음성(−)의 DNA 모두 단백질을 암호화하는 서열을 포함하고 있지만 바이러스 입자에 들어 있는 DNA는 임의로 양성(+)으로 표시된다. *Begmovirus* 속에 속하는 geminivirus들의 유전체는 2개의 고리형(circular)이며, 단일가닥으로 되어있는 2입자성(bipartite) 유전체로서 각각은 서로 분리된 입자 안에 들어있다(그림 3.15). 유전체를 구성하고 있는 두 가닥 모두 약 2.7 kb 크기이며 DNA 복제에 관여하는 약 200 nt의 비 암호화 부위를 제외하고는 서로 완전히 다르다. 두 개의 유전체 DNA는 완전히 분리된 **캡시드** 안에 들어 있다. 새로운 바이러스를 만들 수 있는 감염이 일어나려면 유전체의 양쪽 모두를 필요로 하기 때문에, 새로운 숙주세포에 감염을 일으키기 위해서는 최소한 각 유전체 분절 하나씩을 포함하고 있는 2개의 입자가 필요하다. Geminivirus들은 매개 곤충의 조직 안에서는 증식하지는 않지만(**nonpropagative transmission**), **중복감염**에 유리하도록 충분히 많은 양의 바이러스가 흡입되어 새로운 숙주 식물에 주입된다.

위에서 설명한 두 가지 예 모두에서 유전정보는 매우 밀집되어 있는 것을 보여준다. Influenza virus의 경우 유전자 7번과 8번은 겹쳐진 ORF를 이용하여 두 개의 단백질을 암호화 한다. Geminivirus의 경우, 감염된 세포에서 발견되는 두 사슬(+, −) 모두 유전정보를 포함하고 있으며, 그중 일부는 겹쳐진 ORF로 존재한다. 이러한 바이러스들은 이와 같이 고밀도로 되어 있는 유전 정보의 발현을 조절하기 위하여 분절형 유전체의 형식에 의존하는 것으로 생각된다(제5장).

역전사와 위치 이동

분자생물학에서 첫 번째 성공은 DNA의 이중나선구조를 발견한 것과 유전자 암호의 언어를 밝힌 것이다. 이러한 발견의 중요성은 단순환 화학적 사실 자체에 있는 것이 아니라 생물의 기본적인 특성에 대한 예측을 가능하게 하였다는 것이다. 이러한 초기의 업적으로부터 유래

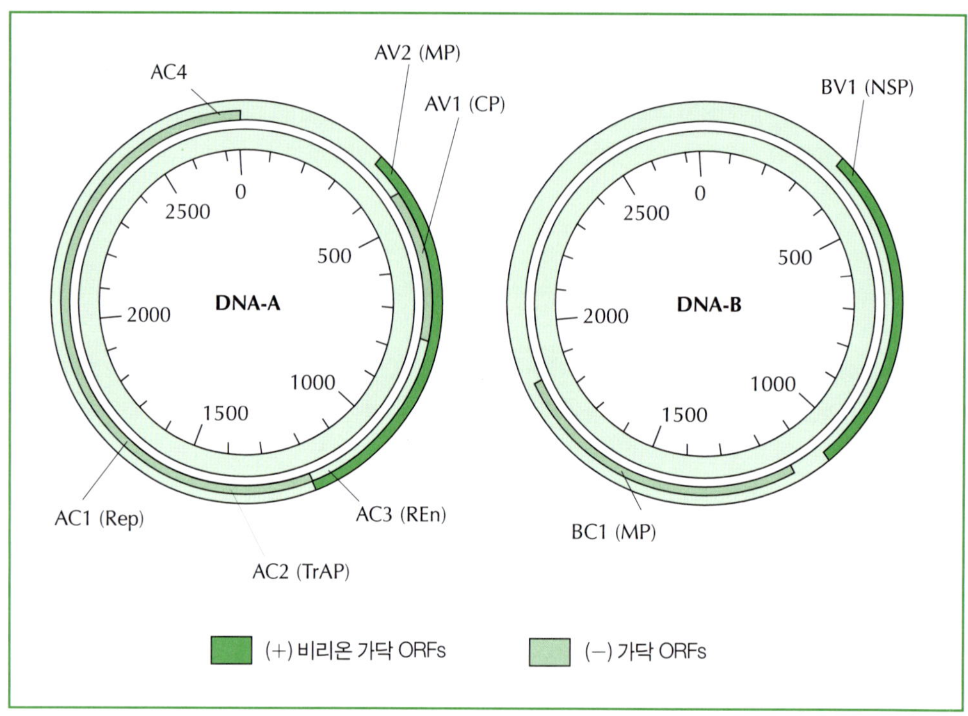

그림 3.15 두개의 단편으로 되어 있는 Begmovirus (*Geminiviridae*) 유전체의 구조와 단백질 암호화 용량. 양성(+)의 바이러스 유전체에 암호화된 단백질은 그들이 위치한 유전체분절에 따라 A와 B로 명명되고, 양성(+)의 유전체에 암호화되었는지 또는 상보적인 음성(−) 사슬에 암호화되었는지에 따라 V 또는 C로 구별되었다.

한 확신은 '분자생물학의 중심원리(central dogma)'라 불리는 아주 일반적인 이론의 발달을 가져왔다. 모든 세포(바이러스 포함)의 유전정보는 DNA에서 RNA를 거쳐 단백질로 발현되는 한 방향으로 흐른다는 간단한 구성원리에 따른다는 것이다. 그러나 1960년대 중반에 이르러 생명 현상이 그렇게 간단하지 않을 것이라는 반론이 제기되었다.

1963년에 Howard Temin은 입자에 RNA 유전체를 담고 있는 retrovirus의 복제가 DNA에만 결합하는 항생제인 액티노마이신(actinomycin) D에 의하여 억제된다는 것을 보여 주었다. 다른 RNA 바이러스의 복제는 이 약제에 의하여 억제되지 않는다. 그러나 과학자들은 모든 것을 포함하는 위 원리에 만족해 있었기 때문에, 이러한 사실은 Temin과 David Baltimore가 retrovirus의 입자는 RNA-의존성 DNA 중합효소, 즉 역전사효소를 가지고 있다는 논문을 동시에 발표한 1970년까지 무시되었다. 이러한 발견은 그 자체만으로도 중요하지만, 그 이후 몇몇 바이러스 과(family)에 국한되지 않고, 다른 모든 생물의 유전체에 대하여 반향을 일으켰다. 현재는 retrovirus의 유전체와 매우 유사한 **레트로트랜스포존**(retrotransposon)이 인간을 포함한 모든 고등생물 유전체의 상당부분을 차지하고 있는 것으로 알려져 있다. 유전체는 지속적이고 안정적이라는 이전의 생각은 실제로는 역동적이며 유동성을 가지는 구조라는 생각으로 대체되었다.

이동성 유전인자(transposable genetic element) — 유전체의 한 위치에서 다른 곳으로 이동할 수 있는 특정 서열 — 에 대한 개념은 1940년대에 Barbara McClintock에 의하여 제창되었다. 이러한 **트랜스포존**(transposon)은 두 가지 부류로 나누어진다.

- 단순 트랜스포존은 역전사 과정을 거치지 않으며 **원핵생물**에서 발견된다(예: enterobacteria phage Mu의 유전체).
- 레트로트랜스포존은 retrovirus의 유전체와 매우 유사하며 긴 말단반복배열(long terminal repeats, LTRs)에 싸여 있다. 이들은 전사/역전사/삽입후 통합 과정을 통하여 이동하며 **진핵생물**에서 발견된다(*Metaviridae*와 *Pseudoviridae*).

이들 두 부류는 여러 가지 유사한 특징을 보인다.

- 이들은 자연발생적 돌연변이의 상당부분의 원인이 되는 것으로 여겨진다.
- 이들은 숙주세포 유전체의 결실, 역위, 중복과 인접한 세포 DNA 간의 전위와 같은 다양한 유전적 재조합을 촉진한다.
- 삽입과정은 삽입되는 요소의 양쪽에 있는 DNA서열에 짧은 (3~13 bp) 중복을 만들어낸다.
- 이동성 인자의 양쪽 끝은 2~50 bp 길이의 역반복으로 구성되어 있다.
- 위치이동은 종종 이동성 인자의 복제를 동반하여 **레트로트랜스포존**에서는 필요조건이며, 원핵생물의 전이 인자에서도 자주 일어난다.
- 이동성 인자는 **시스-활성**(cis-acting)으로 작용하거나 (같은 분자상의 근접한 서열의 활성에 영향을 줌) **트랜스-활성**(trans-acting)으로 작용하는 (세포에 존재하는 어느 부위의 핵산에도 작용 할 수 있도록 이동이 가능한) 단백질을 암호화하여 자신들의 위치이동을 조절한다.

Enterobacteria phage Mu는 대장균에 감염하며, 꼬리를 가진 복합형의 입자에는 약 40 kb의 선형이며, 이중가닥 DNA인 유전체가 들어있고, 유전체의 오른쪽 끝에는 숙주세포에서 유래한 0.5~3.0 kbp의 염기서열이 연결되어 있다(그림 3.16). Mu는 **잠재성**(temperate) **파지**로서 이들의 복제는 두 가지의 경로를 거쳐 이루어진다; 하나는 파지의 유전체가 숙주세포의 유전체에 삽입, 통합되어 **용원성**(lysogeny)을 초래하는 것이고, 다른 하나는 숙주세포의 사멸을 초래하는 **용균성**(lytic) 복제과정이다(제5장 참조). 파지 유전체는 숙주 유전체의 임의

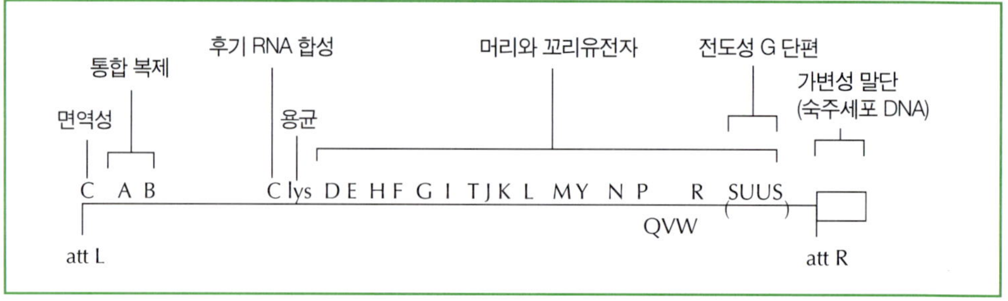

그림 3.16 박테리오파지 Mu 유전체의 구조.

의 위치에 삽입, 통합된다. 통합된 파지의 유전체는 **프로파지**(prophage)라 불리며, 통합과정은 용원성 형성에 필수적이다. 파지 Mu가 용원성으로 존재하는 세균의 세포주기에 프로파지는 숙주 세포 유전체 상의 다른 위치로 이동한다. 위치이동을 유도하는 메커니즘은 파지 유전체가 초기에 삽입되는 과정(이 과정은 보존적, 즉 복제가 일어나지 않는 과정이다)과 다르며, 파지와 숙주가 암호화하고 있는 많은 종류의 단백질을 필요로 하는 복잡한 과정이다. 위치이동은 파지 유전체의 복제와 매우 긴밀하게 연결되어 있으며 그 결과 파지 유전체의 양쪽에 원래 삽입이 일어난 곳의 숙주 유전체의 서열이 첨가된 형태의 복제본인 'co-integrate'의 형성을 유도한다. 원래의 Mu 유전체는 처음 통합이 일어난 곳에 그대로 남아있게 되며 또 다른 위치에 삽입되어 통합된 두 번째 유전체가 생기게 된다(주의! 모든 원핵생물의 이동성 인자가 이러한 메커니즘을 이용하지는 않는다. TN10과 같은 다른 인자들은 위치이동 과정 중에 복제를 하지 않고 원래의 위치에서 잘려져 나와 다른 곳에 삽입된다.). 위치이동에 의하여 두 가지 결과가 발생한다: 첫 번째로 파지 유전체가 이 과정에서 복제되며(바이러스에 유리한 과정), 둘째로, 두 개의 파지 유전체 사이에 끼여 있는 서열(반복서열)은 결실, 역위, 중복, 전좌와 같은 2차적인 재배열이 일어날 수 있다(숙주세포에 절대적으로 해로운 것만은 아니다).

효모의 Ty 바이러스는 효모와 다른 **진핵생물**에서 발견되는 **레트로트랜스포존**으로 알려진 서열의 대표적인 종류이다. Enterobacteria phage Mu와 달리, 이들은 진정한 바이러스는 아니지만 retrovirus와 놀라울 만큼 비슷하다. 대부분의 *Saccharomyces cerevisiae* 균주의 유전체는 30~50개의 Ty 인자를 가지고 있으며, 길이는 약 6 kbp 정도이고 양쪽 말단에는 245~371 bp의 순방향 반복(direct repeat)이 존재한다(그림 3.17). 이 반복서열 안에는 말단부가 중복되는 5.6-kb의 mRNA의 전사를 유도하는 **프로모터**가 존재한다. 이 전사체는 retrovirus의 *gag* 유전자와 유사한 TyA 유전자와 *pol* 유전자 및 유사한 TyB 유전자의 두 유전자가 들어있다. TyA 유전자에 의하여 암호화된 단백질은 대략적으로 구형이며 지름이 60 nm인 '바이러스

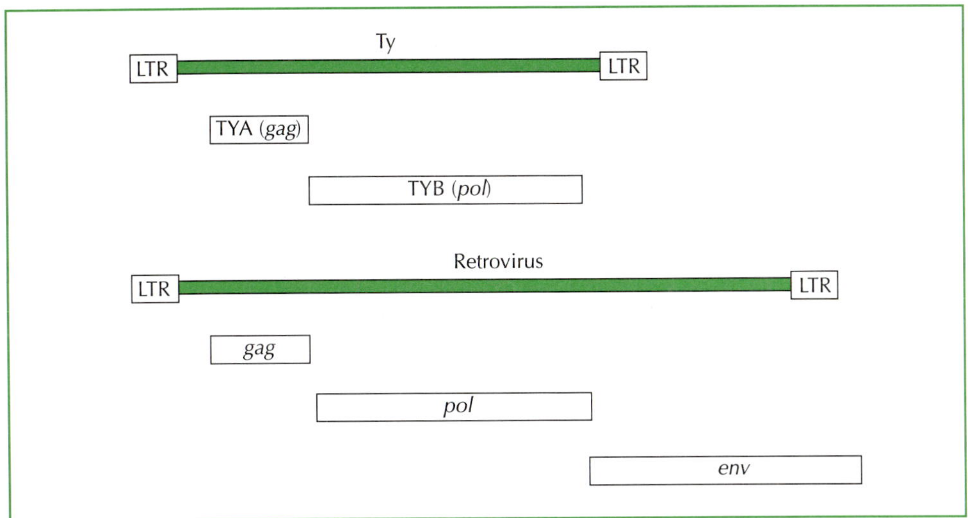

그림 3.17 Ty (위)와 retrovirus 유전체(아래)의 유전자 구조는 말단부에 존재하는 '긴말단반복배열(long terminal repeat, LTR)'를 포함하여 여러 가지 유사성을 보인다.

유사입자(virus-like particle, VLP)'를 형성할 수 있다. 5.6-kb의 RNA 전사체는 이러한 입자에 포장되어, Ty-VLP라고 부르는 세포내 구조물이 형성된다. 진정한 바이러스와는 달리, 이러한 입자들은 효모 세포에 대하여는 감염성이 없으나, 새로운 세포로 우연하게 유입되면 이 RNA의 역전사를 수행하여 이중가닥 DNA Ty 인자를 만들고 이것은 다시 숙주세포들의 유전체에 통합될 수 있다 (아래 참조).

Ty, copia (*Drosophila melanogastar*에서 발견되는 유사한 인자) 등의 레트로트랜스포존과 retrovirus의 특성 사이에 가장 분명한 차이는 retrovirus에는 또 다른 유전자인 *env* 유전자가 존재한다는 것인데, 이 유전자는 **외막** 당단백질을 암호화 하고 있다(제2장 참조). 외막 단백질은 **수용체** 부착에 관여하며 retrovirus가 레트로트랜스포존의 세포내 생활사를 벗어나 진정한 바이러스 입자를 형성함으로써, 다른 세포의 감염에 의한 바이러스의 폭 넓은 전파를 가능케 하였다. Retrovirus의 유전체는 4 가지의 특징을 가진다:

- 유일한 이배체 바이러스이다.
- 바이러스에 의하여 암호화된 중합효소의 도움 없이 세포의 전사기구에 의해서만 바이러스의 유전체가 생성되는 유일한 바이러스이다.
- 유전체의 복제를 위하여 특별한 숙주 RNA(tRNA)를 필요로 하는 유일한 바이러스이다.
- 바이러스의 유전체가 감염 직후에 mRNA로 직접 활용되지 않는 유일한 양성(+) RNA 바이러스이다.

역전사 과정동안(그림 3.18) 바이러스의 유전체를 형성하고 있는 두 개의 단일가닥 양성(+) RNA 분자는 하나의 이중가닥 DNA 분자로 전환되며, 이것은 양쪽 말단에 생긴 순방향 반복서열의 복제로 인해 생긴 LTR 때문에 원래의 RNA 주형보다 약간 길다(그림 3.19). 역전사의 일부 과정은 아직도 불명확하다: 예를 들면, 중합효소가 한쪽 주형의 끝에서 다른 주형으로 이동하는 점프(jump) 과정은 자세히 알려져 있지 않다. 실제로 이러한 과정들은 retrovirus RNA가 이중가닥 DNA로 완전히 바뀌는 과정이 부분적으로 탈외피 된 코어입자(core particle)에서만 일어나며, 용액에 녹아있는 구성요소들만으로는 *in vitro*에서 일어나지 않는다는 관찰로 설명된다. 이는 retrovirus의 **뉴클레오캡시드** 안에 들어있는 RNA 두 가닥의 형태가 역전사를 조절하며, 두 RNA 가닥은 끝은 코어 안에서 서로 가깝게 고정되어 있기 때문에 실질적으로 '점프'가 일어나는 것은 아니다.

역전사는 retrovirus의 유전학에서 중요한 결과를 초래한다. 첫째로, 이러한 과정은 오류 확률이 매우 높은 과정으로서, 이는 세포의 DNA-의존성 DNA 중합효소와는 달리 역전사 효소는 교정작업을 수행하지 않기 때문이다. 그 결과 retrovirus 유전체에 많은 돌연변이를 가져오며, 결과적으로 빠른 유전적 변이를 유도한다(위의 자연발생적 돌연변이 참조). 또한 역전사 과정은 유전자 **재조합**을 촉진한다. 두 분자의 RNA가 하나의 **비리온** 안에 들어 있고 역전사를 위한 주형으로 이용되기 때문에 이 두 가닥 사이의 재조합이 일어난다. 이 과정에 대한 정확한 메커니즘은 분명하지 않지만 하나의 RNA 사슬이 다른 것과 차이가 있을 경우, 예를 들면 돌연변이가 있는 경우, 재조합이 일어나면 이로부터 생산되는 바이러스들은 원래의 바이러스와는 유전적으로 다른 바이러스가 될 것이다.

역전사가 끝난 후 이중가닥 DNA는 바이러스 단백질과 복합체를 이룬 상태로 핵으로 이동한다. 완전한 *pol* 유전자 산물은 실제로는 3가지로 구별되는 효소 활성을 가지는 복잡한 폴리펩티드이다: 역전사 효소와 RNase H는 역전사 과정에 관여하며, 통합효소(integrase)는 바이러스 DNA가 숙주세포의 **염색질**에 삽입되어 통합되는 것을 촉진하여 이들이 **프로바이러스**(provirus) 상태로 존재하도록 한다(그림 3.20). 역전사 이후, 감염된 세포 안에서는 3종류의 이중가닥 DNA가 존재한다: 선형의 DNA와 하나 또는 2개의 LTR을 가진 두 종류의 고리형 DNA이다. 프로바이러스 말단의 구조를 바탕으로, 예전에는 2개의 LTR을 가진 고리형이 삽입에 이용되는 것으로 믿었다. 최근에 retorvirus DNA의 삽입과정을 *in vitro*에서 연구하기 위하여 개발된 분석법에 따르면 삽입에 이용되는 것은 선형의 DNA라는 것이 밝혀졌다. 이처럼 상반된 견해는 두 개의 LTR이 역전사효소-통합효소 복합체에 의하여 서로 매우 가까이 위치하게 된다는 모델을 이용하여 해소할 수 있었다. 통합에 의한 최종 결과 각각의 LTR로부터 1~2 bp가 소실되고 세포 DNA의 4~6 bp가 프로바이러스의 양쪽에 반복된다. 세포 유전체 상의 삽입위치에 대해서 특이성이 존재하는지는 불분명하다. 그러나 분명한 것은 단

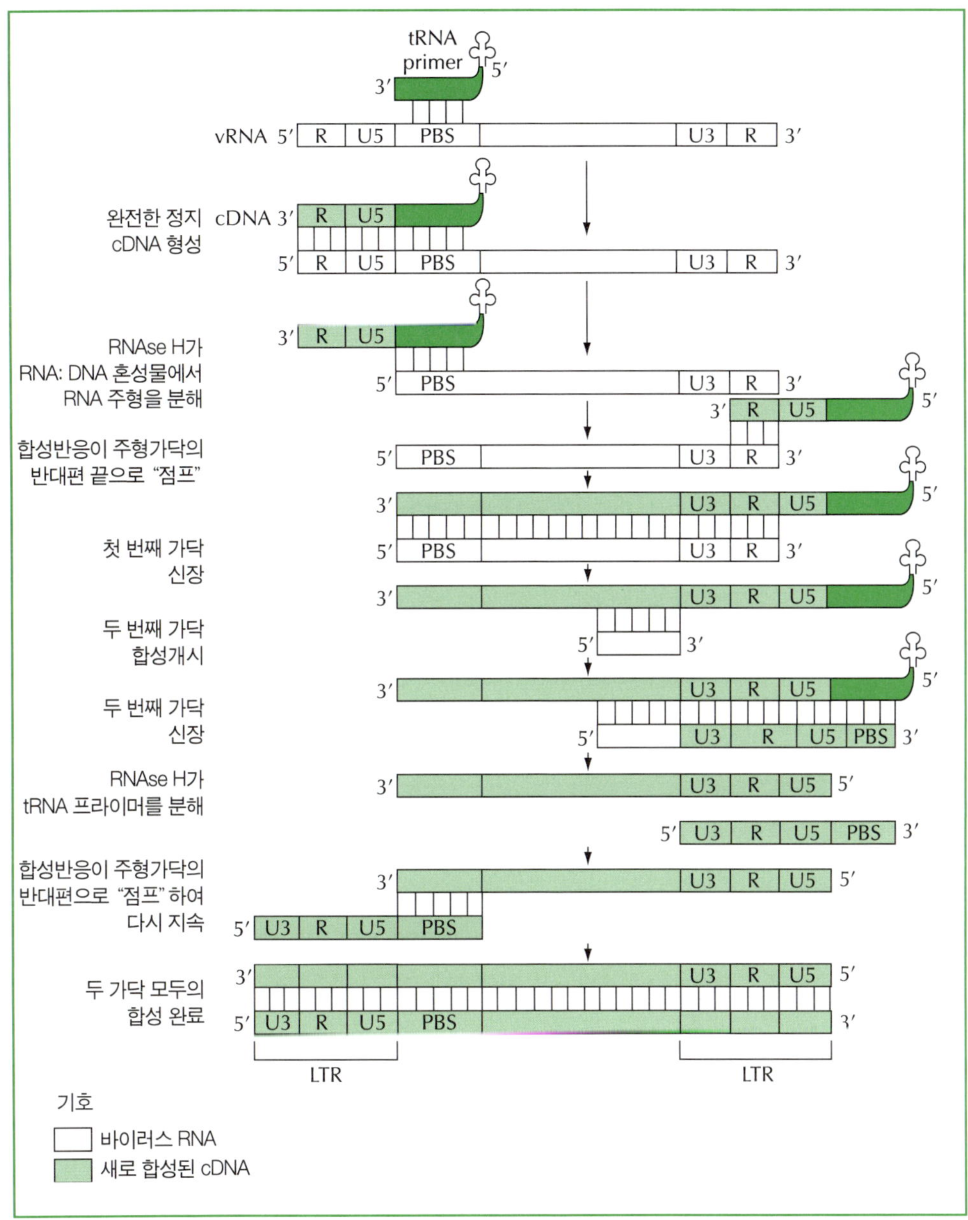

그림 3.18 Retrovirus RNA 유전체의 역전사 메커니즘은 두개의 RNA 분자를 말단부가 반복되는 이중가닥 DNA의 프로바이러스로 전환한다.

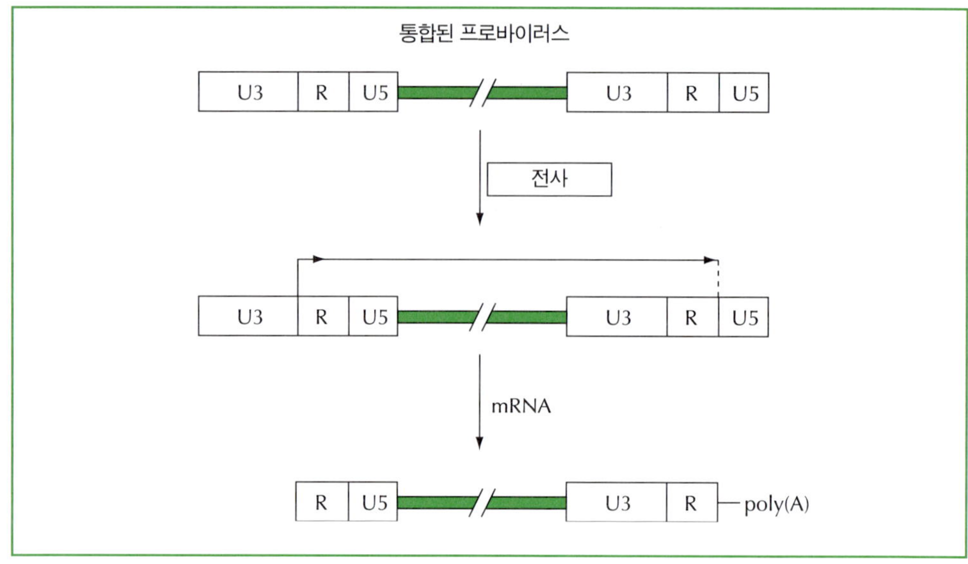

그림 3.19 Retrovirus의 LTR에서의 반복된 정보의 생성. 이러한 서열은 역전사 과정에서의 조절 기능뿐만 아니라, 바이러스 유전체의 발현 조절에 관련된 U3 부위의 전사 프로모터와 R 부위의 폴리(A) 부착 신호 등을 포함하고 있다.

순한 표적서열이 존재하는 것은 아니지만, 진핵생물의 유전체에는 다른 부위와 비교하여 통합이 좀 더 잘 일어날 수 있는 부위나 위치가 존재한다는 것이다.

삽입 후 DNA 프로바이러스 유전체는 근본적으로 세포 유전자의 일부로 통합되며, 발현은 세포의 조절에 따르게 된다. 통합된 프로바이러스가 정확하게 잘려 나오는 메커니즘은 존재하지 않으며, 비록 프로바이러스가 종종 세포 유전체의 변형에 의하여 제거되거나 변형될 수 있지만 그 중의 일부는 수백만 년간의 진화를 통하여 영장류의 유전체에 '화석화'된 것으로 알려져 있다. 바이러스 유전체가 빠져 나올 수 있는 유일한 방법은 전사에 의하여 가능하며 이때는 근본적으로 전체 길이에 해당하는 mRNA (LTR에 존재하는 말단 중복 부위는 제외)가 만들어진다. 이 RNA가 vRNA이며 비리온 안에 2개의 분자가 담기게 된다(그림 3.19).

그러나 역전사를 이용하는 바이러스에는 두 종류의 서로 다른 유전체의 사용전략이 있다. 이점에서 두 그룹간의 차이가 분명해진다. 하나의 전략은 retrovirus에 의하여 이용되며, 위에서 설명한 바와 같이 바이러스의 유전체 RNA를 비리온에 포장함으로써 완결된다. 다른 하나는 hepadnavirus와 calimovirus에 의하여 이용되는 방법으로서, RNA와 DNA의 복제 시기를 바꾸어 DNA 바이러스 유전체를 만드는 것이다. 이는 retrovirus처럼 역전사를 복제 초기의 과정으로 이용하지 않고, 바이러스 입자를 형성하는 말기 과정에 이용하는 것이다.

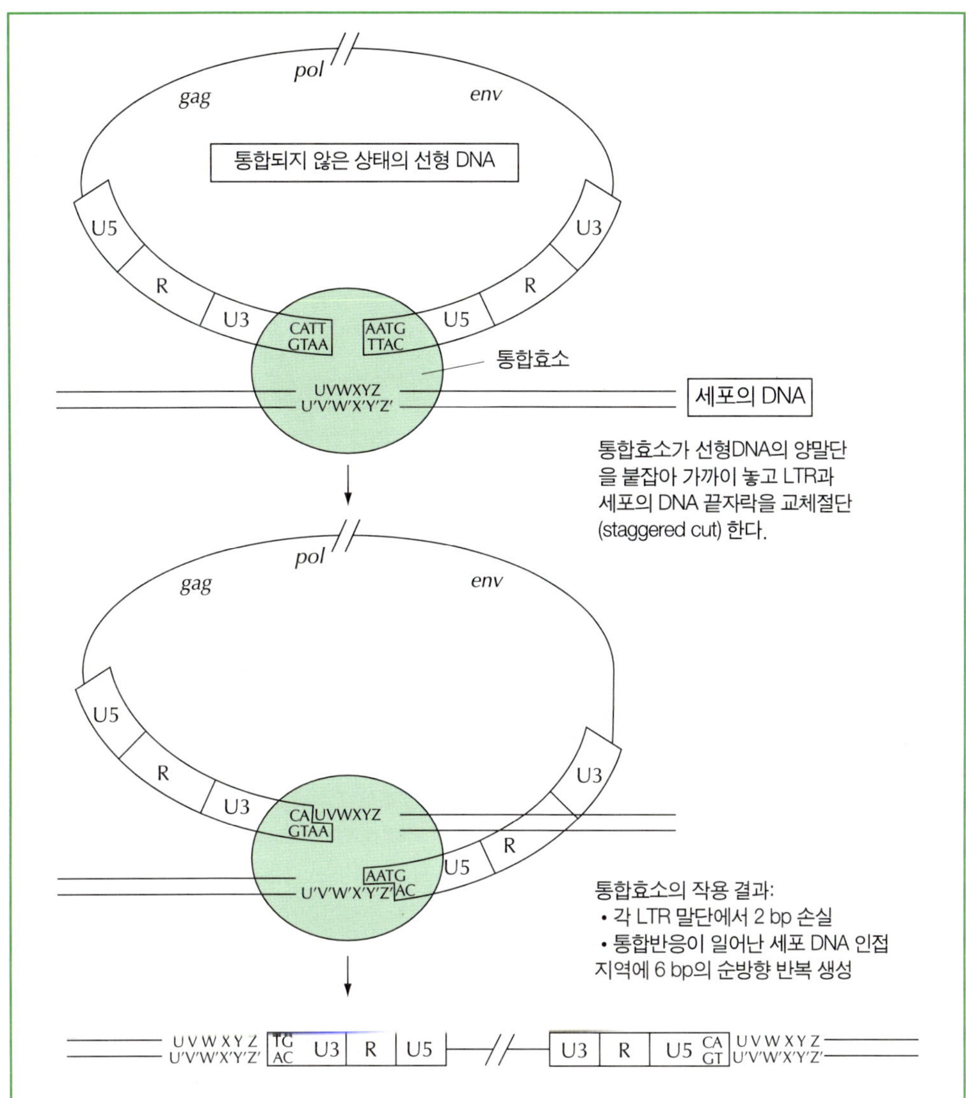

그림 3.20 Retrovirus 유전체가 숙주세포의 염색체로 삽입, 통합되는 과정.

Hepatitis B virus (HBV)는 *Hepadnaviride* 과의 기본형 바이러스이다. HBV의 비리온은 지질 외막을 가진 지름 42~47 nm의 구형 입자로서 부분적으로 이중가닥인(gapped) DNA 유전체와 RNA-의존성 DNA 중합효소(역전사효소)를 내장하고 있다(그림 3.21). Hepadnavirus는 3.0~3.3 kb (Hepadnavirus의 종류에 따라 다르다)의 음성(−)가닥과 1.7~2.8 kb(입자

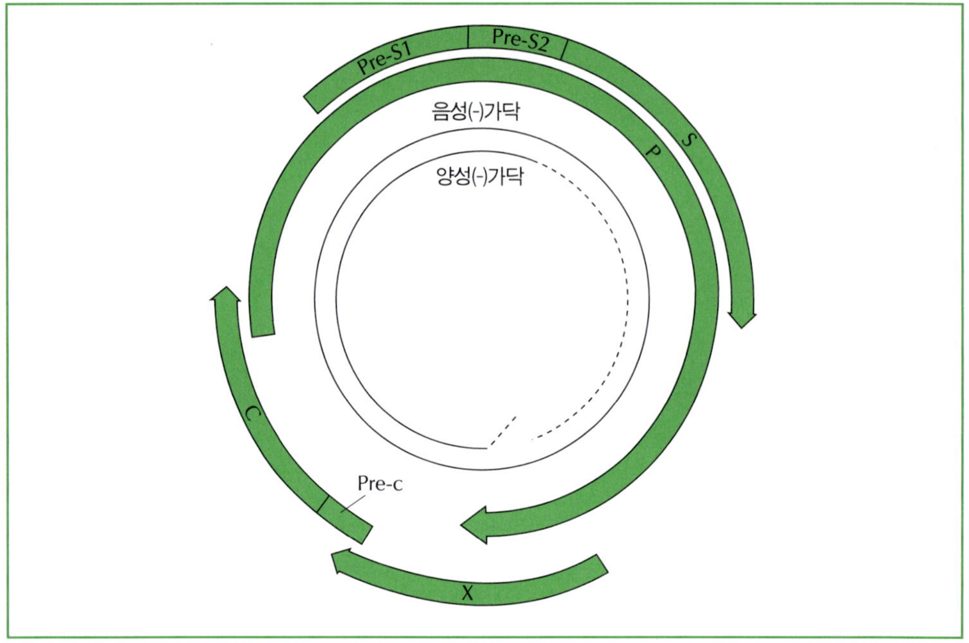

그림 3.21 Hepatitis B virus 유전체의 구조, 구성과 단백질 암호화 능력.

에 따라 다르다)의 양성(+)가닥으로 이루어진 작은 유전체를 가지고 있다. 세포에 감염이 일어나면, 유전체의 주요 전사체인 3.5, 2.4, 2.1 kb 등 3개의 mRNA가 생성된다. 이들 모두는 같은 극성을 가지며(즉 바이러스 유전체의 동일한 가닥으로부터 전사된다), 동일한 3' 말단을 가지지만 서로 다른 5′ 말단부(즉 전사 개시부)를 가진다. 각 전사체의 크기는 다양하며 어떠한 전사체가 각각의 단백질을 암호화하고 있는지 정확하지는 않으나, 바이러스 유전자로는 4개가 알려져 있다.

- C 유전자는 코어 단백질을 암호화한다.
- P 유전자는 중합효소를 암호화한다.
- S 유전자는 pre-S1, pre-S2, 그리고 S 등 세 종류의 표면 항원 단백질(이들은 서로 다른 개시위치에서 유래한다)을 암호화한다.
- X 유전자는 바이러스 유전자의 전사(그리고 숙주 유전자의 전사?)를 조절하는 트랜스활성인자(transactivator)를 암호화한다.

감염 직후 닫힌 고리형의 DNA가 세포의 핵에서 발견되는데, 이것은 아마도 위에서 설명한 전사체들의 주형일 것이다. 이 DNA는 틈이 있는(gapped) 바이러스 유전체가 다음과 같은 과정을 통하여 복구됨으로써 만들어진다.

1. 양성(+)가닥의 완성
2. 음성(−)가닥에 결합된 단백질 프라이머(primer)의 제거와 양성(+)가닥으로부터의 올리고리보뉴클레오티드의 제거
3. 음성(−)가닥의 말단에 존재하는 **말단부 중복**(terminal redundancy)부분의 제거
4. 두 가닥의 말단 부위의 연결

이러한 과정이 어떠한 단백질(바이러스 또는 세포성)에 의하여 어떻게 이루어지는지는 알려져 있지 않다. 3.5 kb의 전사체, 코어 항원과 중합효소가 코어 입자를 형성하며 중합효소는 바이러스 입자가 만들어지는 동안 RNA를 DNA로 전환시킨다.

Caulimovirus 속의 기본형인 cauliflower mosaic virus (CaMV)의 유전체구조와 복제는 약간의 차이는 있지만 hepadnavirus의 전략을 연상시킨다. CaMV의 유전체는 간극이 있는 원형의 이중가닥 DNA이며, 크기는 약 8 kb이고 α 가닥으로 알려진 한 가닥은 하나의 간극이 있으며 두 개의 간극을 가진 다른 가닥에 상보적이다(그림 3.22). 바이러스 유전체에는 8개의 유전자가 암호화되어 있으나 감염된 세포에서 8개의 유전자 산물이 모두 검출되지는 않았다. CaMV 유전체의 복제는 HBV의 복제와 유사하다. 첫 번째 과정은 간극을 가지고 있는 DNA가 핵으로 이동하는 것이며, 여기에서 이 DNA는 완전히 닫힌 고리형으로 복구된다. 이

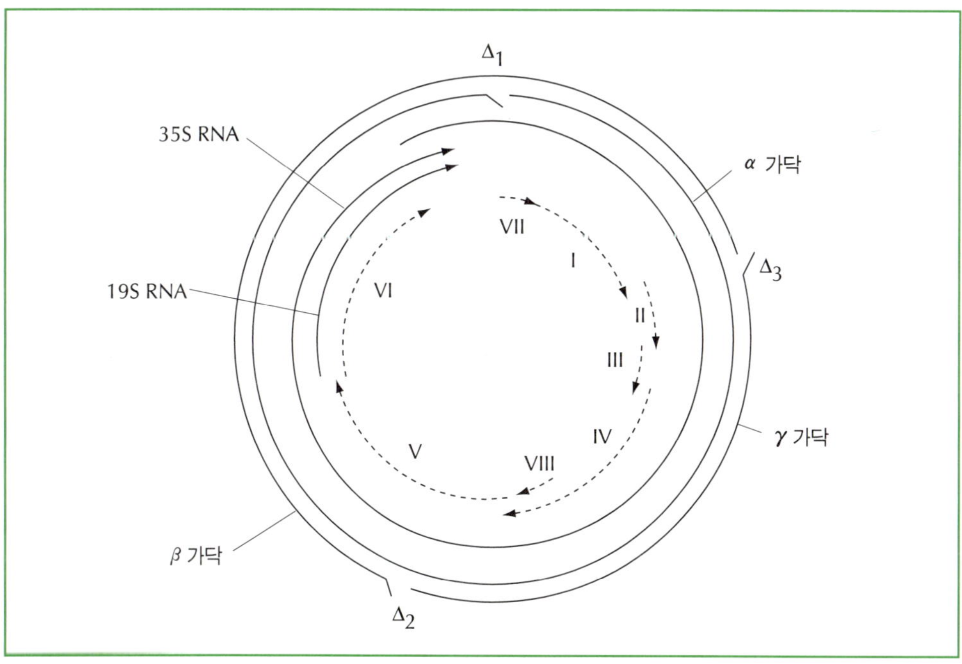

그림 3.22 Cauliflower mosaic virus 유전체의 구조, 구성과 단백질 암호화 능력.

표 3.3 바이러스 유전체의 역전사

Features:	Caulimoviruses	Hepadnaviruses	Retroviruses
유전체:	DNA	DNA	RNA
음성(−)가닥 합성의 프라이머:	tRNA	Protein	tRNA
말단 반복:	No	No	Yes
바이러스 유전체의 특이적 통합:	No	No	Yes

DNA는 폴리(A)꼬리를 가진 2개의 전사체를 만들기 위하여 전사되는데, 하나는 길고(35S) 다른 하나는 짧다(19S). 19S의 mRNA는 번역되어, 감염된 세포의 세포질에서 크기가 큰 **봉입체**(inclusion bodies)를 형성하는 단백질을 만들며, 이 봉입체는 복제의 다음 단계가 일어나는 곳이다. 이 복제 복합체에서 35S mRNA의 일부는 번역되고 나머지는 역전사되어 **비리온**에 담기게 된다. 이 바이러스의 유전체와 retrovirus 유전체 사이의 역전사과정의 차이는 표 3.3에 요약되어 있다.

진화와 역학

역학은 질병의 분포, 그리고 질병을 감소시키거나 예방할 수 있는 방법의 개발과 관계가 있다. 바이러스에 의한 감염은 이러한 시도에 상당한 문제를 일으킨다. 급성감염이 확실한 **유행성 전염병**(epidemics)을 제외하고, 역학자들이 얻을 수 있는 바이러스 감염에 대한 주요 증거는 환자의 몸에서 검출되는 항바이러스성 항체이다. 이러한 정보는 종종 불완전하며, 때로는 바이러스의 감염이 최근에 일어났는지, 아니면 과거에 있었는지를 판단하기 어렵다. 실험 식물이나 동물로부터 바이러스를 분리하는 것과 같은 대체 방법은 힘이 드는 작업이며, 큰 집단에는 적용할 수 없다. 분자생물학은 바이러스의 유전체에 저장된 유전정보를 검출하고 분석할 수 있는 민감하고 빠르며 매우 정교한 기법을 제공하였으며, 이로 인해 새로운 연구 영역인 분자역학이 생겨나게 되었다.

분자유전학적 분석의 한 가지 단점은 바이러스 유전체가 연구 또는 조사되기 전에 이들의 특성에 대한 얼마간의 정보가 필요하다는 것이다. 그러나 이 장에서 설명한 바와 같이, 적어도 이제까지 알려진 대부분의 바이러스 그룹을 대표하는 소수의 바이러스에 대하여는 구조 및 염기서열에 대한 충분한 정보가 이미 존재한다. 이러한 정보로 인해 바이러스 학자들은 바이러스가 어디에서 유래하였는지를 알 수 있는 동시에, 질병과 전염병이 어떻게 진행될지를 예측할 수 있는 두 가지 방향으로의 조사가 가능해졌다. 중합효소연쇄반응과 같은 증폭기법에 의한 핵산의 민감한 검출법은 이미 이러한 종류의 역학적 조사에 중요한 영향을 미치고 있다.

최근에 밝혀진 고세균 바이러스의 외피 단백질 구조가 진정세균이나 동물 바이러스의 사례들과 비슷하다는 것은 현재 존재하는 바이러스의 일부는 30억 년 전 생물이 세 개의 영역으로 나누어지기 이전에 공통된 조상을 가지고 있었을지 모른다는 것을 나타내며, 바이러스들이 생명의 공통된 근원까지 추적할 수 있는 계통을 가지고 있다는 것을 제시한다. 바이러스의 기원을 설명하기 위하여 시도되는 적어도 세 개의 이론이 존재한다:

- **퇴보성 진화설(Regressive evolution):** 이 이론은 바이러스가 원래 생물이 가지고 있는 많은 기능을 상실하고, 기생의 형태로 살아가는데 필수적인 유전정보만을 가지고 있는 퇴보된 생명체라고 설명한다.
- **세포유래설(Cellular origin):** 이 이론에 의하면 바이러스는 원래의 세포에서 빠져나온 세포 이하의, 거대분자들의 기능적 결합체이다.
- **독립 실체설(Independent entities):** 이 이론에 의하면 바이러스는 원시적 생명체 이전의 'RNA 세계'에 존재하였던 자기복제가 가능한 분자로부터 다른 세포성 생물과 나란하게 진화되어 왔다.

각 이론들은 이에 대한 옹호자가 있고 심한 반대 의견을 일으키기도 하지만, 중요한 사실은 바이러스는 존재하고 우리 모두는 바이러스에 의하여 감염된다는 것이다. 바이러스의 기원에 대한 실제적인 중요성은 이러한 주제가 바이러스학의 여러 분야에서 영향을 미친다는 것이다. 바이러스간의 유전적 또는 염기서열의 유연관계는 개개의 바이러스뿐만 아니라, 전체 과(family) 또는 '상과(上科, superfamily)'의 기원을 보여줄 수 있다(그림 3.23). 예전에는 관련이 없었던 것으로 여겨져 왔던 많은 바이러스 그룹들에서 염기서열의 분석으로 같은 기능을 가진 부위가 비슷한 방법에 의하여 함께 모여 있다는 것이 확인되었다. 서로 다른 바이러스에서 이러한 부위의 서열 유사성에 정도의 차이는 있지만, 바이러스의 **복제효소**와 같은 효소의 활성부위는 분명하게 보존되어 있다. 이러한 분류에서의 중요성은 기능과 구성적 유사성에 있다. 바이러스에 대한 원래의 분류방법은 과 이상의 수준은 인식하지 않았다(부록2 참조). 그러나 현재는 통상적인 생물명명법에서 목(order)에 해당하는 유사성이 있는 바이러스 과의 그룹이 3개가 존재한다.

- ***Caudovirales*** (꼬리를 가진 박테리오파지): *Myoviridae, Podoviridae, Siphoviridae*
- ***Mononegavirales*** (음성(−) RNA 바이러스로서 분절되지 않는 유전체를 가지고 있다): *Bornaviridae, Filoviridae, Paramyxoviridae, Rhabdoviridae.*
- ***Nidovirales*** (이들의 전사양식 때문에 'nested' 바이러스로 불린다): *Arteriviridae, Coronaviridae.*

분류학적 유연관계로부터 얻어진 정보를 활용하여 우리는 새로운 바이러스의 특성이나 행동양식을 예측할 수 있을 것이며 또한 기존의 바이러스에 대하여 알려진 자료를 이용하여

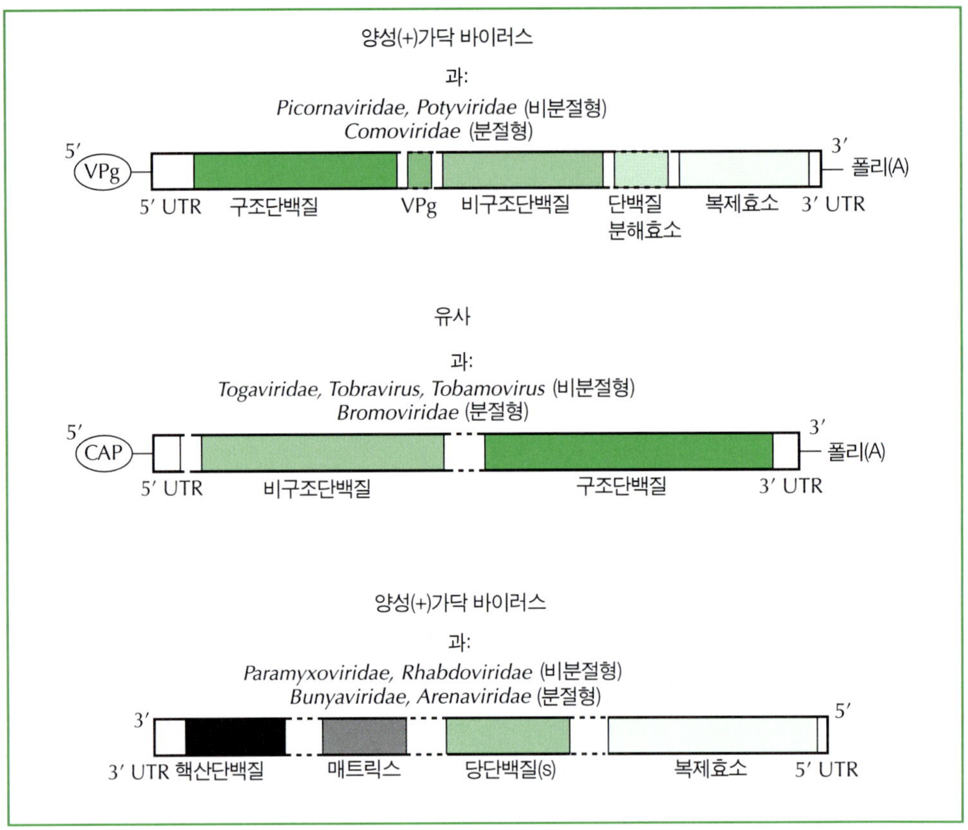

그림 3.23 서로 다른 과에 속하는 바이러스 유전체의 기능 및 구성상의 유사성에 따라 이들을 '상과(superfamily)'로 구분할 수 있다.

새로운 약제를 개발할 수도 있다. 하지만, 바이러스들 간에 공유하고 있는 특성이 현존하는 바이러스가 몇몇 원시 바이러스의 후손인지, 아니면 서로 다른 바이러스 과(family) 사이의 수렴적 진화의 증거인지는 불확실하다. 오늘날 우리가 보는 바이러스들을 나타나게 한 어떠한 사건이 생명의 기원보다 앞서 발생했으리라고 추측해보는 것도 유혹적이기는 하지만, 다양한 기원을 가지는 바이러스들이 유전정보의 저장, 복제, 발현이라는 공통된 문제에 대하여 공통적인 해결방법을 이끌어낸 자연의 압력을 과소평가 하는 것도 어리석은 일이다. 특히 이 점은 우리가 바이러스와 세포 유전체의 가소성과 바이러스에서 바이러스, 세포에서 바이러스, 그리고 바이러스에서 세포로의 유전정보의 이동성을 인지할 때 더 확실하다. 바이러스의 진화가 멈추었다고 믿을 이유도 없으며 믿는 것도 위험하다. 진행 중인 진화의 실제적인 결과와 **신종 바이러스**(emergent virus)에 대한 개념은 제7장에서 기술될 것이다.

단원 요약

분자 생물학은 바이러스 유전체의 구조와 기능에 대하여 많은 강조를 하고 있다. 얼핏 보기에 이러한 경향은 바이러스 유전체의 굉장한 다양성을 강조한다. 그러나 자세히 살펴보면 유사성과 통일된 주제가 분명해진다. 바이러스 유전체의 말단에 존재하는 염기서열과 구조는 유전체 내부에 존재하는 독특한 암호화 부위보다 어떠한 측면에서는 기능적으로 더 중요하다. 바이러스의 상과(superfamily)에서 볼 수 있는 유전자 구성의 공통적인 양상은 많은 바이러스들이 공통된 조상으로부터 진화하여 왔거나, 수렴적 진화와 바이러스간 유전정보의 교환에 의하여 공통된 문제에 대한 공통된 해법을 초래하였다는 것을 제시한다.

참고문헌

Cann, A.J. (1999). *DNA Viruses: A Practical Approach.* Oxford University Press, Oxford. ISBN 0199637199.

Cann, A.J. (2000). *RNA Viruses: A Practical Approach.* Oxford University Press, Oxford. ISBN 0199637172.

Crag, N.L. et al (2002). *Mobile DNA.* ASM Press, Washington D.C. ISBN1555812090

Domingo, E., Webster, R.G. and Holland, J.J. (2000). *Origin and Evolution of Viruses.* Academic Press, London. ISBN 0122203607.

Holmes, E.C. (2003). Error thresholds and the constraints to RNA virus evolution. *Trends in Mirobiology*, 11: 543-546.

Mertens, P. (2004). The dsRNA viruses. *Virus Research*, 101: 3-13.

Miller, E.S. et al., (2003). Bacteriophage T4 genome. *Microbiology and Molecular Biology Review*, 67: 86-156.

Moya, A. et al. (2004). The population genetics and evolutionary epidemiology of RNA viruses. *Nature Review: Microbiology*, 2: 279-288.

Rault, D. et al. (2004). The 1.2-megabase genome sequence of Mimivirus. *Science*, 306: 1344-1350.

Rice, G. et al. (2004). The structure of a thermophilic archaeal virus shows a double-stranded DNA viral capsid type that spans all domains of life. *Proceeding of the National Academy of Science USA*, 101: 7716-7720.

Steinhauer, D.A. and Skehel, J.J. (2002). Genetics of influenza viruses. *Annual Review of Genetics*, 36: 305-332.

Wagner, M. et al. (2002). Herpesvirus gentics has come of age. *Trends in Microbiology*, 10: 318-324.

4

CHAPTER

복 제

학습목표

- 바이러스의 유전체의 특징이 유전체의 복제 양상을 어떻게 결정하는지를 이해한다.
- 바이러스의 전형적이고 일반적인 복제 과정의 도해한다.
- 주요 7개 바이러스 그룹 각각의 복제 양상의 비교한다.

바이러스 복제의 개요

바이러스의 분류하는 방법은 바이러스에 대한 인식이 바뀜에 따라 계속 변천되어 왔다.

1. **질병에 의한 분류:** 고대 이집트나 그리스와 같은 고대 문명사회는 다양한 바이러스로 인한 질병의 영향을 알고 있었다. 비록 그 당시에는 이러한 재해를 일으키는 원인을 알지 못했지만 이러한 시대부터 인간과 동물, 곡식의 질병에 대해 몇 가지 놀라울 정도로 정확한 기록이 존재한다. 비록 이러한 기록들이 정확하지만, 이러한 분류체계의 문제점은 매우 다양한 바이러스가 비슷한 증상을 유발한다는 것이다; 예를 들면 열을 동반한 호흡기계 질환은 많은 종류의 바이러스에 의해 발생한다.
2. **형태에 의한 분류:** 많은 종류의 바이러스가 분리되고 이들을 분석할 수 있는 기술이 발달

함에 따라 1930~1950년대 사이에 바이러스의 입자 구조에 기초하여 분류하는 것이 가능해졌다. 이것은 위에서 설명한 방법 보다는 개선된 것이지만, 비슷한 형태를 가지면서 임상적으로 다른 증세를 일으키는 바이러스들을 구별하기에는 여전히 문제점을 가지고 있었다(예: 많은 종류의 picornavirus). 이 시기에는 혈청학이 바이러스 분류의 중요한 보조 수단이 되었으며, 입자의 형태는 바이러스 분류에 계속 중요한 요소로 여겨졌다.

3. **기능적 분류:** 최근에는 바이러스 복제 방법의 중요성이 좀 더 강조되고 있다. 특히 바이러스 유전체의 구성과 구조, 그리고 이들이 복제에 미치는 제한성이 강조되고 있다. 이러한 접근방법은 분자생물학의 발달 이후에 가속화 되었는데, 이는 이러한 기법에서 바이러스 유전체의 중추적인 중요성에 기인한다. 바이러스 유전체의 분자생물학적 분석으로 인해 각 바이러스주의 빠르고 명확한 동정이 가능해졌을 뿐만 아니라 유사한 유전체 구조를 가진, 이전에 알려지지 않았던 바이러스나 새로운 바이러스의 특성을 예견할 수 있게 되었다. (바이러스 분류는 부록 2에서 서술하였다.)

목적론적 관점(바이러스와 같은 비활성 생물체가 나름대로의 의도를 가지고 있다고 가정한다면)에서 보면 바이러스의 유일한 목표는 그 자신의 유전정보를 복제하는 것이다. 따라서 바이러스 유전체의 본질은 어떠한 과정이 이러한 목적을 이루는데 필수적인가를 결정하는데 탁월하다. 실제로, 보기에는 유사한 유전체 구조를 가진 바이러스라 하더라도 이러한 과정이 진행되는데 있어서 엄청난 다양성이 존재한다. 이에 대한 원인은 진핵세포가 핵과 세포질로 구분되어 있으며, 바이러스 유전체와 숙주의 유전체가 유전정보와 생화학적 성능에서 구분되어 있다는 것이다.

바이러스에 감염된 세포의 종류는 복제과정에 중대한 영향을 미친다. 원핵생물에 감염하는 바이러스의 경우, 복제는 숙주세포의 상대적인 단순성을 어느 정도 반영한다. 진핵세포인 숙주를 가진 바이러스는 이러한 과정이 좀 더 복잡해진다. 서로 다른 종류의 세포에서는 다른 복제 과정을 거치는 동물바이러스가 많이 있다. 하지만 유전체의 유전정보 용량은 모든 바이러스들이 특정한 복제전략을 선택하도록 강요한다. 이것이 바이러스가 숙주세포에 심하게 의존하게 되는 이유이며, 이러한 상황에서 parvovirus와 같은 바이러스들은 유전체를 매우 조밀하게 구성하고 필수적인 소수의 단백질만을 암호화할 필요가 있다. 반면에 poxvirus와 같이 크고 복잡한 바이러스 유전체는 복제에 필요한 정보의 대부분을 암호화하고 있으며, 에너지 공급기구와 리보솜 같은 거대분자 합성기구만을 숙주세포에 의존한다(제1장 참조). RNA의 생활사(life cycle) — 즉 RNA 유전체와 mRNA — 를 가지는 바이러스는 (일부 바이러스들이 복제과정에서 이러한 과정을 거치기는 하지만), 복제 과정에서 핵으로 들어갈 특별한 필요가 없다. 반면에 대부분의 DNA 바이러스는 예상할 수 있는 바와 같이, 숙주세포의 DNA 복제가 일어나고 이러한 과정에 필요한 생화학적 기구들이 존재하는 핵에서 복제된다. 그러나 DNA 유전체를 가지는 몇몇 바이러스는(예: poxvirus) 세포질 내에서 복제가 가능하도록 충분한 생화학적 능력을 가지게끔 진화되었으며, 최소한의 숙주세포 기능만을 이용한다. 이 장의 대부분에서 바이러스 복제 과정을 공부할 것이며, 기본적인 형태 외에 몇 가지 변형된 형태도 알아볼 것이다.

바이러스 복제에 관한 연구

박테리오파지는 바이러스 학자들이 오랫동안 바이러스의 생물학을 이해하는 모델로서 이용하여 왔으며 특히 바이러스 복제 분야에서 분명하다. 바이러스의 기본적인 특성을 설명할 수 있는 두 가지의 중요한 실험이 박테리오파지를 이용하여 이루어졌다. 첫 번째 실험은 1939년 Emory Ellis와 Max Delbruck에 의해 행해졌고 보통 '단일분출(single-burst)' 실험 또는 '1주기 성장곡선(one-step growth curve)'으로 알려져 있다(그림 4. 1). 이 실험은 바이러스 복제에 필수적인 3 단계를 보여준 첫 번째 실험이다:

- 감염의 시작
- 바이러스 유전체의 복제와 발현
- 감염된 세포로부터 성숙된 **비리온**의 방출

이 실험에서는 박테리오파지를 급속하게 자라고 있는 세균의 배양액에 첨가하고, 몇 분 후 이 배양액을 희석하여 박테리오파지 입자와 세포 사이의 추가적인 상호작용을 효과적으로 제한하였다. 이 간단한 단계가 전체 실험에서 가장 중요한테 그 이유는 이것이 효과적으로 세포의 감염이 동시에 이루어지게 하며, 이후에 집단 내의 각 세포와 바이러스 입자들 간의 복제과정이 마치 하나의 상호작용에 의한 것처럼 보이게 하기 때문이다(이것은 마치 분자생물학적 클로닝이 핵산분자의 집단을 마치 하나의 종류로 해석할 수 있게 하는 것과 같은 원리이다). 짧은 시간 간격을 두고 취한 시료는 세균의 수를 조사하기 위하여 한천배지에 접종하는 한편, 바이러스 입자의 수를 조사하기 위해서는 세균이 가득 자란 평판에 접종한다. 그림 4.1에서 볼 수 있듯이, 시간이 경과함에 따라 파지 입자의 농도는 계단식으로 증가하며, 각각의 증가는 바이러스의 복제의 한 주기를 나타낸다. 그러나 이 실험 결과는 시간의 경과에 따른 세균세포 당 **플라크형성단위**(plaque-forming unit, p.f.u)를 도표화함으로써 다른 방법으로 해석할 수 있다(그림 4.2). 이러한 분석 방법에서 플라크형성단위는 세포 외부에 존재하는 하나의 바이러스 입자 또는 하나의 감염된 세균세포일 수 있다. 이 둘은 세균을 배지에 접종하기 전에 클로로포름(chloroform)으로 분쇄함으로써 구별이 가능한데, 이러한 처리는 세포내부에 있는 바이러스 입자를 방출시킴으로써 세균세포 내부와 세포 외부에 존재하는 모든 바이러스 입자의 수를 알려준다.

바이러스 복제의 또 다른 몇 가지 특성을 그림 4.2의 그래프에서 볼 수 있다. 배양액의 희석 직후 10~15분 동안 박테리오파지 입자들이 관찰되지 않는 시기가 있는데 이 단계는 **암흑기**(eclipse period)라고 한다. 이 단계는 바이러스가 복제하기 위하여 필수적인 단계로서 세

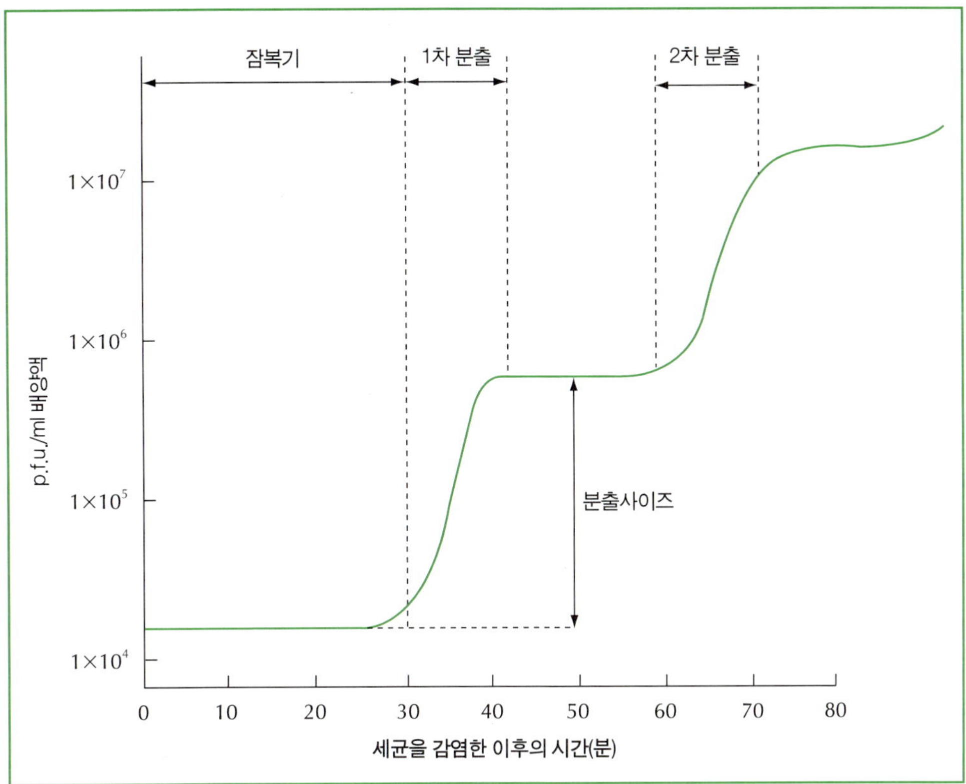

그림 4.1 1주기 증식곡선(one-step growth curve) 또는 'single-burst' 실험. 1939년에 Ellis와 Delbruck에 의하여 수행된 이 고전적 실험은 바이러스 복제의 원칙을 보여준다. 실험의 자세한 사항은 본문에 설명되어 있다. 2회의 '분출(burst)' (세포에서 방출된 바이러스의 총합)이 실험에 나타나있다.

포내에 침입한 후 **유전체**를 방출하기 위하여 바이러스 입자가 파괴되어 있는 시기를 나타낸다. 이 단계에서 바이러스(입자)는 감염성이 없으며 플라크분석(plaque assay)으로 계측 할 수 없다. **잠복기**(latent period)는 세포 외부에서 새로운 바이러스 입자가 검출되기 전까지의 기간을 말하며 대부분의 박테리오파지에서 20~25분 정도이다. 세포가 감염된 후 40분쯤 전체 바이러스 입자의 수와 세포 외부 바이러스 입자의 수가 일치하게 되는데, 이것은 감염된 세포가 파괴되어 세포내부의 모든 박테리오파지 입자가 방출되었기 때문이다. 각각의 감염된 세포에서 생성되는 바이러스 입자의 생산량(입자 수)은 파지입자 **역가**(titer)의 전체적인 상승으로부터 계산할 수 있다.

1950년대에 동물 바이러스에 대한 **플라크**분석법이 발전함에 따라 '단일뷰출(single burst)' 실험이 많은 **진핵세포**의 바이러스에 대해서도 이루어졌으며, 비슷한 결과가 얻어졌

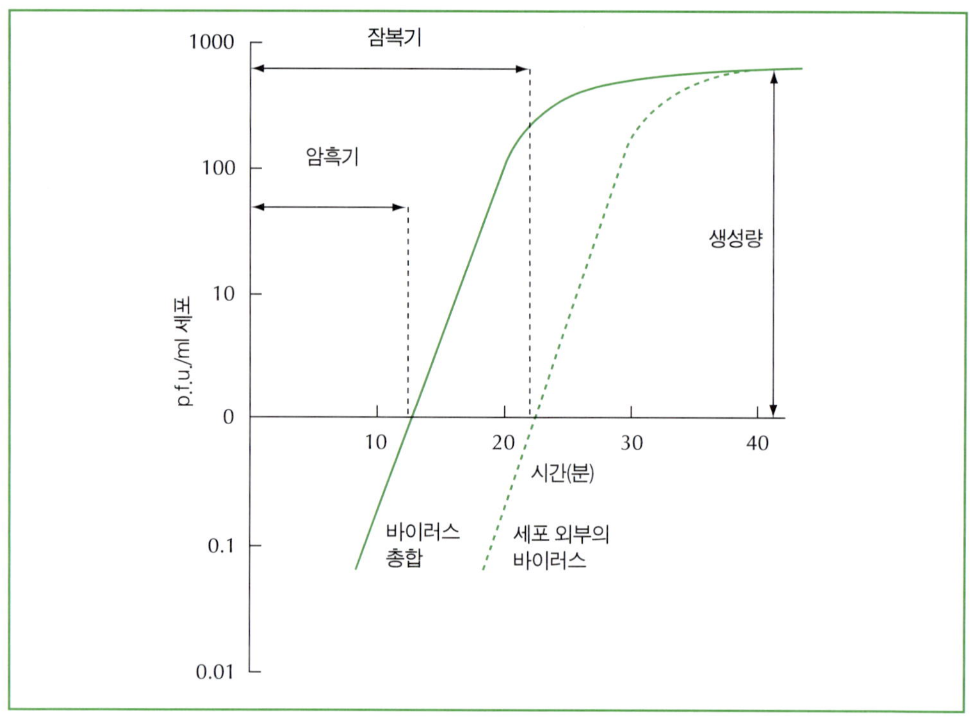

그림 4.2 '단일분출(single-burst)' 실험 결과의 분석. 생성된 전체 플라크 형성단위(p.f.u.)를 보여주는 그림 4.1과는 달리 이 도표는 p.f.u./세균수로 나타내어졌으며, 이것은 집단 내에서의 전형적인 감염세포에서 나타나는 현상을 보여준다. 도표에 나타난 각 단계는 본문에 정의되어 있다.

다(그림 4.3). 진핵세포의 바이러스와 박테리오파지 사이의 중요한 차이점은 복제에 필요한 시간이 훨씬 길며, 감염 후 몇 분이 아니라 몇 시간, 어떤 경우에는 며칠의 간격이 있다는 것이다. 이러한 차이는 진핵세포의 느린 성장 때문이며, 부분적으로는 구획화된 세포에서 일어나는 바이러스 복제의 복잡성 때문이다. 진핵세포에서 바이러스 복제의 생화학적 분석은 바이러스와 세포의 단백질과 핵산의 합성을 분석하고 동시감염에서 일어나는 세포내 현상을 연구하는데 이용되어 왔다(그림 4.4). 여러 종류의 대사 억제 물질을 이용하는 것은 이러한 연구에 매우 중요한 수단이 되었다. 이 같은 약제의 이용에 관한 예는 이 장의 후반부의 바이러스 복제 단계에 대한 자세한 고찰 부분에서 설명될 것이다.

박테리오파지를 이용한 바이러스 복제에서 두 번째로 중요한 실험은 1952년 Alfred Hershey와 Martha Chase에 의해 수행되었다. 단백질의 아미노산을 ^{35}S 동위원소로, 또는 핵산 부분(S를 포함하고 있지 않음)을 ^{32}P 동위원소로 표지한 *E. coli*에서 T2 파지를 증식시켰다(그림 4.5). 이렇게 표지된 바이러스 입자를 새로운 세균의 감염에 이용하였다. 바이러스 입자

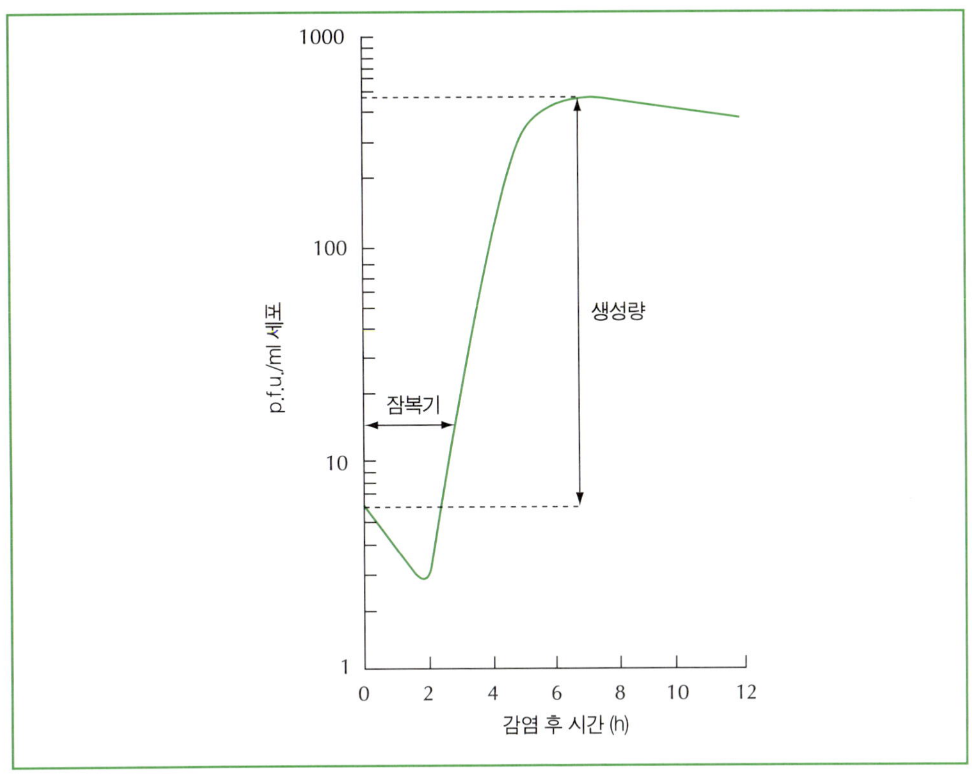

그림 4.3 세포 용해를 일으키는 진핵세포 바이러스의 복제는 박테리오파지와 유사하게 이루어진다. 위 그림은 picornavirus(예: poliovirus)의 '단일분출(single-burst)' 형태의 실험을 보여준다. 이러한 형태의 결과는 **감염다중도**(multiplicity of infection)가 높은 동시 감염에서만 얻어진다.

가 세포에 부착할 수 있도록 짧은 시간이 지난 후, 세균과 바이러스의 혼합물을 혼합기(blender)에 넣고 세균세포는 파괴되지 않고 세포 외부에 부착한 박테리오파지를 떨어뜨리기에 충분할 정도의 힘으로 균질화 하였다. 그 다음, 세포침전물과 파지의 빈 껍질을 포함하고 있는 상등액에 존재하는 방사능의 양을 분석한 결과 ^{35}S로 표지된 입자에 포함된 방사능의 대부분은 상등액에 존재하는 반면, ^{32}P로 표지된 입자의 방사능은 세포 내부로 들어갔다는 것이 확인되었다. 이 실험에서 세포 내부로 들어가서 감염을 시작한 것은 박테리오파지의 DNA **유전체**라는 것을 알 수 있다.

지금은 아주 명백하지만, 이 실험은 불과 4종류의 단량체를 포함한 것으로 알려진, 핵산과 같은 구조적으로 간단한 중합체가 유전정보를 운반할 수 있을 정도로 충분히 복잡한지에 대한 당시의 논쟁을 종식시켰다(이 시기에는 20개 이상의 서로 다른 아미노산으로 이루어진 좀 더 복잡한 단백질이 유전자의 운반체이고, DNA는 아마도 세포와 바이러스의 구조적 요소

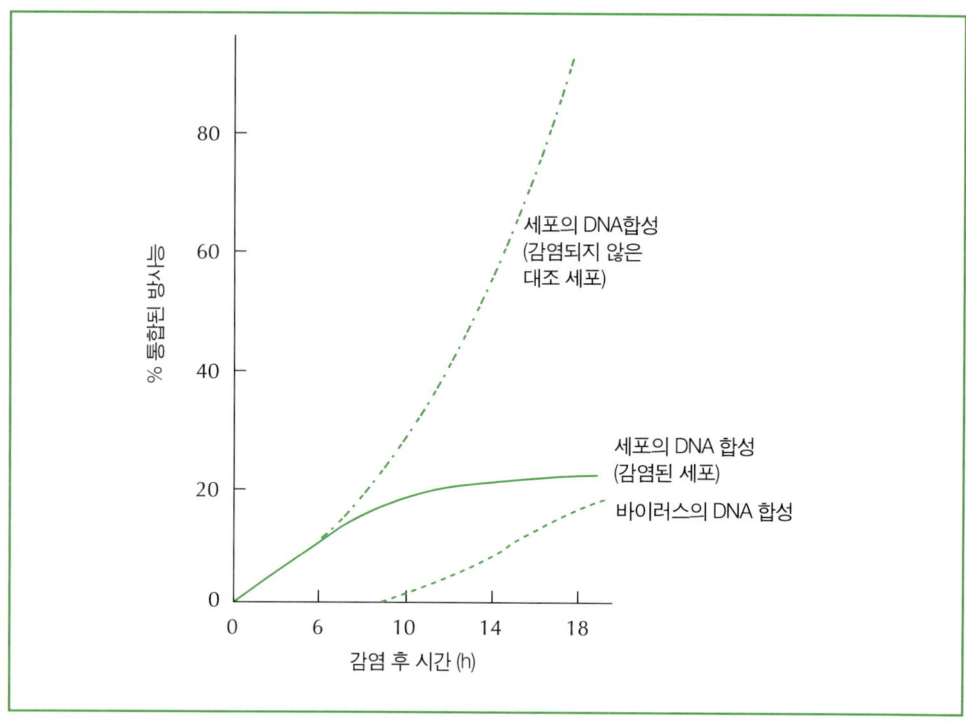

그림 4.4 바이러스 감염의 생화학. 이 도표는 herpesvirus에 감염된 세포와 감염되지 않은 세포에서 표지된 뉴클레오티드가 고분자 물질로 축적되는 차이를 근거로 한 세포와 바이러스의 DNA 합성 비율을 보여준다.

일 것으로 일반적으로는 믿고 있었다.). 이 두 가지 실험을 종합하면 바이러스의 복제과정이 설명된다. 바이러스 입자는 감수성의 세포에 들어가서 유전체 핵산을 방출한다. 이들은 복제된 후 새로 합성된 바이러스 단백질로 이루어진 바이러스 입자에 포장되고 세포로부터 방출된다.

복제 과정

바이러스의 복제는 그림 4.6처럼 8 단계로 나눌 수 있다. 여기서 설명하는 8 단계는 실재하지는 않는 전형적인 바이러스의 복제과정을 설명하는데 있어 편리함을 위하여 순전히 임의로 구분한 것임을 알아두자. 명확한 설명을 위하여 이 장에서는 척추동물에 감염하는 바이러스에 대해 중점을 두고 있다. 세균, 무척추동물, 식물의 바이러스도 간단하게 언급될 것이지만 이 장의 전체 목적은 서로 다른 바이러스의 복제 양식의 유사성을 설명하는 것이다. 숙주의 종류에 상관없이, 모든 바이러스는 복제과정을 완성하기 위해서 이 각각의 단계를 어떠한 형

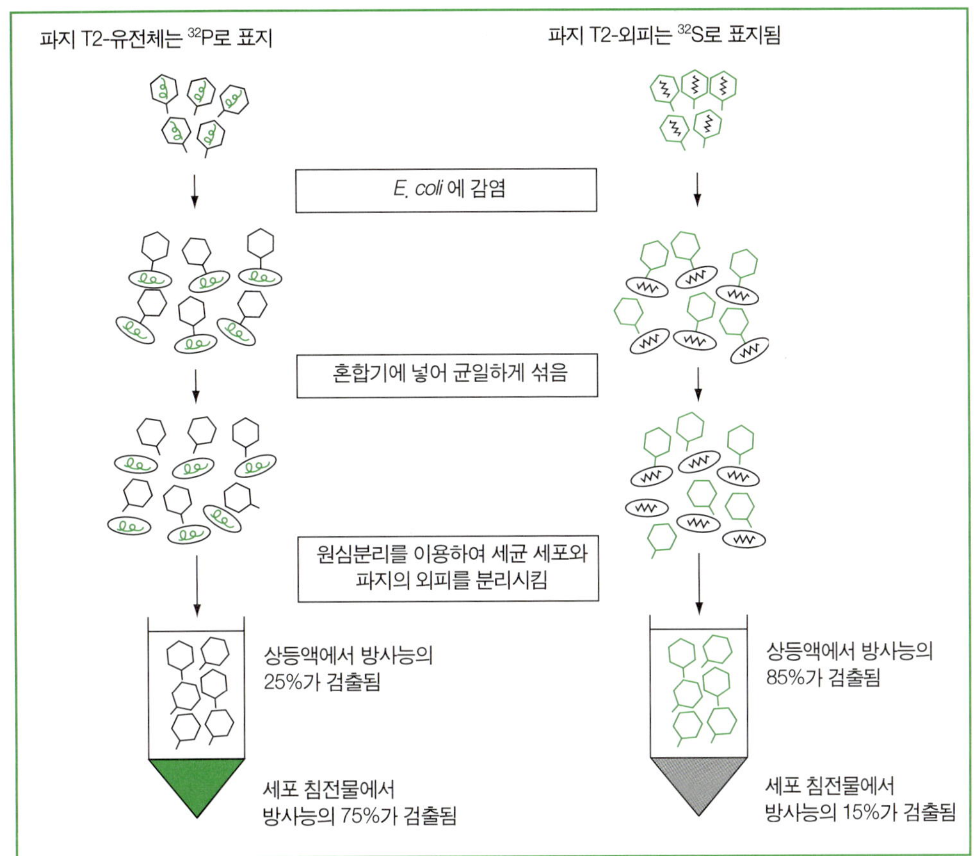

그림 4.5 1952년에 처음 수행된 Hershey-Chase 실험은 바이러스의 유전정보가 단백질이 아니라 핵산에 암호화되어 있다는 것을 보여준다. 실험의 자세한 과정은 본문에 설명되어 있다.

태로든 거쳐야 한다. 여기에 설명된 모든 과정이 모든 바이러스에 있어서 분명한 단계로 구분되어 나타나는 것은 아니다; 종종 이들은 구별이 불분명하거나 거의 동시에 나타나기도 한다. 개개의 단계 중 일부는 매우 자세하게 연구되어, 이에 대한 많은 양의 정보가 알려져 있다. 그러나 다른 단계는 연구하기가 매우 어렵고, 따라서 훨씬 적은 양의 정보만이 존재한다.

부 착

이 책에서 설명하는 바이러스 복제과정은 순전히 임의로 서술하였을 뿐만 아니라 완전한 복제 과정은 한 주기(cycle)를 거쳐야 하기 때문에 바이러스 복제과정에 대한 도의는 어떠한 시점에서 시작하여도 상관없다. 논란의 여지는 있지만, 바이러스와 새로운 숙주세포의 상호작용을 출발점으로 생각하는 것이 논리적일 것이다. 엄격한 의미에서 바이러스의 **부착**은 세포

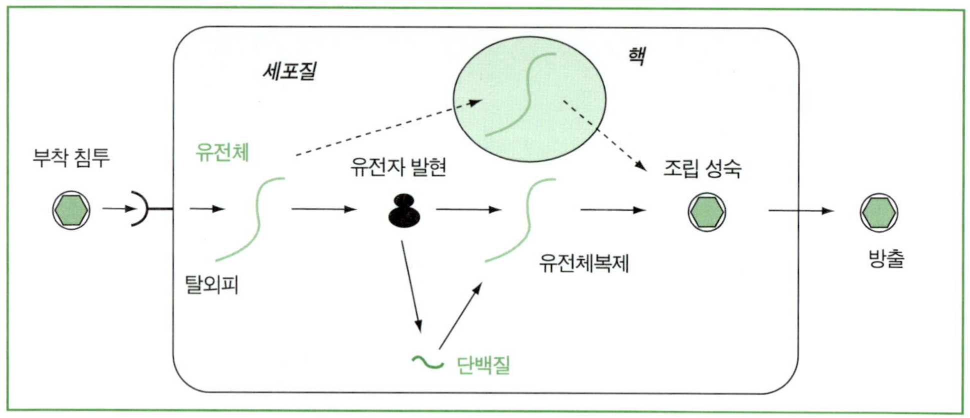

그림 4.6 일반적인 바이러스 복제 과정의 도식. 자세한 사항은 본문 참조.

의 수용체 분자에 **바이러스 부착 단백질**(또는 antireceptor)이 특이적으로 결합하는 과정이다. 바이러스의 **수용체**로 많은 예가 알려져 있으며 여기서 이들 모두를 열거하는 것은 불가능하다(그림 4.7과 이 장의 끝에 있는 참고문헌 참조).

세포 표면에 존재하는 표적 수용체 분자는 단백질(대부분 당단백질)이거나 또는 당단백질 및 당지질의 표면에 존재하는 탄수화물이다. 바이러스가 특정한 단백질을 수용체로 이용한다는 점에서 단백질은 대부분 특이성이 높은 수용체이다. 그러나 탄수화물은 유사한 측쇄가 다양한 막결합 당단백질 분자에서도 나타날 수 있기 때문에 대개 수용체로서의 특이성이 적다. Poxvirus나 herpesvirus와 같이 복잡한 바이러스는 하나 이상의 수용체를 이용하며, 따라서 세포로 들어가는 다양한 경로를 가지고 있다. 바이러스의 수용체는 글로불린-유사 단백질(상과, superfamily) 분자 그룹, 막연합 수용체, 막관통형 운반체, 통로구조체 등 여러 그룹으로 구분된다. 바이러스 수용체의 공통점은 바이러스가 세포내로 들어오도록 하기 위하여 이들이 진화하였거나 만들어지지 않았다는 것이다. 오히려 바이러스가 정상적인 세포의 기능에 필요한 분자들을 변화시켜 이용한 것이다.

식물바이러스는 감염 초기에 특별한 문제를 만나게 된다. 식물의 바깥 표면이 왁스(wax)나 펙틴(pectin) 등의 보호막으로 되어 있지만, 더 주목할 점은 각각의 세포가 세포막을 둘러싸고 있는 셀룰로오스의 두꺼운 벽으로 둘러싸여 있다는 것이다. 이제까지 식물바이러스 중에서 동물과 세균바이러스가 세포에 부착할 때 사용하는 형태의 특이한 세포 수용체를 이용하는 것은 알려져 있지 않다. 대신에 식물바이러스는 세포에 직접 바이러스 입자를 침투시키기 위하여 세포벽의 손상된 틈새를 이용한다. 이러한 과정은 바이러스의 전달에 관여하는 매개곤충이나 세포의 단순한 기계적 손상을 통해 이루어진다. 최초에 감염된 세포에서 복제한 후, 새로운 세포로 확산되는 감염에서 이러한 수용체가 없다는 점은 식물바이러스에 특별한 문제점을 제기하며 이것은 6장에서 설명될 것이다.

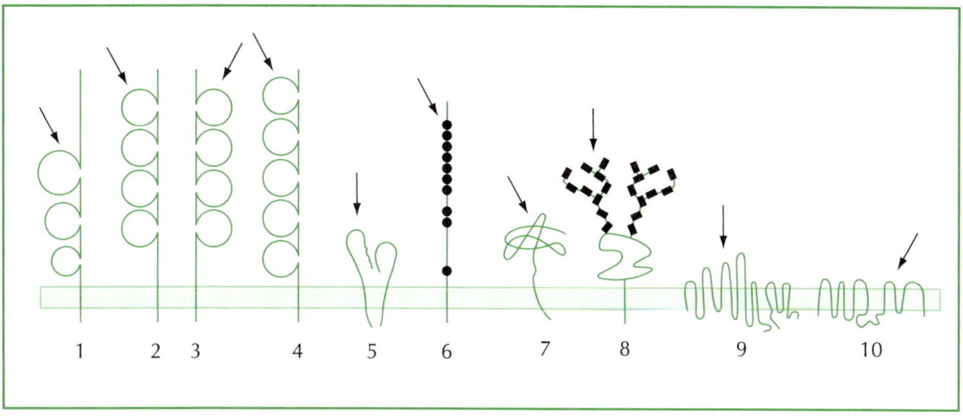

그림 4.7 일부 바이러스 수용체의 모식도. 화살표는 바이러스 부착 위치를 나타낸다. (1) poliovirus 수용체(PVR); (2) CD4: HIV; (3) carcinoembryonic antigen(s): MHV (coronavirus); (4) ICAM-1: 대부분의 rhinovirus (1-4는 모두 immunoglobulin superfamily이다). (5) VLA-2 integrin: echovirus들; (6) LDL 수용체: 일부 rhinovirus 종류; (7) aminopeptide N: coronavirus; (8) sialic acid (당단백질에 붙어 있는): influenza, reovirus, rotavirus; (9) cationic amino acid transporter: murine leukaemia virus; (10) sodium-dependent phosphate transporter: gibbon ape leukaemia virus.

바이러스–수용체 간의 상호작용이 가장 많이 연구된 예로는 *Picornaviridae*를 들 수 있다. Picornavirus는 수용체와의 결합에 관여하는 바이러스의 구조적 특징과 수용체 자체의 특징의 두 가지 관점에서 바이러스–수용체 상호작용이 활발히 연구되고 있다는 것이 주목할 만하다. Human rhinovirus(HRV)의 주요 수용체 분자인 ICAM-1(intercellular adhesion molecules)의 원래 기능은 인접한 기질에 세포를 부착시키는 것이다. 구조적으로 ICAM-1은 항체와 마찬가지로 불변부(constant domain)와 가변부(variable domain)를 가진 면역글로불린과 유사하며 면역글로불린 '상과(superfamily)'의 한 종류에 속하는 단백질이다(그림 4.7). 마찬가지로, poliovirus의 수용체는 하나 또는 2개의 가변부를 가진 내재성 막단백질로서 이 상과의 일원이다. ICAM-1과 달리 poliovirus 수용체의 정상적인 기능은 알려져 있지 않으며, 이와 유사하지만 poliovirus의 수용체로서 작용하지 않는 단백질이 쥐에서도 발견되었다. 그러나 이와 같이 보존된 2개의 분자들이 존재한다는 것은 수용체와 poliovirus 간의 분자적 상호작용을 연구할 기회를 제공한다.

현재 picornavirus **캡시드**의 구조는 옹스트롬(Å) 수준까지 밝혀져 있기 때문에 (제2장 참조), **수용체**에 대한 결합을 결정하는 바이러스의 특징을 확인하는 것도 가능하다. Human rhinovirus(HRV)의 경우 VP1, VP2, VP3 단량체로 이루어진 **정이십면체형** 캡시드 각각의 삼각형 표면에는 '협곡(canyon)'이라고 부르는 깊이 파인 틈이 있다(그림 4.8). HRV 입자의 부착을 방해하는 억제 약물을 이용한 생화학적 증거들은 바이러스 입자와 ICAM-1과의 상호작용이 이 협곡의 바닥부분에서 일어난다는 것을 알려준다. 바이러스 표면의 다른 부분과 달리 협곡의 바닥을 구성하는 아미노산은 비교적 변이가 없다. 항체 분자가 이 틈사이로 들어가기에는 너무 크기 때문에, 이 부분은 항원 특성을 자주 바꿔야 하는 면역학적 압력으로부터 자유롭다. 이 부분이 급격히 변하면 바이러스가 면역반응을 피할 수 있겠지만 한편으로는 수용체와의 결합이 방해된다는 점에서 중요하다. 이후에, 수용체의 결합부위는 협곡의 가장자리전체에 분포하고 있으며 중화항체의 결합 부위는 협곡의 주변부에 퍼져 있다는 것이 밝혀졌다. 그럼에도 불구하고 수용체가 결합하는 중요한 부위와 중화항체가 결합하는 부위는 서로 분리되어 있다. Poliovirus에서도 캡시드의 5배 회전대칭의 꼭지점 주위에 이 협곡과 비슷한 구조가 존재한다. 캡시드에서 매우 변이가 심한 항체결합부위는 파여진 부분의 양쪽 융기부위에 위치하는데, 이 패인 부분도 마찬가지로 항체가 바닥에 있는 잔기에 결합하기에는 너무 좁다. 이 패인 부분의 측면에 존재하는 변이가 적은 잔기들이 수용체에 결합한다.

Picornaviridae 안에서도 다양성이 존재한다. HRV의 90개 혈청형이 ICAM-1을 수용체로 이용하지만, 10여개의 혈청형은 저밀도 지단백(low density lipoprotein, LDL) 수용체와 관련된 단백질을 이용한다. Encephalomyocarditis virus(EMCV)는 면역글로불린 분자의 혈관세포 부착인자(vascular cell adhesion factor, VCAM-1) 또는 글리코포린 A(glycophorin A)를 이용하는 것으로 보고되었다. Picornavirus 몇 종은 인테그린(integrin)을 수용체로 이용하며,

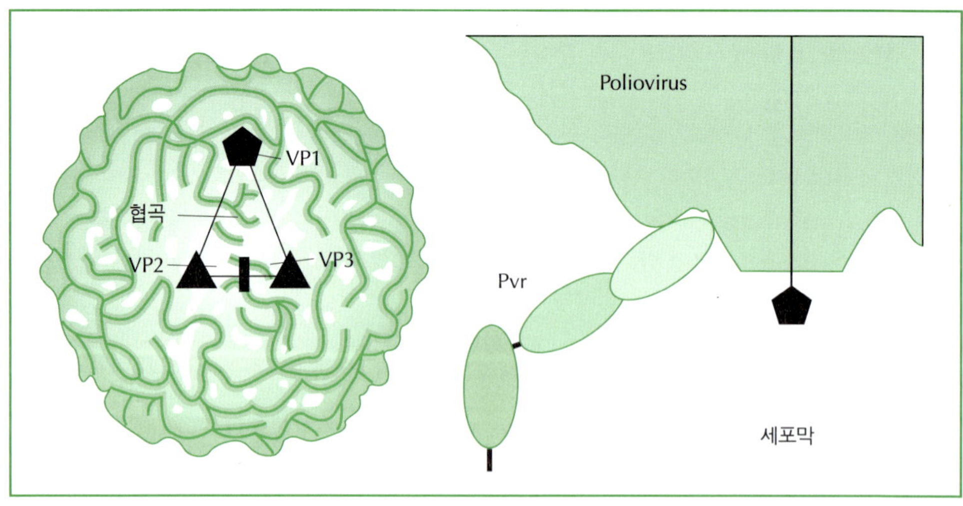

그림 4.8 Rhinovirus 입자의 각 면을 형성하는 세 개의 단량체(VP1, VP2, VP3) 사이에 '협곡(canyon)'이라 일컫는 깊게 파인 표면이 있다.

echovirus는 VLA-2 또는 피브로넥틴(fibronectin)을 이용하고, foot-and-mouth disease virus(FMDV)는 확인되지 않은 인테그린 유사분자를 이용한다고 보고되어 있다. 다른 echovirus들은 DAF (decay-accelerating factor, CD55)를 이용하는데, 이 물질은 보체의 기능과 관련되어 있다. 이러한 수용체를 열거하는 이유는 구조적으로 연관된 바이러스의 그룹에서조차도 이들이 이용하는 수용체의 구조에 많은 변이가 존재한다는 것을 설명하기 위해서이다.

바이러스-수용체 상호 작용 중 자세히 알려진 또 하나의 연구 사례는 influenza virus이다. 혈구응집소(haemagglutinin) 단백질은 influenza virus 입자 표면의 두 종류의 당단백질 돌기 중 하나를 형성하고(제2장 참조), 다른 하나는 뉴라미니다아제(neuraminidase) 단백질에 의해 형성된다. 각각의 혈구응집소 돌기는 3개의 분자로 이루어진 3량체로 구성되어 있으며, 반면에 뉴라미니다아제는 4량체로 구성되어 있다(그림 4. 9). 혈구응집소 돌기는 influenza virus가 수용체에 결합하는데 필요하며, 이 수용체는 다양한 종류의 당화된 분자에서 발견되는 당류인 시알산(sialic acid, N-acetyl neuraminic acid)이다. 결과적으로 이 바이러스는 상호작용하는 세포 종류에 대한 특이성이 적고, 따라서 influenza virus는 **생산적인 감염**이 일어날 수 있는 세포 이외에도 다양한 세포들에 결합한다(예: 적혈구 세포의 **혈구응집반응**을 일으킨다).

Influenza virus와 paramyxovirus의 뉴라미니다아제 분자는 바이러스 복제 단계의 또 다른 측면을 설명 해준다. 세포의 수용체에 부착하는 것은 대부분 가역적인 과정이며, 세포 내부로의 **침투**가 이어지지 않는다면 바이러스는 세포 표면으로부터 분리된다. 몇몇 바이러스는 분리를 위한 특별한 메커니즘을 가지고 있으며, 뉴라미니다아제 단백질이 그러한 메커니

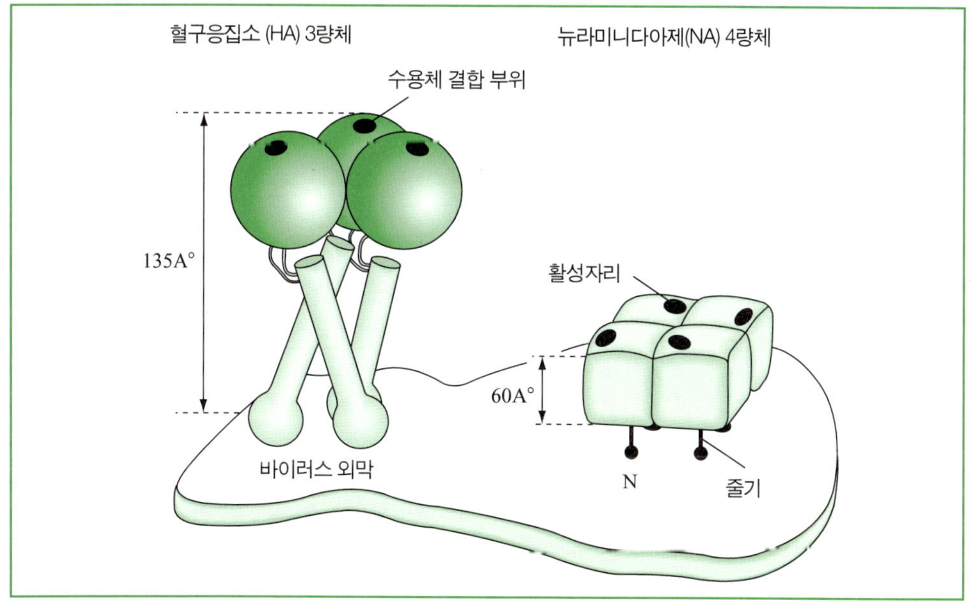

그림 4.9 Influenza virus의 당단백질 돌기.

즘 중의 하나이다. 뉴라미니다아제는 당의 측쇄로부터 시알산을 절단하는 에스테라아제(esterase)로서 influenza virus에서 특히 중요하다. 수용체 물질은 널리 분포되어 있기 때문에 바이러스는 다양한 세포, 심지어는 세포 잔해에 쓸모없이 결합하기도 한다. 그러나 수용체에 결합한 후 세포 표면으로부터 분리되면, 다른 세포에 대한 이후의 부착 가능성이 감소되거나 제거되는 등 바이러스에 변화가(예: **바이러스-부착 단백질**의 손실이나 구조적 변화) 일어나게 된다. 따라서 influenza virus의 경우, 뉴라미니다아제에 의한 시알산 잔기의 절단은 이 그룹이 혈구응집소의 활성부위에 결합된 채 남아 있음으로 해서 이 분자가 다른 수용체에 결합하는 것을 방해한다.

모든 경우는 아니지만, 많은 경우에 세포표면 상의 수용체 발현(또는 존재하지 않음)은 바이러스의 **친화성**(tropism), 즉 바이러스가 복제할 수 있는 세포의 종류를 결정한다. 몇 가지 예에서 복제 후반부에 세포 내부의 억제 작용이 바이러스가 생산적인 감염을 일으킬 수 있는 세포의 종류를 결정하지만 일반적인 현상 아니다. 따라서 복제의 초기 단계와 바이러스-숙주 간의 첫 번째 상호작용이 바이러스의 병인(pathogenesis)과 바이러스의 감염에 가장 중요한 영향을 미친다.

경우에 따라서는 한 가지 이상의 단백질이 바이러스 침투에 필요하다. 두 종류가 필요한 경우, 각각은 수용체로 작용하지 못하고 두 개가 동시에 작용해야하기 때문에 이것은 대체 **수용체**와는 다른 것이다. 이러한 예로는 adenovirus가 세포 내부로 들어가는 과정을 들 수 있다. 이 과정은 2단계로 진행되며 일차적으로 바이러스의 섬유상(fiber) 단백질과 세포 표면에 존재하는 MHC (major histocompatibility complex) class I이나 CAR(coxsackievirus-adenovirus receptor)를 포함하는 다양한 종류의 세포 표면 수용체와 상호작용이 일어나고, 그 다음으로 또 다른 바이러스 단백질인 펜톤기저체(penton base)가 세포 표면에 존재하는 인테그린 그룹의 이형이량체(heterodimer)에 결합함으로써, 수용체가 매개하는 함입작용을 통해 바이러스 입자가 세포 안으로 유입된다. 대부분의 세포는 adenovirus의 섬유상 단백질에 대한 1차 수용체를 발현한다. 그러나 세포내로의 유입 과정이 좀 더 선택적이기 때문에 세포 선택성이 나타나게 된다.

HIV에서도 비슷한 현상이 관찰되는데, 이 경우 세포친화성을 결정하는데 있어 수용체의 영향은 좀 더 근본적이다. HIV의 1차 수용체는 보조 T 세포의 특이 항원인 CD4이다. 정상적으로 CD4를 발현하지 않는 사람 세포(예: 상피세포)에 재조합 CD4를 발현하는 벡터로 트랜스펙션(transfection)을 수행하면 이 세포는 HIV의 감염이 일어날 수 있는 세포가 된다. 그러나 설치류의 세포에 사람의 재조합 CD4를 발현하는 벡터를 트랜스펙션을 하더라도 HIV의 생산적인 감염은 일어나지 않는다. 만약 HIV의 **프로바이러스**(provirus)가 트랜스펙션에 의하여 설치류의 세포에 유입되면 바이러스가 생성될 수 있는데, 이것은 세포 내부에서는 바이러스의 감염을 억제하지 않는다는 것을 의미한다. 따라서 제대로 된 HIV의 수용체를 만들기 위해서는 CD4 외에 하나 이상의 보조적인 요소가 존재한다. 이것은 베타케모카인(β-chemokine) 수용체로 알려진 단백질 그룹이다. 이 그룹의 몇몇 단백질들은 HIV가 세포 내부로 들어가는데 관여한다는 것이 확인되었으며, 이들의 분포가 서로 다른 세포(예: 림프구, 대식세포 등)에 대한 HIV의 **친화성**을 일차적으로 결정하는 것으로 믿어진다. 더욱이, 일부 세포에서 유리된 상태로 녹아있는 CD4 분자에 의하여 HIV의 감염이 억제되지 않는 것으로 보아 이러한 세포에서는 전혀 다른 수용체가 이용되고 있다는 것을 의미한다. 여러 종류의 후보 물질이 이러한 작용을 하는 것으로 제시되었는데, 예를 들면 갈락토스화 세라미드(galactosylceramide)와 기타 여러 단백질들이 있다. 그러나 이들 중 일부 또는 전부가 CD4를 발현하지 않는 다양한 세포에 HIV의 감염을 가능케 한다고 해도, 이러한 과정은 이 바이러스와 주요 세포 수용체 사이의 상호 작용에 비하여 훨씬 덜 효과적일 것이다.

경우에 따라서 바이러스와 세포간의 비특이적 또는 부적절한 결합에 의하여 특이적인 수용체 결합이 불필요할 수도 있다. 바이러스 입자는 우연하게 음세포작용(pinocytosis)이나 식세포작용(phagocytosis)과 같은 과정을 통하여 세포 안으로 들어갈 수 있기 때문이다(아래 참조). 그러나 세포의 표면과 바이러스 입자를 가까이 만나게 해주는 물리적인 상호작용 없이는 이러한 우연한 현상이 나타날 확률은 매우 낮다. 때때로 항체로 덮인 바이러스 입자가 단핵구(monocyte)나 다른 혈구 세포 표면에 있는 Fc 수용체 분자와 결합함으로써 바이러스가 세포 내부로 유입되는 경우가 있다. 항체에 의하여 바이러스의 유입이 증가되는 이러한 현상은 여러 가지 경우에서 확인되었으며, 예상하지 못한 발견을 가져왔다. 예를 들면, 바이러스에 대한 항체의 존재는 종종 바이러스의 침입을 증가시킴으로써, 일반적으로 예상하는 것처럼 바이러스의 중화를 일으키는 것이 아니라 오히려 바이러스의 병원성을 증가시킨다. 이러한 메커니즘은 대식세포나 단핵구에 의해 HIV가 포착되는데 있어 중요할 수도 있으며, 아직 확실하지는 않지만 AIDS 병인의 한 원인이 될 수도 있다.

침 투

표적세포로의 **침투**(penetration)는 일반적으로 바이러스가 세포막에 있는 **수용체**에 결합한 후 짧은 시간 이내에 이루어진다. 부착과는 다르게 세포 침투는 일반적으로 에너지를 필요로 하는 과정이다. 즉 침투가 일어나려면 세포의 대사가 활성적이어야 한다. 침투는 3가지의 주된 메커니즘으로 이루어진다.

1. 세포막을 통한 바이러스 입자 전체의 이동(translocation)(그림 4.10); 이 과정은 바이러스 사이에서 비교적 드문 현상이며 자세히 알려져 있지 않다. 이 과정은 바이러스 **캡시드**의 단백질과 특이적인 세포막 수용체가 매개한다.
2. 세포내유입(endocytosis) 작용에 의한 세포내 소포로의 바이러스 유입(그림 4.11); 이 과정은 세포내로 바이러스가 들어가는 가장 일반적인 메커니즘일 것이다. 이 과정은 수용체 결합에 이미 이용된 단백질 이외에 특별한 바이러스 단백질이 필요하지 않으며, 세포막에서의 정상적인 '피복소공(coated pits)'의 형성과 안쪽으로의 이동에 따른 것이다. 수용체-이존형 세포내 유입 작용은 세포 외부의 거대분자를 흡수하고 농축하는 효과적인 과정이다.

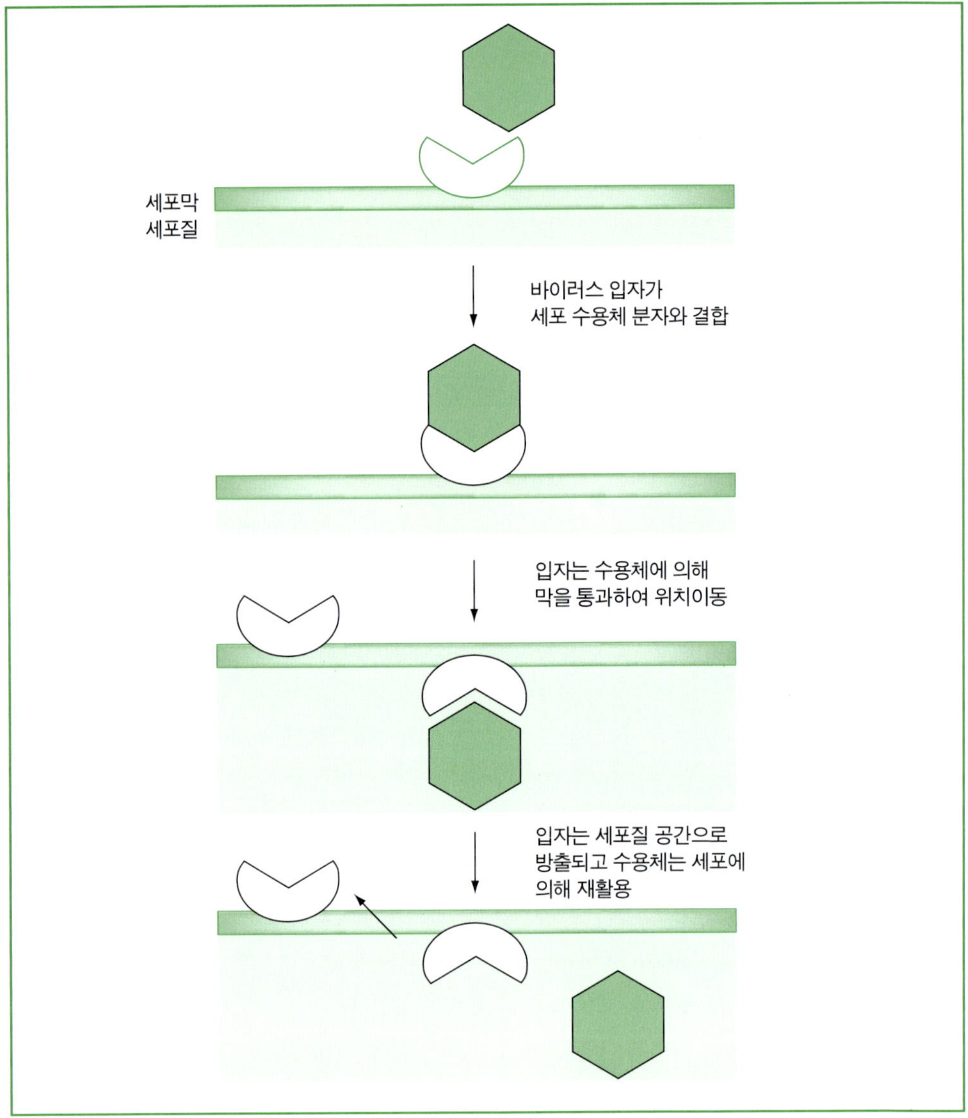

그림 4.10 세포 표면의 수용체에 의하여 바이러스 입자 전체가 세포막을 통과하는 전좌(trans-location) 과정.

3. **외막**을 가진 바이러스에 적용되는 과정으로, 바이러스의 외막과 세포막이 세포의 표면에서 직접적으로 또는 세포내유입이 일어난 후 세포질에서 소포와 **융합**(그림 4.12): 융합은 바이러스 입자 표면에 influenza virus의 혈구응집소(haemagglutinin) 또는 retrovirus의 막관통(TM) 당단백질과 같은 융합단백질의 존재가 필요하다. 이러한 단백질들은 세포막과 바이러스 외막의 융합을 유도하며, 그 결과 **뉴클레오캡시드**가 직접 세포질로 전달되게

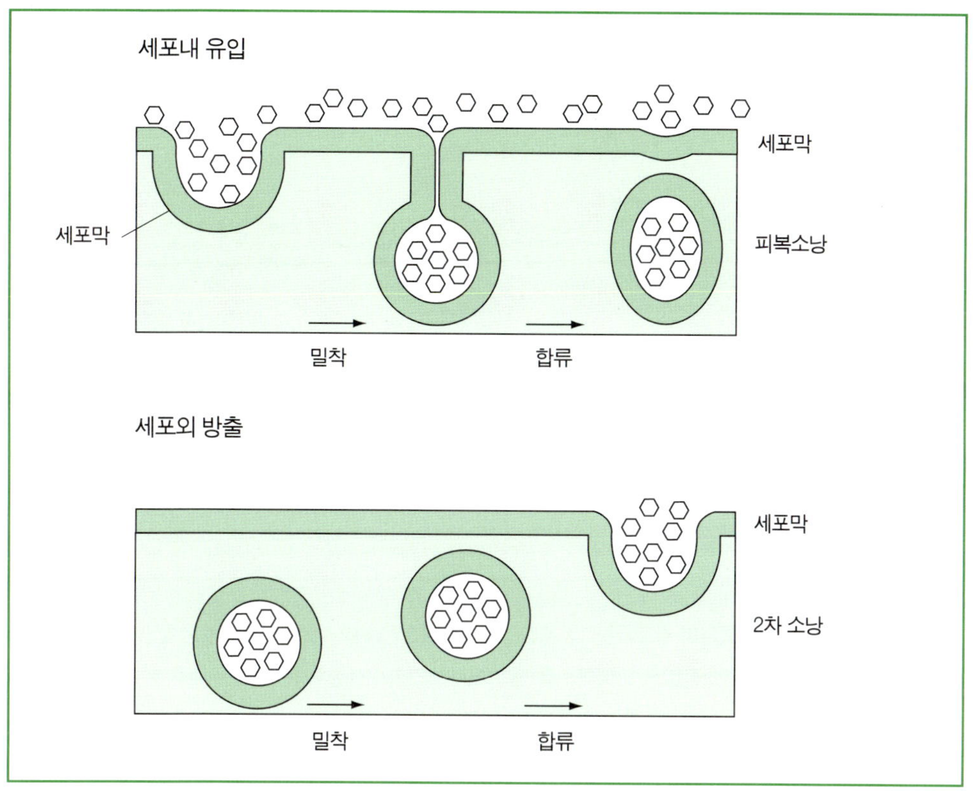

그림 4.11 바이러스 입자의 세포내유입(endocytosis)과 세포외방출(exocytosis).

된다. 바이러스에 의하여 유도되는 막 융합은 pH-의존형과 pH-비의존형의 두 가지 형태가 존재한다.

세포내유입 작용은 동물세포에서 보편적으로 일어나며 이에 대한 자세한 고찰이 필요하다 (그림 4.11). '피복소공(coated pits)'의 형성은 막에 둘러싸인 소낭이 세포질에 의하여 빨아들여지는 현상을 낳는다. 이렇게 초기에 만들어진 소낭의 수명은 매우 짧다. 대부분은 수 초 이내에 엔도솜과 다시금 **융합**하여 그들 내부에 들어 있던 내용물을 보다 큰 소낭으로 방출하게 된다. 이 시점에까지 이러한 구조 안에 들어 있는 바이러스는 지질 이중층에 의하여 세포질과 분리되어 있으며 엄격히 말해 세포 안으로 들어간 것은 아니다. 더욱이, 엔도솜은 리소좀과 융합하면서 이 소낭의 내부 환경은 점차적으로 분해 효소의 농도가 증가하는 반면 산성화되고 pH가 낮아짐에 따라 점점 나빠지게 된다. 이것은 바이러스가 분해되기 전에 소낭으로부터 빠져나와 세포질로 들어가야 된다는 것을 의미한다. 이러한 과정이 일어나는 데는 여러 가지 메커니즘이 있으며, 막융합과 '세포막관통(transcytosis)'에 의한 입자의 탈출 등을 포함한다. 바이러스 입자가 엔도솜으로부터 방출되어 세포질로 이동하는 것은 탈외피

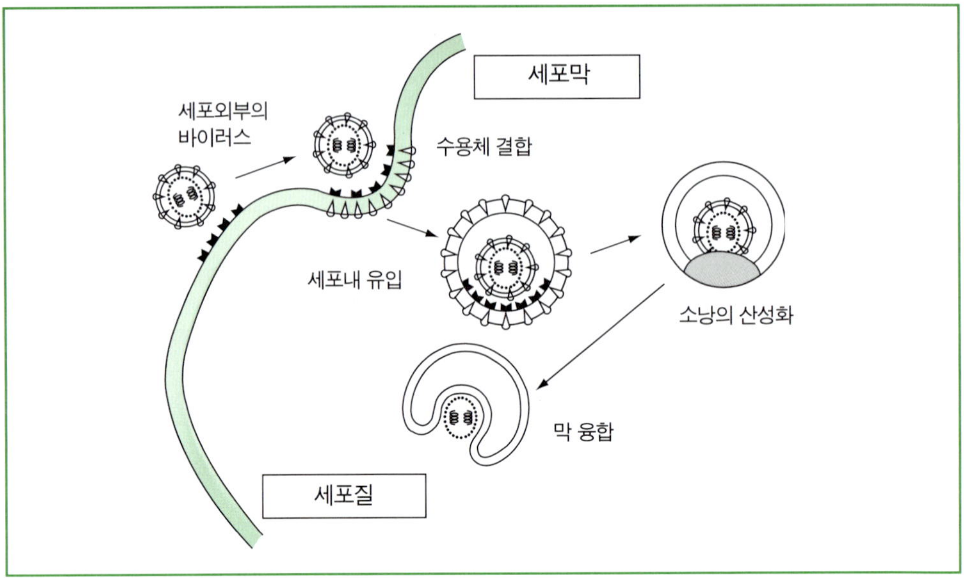

그림 4.12 바이러스에 의하여 유도되는 막 융합. 이러한 과정은 바이러스 표면의 특이적인 융합단백질의 존재에 의존하며, 이러한 단백질들은 바이러스를 담고 있는 소낭의 산성화 등과 같은 특정한 경우에 활성화되어 소낭막과 바이러스 외막 사이의 융합을 유도한다.

(uncoationg)의 과정과 밀접하게 관련이 있거나 경우에 따라서는 구별이 되지 않는다(아래 참조).

탈외피

탈외피(uncoating)는 **침투** 후에 일어나는 일반적인 과정을 설명하는 용어로서 바이러스 **캡시드**의 일부 또는 전부가 제거되어 바이러스 **유전체**가 일반적으로는 뉴클레오캡시드 복합체의 형태로 노출된다. 불행히도 탈외피 과정은 바이러스 복제 과정에서 가장 적게 연구되고 상대적으로 덜 이해된 단계 중의 하나이다. 어떤 면에서, 막융합 동안 일어나는 바이러스 **외막**의 제거는 탈외피 과정의 일부이다. 바이러스 외막과 엔도솜 막 사이의 융합은 바이러스의 융합 단백질에 의하여 유도된다. 때로는 세포수용체와 결합하는 것만으로도 융합활성이 직접적으로 촉발되는 경우도 있지만 융합과정은 소낭 내부의 낮은 pH가 단백질의 구조적 변형을 유도하고 이로 인해 숨겨져 있던 융합도메인이 외부를 드러나면서 활성화되는 것이 일반적이다. 탈외피의 초기과정은 엔도솜의 산성화를 일으키는 pH 변화에 의해 촉발되어 엔도솜 내부에서 일어날 수 있으며 세포질에서 직접 일어날 수도 있다. 모네신(monesin)이나 니제리신(nigericin)과 같은 이온침투 담체나 클로로퀸(chloroquine)과 염화암모늄 같은 양이온은 이러한 소낭의 산성화를 억제하거나 이러한 과정들이 엔도솜의 산성화 이후(예: pH-의존성 막융합), 또는 세포표면이나 세포질 안에서 직접적으로(예: pH-비의존성 막융합)일어나는지를 결정하는데 이용될 수 있다. 세포내 유입작용은 바이러스가 소낭 내부에 너무 오래 남을 경우 산성화나 리소좀의 효소에 의해 비가역적인 손상을 입을 수 있기 때문에 바이러스에 종종 해가 될 수 있다. 몇몇 바이러스는 이 과정을 제어할 수 있는데 예를 들면 influenza virus의 M2 단백질은 수소이온이 **뉴클레오캡시드** 안으로 들어가서 탈외피를 촉진시키게 하는 막채널을 형성한다. M2 단백질은 다기능성이며 influenza virus의 **성숙**에도 관여한다(아래 참조).

Picornavirus에서는 엔도솜으로부터 바이러스가 방출되어 세포질로 **침투**하는 과정이 탈외피와 밀접하게 연관되어 있다(그림 4.13). 엔도솜의 산성 환경은 **캡시드**의 형태적 변화를 초래하여 성숙한 바이러스 입자의 표면에서는 노출되지 않던 소수성 도메인이 드러나도록 한다. 이러한 소수성 부위와 엔도솜 막과의 상호작용은 바이러스의 **유전체**가 세포질로 이동할 수 있는 통로를 형성하는 것으로 여겨지고 있다.

탈외피의 결과물은 바이러스 뉴클레오캡시드의 구조에 의해 결정된다. 경우에 따라서 이 구조물은 비교적 단순하거나[예: picornavirus는 vRNA 유전체의 5′ 말단에 공유결합으로 연결된 약 23 개의 아미노산으로 구성된 작은 염기성의 단백질(VPg)를 가진다], 또는 매우 복잡하다[예: retrovirus 코어는 이배체의 RNA 유전체 뿐 아니라 바이러스 RNA 유전체를 DNA **프로바이러스**로 전환시키는데 필요한 역전사효소 등을 포함하는 상당히 정렬이 잘된 핵단백질 복합체를 가진다]. 뉴클레오캡시드의 구조와 화학적 특징은 복제의 다음 단계를 결정한다. 3장에서 언급하였듯이 역전사는 정돈된 retrovirus 코어 입자 내부에서만 일어날 뿐이며 시험관 내 용액에 녹아있는 상태의 구성요소만으로는 진행되지 않는다. Herpesvirus, adenovirus 그리고 polyomavirus의 **캡시드**는 **침투** 후에 구조적 변화를 겪기는 하지만 전체

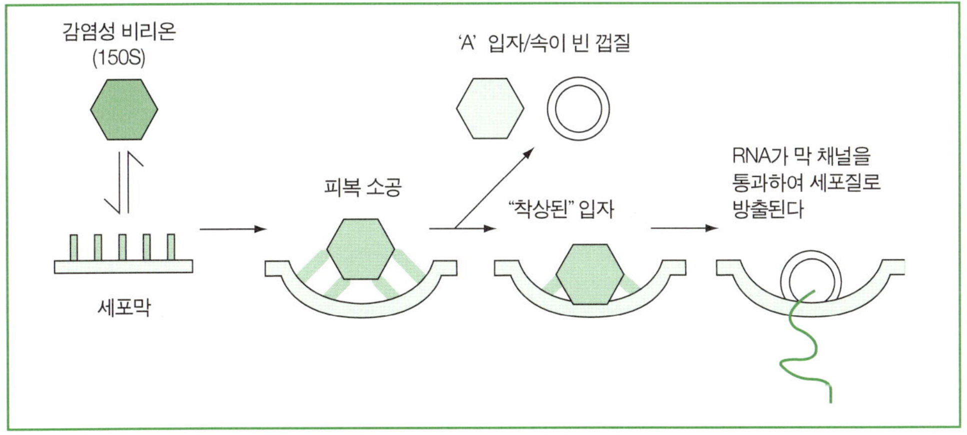

그림 4.13 Poliovirus의 세포 침투와 탈외피 과정.

적으로는 대부분 그대로 남게 된다. 이러한 캡시드는 세포골격(cytoskeleton)에 부착할 수 있는 아미노산 서열을 가지고 있으며, 이러한 상호작용에 의해 전체 캡시드가 핵 안으로 이동한다. 탈외피가 일어나고 **뉴클레오캡시드**가 핵 안으로 이동하는 것은 핵공에서 이루어진다. Reovirus와 poxvirus에서는 완벽한 탈외피가 일어나지 않으며 유전체 복제반응의 많은 과정이 세포질 내에 침투한 성숙한 **바이러스와 유사한 입자** 내에서 바이러스의 효소에 의하여 이루어진다.

유전자 복제와 발현

특정 바이러스의 복제방법은 그 바이러스의 유전 물질의 특성에 의존하다. 이러한 관점에서 바이러스는 7가지 그룹으로 나눌 수 있다. 이와 같은 분류법은 1971년 David Baltimore가 처음으로 제안하였다. 원래 이 분류에는 6개의 그룹이 있었지만 나중에 hepadnavirus와 caulimovirus가 이용하는 **유전체** 복제 방식이 추가되었다. 특히 RNA 유전체를 가진 바이러스들은 유전체의 복제와 유전물질의 발현이 복잡하게 연결되어 있다. 따라서 두 가지 측면 모두가 다음에 설명하는 분류 방법에서 고려되었다. 유전자 발현의 조절은 바이러스 감염의 진행과정(급성, 만성, 지속성 또는 잠복 감염)을 결정하며 이러한 측면은 분자생물학자들이 유전자 발현과정을 강조하는 이유로서, 이 분야는 제5장에서 상세히 설명하였다. 다양한 바이러스 유전체의 복제 과정에서 일어나는 중요한 단계가 그림 4.14에 설명되어 있으며 각 유형(class)을 구성하는 모든 과(families)의 완전한 목록은 부록 2에 제시되어있다.

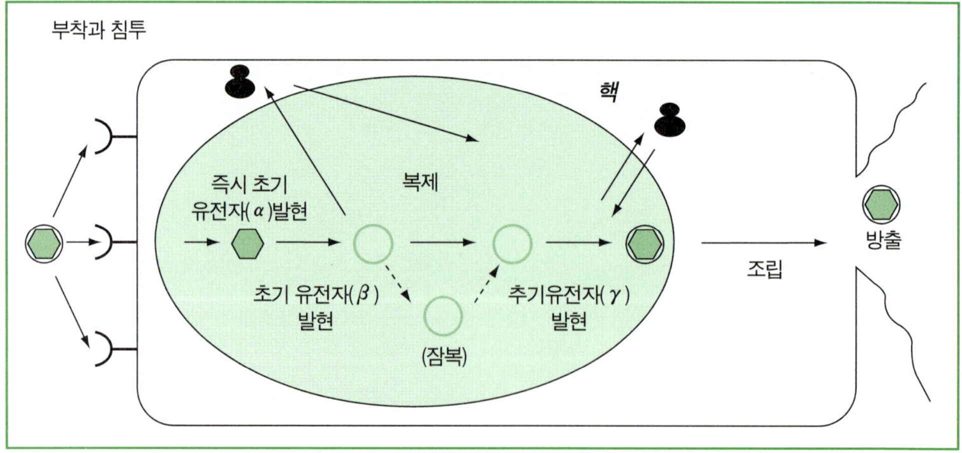

그림 4.14 Class I 바이러스의 복제 양상의 모식도. 각 유형의 유전체에서 일어나는 과정에 대한 자세한 설명은 본문에 설명되어 있다.

- **I 형 (Class I):** *이중가닥의 DNA*. 이 형은 2개의 그룹으로 다시 나누어진다. (a) 복제는 핵에서만 일어나며(그림 4.14), 따라서 이러한 바이러스들의 복제는 비교적 세포의 요소에 대한 의존성이 높다. (b) 복제가 세포질에서 이루어지며(*Poxviridae*), 이 바이러스는 유전체의 전사와 복제에 필요한 모든 요소를 가지고 있고, 따라서 세포의 기구로부터 상당히 독립적이다.
- **II 형(Class Ⅱ):** *단일가닥 DNA*(그림 4.15). 복제는 핵에서 일어나며 단일 가닥의 자손 바이러스 DNA 합성을 위해 주형으로 이용되는 이중가닥의 중간단계가 수반된다.
- **III 형 (Class Ⅲ):** *이중가닥의 RNA*(그림 4.16). 이 바이러스들은 분절된 유전체를 가지고 있다. 각 분절은 각각의 **모노시스트론**(monocitronic) mRNA를 생성하기 위해 독립적으로 전사된다.
- **IV 형 (Class Ⅳ):** *단일가닥의 양성(+) RNA*. 이들은 2개의 그룹으로 나눌 수 있다. (a) **폴리시스트론**(polycistronic) mRNA를 가지는 바이러스(그림 4.17). 이 형에 속하는 모든 바이러스와 마찬가지로 유전체 RNA는 mRNA로 작용한다. 이것이 번역되어 **폴리프로틴**을 생성하며, 그 후 절단되어 각각의 성숙한 단백질을 형성한다. (b) 복잡한 전사과정을 거치

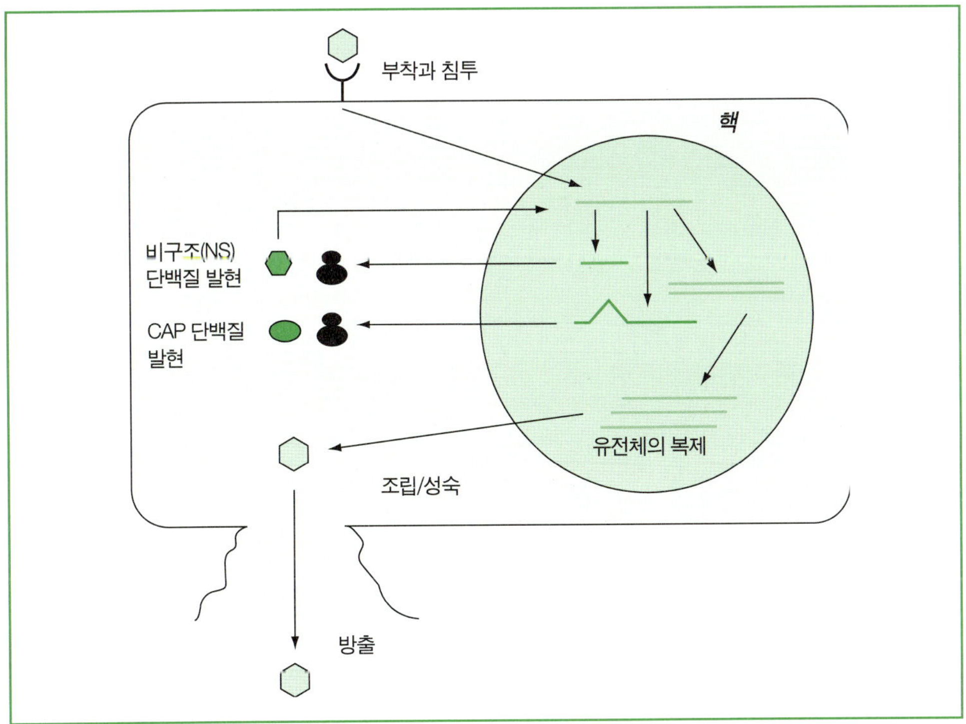

그림 4.15 Class Ⅱ 바이러스의 복제 양상의 모식도.

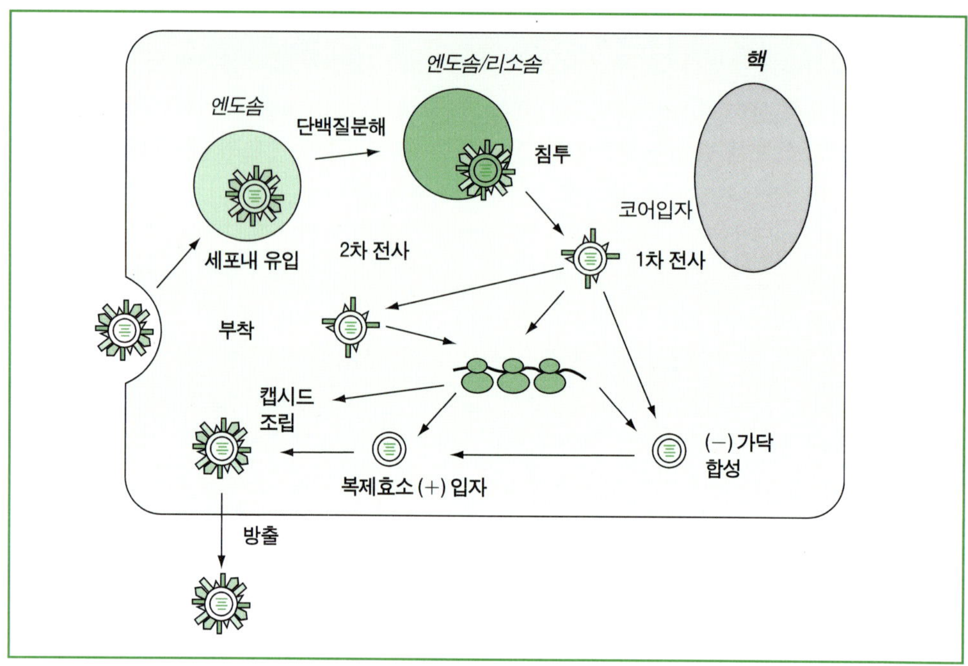

그림 4.16 Class III 바이러스의 복제 양상의 모식도.

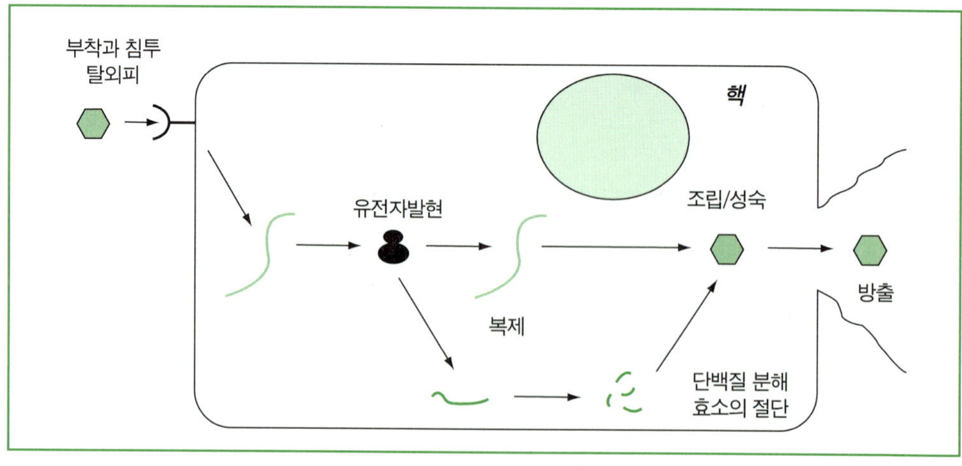

그림 4.17 Class IV 바이러스의 복제 양상의 모식도.

는 바이러스. 유전체 RNA를 만들이 위하여 두 차례의 번역(예:togavirus) 또는 준유전체성(subgenomic) RNA(예: tobamovirus)를 필요로 한다.

- **V 형 (Class Ⅴ):** *단일가닥의 음성(−) RNA.* 3장과 5장에서 설명하였듯이 이 바이러스의 유전체는 두 가지 형태로 나누어진다. (a) 분절되지 않은 유전체(*Mononegavirales* 목) (그림 4.18), 복제의 첫 단계는 바이러스 입자에 들어 있는 RNA-의존성 RNA 중합효소를 이용하여 모노시스트론 mRNA를 생성하기 위한 음성(−) RNA 유전체를 전사하는 것이며, 이것은 후에 유전체의 복제를 위한 주형으로도 이용된다. 주의: 이들 중 일부 바이러스는 **양극성**(ambisense)의 구성을 가진다. (b) 분절된 유전체(*Orthomyxoviridae*), 복제는 핵에서 일어나며 각각의 바이러스 유전자의 모노시스트론 mRNA는 전체 바이러스 유전체로부터 바이러스의 **전사효소**에 의하여 생성된다.
- **VI 형 (Class Ⅵ):** *DNA 중간체를 가진 단일가닥 양성(+) RNA*(그림 4.19). Retrovirus의 유전체는 양성(+) RNA이지만 이배체로 되어 있고, mRNA로써 직접적으로 이용되지 못하지만 DNA를 만들기 위한 역전사의 주형으로 이용된다는 점에서 특이하다.
- **VII 형 (Class Ⅶ):** *RNA 중간체를 가지는 이중가닥 DNA*(그림 4.20). 이 그룹의 바이러스는 역전사에 의존하지만 retrovirus (VI형)와는 달리, 역전사 과정은 성숙 과정 동안 바이러스 입자 내부에서 이루어진다. 새로운 세포에 감염하였을 때 첫 번째 단계는 유전체의 간극을 우선 복구하는 것이며, 이 후에 전사가 일어난다(3장 참조).

조 립

조립은 세포의 특정한 부위에서 성숙한 바이러스 입자를 만드는데 필요한 모든 구성 요소를 모으는 과정이다. 조립과정에서 **바이러스 입자**의 기본구조가 형성된다. 조립이 일어나는 위

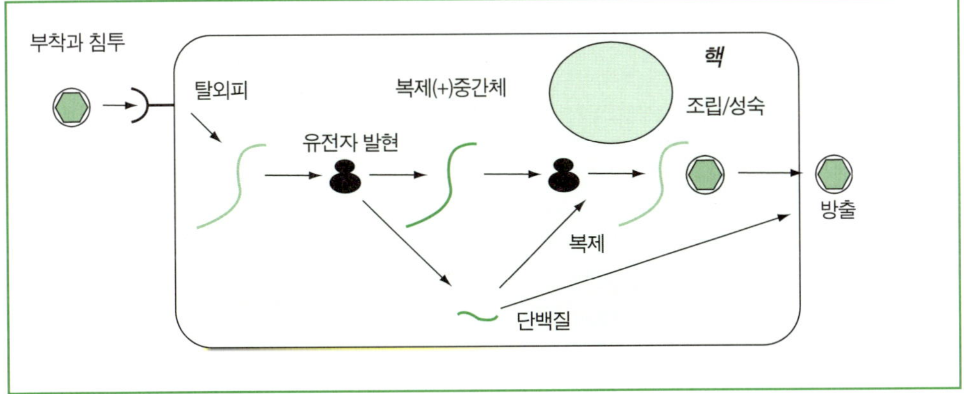

그림 4.18 Class V 바이러스의 복제 양상의 모식도.

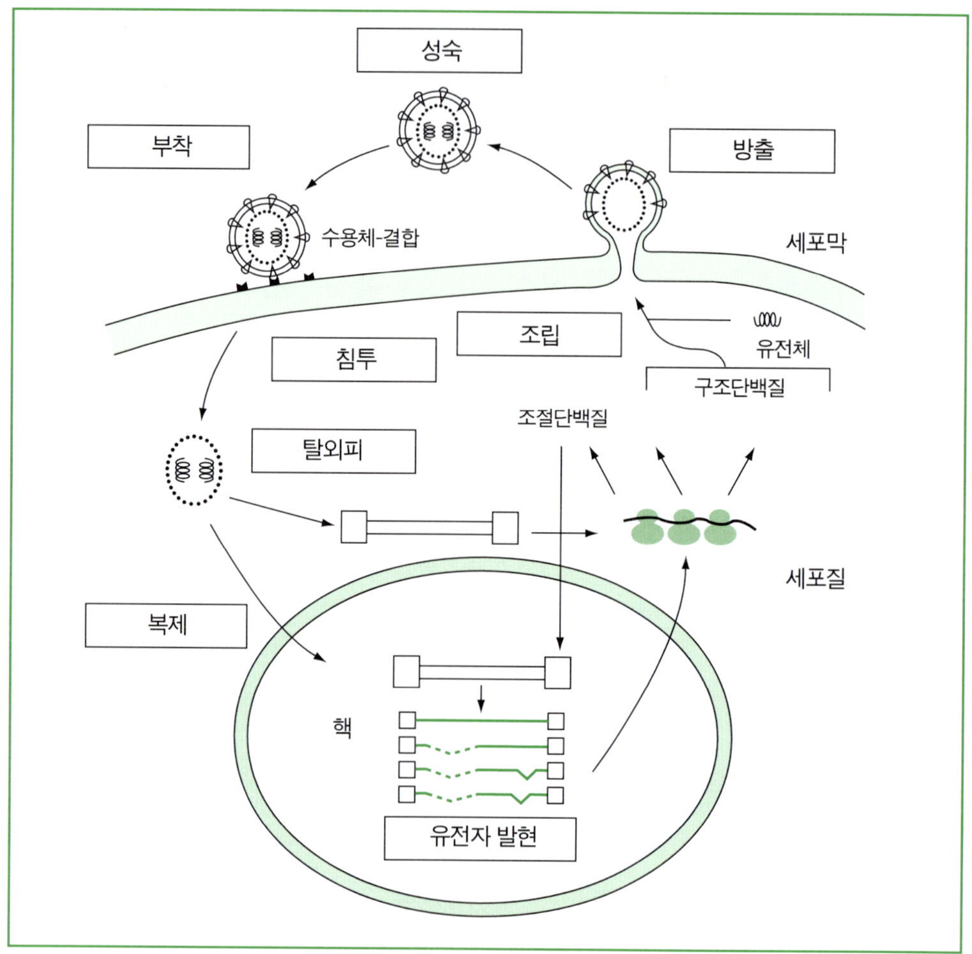

그림 4.19 Class VI 바이러스의 복제 양상의 모식도.

치는 세포 내의 복제 위치 및 바이러스가 세포 밖으로 최종적으로 방출되는 메커니즘과 관련이 있으며 바이러스에 따라 다양하다. 예를 들면 picornavirus, poxvirus, reovirus의 조립은 세포질에서 이루어지고, adenovirus, polyomavirus, parvovirus의 조립은 핵에서 이루어진다.

지질 래프트(raft)는 glycosphingolipid (또는 당지질), 콜레스테롤과 그 밖의 특별한 결합단백질이 풍부한 막의 미세구역이다. Glycosphingolipid에 존재하는 고도의 포화 탄화수소 사슬이 이 래프트 구역에서 콜레스테롤이 강하게 결합할 수 있도록 하여준다. 이 부분의 지질은 측면으로의 확산이 제한되어 있다는 면에서 다른 막 지질과는 다르며 일부 세제를 첨가한 상태에서 밀도구배 원심분리에 의하여 물리적으로 분리될 수 있다. 지질 래프트는 세포

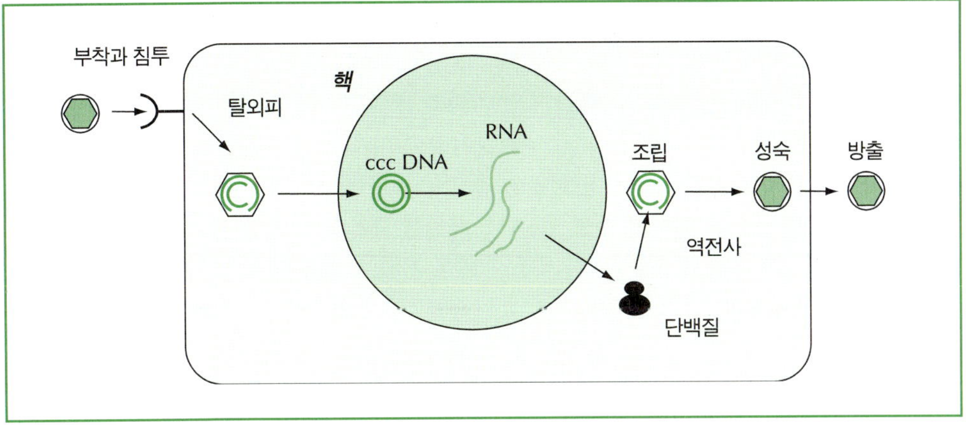

그림 4.20 Class VII 바이러스의 복제 양상의 모식도.

정단으로 이동하는 단백질의 분류(apical sorting) 및 신호전달과 같은 다양한 세포기능에 관여하는 것으로 알려져 있으나, 이들은 또한 바이러스의 세포내 침투 (예: HIV, SV40, rotavirus), 바이러스 조립 장소, 출아, 세포막으로부터의 방출 등에 관여하는 것으로 알려져 있다 (예: influenza virus, HIV, measles virus, rotavirus).

복제의 초기 단계와 마찬가지로, 바이러스 입자의 조립, **성숙**, **방출**과정은 분명한 각각의 분리된 단계로 구분하는 것이 항상 가능한 것은 아니다. 조립이 일어나는 위치는 이 모든 과정에 중요한 영향을 미친다. 대부분의 경우 세포막이 바이러스 단백질을 고정시키기 위해 이용되며, 이것이 바이러스 조립 과정을 개시한다. 상당한 연구에도 불구하고 바이러스 조립의 조절은 잘 알려져 있지 않다. 일반적으로 바이러스 단백질과 **유전체** 물질의 농도 증가가 임계점에 도달하면 이것이 조립과정의 진행을 촉발시키는 것으로 여겨진다. 많은 바이러스들이 새로 합성된 구성 요소들을 세포 내 구획에 고농도로 저장하며, 광학현미경으로 관찰이 가능한 이 덩어리를 **봉입체**(inclusion body)라고 한다. 이는 많은 종류의 바이러스의 감염 후기에 나타나는 공통적인 특성이다. 감염된 세포내에서의 **봉입체**의 크기와 위치는 바이러스에 따라 매우 특징적인데, 예를 들면 rabies virus의 감염은 핵 주위에 커다란 '네그리소체(Negri bodies)'를 형성하며 이것은 1903년에 Aldelchi Negri에 의하여 처음 관찰되었다. 또 다른 양식에서는 바이러스 구성 요소의 국부적인 고농도가 막에 결합된 단백질과의 횡적인 상호작용에 의해 증진된다. 이 메커니즘은 **출아**(budding)에 의해 세포로부터 방출되는 **외막형** 바이러스에서 중요하다(아래 참조).

제2장에서 설명하였듯이, **바이러스 입자**의 형성과정은 캡시드 소단위체 간의 상호작용에 의하여 추진되고 대칭의 법칙에 의하여 조절되는 상대적으로 간단한 과정일 수 있다. 반대의 경우 조립과정은 바이러스 구조단백질 뿐만 아니라 바이러스에 의하여 암호화되거나 혹은 세포에서 유래한 뼈대형성(scaffolding) 단백질이 바이러스 입자의 조립을 유도하는 주형으로 작용하는 복잡하고 여러 단계로 진행되는 과정이다. 바이러스 유전체가 입자 안에 채워지는 과정은 조립의 초기에 일어날 수도 있고(예: **나선형** 구조를 가진 많은 바이러스들은 유전체를 중심축으로 조립이 시작된다) 마지막 단계에 거의 완성된 단백질 껍데기에 바이러스 유전체가 담기면서 일어날 수 도 있다.

성 숙

성숙과정은 바이러스 복제 과정 중 바이러스 입자가 감염성을 가지는 단계이다. **성숙**과정은 대부분 완전한 바이러스 입자를 만들기 위한 **캡시드** 단백질의 특이적 절단이나, 조립과정에서의 단백질의 형태적 변화에 의하여 일어나는 바이러스 입자의 구조적 변화를 동반한다. 이러한 과정은 바이러스 캡시드에 상당한 구조적 변화를 일으키며, 이는 미완성된 바이러스와 완전한 바이러스 간의 항원성 차이 등으로 분석이 가능한데, picornavirus와 같은 경우 그 차이가 뚜렷하다. 또 다른 경우에는 바이러스 **유전체**와 핵산단백질(nucleoprotein)의 응축과 같은 내부의 구조적인 변화들도 종종 이러한 변화를 가져온다.

성숙 과정에서는 세포의 효소 또는 바이러스와 세포의 효소 복합체가 함께 사용되기도 하지만 주로 바이러스의 단백질분해효소(protease)가 관여한다. 세포의 단백질분해효소에 의존하는 것은 이 효소들이 기질 특이성이 없기 때문에 캡시드 단백질을 완전히 분해할 가능성이 있어 분명히 위험하다. 그러나 바이러스가 암호화한 단백질분해효소는 특정한 아미노산 서열, 구조 등에 대하여 상당히 특이적으로 작용하며, 크고 복잡한 바이러스 캡시드 단백질의 특정한 펩티드 결합 하나만을 절단한다. 더욱이 이 효소는 조립과정에서 종종 바이러스 입자 안에 함께 포장되어 **캡시드**의 구조가 국지적인 소수성 환경에 위치하거나 캡시드 내부의 pH나 금속이온의 농도변화에 의하여 표적서열을 노출했을 때만 활성화되는 방식으로 조절된다. Retrovirus의 단백질분해효소는 이처럼 철저한 조절상태에서 성숙과정에 관여하는 좋은 예이다. Retrovirus의 코어 입자는 *gag* 유전자로부터 만들어진 단백질로 이루어지며 단백질 분해효소는 코어가 **출아**(budding)에 의하여 **방출**되기 이전에 코어에 담겨진다. 출아과정의 한 단계에서(정확한 시기는 각각의 retrovirus에 따라 다양하다) 단백질 분해효소는 *gag* 단백질 전구체를 절단하여 성숙한 입자의 캡시드, 뉴클레오캡시드, 매트릭스(matrix) 단백질 등을 완성한다(그림 4.21).

성숙 과정에 관여하는 모든 단백질분해효소들이 이와 같이 엄격한 조절을 받는 것은 아니다. 원래 형태의 influenza virus 혈구응집소는 번역 후 변형과정(골지체에서의 당화)을 거치며 이 단계에서 수용체 결합능력을 가지게 된다. 그러나 이 단백질이 감염과정에서 막 **융합**을 촉진하기 위해서는 두 개의 조각(HA1과 HA2)으로 절단되어야 한다. 세포의 트립신-유사 효소가 이 과정에 관여하며 이 반응은 바이러스가 세포 표면에서 방출되기 직전에 출아해 들

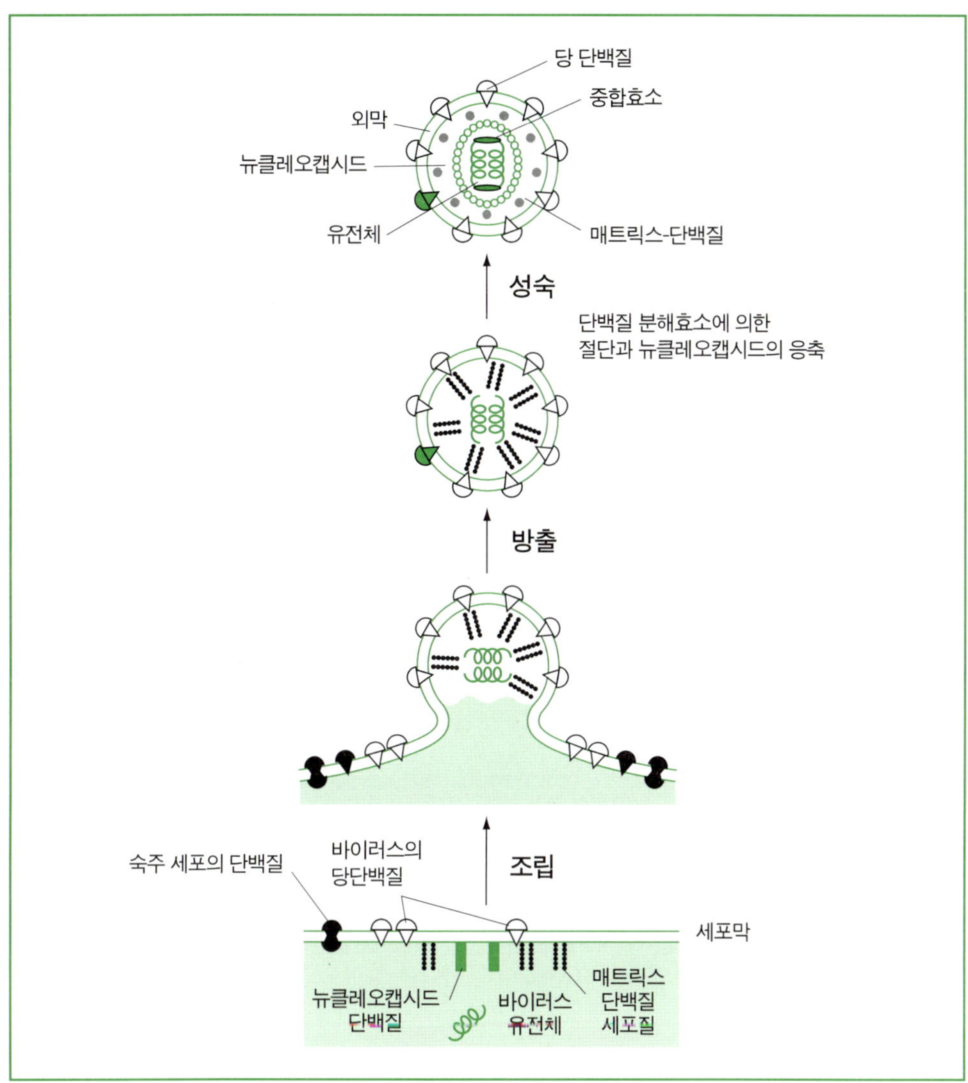

그림 4.21 출아(budding)에 의한 바이러스의 방출. 외막을 가진 바이러스들은 이 과정에서 막 및 막과 결합된 단백질을 획득한다.

어가는 분비소낭(secretary vesicle) 안에서 일어난다. 아만타딘(amantadine)과 리만타딘(rimantadine)은 influenza A virus에 효과가 있는 약제이다(제6장). 이 유사한 두 약제의 작용은 복잡하여 완전히 알려져 있지 않으나 세포막의 이온 채널을 억제하는 것으로 여겨진다. 이 두 가지 약제의 목표물은 인플루엔자 매트릭스단백질(M2)이지만 약제에 대한 내성은 혈구응집소 유전자에 위치하기도 한다. Influenza virus의 복제 억제효과는 일부 바이러스주에서는 **침투** 과정에서 일어나고 어떤 바이러스주에서는 성숙과정에서 일어난다. 이 약제의 이중적인 억제효과는 약제가 처리된 세포에서는 엔도솜의 pH가 내려가지 않기 때문이며(이러한 기능은 정상적으로는 M2 유전자 산물에 의하여 조절된다), 그 결과 성숙과정에서 혈구응집소의 절단이 일어나지 않기 때문이다. 마찬가지로 retrovirus의 외막 당단백질도 활성을 가지기 위해서는 표면(surface, SU) 단백질과 막관통(transmembrane, TM) 단백질로 절단되어야 한다. 이 과정은 또한 세포의 효소에 의해 실행되지만 아직 잘 파악되지 않고 있다.

이미 언급하였지만, 일부 바이러스의 조립과 성숙은 세포 안에서 일어나고 구별이 불가능한 반면, 다른 바이러스의 성숙과정은 바이러스 입자가 세포 밖으로 방출된 이후에만 이루어진다. 모든 경우에 있어서, 성숙과정은 다음 숙주의 세포에 감염하기 위한 바이러스 입자의 준비단계이다.

방 출

앞에서 서술한 것처럼 식물바이러스는 세포를 빠져나와 새로운 세포에 감염할 때 식물의 세포벽 때문에 발생하는 특수한 문제에 직면하게 된다. 바이러스들은 이러한 문제를 해결할 수 있는 특별한 방법을 개발하였으며, 이는 6장에서 자세히 다루어질 것이다. 그 외에 다른 바이러스는 다음 두 가지 중 하나의 방법을 이용하여 세포 밖으로 나오게 된다. 용해성(lytic) 바이러스(예: 대부분의 외막을 가지지 않은 바이러스)의 방출은 간단한 과정으로서 감염된 세포가 파괴되어 열리고 바이러스가 방출된다. 외막형 바이러스들은 세포막을 통하여 밖으로 나오는 과정 또는 방출 전에 세포내의 소낭 안으로 진입하는 과정에서 인지질 막을 획득하게 된다. 바이러스 입자의 외막 단백질은 바이러스 입자가 돌출되어 나옴에 따라 이 과정에서 획득하게 된다. 이러한 과정을 출아(budding)라고 한다. 이러한 방법에 의한 바이러스의 방출은 숙주세포에 매우 치명적일 수도 있으며(예: paramyxovirus, rhabdovirus, togavirus), 반대로 치명적이지 않은 경우도 있지만(예: retrovirus), 어떠한 경우든 이 과정은 바이러스에 의해서 조절된다. 즉 세포막 안쪽의 표면에서 일어나는 바이러스 캡시드 단백질과의 상호작용이 바이러스 입자가 세포 밖으로 나오도록 유도한다(그림 4.15). 앞에서 설명하였듯이 조립, 성숙 및 방출은 출아를 통하여 방출되는 바이러스에서는 동시에 일어나는 과정이다. 바이러스가 출아하는 막의 종류는 각각의 바이러스에 따라 다르다. 대부분의 경우 출아는 세포막이 관련되어 있으며(예: retrovirus, togavirus, orthomyxovirus, paramyxo-virus, bunyavirus, coronavirus, rhabdovirus, hepadnavirus), 일부의 경우 핵막이 관여한다(예: herpesvirus).

성숙한 바이러스 입자가 감수성 세포로부터 출아에 의하여 방출되는 것은 이 바이러스들이 세포 밖으로 나오기 보다는 세포 안으로 들어가도록 설계되었다는 점에서 또 다른 문제를 일으킨다. 바이러스 입자들은 어떻게 세포 표면에서 떨어져 나오는가? 자세한 것은 알려져 있지 않지만 이러한 과정이 어떻게 이루어지는가에 대한 단서는 존재한다. 일부 바이러스의 외막 단백질은 감염 초기과정뿐만 아니라 방출 과정에도 관여한다. 이에 대한 적절한 예로는 influenza virus의 뉴라미니다아제(neuraminidase) 단백질이 있다. 바이러스 입자가 혈구응집소를 이용하여 세포에 결합하는 반응을 역전시킬 수 있을 뿐만 아니라, influenza virus가

서로 뭉치는 것을 방지하는데 있어 중요하며 바이러스의 방출에도 관여하는 것으로 여겨진다. 이러한 과정은 새로운 약제 오셀타미비르(oseltamivir)와 자나미비르(zanamivir)의 표적이다(6장 참조).

출아하는 바이러스는 특별한 단백질을 사용할 뿐만 아니라, 조립-성숙-방출 과정의 시기를 적절히 조절함으로써 방출의 문제를 해결하였다. 이러한 과정을 생화학적 분석으로 구별할 수 없지만, 그렇다고 해서 방출에서의 문제점을 해결하기 위한 치밀한 공간적 분리가 진화되지 않았다는 것을 의미하지는 않는다. 마찬가지로, 비록 우리가 복제 과정의 후기에 일어나는 바이러스 **캡시드**와 외막에서 일어나는 많은 형태적 변화의 모든 미세한 부분을 이해하지 못한다고 하여도 바이러스의 복제과정은 분명히 이루어지고 있다.

단원 요약

일반적으로 바이러스 복제는 모든 종류의 바이러스에 의하여 수행되는 세 단계가 관여한다: 감염의 시작, **유전체**의 복제와 발현, 그리고 마지막으로 감염된 세포로부터 성숙한 바이러스 입자의 **방출**이다. 좀 더 자세한 수준에서는 각기 다른 바이러스의 복제 과정에는 많은 차이가 있다. 이러한 차이는 숙주세포의 생물학적 특성과 바이러스의 유전체의 특성에 의하여 결정된다. 그럼에도 불구하고, 모든 바이러스들이 어떠한 형태로든 따르는 공통적인 단계들을 가지고 바이러스 복제의 개요도를 이끌어 낼 수 있다.

참고문헌

Cann, A. J. (2000). *DNA Virus Replication: Frontiers in Molecular Biology*. Oxford University Press, Oxford. ISBN 019963713X.

Ellis, E.L. and Delbruck, M. (1939). The growth of bacteriophage. *Journal of General Physiology* 22: 365-384.

Freed, E.O. (2004). HIV-1 and the host cell: an intimate association. *Trends in Microbiology,* 12: 170-177.

Hershey, A. D. and Chase, M. (1952). Independent functions of viral protein and nucleic acid in growth of bacteriophage. *Journal of General Physiology* 26: 36-56.

Kasamatsu, H. and Nakanishi, A. (1998). How do animal DNA viruses get to the nucleus? *Annual Review of Microbiology* 52: 627-686.

Lopez, S. and Arias, C.F. (2004). Multistep entry of rotavirus into cells: a Versaillesque dance. *Trends in Microbiology,* 12: 217-278.

Moore, J.P. et al. (2004). The CCR5 and CXCR4 coreceptors—central to understanding the transmission and pathogenesis of human immunodeficiency virus type 1 infection. *AIDS Research and Human Retroviruses,* 20: 111-126.

Rossmann, M. G. et al. (2002) Picornavirus-receptor interactions. *Trends in Microbiology*, 10: 324-331.

Schneider-Schaulies, J. (2000). Cellular receptors for viruses: links to tropism and pathogenesis. *Journal of General Virology* 81: 1413-1429.

5

CHAPTER

유전자의 발현

학습목표

- 일곱 가지 유형의 바이러스 유전체가 각각 나타내는 일반적 복제전략에 대한 묘사
- 바이러스 유전체에 의해 결정되는 바이러스 유전자의 발현 양상과 복제에 대한 설명
- 바이러스 유전자 발현의 조절에 있어서 전사 후 조절에 대한 이해

유전 정보의 발현

숙주세포와 바이러스 사이의 가장 결정적인 상호작용은 바이러스의 단백질과 핵산 합성을 위한 세포성 기구의 필요성 때문이다. 바이러스 복제 과정은 유전자 발현의 빈틈없는 조절에 의해 결정된다. 유전자 발현 조절에서 **원핵세포**와 **진핵세포**는 기본적인 차이가 있고 이런 차이가 세포를 숙주로 사용하는 바이러스에게 영향을 미치는 것은 당연하다. 더욱이, 가장 간단한 세포와 비교하여도 바이러스 **유전체**는 비교적 단순하고 압축되어 있어 이러한 조건 또한 별도의 압력으로 작용한다. 세포는 유전자 발현의 조절에 대한 다양하고 복잡한 메커니즘을 방대한 유전자 용량에 맞추어 진화시켜 왔다. 역으로, 바이러스는 매우 제한적인 유전자

자원을 가지고 높은 특이성의 정량적, 시간적 및 공간적 유전자 발현의 조절을 달성해왔다. 이런 관점의 문제는 이미 3장과 4장에서 거론하였다.

바이러스는 이러한 문제에 대하여 다각도의 해결 방안을 찾아내는 진화에 힘입어 유전적인 한계에 다음과 같은 메커니즘을 이용하여 대응해왔다:

- 유전자 발현을 억제하거나 촉진하는 강력한 양성적 및 음성적인 신호
- 일반적으로 겹친 번역틀(overlapping reading frame)을 갖고 있는 고압축 유전체 구조
- 다른 유전자의 내부에 들어가 있는 조절신호
- 하나의 전령 RNA로부터 여러 개의 단백질을 생산하도록 고안된 다양한 전략

유전자 발현에는 시스(*cis*)나 트랜스(*trans*)로 작용하는 신호들이 중계하는 조절 회로가 포함되어 있다. '시스'는 인접한 유전자 부위의 활성에 영향을 미치는 것이고 '트랜스'는 물질이 생산되는 부위로부터 조절부위가 인접되어 있거나 혹은 아니거나에 상관없이 확산 가능한 물질에 의해 조절이 일어나는 것이다. 예를 들면, 전사 **프로모터**는 조절하는 전사체의 유전자에 근접하여 위치하고 있는 하나의 **시스-활성**(*cis*-activate) 염기서열이며, 반면에 세포내에 존재하는 핵산의 어떤 부위든지, 특이적 염기서열과 결합하는 전사 인자와 같은 단백질은 **트랜스-활성**(*trans*-activate) 인자이다. 바이러스 유전체의 상대적인 간결함과 유전자 조절 메커니즘의 우아함은 유전자 발현 조절의 최근 해석 기초를 형성하는 모델이다. 이 장은 세포 유전자 발현의 조절에서 볼 수 있는 친숙한 메커니즘도 다룬다. 그러나 바이러스 유전자 발현을 상세하게 보여주기 위하여 어떤 관점은 매우 간단하게 제시하였다.

원핵세포 유전자 발현의 조절

박테리아 세포는 유전자 조절 메커니즘에 대한 특이성과 경제성으로는 바이러스보다 못하겠지만, 유전자 조절 메커니즘 연구의 강도에서는 아마도 가장 수위일 것이다. 유전자 조절은 유전자 발현의 전사 단계 및 뒤이은 전사후(post-transcription) 단계 모두에서 일어난다.

기본적으로 전사의 개시는 **트랜스-활성** 억제 단백질의 합성에 의해 음성적 방식으로 조절되고, 트랜스-억제 활성 단백질은 단백질 암호서열의 상단에 있는 작동 서열과 결합한다. 대사적으로 상호 연관되어 있는 유전자의 집합체는 오페론(operon)의 형태로 모여 함께 조절된다. 이 오페론의 전사는 서로 다른 여러 단백질을 연이어 암호화하는 전형적인 폴리시스트론(poly-cistron) **mRNA**를 생성한다. 또한 발현 과정에서도, 전사는 다른 유전자의 전사를 켜거나 끄는 '유전자 스위치'로 작용하는 수많은 메커니즘에 의해 조절된다. 이와 같은 메커

니즘에는 RNA 중합효소의 다양한 변형 및 보다 많은 유전정보를 암호화하는 더 긴 전사물의 합성을 촉진하는 *트랜스*-활성 인자에 의해 조절되는 항종결(anti-termination) 기전이 포함된다. 박테리아의 시그마(σ) 인자는 완전효소(holoenzyme)인 RNA 중합효소의 **프로모터**에 대한 특이성에 영향을 미치는 보조단백질(apoprotein)이다. 여러 종의 **박테리오파지**는 [예: 고초균(*Bacillus subtilis*)의 SP01 **파지**] RNA 중합효소와 결합하여 파지 유전자의 전사 속도를 변화시키는 시그마 인자와 유사한 대체 단백질을 암호화한다. 한 예로 *대장균*의 T4 파지는 숙주세포의 RNA 중합효소와 공유결합하여 특이성을 변형(ADP-ribosylation)시키는 단백질을 암호화한다. 이것은 중합효소의 시그마 인자에 대한 필요성을 제거하는 한편, 다른 박테리오파지에서 보이는 시그마 대체인자 생성과 비슷한 효과를 달성하는 것으로 생각된다.

전사 후 박테리아의 유전자 발현은 번역 단계에서도 조절된다. 이런 현상으로 가장 잘 알려진 예는 R17, MS2, 및 Qβ와 같은 박테리오파지 *Leviviridae*의 연구를 들 수 있다. 이러한 파지 종류에서, 파지 유전체인 단일가닥 RNA의 2차 구조는 각기 다른 단백질의 번역을 양적으로 조절할 뿐만 아니라, 감염된 세포에서 생성되는 각 단백질의 비율을 조절하는 시간적 스위치로서도 작용한다.

박테리오파지 람다(λ)의 유전자 발현 조절

람다 **파지**의 **유전체**는 다른 어떤 파지보다 자세히 연구되어 왔다. 람다 파지에서는 **용원성**(lysogenic) 대 **용균성**(또는 세포용해성, lytic) 복제 조절에서 나타나는 억제 단백질의 활동, 전사의 종결을 억제하는 파지 유전자 단백질의 **트랜스-활성**을 보여준다. 이 파지의 상세한 설명 없이는 바이러스 유전자 발현의 조절을 생각할 수도 없다.

람다 파지는 1949년에 Esther Lederberg에 의해 발견되었다. 1950년 파스퇴르 연구소의 Andre Lwoff의 실험에서, 어떤 Bacillus megaterium 균주는 자외선을 조사하면 성장을 멈추고 이어서 용해되며 박테리오파지 입자를 방출하는 것을 보여주었다. Francois Jacob 및 Jaques Monod과 함께, Lwoff는 어떤 박테리아 균주의 세포는 **프로파지**(prophage)로 알려진 잠재성 박테리오파지를 갖고 있으며 파지는 용원성(비생산성)과 용균성(생산성) 생장 회로 사이를 전환할 수 있다는 것을 이어서 확인하였다.

여러 해의 연구 끝에, 그때까지 연구되었던 어떤 것보다 가장 우아한 유전자 조절 체계의 이해가 람다 파지에서 정립되었다. 람다의 간단한 유전자 지도를 그림 5.1에 나타내었다. 파지의 증식 주기 조절을 중점적으로 보기 위해 바이러스 껍질의 머리와 꼬리를 암호화하는 구

조유전자는 무시하도록 하자. 유전자 조절에 포함된 적절한 요소들은 다음과 같다:

1. P_L은 *N*과 *cIII*를 포함하는 람다 유전체 왼쪽편의 전사를 위한 프로모터(promotor)이다.
2. O_L은 P_L 다음에 *cI*과 *N* 유전자 사이에 있는 파지 유전체의 짧은 비번역 부위(약 50 염기쌍)이다.
3. P_R은 구조단백질을 암호화하는 유전자와 *cro*, *cII*를 포함하는 람다 유전체 오른편의 전사를 위한 프로모터이다.
4. O_R은 P_R 다음에 *cI*과 *cro* 유전자 사이에 있는 파지 유전체의 짧은 비번역 부위(약 50 염기쌍)이다.
5. *cI*은 그 자신의 프로모터로부터 전사되며 236개 아미노산의 억제 단백질을 암호화하고, 이 단백질은 O_R에 결합하여 *cro*의 전사를 억제하고 *cI*의 전사를 허용하며, O_L에 결합하면 *N*과 유전체 오른쪽에 있는 유전자들의 전사를 억제한다.
6. *cII*과 *cIII*은 유전체에 결합하여 *cI* 유전자의 전사를 강화하는 촉진 단백질을 암호화한다.
7. *cro*는 O_R에 결합하여 이 부위에 대한 억제 단백질의 결합을 방해하는 66개 아미노산의 단백질을 암호화한다.
8. *N*은 P_L과 P_R로부터의 전사를 확대하는 숙주세포 RNA 중합효소에 대한 변형된 로(ρ) 인자로서 작용하는 항종결 단백질을 암호화한다.
9. *Q*는 *N*과 서로 비슷한 항종결 인자로서 단지 P_R로부터 시작되는 전사를 연장한다.

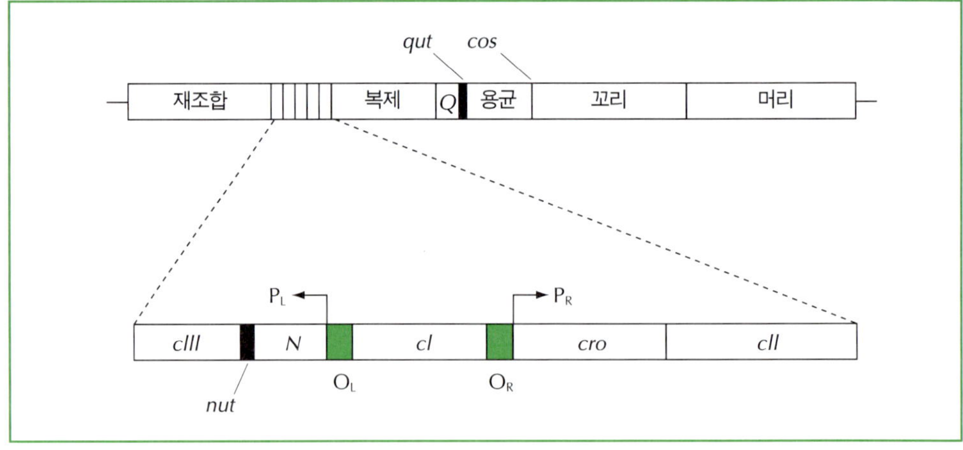

그림 5.1 박테리오파지 람다의 단순화된 유전자 지도.

새로이 감염된 세포에서, *N*과 *cro*는 P_L과 P_R로부터 전사된다(그림 5.2). N 단백질은 RNA 중합효소가 DNA **재조합**과 프로파지를 위한 유전자, cII 및 cIII을 포함하는 많은 수의 파지 유전자를 전사하도록 한다. N 단백질은 양성 전사조절인자로 작용한다. N 단백질이 없으면, RNA 중합효소의 완전효소(holoenzyme)는 *nut*와 *qut*로 알려진 *N*과 *Q* 유전자의 말단에 위치한 특정 염기서열에서 전사를 중지한다. 그러나 RNA 중합효소−N 단백질 복합체는 이런 제한을 극복하고 P_L과 P_R로부터의 온전한 전사를 허용한다. RNA 중합효소−Q 단백질 복합체는 단지 P_R로부터의 전사 확장만 하게 된다. 세포 내에 cII과 cIII 단백질 농도가 증가하면, 억제단백질 유전자 cI의 전사를 담당하는 프로모터의 스위치가 켜진다.

이 시기가 감염의 결과를 결정하는 결정적인 사건이 일어나는 단계이다. cII 단백질은 세포에 있는 단백질 가수분해에 의해 지속적으로 분해된다. 만약 cII의 농도가 임계점 밑으로 떨어지면, P_L과 P_R로부터의 전사는 계속되고 파지는 최종적으로 세포를 용해시키며 파지 입자를 **방출**하는 생산성 회로를 진행한다. 이것이 감염된 대부분의 세포에서 일어나는 일련의 사건이다. 그러나 드물게는, cII 단백질의 농도가 증가하고 cI의 전사가 증강되어 cI 억제 단백질의 농도가 증가한다. 이 억제 단백질은 O_R과 O_L에 결합하여 그 자신을 제외한 모든 파지 유전자(특히 *cro*)의 전사를 방해한다. 억제단백질의 농도가 높아지면 O_R의 왼쪽-끝과 결합하여 cI의 전사를 방해하기 때문에, cI 단백질의 수준은 음성되먹임 메커니즘에 의해 자동적으로 유지된다(그림 5.3). cI 합성의 자가 조절은 세포를 안정된 **용원성** 상태로 유지한다.

그렇다면, 세포는 어떻게 이런 상황을 떠나 생산적 **용균성** 복제 회로로 들어가는가? 세포의 생리적인 스트레스와 자외선의 조사는 숙주세포 단백질인 RecA의 생산을 유도한다. 이 단백질의 정상적인 기능은 변화된 환경에서 생존하고 적응하기 위한 세포성 유전자 발현을 유도하는 것이다. 이 단백질은 cI 억제단백질을 분해한다. 하지만 이것 자체로는 세포가 용원성 상태로 다시 돌아가는 것을 막기에는 충분하지 않다. 그러나 억제 단백질이 O_R에 결합하지 않으면, P_R로부터 *cro*가 전사된다. Cro는 O_R에 결합하지만, O_R의 오른쪽 끝에 우선적으로 결합하는 cI과는 다르게, O_R의 왼쪽 끝에 우선적으로 결합하여 cI의 전사를 방해하고 양성되먹임 회로로 자기 자신의 전사를 더욱 강화한다. 따라서 파지는 용균성 회로로 들어가 문을 잠그고 용원성 상태로 되돌아 갈 수 없다.

이 설명은 파지 람다에서 일어나는 유전자 발현 조절의 가장 단순한 모습이다. 위의 체계가 작동하는 분자 메커니즘은 상당히 자세하게 알려져 있으며, 충분히 이 책을 채울만한 분량이지만 여기서 모든 것을 상세하게 설명하는 것은 적절하지 않다. 람다 체계의 상세한 분자 메커니즘은 그 자체로도 흥미로울 뿐만 아니라, **원핵세포**와 **진핵세포**에서 일어나는 유전자 조절 이해의 단초가 된다. 위의 개요에 소개된 단백질들의 구조 결정은 체제가 완전히 다른 생물체에서도 많은 단백질들이 DNA 분자의 특이 서열과 결합하고 인식하는 기초이론을 확립하는데 기여한다. DNA에 결합하는 단백질의 독자적인 도메인 및 이량체 구성에 필요

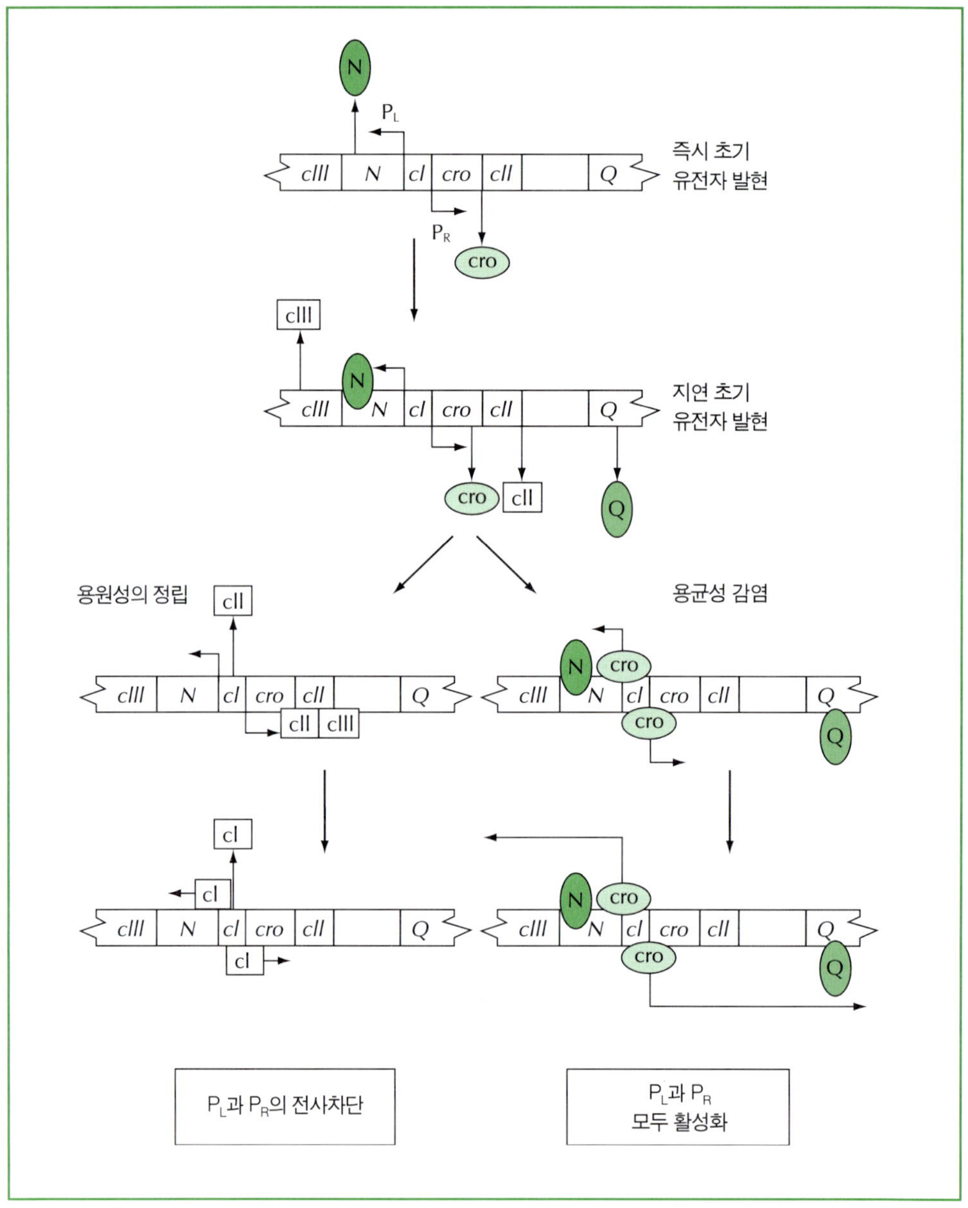

그림 5.2 박테리오파지 람다 유전체의 발현 조절. 새로이 감염된 세포에서의 용균성 감염이나 용원성 상태에서 일어나는 사건의 자세한 설명은 본문에 있다.

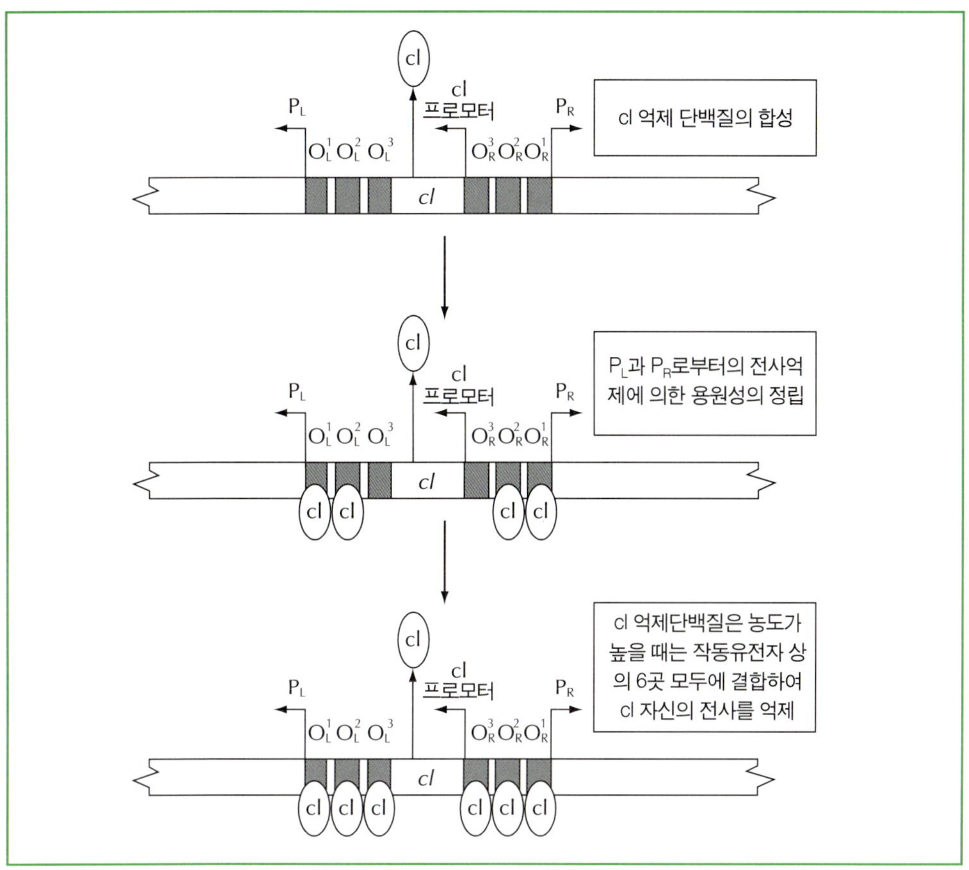

그림 5.3 박테리오파지 람다에서의 용원성 조절. 자세한 것은 본문을 보시오.

한 도메인, DNA와의 결합에서 단백질의 상호작용 및 멀리 떨어진 DNA 결합단백질 사이의 상호결합에 의한 DNA 고리구조 형성(looping) 등에 대한 단백질의 개념은 람다의 연구로부터 비롯되었다. 박테리오파지에서 일어나는 이 복잡한 유전자 발현의 미묘한 차이를 완전히 이해하기 위해서는 이 장의 말미에 있는 참고 문헌을 읽는 것이 중요하며, 또한 이 장의 나머지 부분에서 설명할 유전자 발현의 조절의 예를 보면서 이 체계의 작동과 설계도를 기억하는 것도 중요하다.

진핵 세포 유전자 발현의 조절

진핵세포의 유전자 발현 조절은 **원핵세포**보다 훨씬 복잡하고, 많은 수준에서 영향을 미치는 다양한 조절 메커니즘의 다각적인 방식이 포함된다. 1차 수준의 조절은 전사에 앞서 일어나는데 DNA의 국소적 공간구조에 따라 달라진다. 진핵세포의 DNA는 정교한 구조를 갖고 있으며 염색질을 구성하는 수많은 단백질과 더불어 — 임의성과는 거리가 있는 — 복잡하고 역동적인 복합체를 형성한다. 전자현미경으로 본 진핵세포 핵의 내용물은 이렇다 할 모양은 없지만(최소한 간기에) 실제로는 대단히 체계화되어 있다. **염색질**은 핵의 구조적 중추인 핵기질(nuclear matrix)과 서로 작용하며 이 상호작용은 유전자 발현 조절에 중요하다. 국소적인 뉴클레오솜 공간구조와 DNA 공간구조, 특히 좌선형(left-handed) 나선구조인 'Z-DNA'의 형성은 중요하다. DNA 분해효소 I로 염색질을 분해하면 동일하고 일정한 분해 양상이 나타나는 것이 아니라 염색질의 다양한 부위에서 기능적 차이를 나타내는 것으로 보이는 특별한 'DNA 분해효소 민감성' 부위가 나타난다. 그 예로, retrovirus는 주로 이런 위치에서 숙주세포 유전체에 삽입, 통합된다. 전사가 활발한 DNA도 역시 저메틸화(hypomethylation)되어 있다. 즉, 이 지역은 메틸기가 공유결합으로 부착된 메틸화 정도가 전사가 일어나지 않고 있는 지역에 비해 낮다. 착상 전 생쥐 배아에 감염된 Molony murine leukemia virus 염기서열의 메틸화는 **프로바이러스**(provirus) 유전체의 전사를 억제한다.

두 번째 수준의 조절은 원핵세포보다 훨씬 복잡한 전사과정 그 자체에 있다. 진핵세포에는 알파-아마니틴(α-amanitin)에 대한 상대적 민감성이 다르고, 서로 다른 그룹의 유전자에 대하여 특이성을 보이는 세 종류의 RNA 중합효소가 있다(표 5.1). 전사개시 속도는 진핵세포 유전자 발현의 주요 조절점이다. 개시는 전사 시작 부위의 상단부(upstream) 염기서열에 의해 가장 큰 영향을 받으며, 상단부 염기서열은 일반적으로 '전사인자'라고 알려진 높은 특

표 5.1 진핵세포에 존재하는 RNA 중합효소의 유형

RNA 중합효소	α-아마니틴에 대한 민감도	전사되는 유전자	전사되는 바이러스 유전자
I	효과가 없다	리보솜 RNA	—
II	높은 민감성	대부분의 단일 복사본 유전자	대부분의 DNA 바이러스
III	중간 정도 민감성	5S rRNA, tRNA	Adenovirus VA RNA

이성의 DNA-결합단백질 그룹이 인식하는 장소이다. 전사 시작부위와 인접한 상단부는 프로모터라고 알려진 비교적 짧은 부위이다. 바로 이 장소에 RNA 중합효소와 부속단백질로 구성된 전사복합체가 결합하면서 전사는 시작된다. 그러나 **프로모터**보다 훨씬 앞쪽에 위치한 상단부 염기서열인 **증진자**(enhancer)도 전사복합체 형성의 효율에 영향을 미치며 전사개시 속도는 증진자 서열에 결합한 전사인자의 조합에 따라 다르다. 증진자 염기서열의 특성은 증진자가 뒤집혀지거나 전사시작 장소 근처에 위치할 수도 있고 몇 천 염기쌍씩 떨어져 있어도 활성의 손실 없이 영향력을 행사할 수 있다는 점이 특징이다. 이로써 람다 파지 유전자 발현의 조절에시 보여주는 딘백질-딘백질 상호직용처럼 멀리 떨어진 곳에 결합된 다른 단백질과 상호작용하는 것을 허용하는 DNA의 유연성이 다시금 확인된다. 진핵세포 유전자에서는 각각 자신의 프로모터로부터 전사되는 **모노시스트론**(monocistron) mRNA가 만들어진다.

다음 단계로서, 유전자 발현은 생산된 mRNA의 구조에 의해 영향을 받는다. 진핵세포 mRNA의 안정성은 상당히 다양하고, 어떤 것은 세포에서 비교적 긴 반감기를 갖고 있다(예: 몇 시간). 조절 단백질을 암호화하는 mRNA의 반감기는 일반적으로 매우 짧은 편이다(예: 수 분). 진핵세포 mRNA의 안정성을 결정하는 분해 속도는 5′ 캡 구조와 3′ 폴리(A) 꼬리와 같은 말단 염기서열과 더불어 전체적인 유전정보가 만드는 2차 구조에 의해 결정된다. 그러나 유전자 발현은 또한 핵에서 일어나는 **hnRNA** 전구체의 서로 다른 **이어맞추기**(splicing)에 의해 조절되며, 이것은 동일한 유전자로부터 전사된 mRNA의 유전자 정보를 여러 가지로 변화시킨다는 것을 의미한다. 진핵세포의 유전자 발현의 조절은 RNA가 핵으로부터 세포질로 수송되는 동안에도 일어난다.

최종적으로, 번역과정은 발현 조절에 대한 추가적인 기회를 제공한다. 서로 다른 mRNA들이 번역되는 효율은 크게 다르다. 이런 차이는 서로 다른 mRNA에 리보솜이 결합하는 효율, 서로 다른 염기서열 문맥에 있는 번역 개시코돈 AUG를 인식하는 효율 및 각기 다른 염기서열이 단백질로 전환되는 속도 등에 기인한다. 어떤 특정서열은 전사 **증진자**와 유사한 기능을 수행하는 번역 증진자로서 작용한다.

진핵세포 유전자 발현 메커니즘의 광범위한 목록을 제시한 이유는 바이러스가 유전자 발현을 조절하기 위하여 그들 모두를 사용하기 때문이다. 각각의 사례는 아래에서 소개될 것이다. 이렇듯 주목할 만한 진핵세포의 유전자 발현조절은 바이러스를 모델시스템으로 사용하여 밝혀졌다는 것을 명심하자. 그러므로 이러한 메커니즘의 예가 바이러스에서 발견되리라는 것은 정말로 자명한 예측일 것이다.

유전체의 암호화 전략

4장에서, 유전체 구조는 바이러스를 일곱 개의 집단으로 나누는 데에 사용되는 임의적인 기준으로 활용되었다. 바이러스 분류 체계의 또 다른 기준은 각 유형의 바이러스 유전체가 발현되는 방식을 들 수 있다. 바이러스 유전체의 복제와 발현은 떼어 놓을 수 없는 관계이며, 특히 RNA 바이러스 경우에는 더욱 그렇다. 여기서는 4장과 부록1에 설명된 일곱 가지 유형의 바이러스 유전체를 다시 살펴보고, 각 유형의 유전정보 발현 방식을 알아보자.

I형 : 이중가닥 DNA

4장에 설명한 이 바이러스 유전체의 유형은 크게 두 집단으로 다시 나눌 수 있다: 유전체의 복제가 핵 내에서만 일어나는 집단(예: *Adenoviridae, Polyomaviridae, Herpesviridae*)과 세포질(*Poxviridae*)에서 일어나는 종류이다. 어떤 면에서는 이들의 유전체가 모두 이중가닥의 세포성 DNA를 닮았고 기본적으로 세포성 유전자처럼 전사되기 때문에, 이 바이러스들은 모두 비슷하다. 그러나 숙주세포 기구에 의존하는 비율을 보게 되면 그들 사이에도 심오한 차이가 있다.

Polyomavirus와 papillomavirus

Polyomavirus는 복제와 유전자 발현 모두 세포성 기구에 크게 의존한다. 그들은 전사(와 유전체 복제)를 촉진하는 **트랜스-활성** 인자(T-항원)를 암호화하고 있다. Papillomavirus는 특히 복제에 대하여 숙주세포에 의존적이며, 여러 종류의 트랜스-조절 단백질을 암호화하고는 있으나 일반 세포에서는 복제가 일어나지 못하며 단지 최종 분화된 각질세포에서만 복제될 수 있다.

Adenovirus

Adenovirus도 전사를 위해서는 세포성 기구에 역시 크게 의존하지만 바이러스의 유전자 발현에 있어서는 특별하게 조절하는 다양한 메커니즘을 소유하고 있다. 이러한 메커니즘에는 E1A 단백질과 같은 **트랜스-활성** 전사촉진 단백질과, mRNA의 대체 이어맞추기(alternative splicing) 및 바이러스성 VA RNA가 작용하는 발현의 전사후 조절이 포함되어 있다. Adenovirus의 세포 감염은 초기와 후기, 두 단계로 나누며 후기에서 유전체 복제가 시작된다. 그러나 adenovirus의 단계별 구분은 herpesvirus에 비해 비교적 덜 뚜렷하다.

Herpesvirus

이 바이러스는 위에 소개된 바이러스들보다 세포성 효소에 덜 의존하는 편이다. 이들은 DNA 물질대사에 관여하는 효소(예: 티미딘 인산화효소, thymidine kinase)들과, 바이러스 유전자의 시간적 발현과 감염 단계를 조절하는 여러 종류의 **트랜스-활성** 인자를 암호화하고 있다. 크고 복잡한 유전체의 전사는 순서에 따라 단계적 연쇄반응으로 조절된다(그림 5.4). 최소한 50개의 바이러스성 단백질들이 숙주세포의 RNA 중합효소 II에 의해 전사되고 또 합성된다. 각기 다른 발현시기에 따라 구분되는 세 종류의 mRNA는 다음과 같다:

- **α**: 즉시-초기(immediate early) mRNA들은 바이러스 전사의 *트랜스*-활성 인자 다섯 종류를 암호화하고 있다.
- **β**: 지연-초기(delayed early) mRNA들은 비구조 조절단백질 및 부차적인 구조단백질들을 암호화하고 있다.
- **γ**: 후기 mRNA들에는 주요 구조단백질들이 암호화되어 있다.

Herpesvirus에서의 유전자 발현은 다음에 나타낸 것처럼 긴밀하고 협동적으로 조절된다(그림 5.4):

- 감염 직후에 번역을 억제시키면(예: 세포를 사이클로헥시미드로 처리하면), 초기 mRNA들은 즉시 핵에 축적되나 더 이상의 바이러스성 mRNA는 전사되지 않는다.

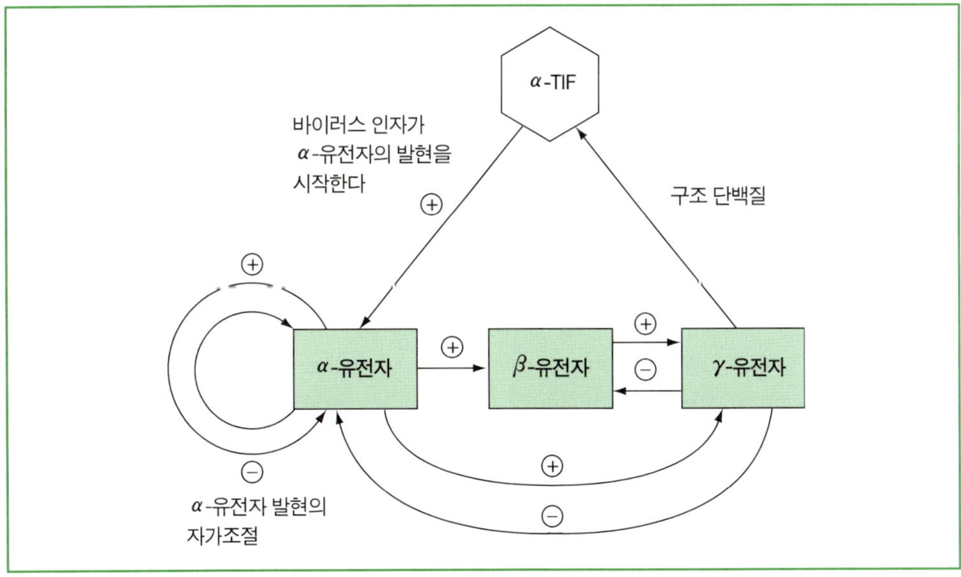

그림 5.4 Herpesvirus 유전체의 유전자 발현 조절. Herpesvirus의 입자에는 α-유전자의 발현을 촉발하는 α-TIF(α-gene transcription initiation factor)가 포함되어 있다. α-유전자의 발현은 70여개의 herpesvirus 유전사 보두의 발현을 소설하는 난계적 연쇄반응의 출발점이라 할 수 있다.

- 초기 유전자 산물의 합성은 즉시-초기 단백질의 합성을 중단시키고 유전체 복제를 개시한다.
- 일부의 후기 구조단백질(γ1)은 유전체 복제와는 독립적으로 생성되고, 다른 구조단백질(γ2)들은 유전체 복제 이후에야 생성된다.

즉시-초기 및 초기 단백질들은 유전체 복제를 시작하는 데에 필요하다. 바이러스성 DNA-의존성 DNA 중합효소와 DNA-결합단백질은 세포내 생화학적 조건을 변화시키는 많은 효소(예: 티미딘 인산화효소)들과 더불어 유전체 복제에 관여한다. 이 모든 단백질들의 생성은 긴밀하게 조절된다.

Poxvirus

Poxvirus에서 유전체 복제와 유전자 발현은 (숙주세포의 리보솜을 제외하고는) 세포성 메커니즘과는 거의 독립적으로 진행된다. Poxvirus 유전체에는 DNA 물질대사, 바이러스 유전자 전사 및 mRNA의 전사후 변형에 관여하는 수많은 효소들이 암호화되어 있다. 이 효소들은 바이러스 입자(100개 이상의 단백질을 함유) 내에 함께 포장되어 있어, 거의 전적으로 바이러스의 조절에 따라 세포질(위에서 언급한 바이러스들과 달리 핵에서 보다는)에서 유전체의 복제와 전사를 돕는다. 유전자 발현은 입자의 코어에 결합되어 있는 바이러스 단백질에 의해 수행되며 비교적 뚜렷이 구분되지 않는 두 단계로 나뉜다.

- **초기 유전자:** poxvirus 유전체의 약 50%를 형성하고 있으며 부분적으로 탈외피된 코어 입자 안(2장)에서 유전체가 복제되기 이전에 발현되고, 이어맞추기가 없는 5′ 캡, 3′ 폴리(A)를 갖춘 mRNA가 생성된다.
- **후기 유전자:** 역시 세포질에서 유전체 복제 후에 발현되지만, 세포의 전사 단백질(핵 내에 존재하는)들 보다는 바이러스성 전사 단백질에 의존한다. Herpesvirus와 같이, 후기 유전자 **프로모터**의 활성화 여부는 앞서 일어난 DNA 복제에 의존한다.

위에서 언급된 특정 메커니즘의 보다 상세한 내용은 이 장의 후반에 소개된다(유전자 발현 전사 조절과 발현의 전사 후 조절을 보시오).

II형: 단일가닥 DNA

독자적으로 복제하는(autonomous) parvovirus 및 보조바이러스(helper virus)-의존성 parvovirus들은 유전자 발현과 유전체 복제에 있어서 외적인 보조에 매우 의존적이다. 아마도 이는 매우 작은 유전체 안에 증식에 필요한 생화학적 기구를 암호화하는 것이 허용되지 않기 때문일 것이다. 따라서 이 바이러스들은 극단적인 기생 형태로 진화된 것으로 보이며, 복제와 발현에 대하여 숙주세포의 핵이 갖춘 통상적인 기능들을 이용한다(그림 5.5). 바이러스의 복제에 필수적인 보조적 기능을 공급받기 위해, *parvovirus* 과의 복제-불완전 의존성바이러스(*Dependovirus*) 속의 구성원들은 adenovirus나 herpesvirus의 **중복감염**(superinfection)에 전적으로 의존한다. 이때 보조자로서 필요한 adenovirus 유전자는 후기 구조유전자보다는 E1A와 같은 초기 전사조절 유전자이며, 세포에 자외선이나 사이클로헥시미드, 또는 다른 발암원을 처리하면 보조바이러스 효과를 대체할 수 있다. 그러므로 이 바이러스의 증식에 필요한 도움은 특정한 바이러스 단백질이라기보다는 세포성 환경(결손 parvovirus 유전체의 전사에 필요한)의 변화이다.

Geminiviridae 또한 이 유전체 구조 유형에 속한다(그림 3.15). 유전체의 발현은 parvovirus와는 상당히 다르지만 여전히 숙주세포의 기능에 크게 의존한다. 번역틀은 바이러스 DNA 상에 양방향으로 존재하며, 이는 감염 동안에 양성(+)과 음성(−) 가닥 모두가 전사된다는

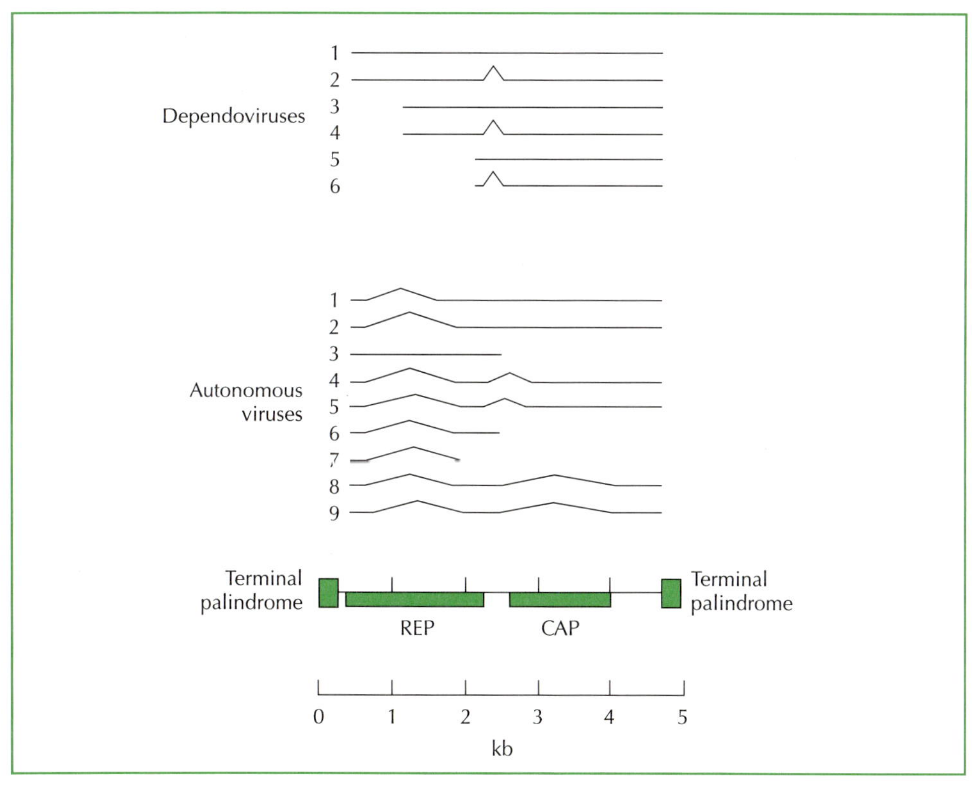

그림 5.5 Parvovirus 유전체의 전사는 숙주세포에 크게 의존하며, 유전체 복제에 관련된 단백질 Rep과 껍질 단백질 Cap, 둘을 암호화하는 일련의 이어맞추어진 준유전체성(subgenomic) mRNA를 생성한다.

것을 의미한다. 유전자 발현 조절에 관련된 메커니즘이 완전히 연구되어 있지 않으나 최소한 어떤 geminivirus(하부집단 I)는 아마도 이어맞추기를 사용하는 것 같다.

III형: 이중가닥 RNA

RNA 유전체를 갖고 있는 바이러스는 당연히 이중가닥 DNA를 갖고 있는 숙주세포와 근본적으로 다르다. 그러므로 각각의 바이러스가 숙주세포와 생화학적으로 적합하더라도, 바이러스의 유전자 발현 메커니즘은 숙주세포의 메커니즘과는 근본적인 차이가 있다. Reovirus는 분절형 유전체(3장 참조)를 갖고 있으며 숙주세포의 세포질에서 복제한다. 분절형 RNA 유전체를 갖고 있는 바이러스들의 특성에 따라 하나하나의 **모노시스트론** mRNA가 각각의 분절로부터 생성된다(그림 5.6).

감염 초기, 바이러스-특이적 **전사효소**(transcriptase)의 활성에 의한 **이중가닥 RNA** 유전체 분절의 전사는 탈외피가 부분적으로 이루어진 바이러스 준입자(subviral particle) 내에서 일어난다. 전사과정을 수행하기 위하여 최소한 다섯 종류의 효소 활성도가 존재하며, 이들 모두가 서로 분리된 펩티드일 필요는 없다(표 5.2, 그림 2.14). 이 기본적인 전사에 의해 캡은 부착되어 있으나 폴리(A)는 없는 전사물이 생성되며, 전사물은 바이러스의 코어를 빠져나와 세포질에서 번역된다. 다양한 유전체 분절들은 전사와 번역이 서로 다른 비율로 이뤄지며, 이는 아마도 분절형 유전체의 주요 장점일 것이다. RNA의 전사는 보존적이어서 주형으로는 단지 음성(−) 가닥만이 사용되고, 그 결과 코어에서 캡이 붙은 양성(+)의 mRNA가 만들어지며 이 과정은 새로운 단백질의 합성 없이도 이루어진다. 2차 전사는 감염된 세포에서 생성된 새로운 입자 내에서 감염 후기에 일어나고, 그 결과 캡과 폴리(A)가 없는 전사물이 만들어진다. 유전체는 보존적 방법으로 복제된다(참고, 반 보존적 DNA 복제). 후기 mRNA로 사용되고 음성(−) 가닥 합성에 대한 주형으로도 사용되는 양성(+) 가닥이 과량으로 생성된다(즉, 반보존적 복제에서처럼 1:1 방식이 아니라, 음성(−) 가닥은 많은 양성(+) 가닥의 합성을 주도한다).

IV형: 단일가닥 양성(+) RNA

이 유전체의 형태는 많은 동물바이러스와 식물바이러스에서 나타난다(부록 2,). 여기에 해당되는 과(family)의 수와 바이러스 종류의 숫자로 볼 때, 이 형태는 가장 큰 바이러스 유전체 유형이다. 기본적으로 이 바이러스들의 유전체는 전령 RNA로 작용하며, 숙주세포에 감염된 직후 번역된다(3장). 놀랄 만큼 많은 사례에서 볼 수 있듯이 이 유전체의 유형은 유전자 발현과 유전체 복제의 조절에서 다양한 범위의 전략을 보여준다. 그러나 넓은 범위의 개념에서 보면 이 바이러스들을 두 개의 하부 집단으로 나눌 수 있다.

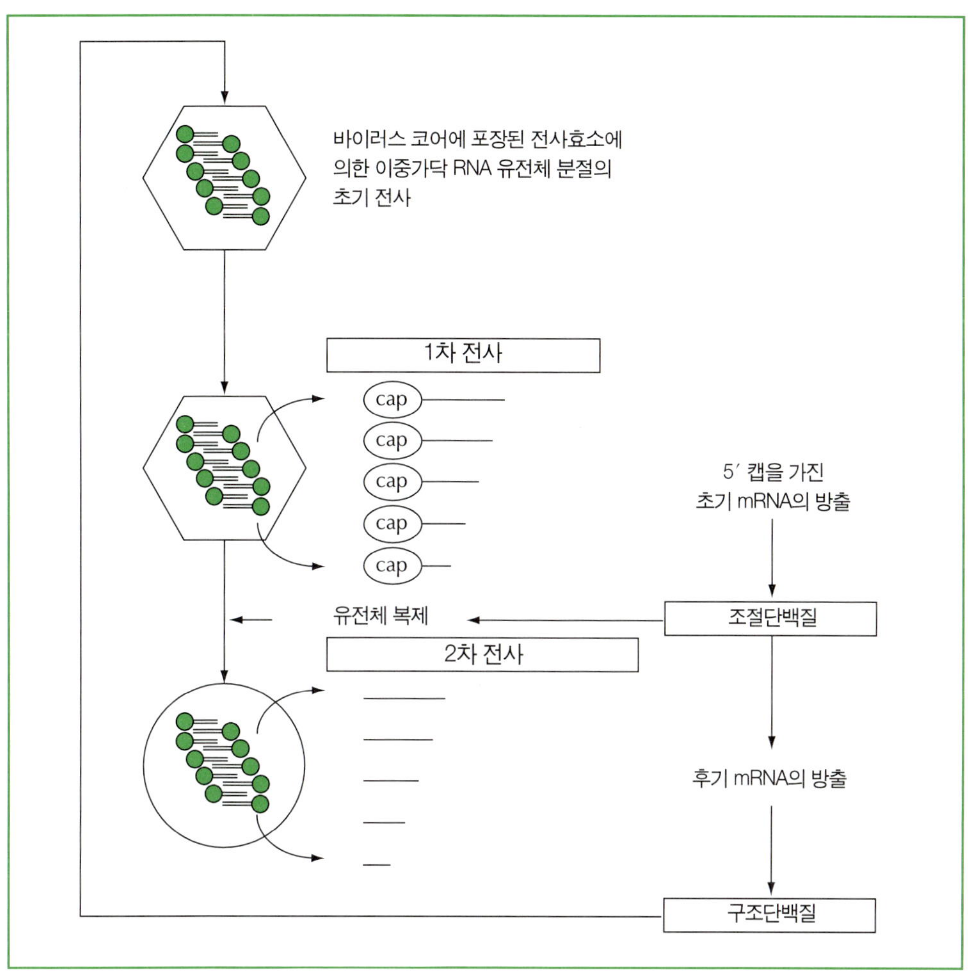

그림 5.6 Reovirus 유전체의 발현은 모든 바이러스의 입자 안에 포장된 전사효소에 의해 시작된다. 연속되는 각 과정은 빈틈없이 조절되며, 구조단백질을 암호화하는 후기 mRNA의 발현은 앞서 일어난 유전체 복제에 의존적이다.

표 5.2 Reovirus 입자에 있는 효소

활성도	바이러스 단백질	암호화된 유전체 분절
d/s RNA-의존성 RNA 중합효소(pol)	λ3	L3
RNA 삼인산 분해효소	μ2	M1
구아닐전달효소	λ2	L2
메틸전달효소	λ2	L2
헬리카아제	λ1	L1

1. 바이러스의 유전정보 전체를 포함하고 있는 폴리프로틴(polyprotein)을 생산하는 것. 폴리프로틴이 단백질 가수분해효소에 의해 절단되어 전구체나 성숙된 최종 단백질로 완성된다. 이 절단은 유전정보 발현의 섬세한 방법 중 하나이다. 절단위치를 바꿔 자르는 대체성 절단(alternative cleavages)은 특히 picornavirus와 potyvirus의 전구체로부터 다른 성질을 갖고 있는 다양한 단백질을 생성한다(그림 5.7). 각 유전체 분절로부터 독립된 폴리프로틴을 생산하더라도 다입자성 유전체를 갖고 있는 특정 식물바이러스는 유전자 발현조절에 대하여 매우 비슷한 전략을 이용한다. 이 부분에서 가장 잘 연구된 것은 comovirus이며, 이 바이러스의 유전체 구조는 picornavirus와 매우 비슷하고, comovirus는 상과(superfamily)의 다른 구성원이다(그림 5.7).

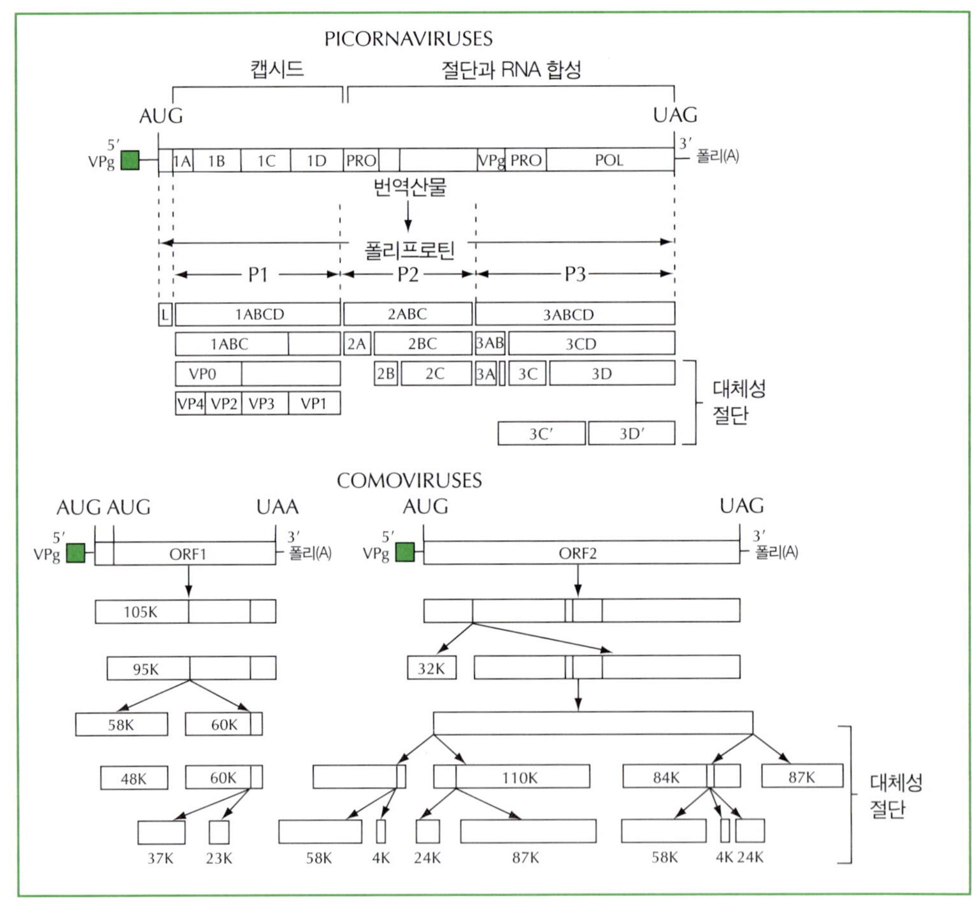

그림 5.7 양성(+) RNA 바이러스의 유전체는 종종 하나의 긴 폴리프로틴으로 번역되며 바이러스가 암호화하는 특이성이 높은 단백질 분해효소가 이 폴리프로틴을 절단하여 성숙된 폴리펩티드를 생성한다.

2. 준유전체성(subgenomic) mRNA의 생성. 이 바이러스에서는 2회 이상의 유전체 전사가 일어난다. 이 전략은 복제의 초기와 후기에 필수적인 시간적 분리를 달성하기 위하여 사용되며, **복제효소**(replicase)를 포함하는 비구조단백질은 초기 단계에 생성되고 이어서 구조단백질이 후기 단계에 생성된다(그림 5.8). 위에서 폴리프로틴이 전체 유전체를 포함하는 대신, 각 단계에 생성되는 단백질들은 바이러스 유전체의 일부에서 만들어지더라도 폴리프로틴 전구체를 단백질 분해하여 만들 수도 있다. 특히 togavirus와 tymovirus의 단백질 분해과정은 각 분해 단계에서 폴리펩티드들을 다른 비율로 조절하는 기회를 부차적으로 제공한다. 이러한 전략 외에도 어떤 바이러스는 대체 폴리펩티드를 생성하는 또 다른 전략을 고용하며 준유전체성(subgenomic) mRNA, TMV와 같은 tobamovirus에서 나타나는 종결

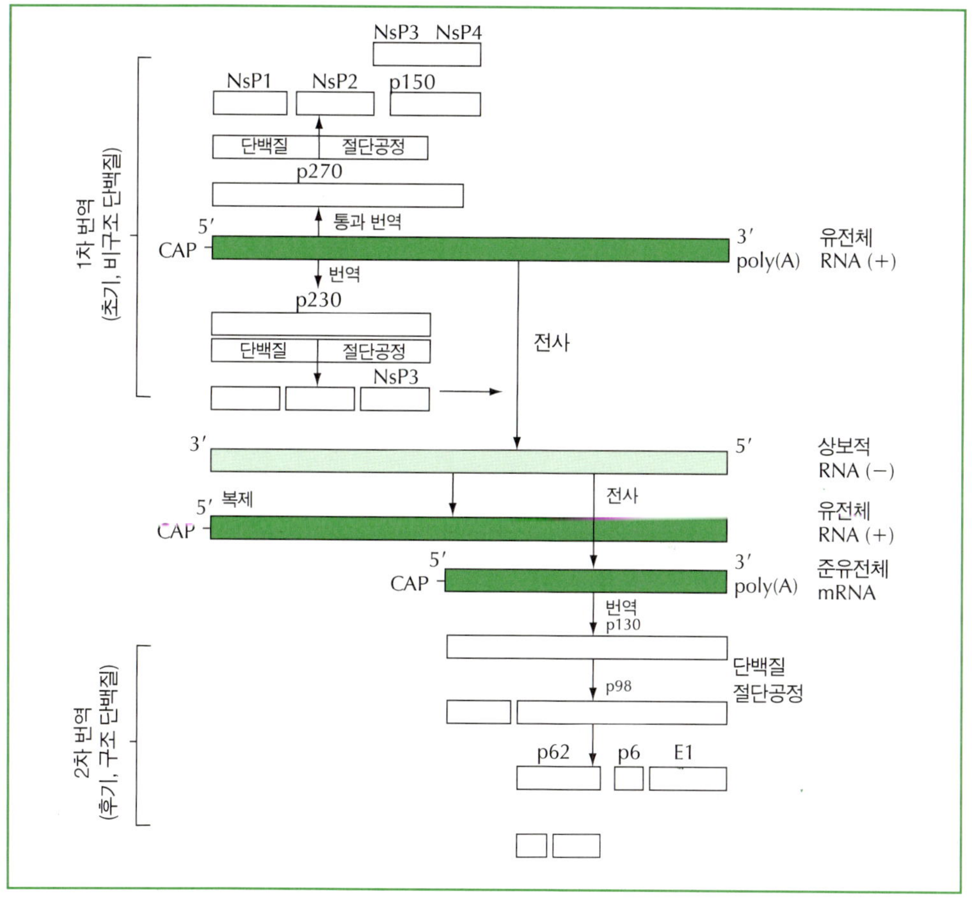

그림 5.8 어떤 양성(+) RNA 바이러스 유전체(예: togavirus)는 복제의 후기 단계에 준유전체(subgenomic) mRNA의 생산성을 포함하며 2차에 걸쳐 분리된 번역에 의해 발현된다.

코돈에서의 '누출성(leaky)' 번역에 의한 통과번역(read-through) (그림 3.12), 특정 부위에서 일어나는 고의적인 리보솜 틀이동(frame-shift) 등이 있다(아래, 전사 후 발현조절 참조).

이 유형에 속한 모든 바이러스들은 각각의 바이러스성 단백질의 비율과 복제 주기 중 각 단백질이 합성되는 시기 등에서 유전자 발현의 조절을 허용하는 메커니즘을 진화시켜 왔다. 위에 언급된 DNA 바이러스의 두 유형나 숙주 세포를 비교하면, 이 메커니즘들은 숙주세포와는 매우 독립적으로 작동한다. 바이러스의 성공 여부는 지금껏 밝혀진 다양한 대표 바이러스들의 수와 그들이 감염하는 다양한 숙주들의 숫자에 의해 결정되기 때문에, 이 전략의 힘과 유연성은 이 그룹에 속한 바이러스의 전반적인 성공의 수준을 매우 명확하게 반영한다.

V형: 단일가닥 음성(−) RNA

3장에서 토의한 바와 같이, 이 바이러스들의 유전체는 분절되었거나 하나의 분자이다. 분절된 orthomyxovirus 유전체의 복제에서 첫 단계는 바이러스와 결합된 RNA-의존성 RNA 중합효소에 의한 음성(−) vRNA로부터 (우선적으로) 모노시스트론 mRNA를 전사하는 것이다. mRNA는 뒤이은 유전체 복제에 대한 주형으로도 사용된다(그림 5.9). RNA 유전체를 복제하고 전사할 수 있는 어떠한 효소도 숙주세포에는 없기 때문에, 음성(−) RNA를 갖고 있

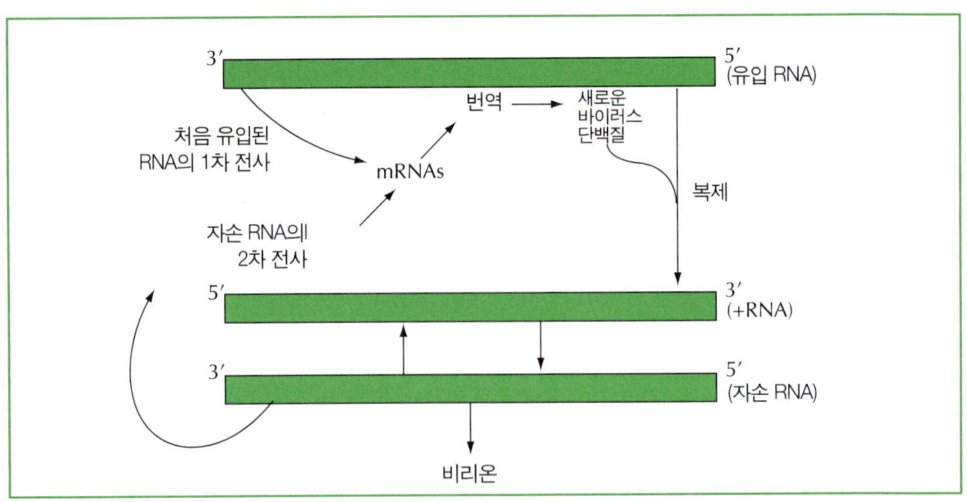

그림 5.9 음성(−) RNA 바이러스 유전체의 발현에 대한 일반화된 모식도.

는 모든 바이러스들은 바이러스-특이성 **전사효소/복제효소**를 바이러스 **뉴클레오캡시드**(nucleocapsid)에 포장하는 것이 필수적이다.

비분절 유전체를 갖고 있는 다른 바이러스 과에서도 모노시스트론 mRNA가 생성된다. 이 정보 핵산은 하나의 긴 음성(−) RNA 분자로부터 합성되어야 하는데 정확히 어떻게 이것이 성취되는 지는 아직 명확하지 않다. 전장(full length)의 전사물 하나가 전사 후에 절단되어 분리된 mRNA를 생성할 수 도 있겠지만, 바이러스의 개별 유전자 사이에 존재하는 보존적 유전자 개재 염기서열이 조절하는 전사 개시/종결 메커니즘에 의해 개별적으로 mRNA가 생성되는 것이 좋다(3장). 이 바이러스들은 세포질에서 증식하기 때문에 **이어맞추기**(splicing) 메커니즘은 사용될 수 없다.

겉으로 보면, 이와 같은 유전자 발현 설계로는 서로 다른 단백질의 상대적인 양적 조절에 대한 기회가 바이러스에게 거의 없는 것처럼 보일 수도 있다. 이것이 사실이라면, 모든 바이러스들은 각각의 **바이러스 입자**를 생성하기 위하여 비구조단백질(예: 중합효소)보다 구조단백질(예: **뉴클레오캡시드** 단백질)이 훨씬 많이 필요하기 때문에 이것은 중대한 약점이 될 수 있다. 실질적으로, 서로 다른 단백질의 비율은 전사중 및 전사 후의 모든 단계에서 조절된다. Paramyxovirus에서는 바이러스 유전체의 3′-말단 쪽 전사물이 5′-말단 쪽 전사물에 비하여 더 많으며, 이것은 유전체의 5′ 말단에 존재하는 비구조단백질보다 3′ 말단에 존재하는 구조단백질이 훨씬 많이 합성되는 결과를 낳는다. 이와 비슷하게 **모노시스트론** mRNA 생성의 이점은 각각의 정보에 대한 번역 효율이 다른 것들에 대하여 상대적으로 달라 질 수 있다는 것이다(아래, 전사후 발현조절 참조).

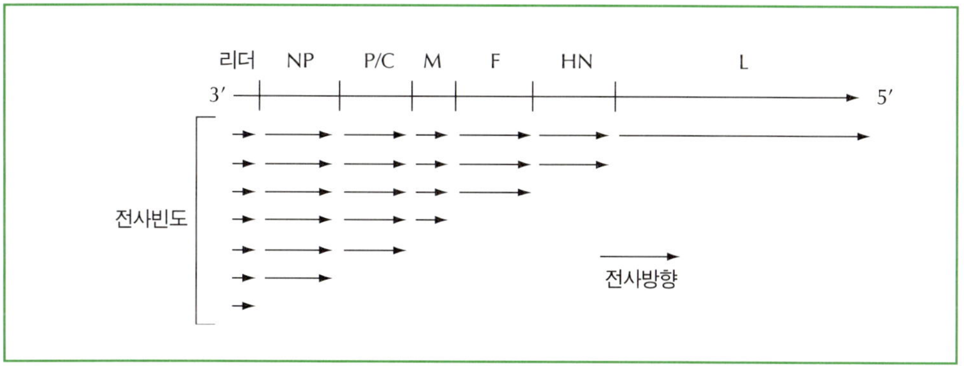

그림 5.10 Paramyxovirus 유전체는 전사 극성을 나타낸다. 생산되는 구조(3′말단 유전자)와 비구조(5′말단 유전자) 단백질의 상대적 양의 조절을 허용하기 위하여, 바이러스 유전체 3′말단에 있는 유전자의 전사물은 유전체의 5′말단에 있는 유전자에 비해 더 많이 생성된다.

VI형: DNA 중간체를 갖는 단일가닥 양성(+) RNA

Retrovirus는 아마도 숙주세포 전사기구에 의존하는 궁극적인 사례일 것이다. RNA 유전체는 DNA를 만들기 위한 역전사의 주형이 되며, 이 유전체는 숙주세포로 들어가서 mRNA로 사용되지 않는 유일한 양성(+) RNA 유전체이다(3장). 숙주세포 유전체에 삽입된 후, DNA **프로바이러스**는 숙주세포의 조절을 받게 되고 다른 세포성 유전자와 동일하게 전사된다. 그러나 어떤 retrovirus는 자신들의 유전 정보의 발현을 조절할 수 있게 하는 수많은 전사 및 전사후 메커니즘을 진화시켜 왔으며, 이 내용은 이 장의 뒷 절에서 상세하게 다룰 것이다.

VII형: RNA 중간체를 갖는 이중가닥 DNA

이 바이러스의 유전체 발현은 복잡하고 비교적 덜 알려졌다. Hepadnavirus는 압축된 유전체에 가능한 많은 유전정보를 담도록 잘 고안된 겹친 번역틀(overlapping reading frame)을 여럿 갖고 있다. X-유전자는 HTLV Tax 단백질과 비슷한 *트랜스*-활성 전사단백질을 암호화한다. 최소한 두 개의 mRNA가 독립적인 **프로모터**로부터 생성되고, 각각은 몇몇 단백질을 암호화하며 이 중에 큰 것은 바이러스 입자형성 동안에 역전사를 위한 주형으로 사용된다(3장). Hepadnavirus와 비슷하게 caulimovirus도 35S와 19S의 두 주요 전사물을 생산하지만, 이 바이러스 유전체의 발현은 마찬가지로 복잡하다. 각 전사 몇몇의 폴리펩티드를 암호화하고 35S 전사물은 바이러스 유전체 형성 과정에서 역전사를 위한 주형으로 사용된다.

발현의 전사 조절

각기 다른 바이러스 집단들이 유전자 발현을 조절하기 위하여 사용하는 일반적인 전략을 살펴보았기 때문에 이 장의 나머지 부분은 위에 언급된 특정 바이러스의 예를 들어 보다 상세한 설명에 집중될 것이며, 먼저 *Polyomaviridae* 구성원인 SV40의 전사 조절부터 살펴 보자. SV40처럼 상세하게 연구된 바이러스나 세포 **유전체**는 없다. SV40은 오랫동안 **진핵세포** 전사 메커니즘과 특히, DNA 복제(6장 참조)에 대한 연구의 좋은 재료였다. 이런 의미에서 SV40는 진핵세포의 박테리오파지 람다에 해당한다. SV40 유전체의 복제와 전사는 시험관에서도 일어나며, 이 두 과정에 관여하는 바이러스성 및 세포성 DNA-결합단백질 모두가 밝혀졌다. SV40의 유전체는 단백질 크기에 따라 큰 항원과 작은 항원으로 알려진 두 개의 T-항원(tumor antigen)을 암호화한다(그림 5.11). SV40 이중가닥 DNA의 유전체 복제는 숙주세포의 핵 안에서 일어난다. 유전체의 전사는 숙주세포 RNA 중합효소 II에 의해 이뤄지며, '큰' T-항원이 바이러스 유전체의 전사조절에 중요한 역할을 한다. '작은' T-항원은 바이러스 복제에 필수적이지 않으나, 바이러스 DNA가 핵 내에 축적되도록 돕는다. 두 단백질은 모두 핵 내로 이동할 수 있도록 하는 핵 위치 신호(nuclear localization signal)를 갖고 있으며, 세포질에서 합성된 후 핵 내로 이동한다.

SV40이 허용성 세포(permissive cell)에 감염된 직후, **증진자** 전사 강화 요소(72 염기쌍 반복)를 갖고 있는 **프로모터**로부터 초기 mRNA가 발현되고, 새로 감염된 세포내에서 바이러스 유전자의 발현이 활성화된다(그림 5.12). 합성되는 초기 단백질은 두 개의 T-항원이다. 큰 T-항원의 농도가 핵에서 증가함에 따라, 바이러스 유전체의 복제 개시 부위에 T-항원이 직접적으로 결합하게 되면 더 이상의 초기 유전자 전사는 억제되고 궁극적으로는 감염 후기 단계로의 전환을 유도한다. 앞에서 언급한 것처럼, 큰 T-항원은 유전체의 복제에도 필요하며 이것은 7장에서 논의될 것이다. DNA 복제가 일어난 후에, 후기 프로모터로부터 후기 유전자의 전사가 일어나고 구조단백질 VP1, VP2 및 VP3이 합성된다. 그러므로 유전체의 전사 조절에서 SV40 T-항원의 역할은 스위치에 비교된다. 이 체계를 박테리오파지 람다 유전자 발현 조절 설명과 비교해 보자.

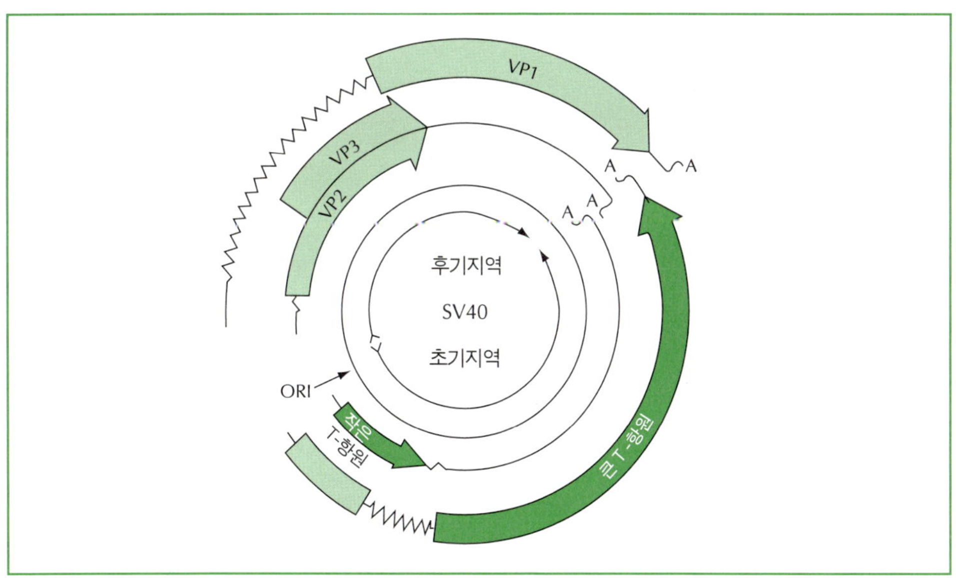

그림 5.11 SV40 유전체의 구성과 단백질-암호화 잠재력.

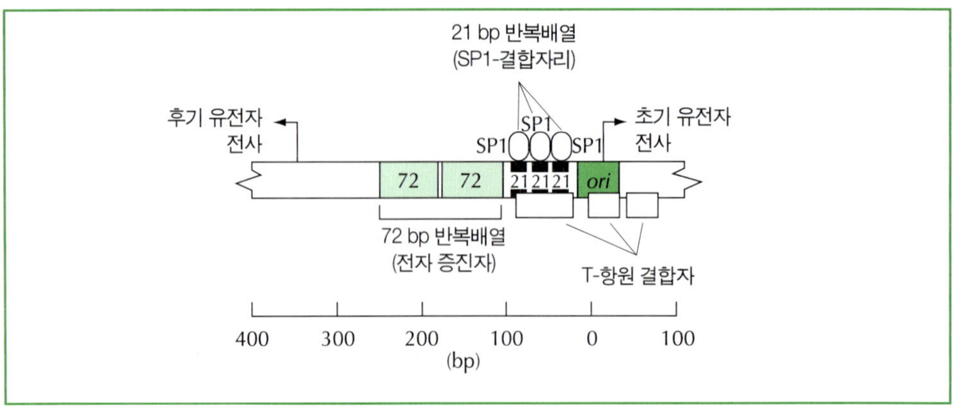

그림 5.12 SV40 유전체의 전사 조절.

바이러스 전사조절 중에서 많은 관심이 집중된 곳은 사람의 retrovirus인 human T-cell leukemia virus (HTLV)와 human immunodeficiency virus (HIV)이다. 3장에서 설명한 것처럼 통합된 DNA **프로바이러스**는 retrovirus RNA **유전체**가 역전사되어 형성된다. 이 바이러스들의 LTR(long terminal repeat)에 있는 세포성 전사인자에 대한 수많은 결합자리의 존재는 DNAse I 풋프린팅(footprinting)과 겔-이동(gel-shift) 분석에 의해 확인되었다(그림 5.13). '원거리' 요소(NF-κB와 SP1의 결합부위)와 '근거리' 요소(TATA 상자)가 함께 LTR의 U3 부위에서 기능적 프로모터를 형성한다(3장). 그러나 이 **프로모터** 자체의 기본적인 활성은 비교적 약하여 RNA 중합효소 II에 의한 프로바이러스 유전체의 전사는 극히 제한적으로 일어난다. HTLV와 HIV 모두 전사를 양성 조절하는 ***트랜스-활성*** 단백질, HTLV의 Tax 및 HIV의 Tat 단백질을 암호화한다(그림 5.14). 이 단백질들은 바이러스 LTR로부터의 전사를 프로모터 기본값의 50~100배로 증가시킨다. SV40의 T-항원과 초기 프로모터 사이의 작용과는 다르게 Tax나 Tat(서로가 구조적으로 비슷하지 않다) 중 어느 것도 LTR에 직접적으로 결합하지는 않으며 최근에야 이들의 작용 메커니즘이 밝혀졌다.

HTLV Tax는 LTR 상에 GC 잔기가 풍부한 세 조의 21-bp로 구성된 CRE(cyclic AMP-반응요소) 서열에 직접적으로 결합한다. 그러나 Tax는 또한 다른 세포성 전사 인자(예: p105, 전사인자 NF-κB의 불활성 전구체)의 상당수와 단백질-단백질 상호 작용을 보여준다. NF-κB는 림프 세포에서 전사와 면역 활성의 조절에 중심적인 역할을 한다. NF-κB의 안티센스 저해(antisense inhibition)는 생쥐에 이식된 Tax-형질전환 종양을 제거하는 것으로 나타났으며, 이는 Tax 기능에 대한 이 단백질의 중요성을 가리키는 것이다. Tax *트랜스*-활성의 불규칙적인 성질은, 염기성 도메인인 루신 지퍼(leusine zipper) 부위를 통하여 DNA에 결합하는 bZIP 단백질의 이량체 형성이 Tax에 의해 강화된다는 보고를 통해서도 알 수 있다. 이런 부류의 단백질에는 HTLV **유전체**의 전사에 관련되는 것으로 알려진 수많은 인자들이 포함된다. 이 단

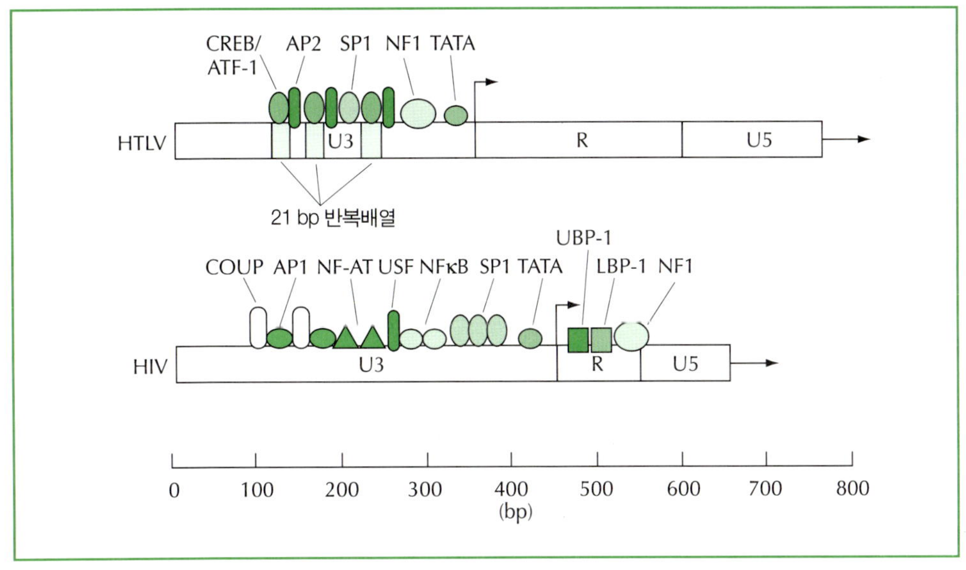

그림 5.13 Retrovirus의 LTR과 상호작용하는 세포성 전사인자. 이 세포성 DNA-결합 단백질들은 LTR의 U3에 있는 프로모터로부터 전사의 기저 수준과 트랜스-활성화된 수준 둘 다를 조절하는 데에 관련되어 있다.

백질 인자들의 이량체 형성은 DNA 결합과 전사의 활성에 필요하고, Tax는 DNA가 없더라도 이량체 형성을 촉진시킨다.

HIV Tat 단백질은 LTR로부터 전사된 mRNA의 5′ 말단에 있는 줄기-고리(stem-loop) 구조인 TAR(*trans*-activation response) 요소에 결합한다. Tat와 상호작용하는 방법이 명확하게 규명되지 않았지만 몇몇 세포성 단백질도 역시 TAR에 결합한다. Tat는 RNA 중합효소의 신장 조절을 통한 바이러스 유전자 발현 조절이 확실히 밝혀진 첫 번째 사례이다. Tat가 없어도 LTR로부터의 전사개시는 효율적이지만, 프로모터에 중합효소 복합체가 미성숙 상태로 결합하기 때문에 중합효소 복합체는 DNA 주형으로부터 쉽게 떨어져 나가는 약한 진행성이 되어, 전사는 종종 불완전하게 진행된다. TAR에 Tat이 결합되어 있는 경우, 제대로 된 전사개시복합체가 형성되어 HIV 유전체의 완전한 전사물을 합성한다.

HTLV Tax와 HIV Tat 단백질들의 합성은 이 두 단백질에 의해 활성화되는 프로모터에 의존하기 때문에, 이들은 **프로바이러스** LTR에 있는 기본 프로모터의 양성 조절자이고 바이러스 조절에 따르게 된다(그림 5.15). 이는 조절이 되지 않는 양성 되먹임(positive feedback)의 결과를 가져오기 때문에, 그 자체적으로는 유지될 수 없는 체계이다. 양성 되먹임은 **용해성**

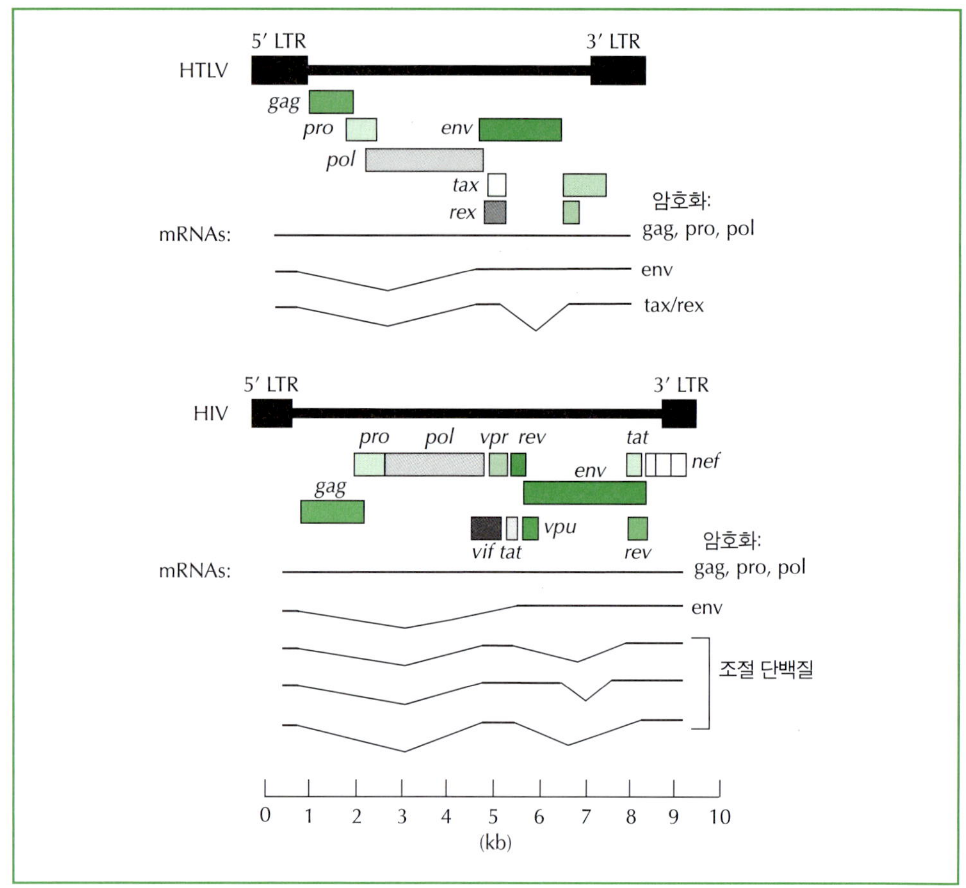

그림 5.14 HTLV와 HIV 유전체의 발현.

복제 회로에서는 받아들여질 수 있으나, 숙주세포 유전체 내로 통합되는 retrovirus에게는 적절하지 않다. 그러므로 이 바이러스들은 HTLV의 Rex나 HIV의 Rev와 같은 추가적인 단백질을 암호화하며, 이들은 각각 전사 후 수준에서 유전자 발현을 좀 더 조절한다(전사후 발현 조절을 보시오).

전사 조절은 모든 바이러스 복제에서 중요한 단계로서 긴밀하게 조절된다. SV40와 같이 가장 간단한 바이러스 **유전체**조차도 자신의 전사를 조절하는 단백질을 암호화한다. 많은 바이러스의 유전체는 세포성 전사기구를 변형시키거나 직접 작용하는 ***트랜스-활성*** 단백질을 암호화하고 있다. 이런 예로는 앞에서 언급한 HTLV와 HIV 뿐만 아니라, hepadnavirus의 X-단백질, parvovirus의 Rep 단백질, adenovirus의 E1A 단백질 및 herpesvirus의 즉시-초기 단백질들이 포함된다. RNA 바이러스 유전체의 발현도 마찬가지로 빈틈없이 조절되지만, 이

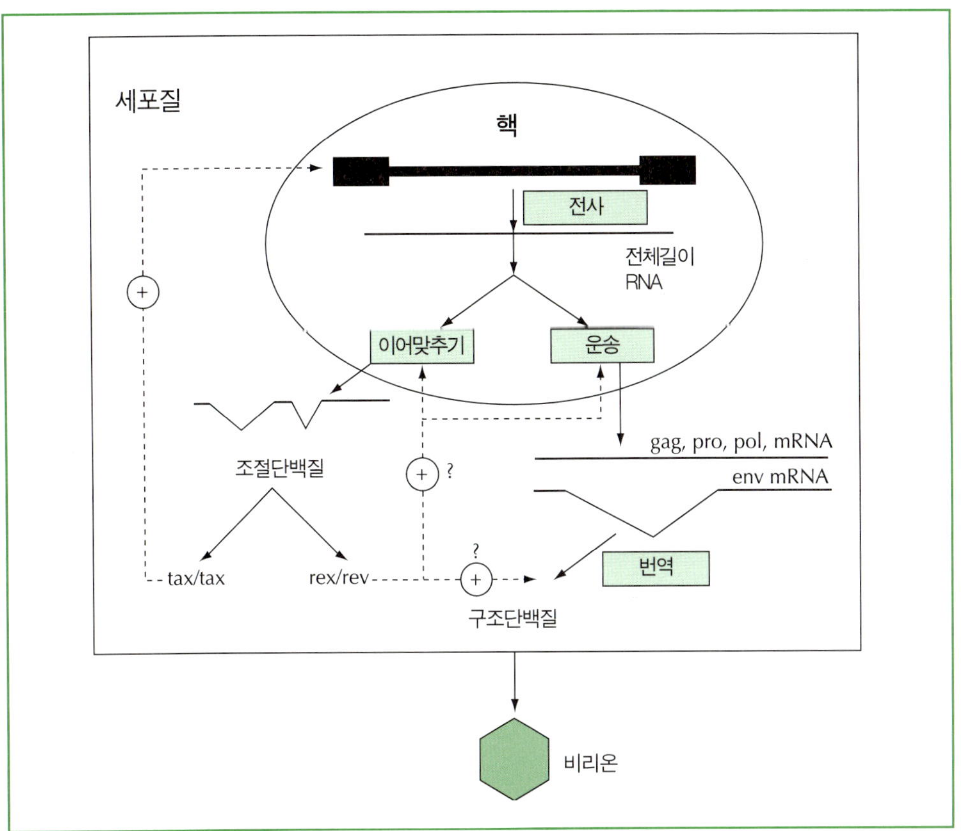

그림 5.15 바이러스에 의해 암호화된 단백질에 의한 HTLV와 HIV 유전자 발현의 *트랜스*-활성 조절. Tax와 Tat 단백질(HTLV와 HIV의 각각으로부터)은 전사 수준에서 작용하고 모든 바이러스 유전자의 발현을 촉진시킨다. Rex(HTLV)와 Rev(HIV) 단백질은 전사 이후에 작용하고 비리온(성숙된 바이러스) 단백질과 조절 단백질 사이의 발현 균형을 조절한다.

과정은 바이러스성 **전사효소**에 의해 수행되고 아직 연구가 덜 되어 있으며 DNA 유전체의 전사보다는 이해가 부족하다.

발현의 전사후 조절

전사과정 그 자체의 조절에 더하여, 바이러스 유전정부의 발현은 1차 RNA 전사물이 형성과 종결된 폴리펩티드의 완성 사이에 다수의 조절 전략이 추가되어 있다. 일반화된 정교한 조절이 많이 있으며, 유전체로부터 단백질로 이어지는 유전정보의 흐름을 조절하기 위하여 바이러스에 의해 이용되는 다양한 mRNA의 서로 다른 안정성과 같은 것들이 여기에 포함된다. 그러나 이 절에서는 잘 알려진 전사 후 조절의 특이적 예 몇 가지만을 소개 할 것이다.

핵에서 복제하는 많은 DNA 바이러스는 세포의 이어맞추기(splicing) 메커니즘에 의해 번역되기 전에 **인트론**을 제거해야 하는 mRNA를 암호화한다. 번역되기 위해 핵을 떠나기 전, 핵의 기구에 의한 mRNA의 가공 공정이 필요하기 때문에 이런 유형의 변형은 단지 핵에서 복제되는 바이러스에게만 적용된다. 그러나 몇몇 바이러스 과는 그들의 유전체에 보다 많은 유전정보를 압축하기 위하여 이러한 숙주세포의 기능적 이점을 취한다. 이처럼 이어맞추기에 의존하는 가장 좋은 예는 parvovirus이다. 이 바이러스는 감염된 세포의 세포질에서 발견되는 **이어맞추기**와 폴리(A) 꼬리가 부착된 다양한 전사물을 생성하며, 이를 이용하여 불과 5 kb 유전체로부터 많은 종류의 단백질을 생산할 수 있게 된다(그림 5.5). 이러한 전략은 SV40와 같은 polyomavirus도 비슷하다(그림 5.11). 대조적으로, herpesvirus는 커다란 유전 용량 덕분에 대부분 이어맞추기가 필요 없는 **모노시스트론**(monocistron) mRNA의 생산이 가능하고, 각각의 mRNA는 그 자신의 **프로모터**로부터 발현되기 때문에 필요한 종류의 단백질을 생산하기 위한 광범위한 이어맞추기가 불필요하다.

바이러스 mRNA의 **이어맞추기**가 가장 잘 연구된 예 중 하나는 adenovirus 유전체의 발현이다(그림 5.16). Adenovirus **유전체**의 몇몇 그룹은 전구체인 **hnRNA** 전사물의 서로 다른 이어맞추기를 통하여 발현된다. 이것은 감염 즉시 발현되는 **트랜스-활성** 조절 단백질을 암

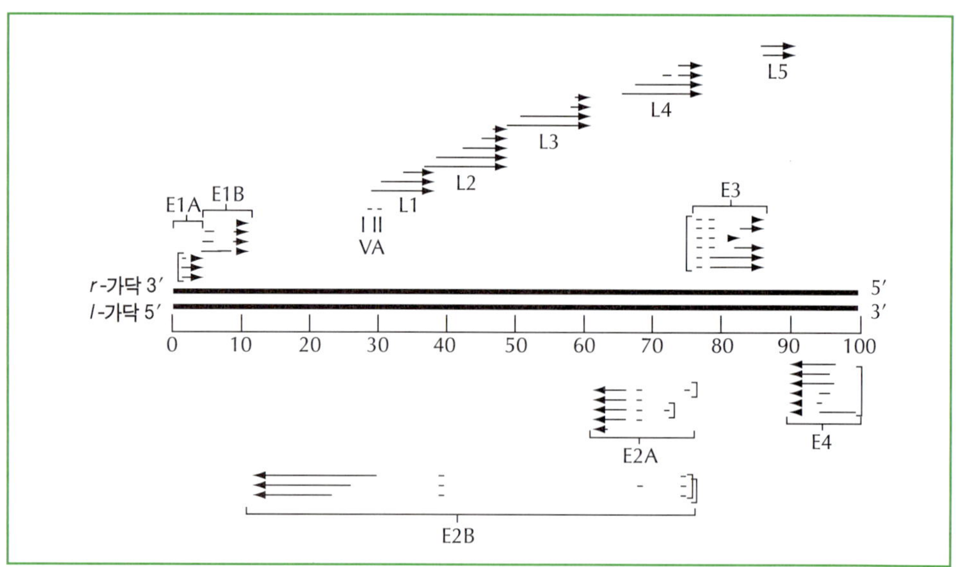

그림 5.16 Adenovirus의 전사. 화살표는 바이러스 유전체에 있는 바이러스 단백질 그룹을 생산하기 위하여 이어맞추기(splicing)에 의해 연결되는 엑손을 보여준다.

호화하는 유전자에서 특히 잘 나타난다. 첫 번째 발현되는 E1A와 E1B는 adenovirus 유전체의 왼쪽 말단에 있는 *r*-가닥의 전사 단위에 암호화되어 있다(그림 5.16). 이 단백질들은 1차적으로 위에서 설명한 Tax와 Tat 단백질에 비견되는 *트랜스*-활성 전사단백질이지만, 또한 adenovirus-감염 세포의 **형질전환**에도 관여한다(6장). 폴리(A)가 붙어있고 이어맞추기가 완성된 mRNA 다섯 종류(13S, 12S, 11S, 10S, 9S)가 생산되며, 이 mRNA들은 E1A와 관계가 있는 폴리펩티드 다섯 종류를 암호화한다(각각은 289, 243, 217, 171 및 55 개 아미노산으로 구성)(그림 5.17). 이 단백질들은 모두 동일한 번역틀로부터 번역되고 동일한 아미노 말단과 카르복시 말단을 갖는다. 그들 사이의 차이는 E1A 전사 단위의 각기 다른 이어맞추기의 결과로서 중요한 기능적 차이를 낳는다. 289개와 243개 아미노산 펩티드는 전사 활성인자이다. 이 단백질들이 adenovirus의 모든 초기 프로모터에서 전사를 활성화 시키지만, TATA 상자를 포함하고 있는 RNA 중합효소 II-반응 프로모터의 대부분은 불규칙적으로 활성화되는 것이 발견 되었다. 프로모터 모두에 존재하는 명확한 공통서열이 없으며, E1A가 DNA에 직접적으로 결합한다는 증거도 없다. 서로 다른 혈청형의 E1A 단백질들은 CR1, CR2, 및 CR3 세 개의 보존된 영역을 갖고 있다. E1A 단백질들은 1차적으로 세 개의 보존된 영역과의 결합을 통하여 다른 많은 세포성 단백질들과 상호 작용한다. 기본 전사 기구의 구성물과 결합하여, 상단부 프로모터와 증진자 서열에 결합하는 활성화 단백질과 DNA-결합 인자의 활성도를 조절하는 조절 단백질인 E1A는 전사를 활성화할 수도 있고 억제할 수도 있다.

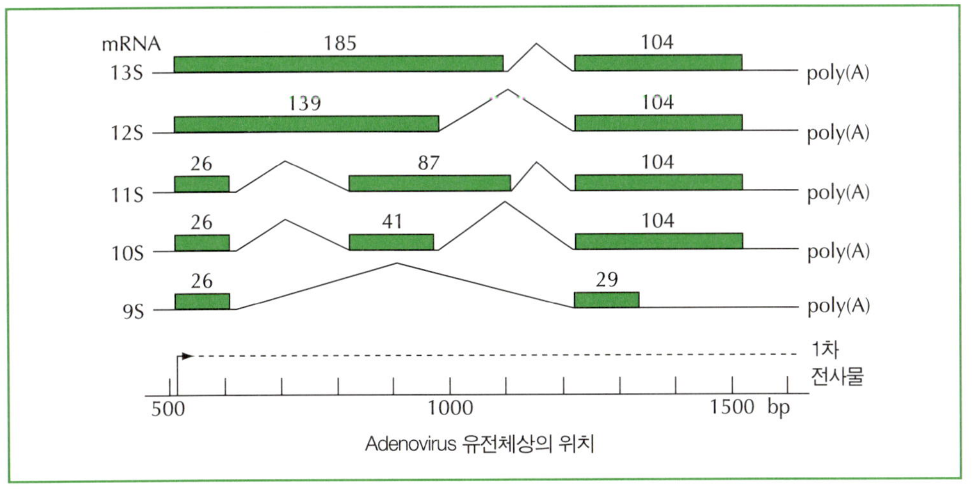

그림 5.17 Adenovirus E1A 단백질의 발현. 각각의 박스위에 제시된 숫자는 각각의 엑손에 의해 암호화되는 아미노산의 개수이다.

E1A의 합성은 adenovirus 다른 초기 유전자, E1B, E2, E3 및 E4의 전사를 촉발하여 전사 활성화의 단계적 연쇄반응을 시작한다(그림 5.16). 바이러스 **유전체**가 복제된 후에, 이 단계적 연쇄반응은 실질적으로 구조단백질을 암호화하는 후기 유전자의 전사를 유도한다. DNA 바이러스의 즉시-초기(immediate early) 유전자는 전형적으로 강력한 **증진자**(enhancer) **요소**를 프로모터 상단부에 갖고 있다. 새로이 감염된 세포에는 바이러스 단백질이 없기 때문에 증진자는 바이러스 유전체 발현의 즉각적인 시작에 필요하다. 합성된 즉시-초기단백질들은 다른 유전자들의 발현을 시작하는 전사 활성인자이고, E1A는 정확하게 이와 같은 방법으로 기능을 발휘한다. 그러나 E1A가 그 자신의 프로모터를 *트랜스*-활성화시키더라도, 고농도로 존재할 경우에는 상단부 증진자 요소의 기능을 억제하여 그 자신의 발현을 하향 조절한다(그림 5.18).

유전자 발현이 조절될 수 있는 다음 단계는 핵으로부터 mRNA가 수송되는 동안과 세포질에서 우선적으로 번역되는 동안이다. 이런 현상이 가장 잘 연구된 사례 또한 adenovirus이다. VA(virus-associated) 유전자는 두 개의 작은(약 160 뉴클레오티드) VA RNA를 암호화하고, 이 VA RNA는 바이러스 복제 후기 동안에 RNA 중합효소 III(정상적으로 5S RNA와 tRNA와 같은 작은 RNA를 전사)에 의해 유전체의 r-가닥으로부터 전사된다(그림 5.16). VA

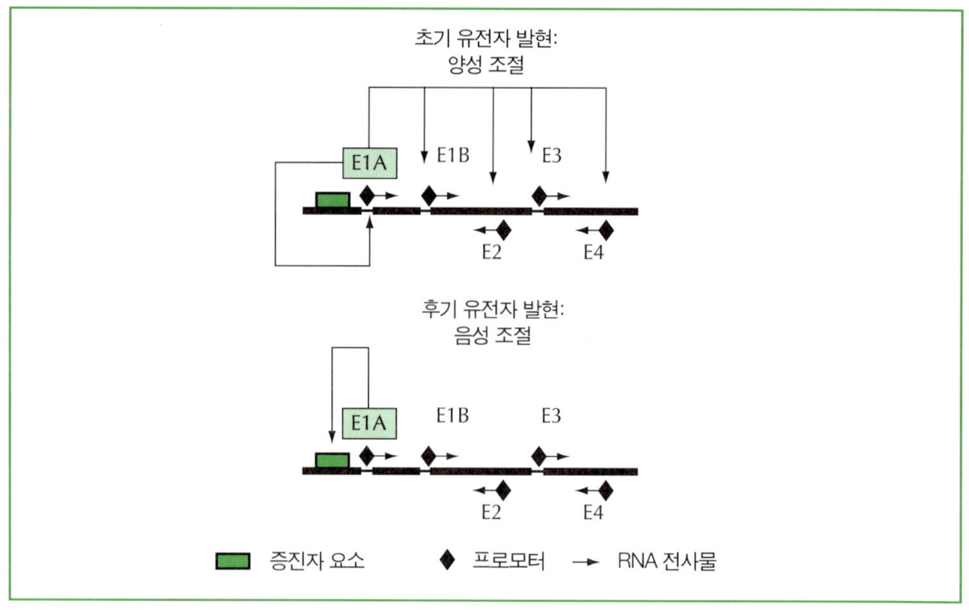

그림 5.18 Adenovirus 유전자 발현의 조절.

RNA I과 VA RNA II 둘 다 고도의 2차 구조를 갖고 있고, 어느 것도 폴리펩티드를 암호화하지 않는다는 점에서 tRNA와 비슷하며, adenovirus가 감염된 세포의 세포질에 다량으로 축적된다. 두 RNA 분자들이 작용하는 방식은 완전히 밝혀지지 않았으나, 이들의 순수한 효과는 adenovirus 후기 단백질의 합성을 증대시키는 것이다. 세포의 바이러스 감염은 인터페론의 생산을 촉진한다(6장). 인터페론 작용 중의 하나는 번역의 개시를 억제하는 세포성 단백질 인산화효소 PKR을 활성화시키는 것이다. VA RNA I은 이 인산화효소에 결합하여 그들의 활성도를 억제하며, 따라서 번역 억제 효과를 없애준다. 세포에 대한 인터페론의 효과는 일반적이어서(6장에서 토의), 세포성 및 바이러스성 mRNA 모두의 번역을 억제한다. VA RNA들은 세포성 mRNA의 번역이 억제되어 있는 상태에서 adenovirus mRNA의 번역을 선택적으로 촉진시킬 수 있다.

앞에서 언급한 HTLV Rex와 HIV Rev 단백질은 바이러스의 특이적 mRNA의 선택적 번역을 촉진시키는 작용을 한다. 이 단백질들은 바이러스 **유전체**의 발현을 다양하게 조절하지만 알려진 것과는 달리 실제로 세포성 mRNA의 발현을 변화시키지는 않는다. 아미노산 서열은 별로 닮지 않았지만, 이 두 단백질은 비슷한 방법으로 기능하는 것으로 나타났으며, HTLV Rex 단백질은 기능적으로 HIV Rev 단백질을 대체할 수 있다. HIV와 HTLV 유전체에 있는 음성적-조절 서열은 감염된 세포의 핵 내에 바이러스 mRNA를 붙잡아둔다. 이 서열들은 Tax/Tat과 Rex/Rev를 코딩하는 mRNA로부터 제거된 **인트론** 부위에 존재한다(그림 5.14). 그러므로 이 단백질들은 감염 직후에 발현된다. Tat와 Tax는 바이러스 LTR로부터의 증폭된 전사를 촉진한다(그림 5.15). 그러나 이어맞추기가 일어나지 않거나 한번만 일어난 *gag*, *pol* 및 *env* 유전자 산물을 암호화하는 mRNA들은 단지 세포에 Rex/Rev 단백질이 풍부할 경우에만 발현된다. 이 두 단백질들은 핵에서 세포질로 이동하는 바이러스 mRNA의 수송을 증가시키는 핵 수송신호와 핵 위치신호를 둘 다 갖고 있기 때문에, 두 단백질 모두 mRNA의 특별한 염기서열이 형성하는 2차 구조와 결합하고 핵과 세포질 사이를 왕복하며 활동한다. mRNA는 세포질에서 번역되고, 바이러스 입자의 형성 시기에는 바이러스 유전체로서 포장된다.

각각의 mRNA들이 번역되는 효율은 상당히 다르다. 이는 mRNA의 안정성과 2차 구조를 포함하는 여러 가지 요인들에 의해 결정되지만, 특히 중요한 요인 하나는 리보솜에 의해 인식되며 개시코돈 AUG를 둘러싸고 있는 특이적 염기서열이다. 서열 내에 변이가 있기는 하지만, 번역을 시작하기 가장 좋은 서열은 GCC(A/G)CCAUGGG이다. 수많은 바이러스가 하나의 mRNA로부터 합성되는 단백질의 양을 조절하기 위하여 이 서열의 변이를 사용한다. 그 예로 이어맞추기(splicing)를 두 번 거친 2.1-kb의 mRNA상에 겹친 번역틀로서 암호화되어 있는 HTLV의 Tax와 Rex 단백질이 있다(그림 5.14). Rex 단백질의 AUG 개시 코돈은 Tax 개시코돈의 상단부에 있으나, Tax AUG의 주변 서열에 비해 번역개시의 선호도가 낮다. 리보솜은 번역을 시작하기 전에 mRNA를 따라 검색을 하며, 이는 '누출성 검색(leaky scanning)' 메커니즘으로 알려져 있다. 그러므로 두 단백질이 동일한 mRNA 상에 암호화되어 있다하더라도, HTLV에 감염된 세포 내의 Rex 단백질은 상대적으로 Tax 단백질보다 상당히 적다.

Picornavirus **유전체**는 번역개시의 조절에 대한 대체 메커니즘을 보여준다. 이 유전체는 유전적으로 경제적인 구성을 하고 있지만(즉, 대부분의 ***시스-활성*** 조절 요소를 폐기하고 단일 **폴리프로틴**으로 모든 암호화 능력을 발현한다), 한편으로는 전체 유전체의 10%에 해당하는 매우 긴 비번역 부위를 5′ 말단(5′ NCR, non coding region)에 갖고 있다. 이 서열은 복제에 관여하고, 아마도 바이러스 유전체의 포장에도 관여할 것이다. 대부분의 세포성 mRNA의 번역은 리보솜이 RNA의 5′ 말단을 인식하고 RNA를 따라 염기서열을 검색하다가 개시코돈 AUG를 만나면 시작된다. 이와 같은 방법으로 번역되지 않는 picornavirus 유전체는 RNA의 5′ 말단에 캡이 없고, 세포성 mRNA와는 다른 방법으로 리보솜이 인식하며, VPg 단백질이 부착되어 있다(3장과 6장 참조). 리보솜에 의해 인식되지 않는 여러 개의 AUG 코돈이 폴리프로틴의 시작 상단부 5′ NCR에 있다. Picornavirus의 단백질 분해효소는 감염된 세포에서 번역개시 동안 mRNA 5′ 말단의 m7G 캡 구조에 결합하는 220-kDa 캡-결합 복합체(cap-binding complex, CBC)를 절단한다. 시험관에서 작위적으로 돌연변이 시킨 picornavirus mRNA와 폴리프로틴 ORF의 중간에 5′ NCR을 부가적으로 갖고 있는 바이시스트론(bicistron) picornavirus 유전체의 번역연구는 리보솜의 '착륙지' 또는 IRES (internal ribosome entry site)의 개념을 낳았다. 5′ 말단으로부터 RNA를 따라 검색해 가는 대신, 리보솜이 **IRES**를 통하여 RNA에 결합하고 내부 위치에서 번역을 시작한다. 이것이 바이러스 단백질의 번역을 조절하는 실질적인 방법이다. 극소수의 세포성 mRNA가 이 메커니즘을 사용하는 반면, picornavirus, hepatitis C virus, coronavirus 및 flavivirus를 포함한 다양한 바이러스가 이 메커니즘을 사용한다.

서로 다른 과에 속한 많은 바이러스들은 겹친 번역틀에서 상이한 폴리펩티드를 암호화함으로써 그들의 유전정보를 압축한다. 이 전략의 문제점은 정보의 번역에 있다. 만약에 각각의 폴리펩티드가 그 자신의 **프로모터**로부터 전사되는 각 **모노시스트론** mRNA로부터 발현된다면, 이를 조절하기 위한 ***시스-활성*** 염기서열이 부가적으로 필요하게 되어 유전정보의 압축으로 얻은 유전적 이익이 사라지게 된다. 더욱 중요한 점은, 서로 다른 여러 정보의 전사와 번역을 동등하게 조절하는 데에 문제가 있다. 그러므로 단일 RNA 전사물로부터 여러 개의 폴리펩티드를 발현하는 것은 매우 매력적인 전략이며, 위에서 설명한 예는 서로 다른 **이어맞추기**와 핵으로부터의 RNA 수송 조절이나 번역개시에 의해 조절될 수 있는 여러 개의 메커니즘을 보여주고 있다.

같은 목적을 달성하기 위하여 여러 바이러스 집단에 의해 사용되는 부차적인 메커니즘으로서 리보솜 틀이동(frame-shift)이 있다. 가장 잘 알려진 예는 retrovirus **유전체**이지만, 많은 바이러스들이 비슷한 메커니즘을 사용한다. 이와 같은 틀이동은 바이러스에서 처음 발견되었으나, **원핵세포**와 **진핵세포**에서도 일어나는 것으로 알려지고 있다. Retrovirus 유전체도 최소한 2 종류의 5′-캡, 3′-폴리(A) mRNA를 만들기 위하여 전사된다. 이어맞춰기가 끝난 mRNA는 **외막** 단백질을 암호화하고, HTLV와 HIV 등의 보다 복잡한 바이러스에서는 Tax/Tat 및 Rex/Rev와 같은 부속 단백질을 암호화한다. 이어맞추기가 일어나지 않은 긴 전사물은 *gag*, *pro* 및 *pol* 유전자를 발현하거나 **바이러스 입자**에 포장되는 유전체 RNA로 사용된다. Retrovirus가 직면한 문제는 하나의 긴 전사물로부터 어떻게 세 종류의 단백질을 발현하느냐이다. 세 유전자의 배열은 바이러스에 따라 달라진다. 어떤 경우(예: HTLV)에는 유전자마다 서로 다른 번역틀을 점유하지만, 다른 경우(HIV)에는 단백질분해효소(*pro*) 유전자가 *pol* 유전자의 5′-말단까지 확장되어 있다(그림 5.19). 후자의 경우, 단백질분해효소와 중합효소(역전사효소)는 picornavirus **폴리프로틴**의 절단과 비슷한 과정을 거쳐 성숙되는 단백질로서 촉매 반응으로 절단되는 폴리프로틴으로 발현된다.

세 유전자 사이의 경계에는 UUUAAAC와 같은 반복적인 뉴클레오티드의 지역으로 구성된 특별한 서열이 있다(그림 5.20). 이 서열은 단백질-암호화 서열에서는 확실히 드물게 발견

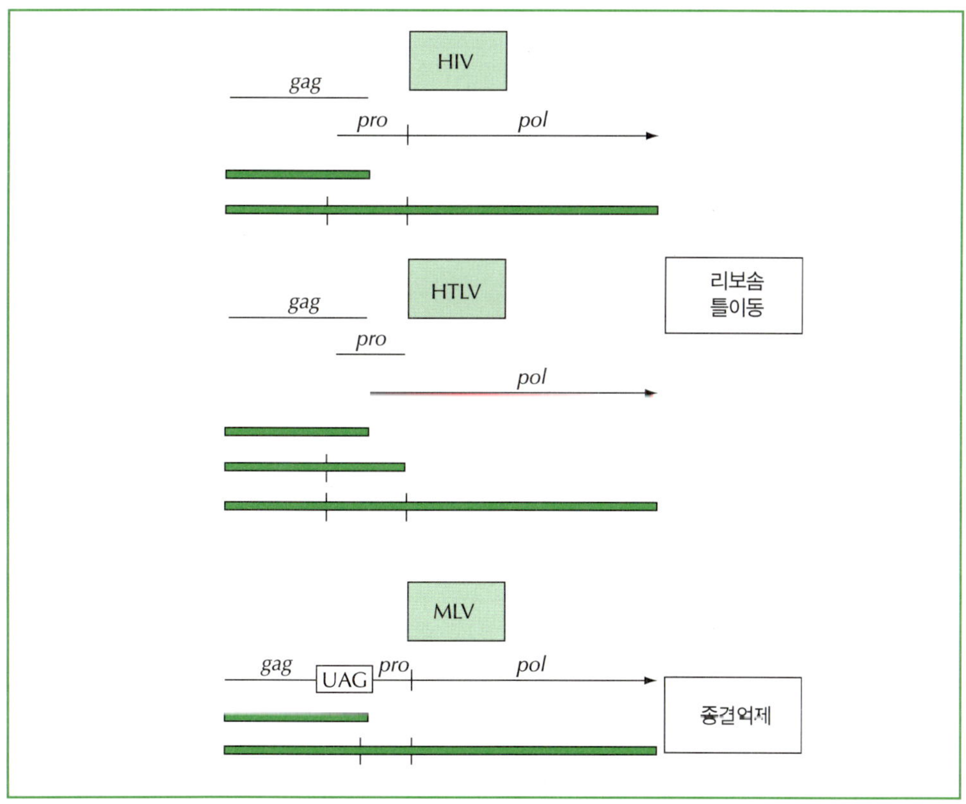

그림 5.19 Retrovirus에서 리보솜 틀이동과 종결억제.

되고, 이런 형태의 조절에 대하여 특이적으로 사용되는 것을 보여준다. 이런 서열과 마주치는 대부분의 리보솜들은 어려움 없이 번역을 계속하고 번역종결코돈에 도달할 때까지 전사물을 따라 번역을 지속하게 될 것이다. 그러나 이 염기서열을 번역하려고 시도하는 리보솜의 일부분은 정보의 번역이 진행되는 도중에 뉴클레오티드 한개 만큼 뒤로 미끄러지게 될 것이고, 달라진 번역틀을 사용할 것이다(즉, −1). 이것 때문에, UUUAAAC 서열을 '미끄러운' 서열(slippery sequence)이라고 정의 했으며, −1 틀이동의 결과로써 상이한 번역틀로 대체된 정보를 갖는 폴리프로틴이 번역된다. 이 메커니즘은 또한 바이러스가 생산된 단백질의 비율을 조절하는 것도 허용한다. 단지 일부의 리보솜만이 미끄러운 서열에서 틀이동을 겪기 때문에 mRNA의 5′ 말단의 번역틀로부터 3′ 말단까지 번역의 경사도가 존재한다.

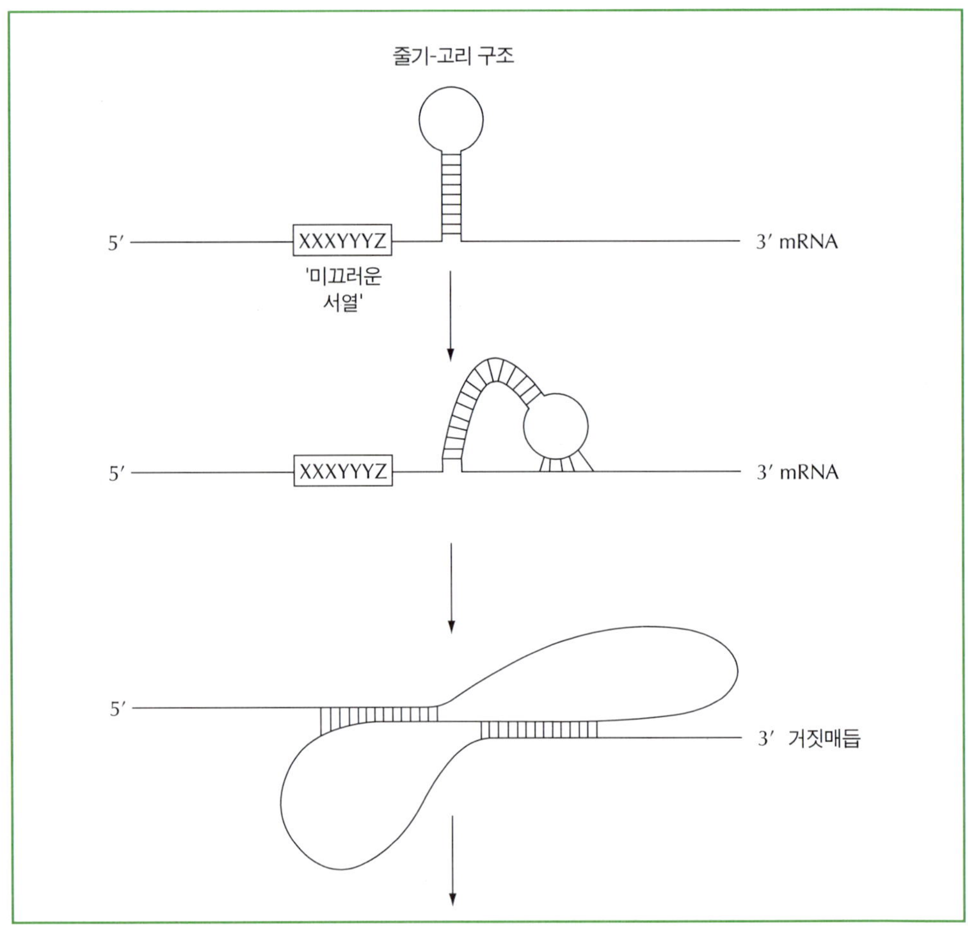

그림 5.20 RNA 거짓매듭 형성에 의한 리보솜 틀이동을 일으키는 메커니즘.

그러나 미끄러운 서열만으로는 틀이동의 효율이 낮기 때문에, 바이러스가 필요로 하는 양만큼의 단백질분해효소와 역전사효소를 만들기에는 부적절하다. 그러므로 이 체계를 더 조절하고 틀이동 빈도를 증가시키는 부수적인 서열이 있다. 미끄러운 서열로부터 약간 떨어져 있는 하단부에 mRNA의 줄기-고리 구조를 형성할 수 있는 역반복서열이 있다(그림 5.20). 약간 더 내려가면 고리에 있는 뉴클레오티드와 상보적인 추가적인 서열이 있어 이 두 지역의 염기쌍이 만들어진다. 이로 인해 RNA **거짓매듭**(pseudoknot)으로 알려진 구조물이 형성된다. mRNA의 이런 2차 구조는 상단부 미끄러운 서열에서 리보솜 정보 번역이 지연되고, 리보솜의 지연은 틀이동 발생 빈도를 증가시키며, 후반부 번역틀에 의해 암호화된 단백질의 상대적 양을 증가시킨다. 어떻게 이 체계가 거짓매듭의 안정성을 변화시키는 정교한 돌연변이에 의해 정교하게 조절되는 지와 그리하여 서로 다른 단백질의 상대적 발현이 조절되는지를 상상하는 것은 어렵지 않다.

번역 조절의 마지막 방법으로 고려해야 할 것은 종결 **억제**이다. 이것은 틀이동 혹은 단일 mRNA의 번역틀로부터 여러 종류의 단백질을 발현하는 것과 상당히 비슷한 메커니즘이다. Murine leukemia virus(MLV)와 같은 retrovirus에서 보면, *pro* 유전자는 미끄러운 서열과 거짓매듭 대신 UAG 종결코돈에 의해 *gag* 유전자와 분리되어 있다. 대부분의 경우, MLV mRNA는 Gag 단백질을 만드는 서열에서 종결된다. 그러나 몇몇 경우에, UAG 종결코돈은 억제되고 번역이 계속되어 Gag-Pro-Pol **폴리프로틴**을 생산한다. 이 폴리프로틴은 뒤이은 자가절단에 의해 성숙된 단백질이 된다. Gag과 Pro/Pol 단백질의 상대적 비율이 UAG 종결 코돈에서 리보솜이 통과하거나 종결하는 빈도에 따라 조절된다는 점에서, 이 조절 체계의 전체적인 효과는 리보솜 틀이동과 매우 유사하다.

단원 요약

유전자 발현이 조절은 바이러스 복제의 핵심 요소이다. 바이러스 유전자 집단들의 조화로운 발현은 연속적인 유전자 발현의 결과를 가져온다. 보편적으로 즉시-초기 유전자들은 활성인자 단백질들을 암호화하고, 초기 유전자들은 다음 단계의 조절단백질을 암호화하며, 후기 유전자들은 구조단백질들을 암호화한다. 바이러스는 자신들의 유전정보를 발현하기 위하여 숙주세포의 생화학적 기구를 사용하고, 결과적으로 숙주세포에 의해 인식될 수 있는 적절한 생화학적 언어를 활용한다. **원핵세포**의 바이러스는 **폴리시스트론** mRNA들을 생산하나, 반면에 **진핵세포**가 숙주인 바이러스는 주로 **모노시스트론** mRNA들을 생산한다. 진핵세포의 어떤 바이러스는 여러 유전자를 동시에 조절하기 위하여 폴리시스트론 mRNA를 생산한다. 이에 더하여, 바이러스는 숙주세포의 생명 활동을 조작하고 그들 자신의 유전정보 발현의 증진과 조화로운 조절을 위하여 특별한 ***시스*** 및 ***트랜스*-활성** 메커니즘에 의존한다.

참고문헌

Alberts, B. (Ed.) (2002). *Molecular Biology of the Cell*, 4th ed. Garland, Science New York. ISBN 0815340729.

Freed, E. O. and Martin, M. (2001) Human immunodeficiency viruses and their replication. In: *Fields Virology*, 4th ed., Fields, B. N., Knipe, D. M., and Howley, P. M. (Eds.), pp. 1971-2042. Lippincott Williams & Wilkins, Philadelphia, PA. ISBN 07817325.

Giedroc, D. P. et al. (2000). Structure, stability and function of RNA pseudoknots involved in stimulating ribosomal frameshifting. *Journal of Molecular Biology*, 298: 167-185.

Green, P. L. and Chen, I. S. Y. (2001). Human T-cell leukemia virus type I and II. In: *Fields Virology*, 4th ed., Fields, B. N., Knipe, D. M., and Howley, P. M. (Eds.), pp. 1941-1970. Lippincott Williams & Wilkins, Philadelphia, PA. ISBN 07817325.

Latchman, D. (2002) *Gene Regulation: A Eukaryotic Perspective.* BIOS Scientific, Oxford. ISBN 0748765301.

Ptashne, M. (2004). *A Genetic Switch: Phage Lambda Revisited.* Cold Spring Harbor Laboratory Press, Cold Spring Harbor, New York. ISBN 0879697164.

Wu, Y. and Marsh, J. W. (2003). Gene transcription in HIV infection. *Microbes and Inffection*, 5: 1023-1027.

6

CHAPTER

감 염

학습목표

- 서로 다른 바이러스에 의해 일어나는 감염 경로의 묘사
- 바이러스 질환에 대한 치료적 간섭의 과학적 기초의 설명
- 바이러스 감염에 대한 식물과 동물의 주요한 반응의 요약

고등 생물체의 바이러스 감염은 앞 장에서 설명한 복제와 유전자 발현의 모든 과정이 누적된 결과이다. 이 과정들이 합하여 각 감염의 전체적인 과정(또는 '진행 경로')을 결정한다. 바이러스 감염은 굉장히 범위가 넓다. 그 범위는 복잡성과 기간에서 바이러스와 숙주간의 매우 간단한 피상적 상호 작용으로부터 숙주 생물체의 일생과 함께하는 감염까지, 출생 전부터 최종적인 죽음까지, 매우 많은 상이한 조직과 기관에 걸쳐 일어난다. 가장 일반적인 잘못 된 개념 중의 하나가 바이러스 감염은 필연적으로 질병을 일으킨다는 것이다. 사실은 그 반대이다. 바이러스 감염의 단지 작은 부분만이 특정 질병을 일으킨다.

이 장은 바이러스 감염의 수많은 양상의 개관을 제공하고 7장의 바이러스 병인론의 개념을 소개한다. 이 장의 대부분은 바이러스에 의한 진핵세포의 감염에 집중되어 있다. 전반부에 소개된 장들과는 다르게, 이 장은 분자생물학자들의 일반적인 관심사인 바이러스와 세포 간의 상호작용보다 온전한 생물체와 바이러스간의 상호작용을 기본적으로 다룬다.

식물의 바이러스 감염

바이러스 복제의 전체적인 과정은 바이러스와 숙주 생물체간의 역동적인 상호작용에 의해 결정된다. 식물의 바이러스 감염과 척추동물의 감염 사이에는 분명히 중요한 차이가 있다. 경제적인 관점에서 보면, 바이러스는 농작물이 상업적 가치를 갖는 일생(life-time)동안 작물과 작물사이에 전파될 때 우리의 주목을 받게 된다. 그리고 이 시기는 원예 작물처럼 극히 짧은 시간으로부터 산림업과 같이 매우 긴 시간에 이르기까지 다양하다. 식물바이러스들로 인한 연간 세계적 손해가 600억불(US$)로 평가되기도 한다. 그러므로 식물바이러스가 숙주 사이에 전염되는 메커니즘은 대단히 중요하다. 식물바이러스가 전염되는 방법에는 다음과 같이 수많은 경로가 있다:

- **씨앗:** 식물 종자의 외부에 바이러스가 오염되거나 혹은 배아의 살아 있는 조직에 감염하여 전파될 수 있다. 이런 방법에 의한 전파는 일반적으로 농작물의 물류 특성상 각 지역으로 배송되기전 한데 모였을 때 새로운 작물에 급작스러운 질병이 발생하기도 하지만 후에 다른 메커니즘(이하)에 의해 곡물의 나머지 부분에도 전염될 수 있다.
- **꺾꽂이/접붙이기:** 이 기술은 값싸고 쉬운 식물 번식 방법이지만, 바이러스가 새로운 식물에 전염될 수 있는 이상적인 기회를 제공한다.
- **매개체:** 살아있는 생물체의 다양한 집단이 매개체(vector)로 작용할 수 있으며 한 식물에서 다른 식물로 바이러스를 전염시킬 수 있다.
  - 박테리아(예: *Agrobacterium tumefaciens* — 이 생물체의 Ti 플라스미드는 식물들 사이에서 바이러스 유전체를 전달하기 위하여 실험적으로 사용되어 왔다.)
  - 균류
  - 선형동물
  - 절지동물: 곤충들 (예, 진디, 멸구, 메뚜기, 딱정벌레, 삽주벌레)
  - 거미 (예, 진드기)
- **기계적:** 바이러스의 기계적 전염은 식물 감염의 실험에서 가장 널리 사용되는 방법으로서 대부분의 식물은 이러한 방식의 감염에 특히 취약하고 바이러스가 포함된 시료를 식물의 잎에 문지르면 통상적으로 감염이 이루어질 수 있다. 그러나 이것은 또한 바이러스 전염의 중요한 자연적 경로이다. 바이러스 입자는 오랫동안 토양에 오염되어 있을 수도 있고, 바람에 날린 먼지나 비에 씻긴 진흙에 묻어 새로운 숙주식물의 잎으로 전염될 수도 있다.

식물바이러스가 숙주세포에 감염을 시작할 때 직면하는 문제는 이미 설명하였다(4장). 식물바이러스는 동물과 세균의 바이러스가 세포에 부착할 때 사용하는 것과 같은 형태의 특이적 세포성 수용체를 사용하지 않는다. 곤충에 의한 식물바이러스의 전염은 특히 농업적으로 중요하다. 광범위한 단일 경작과 자연 천적을 죽이는 살충제의 부적절한 사용은 진디와 같은 곤충의 대량적인 개체 수 증가(massive population boom)를 가져올 수 있다. 식물바이러스는 바이러스 입자를 세포 내로 직접적으로 도입하기 위하여 세포벽 구조물의 기계적 파괴에 의존한다. 이것은 바이러스의 감염과 연관되어 있는 매개체나 세포에 대한 단순한 기계적 손상에 의해 이루어진다. 곤충 매개체에 의한 전달은 특별히 효과적인 바이러스 전염 수단이다. 어떤 면에서, 바이러스는 매개체에 의해 한 식물에서 다음 식물로 기계적으로 전염되며, 곤충은 날거나 또는 장거리(때때로 수백 마일)를 바람에 날려 바이러스를 전파하는 단순한 분배의 수단이다. 식물 조직을 씹거나 빠는 곤충은 당연히 새로운 식물에 바이러스를 전염시키는 이상적인 수단이다. 이것은 비(非)증식성 전염(non-propagative transmission) 으로 알려져 있다. 그러나 다른 경우에는(예: 여러 식물성 rhabdovirus), 바이러스가 숙주 식물에서와 마찬가지로 곤충 조직에서 또한 감염되고 증식된다(증식성 전염, propaga-tive transmission). 이런 경우에 매개동물은 단지 바이러스 분배의 수단일 뿐만 아니라 감염의 증폭 수단이기도 하다.

처음에, 대부분의 식물바이러스는 감염된 장소에서 증식하여 잎에서 괴사 반점과 같은 국소적 증상을 일으킨다. 이어서 바이러스는 직접적인 세포-대-세포의 전파나 도관 체계를 따라 식물의 모든 부분으로 확산될 수 있어, 식물 전체의 체계적 감염으로 진행될 수도 있다. 그러나 이 바이러스들이 새로운 세포로 이동하여 새로운 감염을 시작할 때 직면하는 문제는 그들이 처음에 겪는 것과 동일하다. 즉, 어떻게 식물 세포벽의 장벽을 넘을 것인가이다. 식물 세포벽은 다른 세포와 연락하고 그들 사이에 대사산물을 교환하는 원형질연락사라 불리는 통로를 필수적으로 갖고 있다. 그러나 이 통로는 바이러스 입자나 유전물질인 핵산이 통과하기에는 너무나 좁다. (모두는 아니지만) 많은 식물 바이러스는 원형질연락사를 변형시키는 특별한 이동 단백질을 진화시켜 왔다. 그 중 가장 잘 알려진 예 하나가 tobacco mosaic virus (TMV)의 30-k 단백질이다. 이 단백질은 준유전체성(subgenomic) mRNA로부터 발현되며 (그림 3.12), 기능은 원형질 연락사를 변형시키는 것으로서, 30-k 단백질로 유전체 RNA를 감싸 감염된 세포로부터 이웃 세포로 수송되도록 유도한다(그림 6.1). Cowpea mosaic virus (CPMV, *Comoviridae*)와 같은 바이러스도 비슷한 전략을 갖고 있으나 다른 분자적 메커니즘을 사용한다. CPMV의 58-/48-k 단백질은 한 세포에서 다른 세포로 완전한 바이러스 입자가 통과할 수 있는 관 모양의 구조물을 형성한다(그림 6.1).

식물의 바이러스 감염은 생장 지연, 일그러짐, 잎의 모자이크, 황화, 시듦 등과 같은 효과가 전형적인 결과로 나타날 수도 있다. 이런 거시적 증상은 다음과 같이 나타난다.

- 세포들의 괴사 — 바이러스 복제에 기인한 직접적인 손상으로 야기된 것
- 발육부전 — 즉 종종 모자이크 현상(잎에서 얇고 누런 지역의 출현)으로 유도되는 국소적 성장 지연
- 이상증식 — 지나친 세포 분열이나 비상적으로 비대한 세포 성장에 기인한 부풀거나 비틀린 지역의 생성

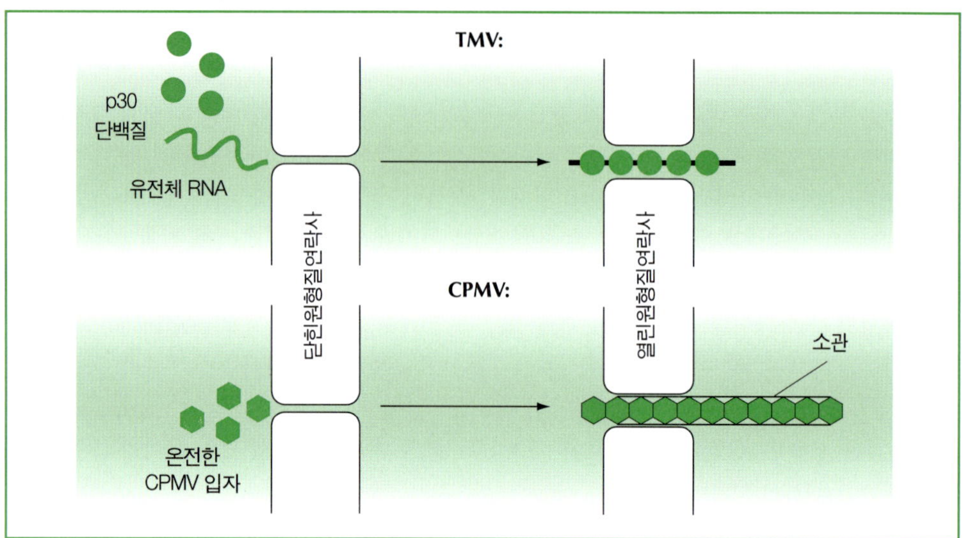

그림 6.1 식물 이동 단백질.

식물은 바이러스 감염에 대하여 움직이지 못하는 표적이며 동물과 달리 도망갈 수도 없다. 그러나 식물은 바이러스 감염에 대한 악영향을 최소화하도록 고안된 다양한 반응을 보인다. 처음에 감염은 다음과 같이 뚜렷한 과민성 반응의 결과를 가져온다:

- 새로운 종류의 단백질 합성, PR(병인-연관, pathogenesis-related) 단백질
- 세포벽 페놀 수지(phenolics) 생산의 증가
- 활성 산소 종류의 방출
- 피토알렉신(phytoalexins) 생산
- 살리실산의 축적(놀랍게도, 식물은 메틸살리실산(methylsalicylate)과 같은 휘발성 물질을 이용한 공기전파 신호로 바이러스가 온다는 것을 서로에게 경고한다.)

이러한 체계가 충분히 이해된 것은 아니지만, 최소한 어떤 PR 단백질은 그 성질이 규명되어 단백질 분해효소로 판명되었다. 이 단백질분해효소는 감염의 전파를 제한하기 위하여 바이러스 단백질을 파괴하는 것으로 추정된다. 식물의 이러한 반응과 동물에 의한 인터페론의 생산 사이에는 약간의 동질성이 있다.

일부 식물에서는 바이러스 감염에 대응한 체계적인 저항의 자연적으로 일어나는 현상이다. 이것은 매우 바람직한 특성이고 경제적으로 가치 있는 곡물 품종의 특성을 전파하려고

노력하는 식물 육종가에 의해 높게 평가된다. 이와 같은 체계적 저항에 관여하는 다른 메커니즘들이 더 많을 것으로 생각되며, 일반적으로 식물은 단백질분해효소나 과산화효소를 생산하여 국소적인 괴사를 촉진함으로써 바이러스를 파괴하고 바이러스의 확산에 의한 전체적인 질병을 방지하려는 경향이 있다. 이것의 예가 뉴클레오티드와 결합하여 TMV 복제효소를 방해하는 단백질을 암호화하는 담배 N 유전자이다. 이 유전자는 TMV가 일반적으로 볼 수 있는 전체적인 모자이크 증상보다 국소적 괴사 감염에 그치도록 한다.

바이러스-내성 식물은 감염의 병리적 결과 없이, 바이러스 복제를 저해하는 재조합 바이러스 단백질이나 핵산을 발현하는 유전자이식(transgenic) 식물의 생산에 의해 개발되어 왔다. 이들의 예는 다음과 같다:

- 바이러스의 외피 단백질은 복잡한 효과를 다양하게 갖고 있다. 이 효과에는 바이러스 탈외피의 저해와 RNA 수준에서 바이러스 유전자발현의 저해(비번역 RNA에 의한 유전자 침묵)가 포함된다.
- 완전한 또는 부분적인 바이러스 복제효소는 유전체 복제를 저해한다.
- 안티센스(antisense) RNA
- 위성 바이러스의 염기서열(satellite sequence)
- 촉매성 RNA 서열(리보자임)
- 변형된 이동 단백질

이 기술은 값이 비싸고 맹독성이며 생태계에 손상을 입히는 화학 물질(비료, 제초제나 살충제)의 사용 없이 농업 생산량을 실질적으로 증가시킬 가능성을 제공하는 매우 유망한 기술이지만 아직까지는 발달 단계에 있다.

바이러스 감염에 대한 동물의 면역반응

척추동물에서 바이러스 감염에 대한 가장 중요한 반응은 면역계의 세포성 및 체액성 면역 모두의 활성화이다. 외래성 항원의 존재에 대한 동물의 면역 반응에 관여된 모든 사건의 전체적인 설명은 이 장의 한계를 벗어나므로 독자들은 참고문헌을 찾아보기 바란다. 하지만 항체를 생성하는 체액성 면역 반응을 시작으로, 보다 연관성이 높은 부분들을 간단히 요약 해보는 것도 좋을 것이다.

체액성 면역 반응의 주된 영향은 신체로부터 바이러스를 궁극적으로 제거하는 것이다. 즉 혈청 중화는 비감염 세포에 대한 바이러스 전파를 중지시키고, 감염을 소멸시키기 위한 다른 방어 메커니즘들이 활동하도록 돕는다. 그림 6.2는 감염에 대한 포유동물 체액성 반응의 총체적인 면을 간단하게 나타낸 것이다. 바이러스 감염은 최소한 IgG, IgM, IgA 세 종류의 항체를 유도한다. IgM은 큰 표적(예: 세균 세포벽이나 편모)과 결합(cross-linking)할 때 가장 효과적인 다가성(multivalent)의 큰 분자이지만, 바이러스 감염과의 전쟁에서는 덜 중요하다. 대조적으로, IgA의 생성은 바이러스 감염의 초기방어에서 대단히 중요하다. 분비성 IgA는 점막 안쪽에서 생산되어 초기부터 감염자체를 방지하는 중요한 요소인 점막 면역을 형성한다. 점막 면역의 유도 여부는 항원의 존재가 면역계에 의해 인식되는 방법에 크게 의존한다. 비슷한 항원(바이러스 감염의 방지와 치료 참조)도 서로 다른 백신 전달체계에 의해 매우 다른 결과를 유도할 수 있으며, 이러한 관점에서 점막 면역은 비슷한 백신이라도 효율성에서 상당히 다르게 만드는 중요한 인자이다. IgG는 혈청 및 기타 체액(항체가 확산될 수 있는)에서 바이러스 입자의 직접적인 중화에 관여하는 가장 중요한 항체 집단이다.

항체에 의한 직접적인 바이러스 중화는 다양한 메커니즘에 기인한다. 이 메커니즘에는 항체결합에 의해 일어나는 바이러스 껍질의 구조적 변화나, 바이러스 표적 분자의 기능(예: 수용체와의 결합)을 공간적으로 방해하는 활동이 포함된다. 항체 결합의 2차적인 결과는 단핵구나 다형핵 백혈구(호중구)에 의한 항체-표적 분자결합체의 식균 작용이다. 이 과정은 세포 표면의 Fc 수용체가 매개하지만, 4장에서 언급된 것처럼 어떤 경우에는 비(非)중화(non-neutralizing) 항체의 결합으로 촉진된 식균작용이 바이러스가 보다 잘 침투하는 결과를 가져올 수도 있다. 이 현상은 rabies virus의 감염에서 확인되었으며, HIV의 경우에는 대식세포에 대한 바이러스 침투가 촉진될 수도 있다. 항체 결합은 또한 바이러스 입자의 중화작용을

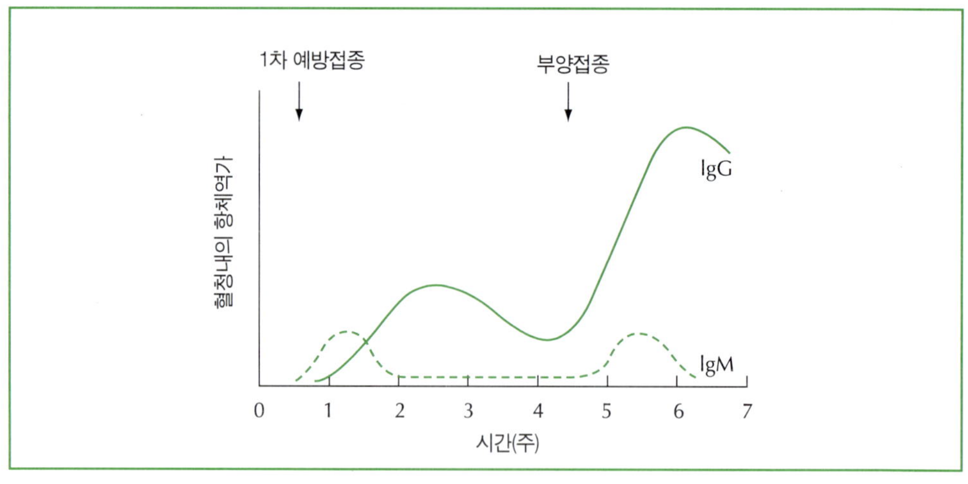

그림 6.2 전형적인 외래 바이러스(또는 다른) 항원에 대한 포유동물 체액성 반응 동역학의 단순화된 모식도.

도와주는 보체의 단계적 연쇄반응을 유발한다. 보체가 바이러스를 공격하여 나타난 형태적 변형을 때때로 전자현미경을 통해 직접적으로 볼 수도 있다. 보체는 친화도가 낮은 항체가 제한된 양으로 만들어지는 시기 즉, 바이러스 감염 초기에 특히 중요하며, 보체는 이 항체의 활동을 강화시킨다.

이와 같은 모든 메커니즘에도 불구하고, 전반적으로 세포성 면역은 바이러스 감염의 제어 측면에서 체액성 면역보다 훨씬 중요하다. 이것은 다음과 같은 관찰에 의해 잘 나타나고 있다.

- 세포-매개(cell-mediated) 면역의 선천적 결함은 세균 감염보다 바이러스(와 기생충) 감염에 대하여 질병 소인을 나타내는 경향이 있다.
- 후천성면역결핍증(AIDS)에서의 기능적 결함은 보조 T(CD4$^+$) : 억제 T(CD8$^+$) 세포의 비율이 정상적인 비율인 1.2에서 0.2로 감소되는 것이다. AIDS 환자는 일반적으로 많은 기회주의적인 바이러스 감염(예: HSV, CMV 및 EBV와 같은 다양한 herpesvirus)으로 고통을 받는다. 기회주의적인 바이러스는 AIDS 발병 이전에 감염되어 있었으나, 그전에는 온전한 면역계에 의해 억제되어 있었다.

세포-매개 면역력은 나중에 설명될 세 개의 주요 시스템에 의해 영향을 받는다(그림 6.3, 바이러스와 세포 사멸 참조)

- 비특이적 세포 치사[자연살해세포(natural killer cell, NK)가 매개한다.]
- 특이적 세포 치사[세포독성 T 림프구(cytotoxic T-lymphocyte, CTL)가 매개한다.]
- 항체-의존성 세포성 세포독성 (antibody-dependent cellular cytotoxicity, ADCC).

자연살해세포(natunal killer cell, NK cell)는 클론 항원 인식(clonal antigen recognition)과 같이 통상적인 면역 특이성과는 독립적으로 세포 용해를 매개한다. 그들은 MHC-제한(즉, MHC 항원과 더불어 T-세포 수용체(TCR)/CD3 복합체가 특별한 항원만을 인식할 수 있는)을 받지 않는다. 자연살해세포의 장점은 넓은 특이성을 갖고 있으며 감작(sensitizing) 항체들이 없어도 활동할 수 있다. 따라서 그들은 바이러스 감염에 대한 첫 번째 방어선이다. 자연살해세포는 감염의 초기(즉, 첫 며칠)에 가장 활동적이고 그들의 활동성은 인터페론-α/β(IFN-α/β)에 의해 촉진된다. 자연살해세포는 바이러스의 감염에 의해 직접적으로 유도되지는 않는다. 이 세포들은 면역력이 없는 개체에도 존재하며 인터페론-α/β가 존재할 때 나타나는 것을 보아 선천성 면역 반응의 일부이다. 기능적으로는 적응성 면역 반응의 일부인 세포독성 T 림프구와 상호보완적이며, 나중에 세포독성 T 림프구가 이들의 기능을 이어받는다. 자연살해세포가 공격하는 세포표면상의 표적은 알려져 있지 않으나, 그들의 활성은 MHC class I 항원에 의해 저해된다. MHC class I 항원은 핵이 있는 모든 세포에 존재하며, 자가 인식(self-

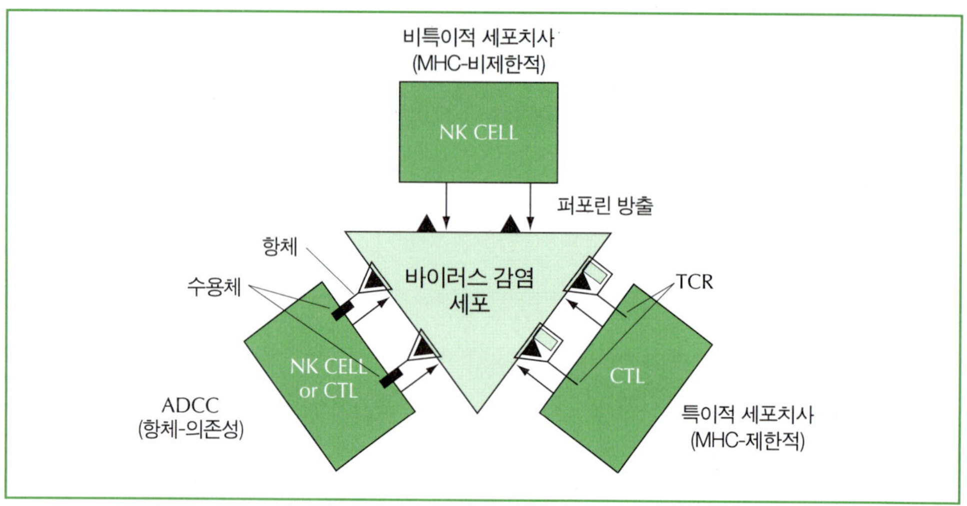

그림 6.3 세포-매개 면역력에 영향을 미치는 세 가지 주요 메커니즘.

recognition)을 통해 신체의 전체적인 파괴를 방지한다. 어떤 바이러스 감염은 정상적인 세포성 MHC class I의 발현을 망가뜨리기 때문에, 이것이 자연살해세포가 감염된 세포를 인식하는 메커니즘의 하나로 알려져 있다. 자연살해세포의 세포독성은 인터페론-α/β에 의해 활성화되고, 따라서 자연살해세포의 활성도는 직접적으로 바이러스 감염에 연결된다.

세포독성 T-림프구(cytotoxic T lymphocyte, CTL)는 일반적으로 CD8+(억제자) 표현형이다. CTL은 바이러스 감염에 대한 주요 세포-매개 면역반응이고 MHC-제한적이다. 즉, 세포의 클론들은 CTL 표면의 T-세포 수용체/CD3 복합체로 표적 세포의 MHC class I 항원에 의해 제시된 특정한 항원만을 인식한다. (MHC class I 항원은 핵이 있는 모든 세포에서 발현되고; MHC class II 항원은 면역계의 항원제시세포, T 세포, B 세포 및 대식세포의 표면에서 발현된다.) CTL의 활성은 보조 T 세포로부터의 '보조'(즉, 사이토카인 생산)를 필요로 한다. CTL 그 자체는 표적 세포 표면의 MHC class I에 의해 제시된 항원과 결합하는 TCR/CD3 복합체를 통하여 외래성 항원을 인식한다(그림 6.4). 그러나 CTL에 의한 세포 치사의 메커니즘은 자연살해세포와 비슷하다(아래 참조). CTL 반응이 유도되면 보조 T 세포로부터 다양한 사이토카인이 방출되는 결과를 가져온다. 어떤 사이토카인(cytokine)은 항원-특이적 CTL의 클론성 증식이나 인터페론과 같이 직접적인 항바이러스 효과를 가져 온다. CTL 반응의 동역학(감염 후 약 7일에 정점에 도달하는)은 어떤 면에서 자연살해세포보다 느리기 때문에(예: 3~7일, 비교하면 자연살해세포 0.5~3일), 이 두 그룹은 상호보완적인 체계이다.

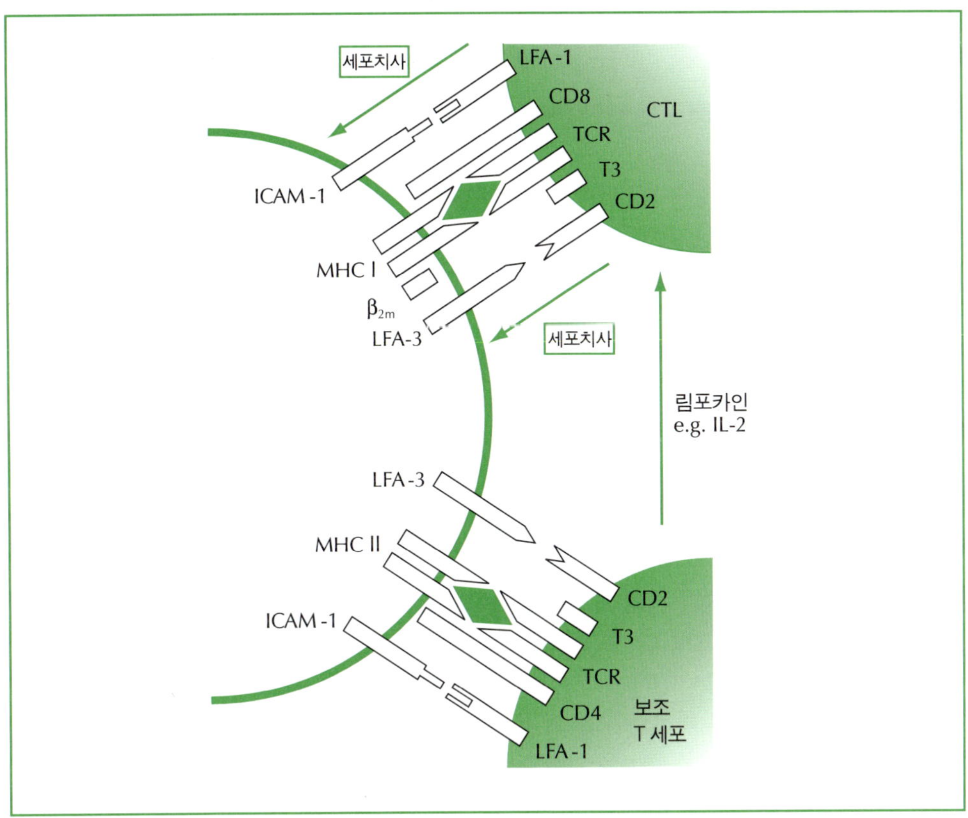

그림 6.4 면역의 인식에 관련된 세포 표면 단백질. 세포 사이의 밀접한 접촉은 면역 반응을 조절하는 세포-대-세포 신호전달의 결과를 가져온다.

CTL 반응의 유도는 면역계에 의한 특이적 T-세포 항원결정기(epitope)에 의존적이다. 이 항원결정기들은 면역계의 체액성 무기에 의해 인식되는 B-세포 항원결정기와는 구별된다. T 세포 항원결정기는 면역에 의한 압력으로부터 빠르게 도망가기 위하여 돌연변이를 일으키는 B-세포 항원결정기보다 종종 더 잘 보존되어 있다(변이가 덜하다). 이점은 항바이러스 백신의 고안에 중요한 고려 대상이다. CTL에 의한 치사 특이성은 절대적이지 않다. 이 세포들이 자연살해세포에 비해 덜 과격하게 행동하지만 세포용해소(perforin)의 생산과 지역적인 사이토카인의 분비는 종종 염증이나 주변세포의 손상을 가져온다. 이것이 많은 바이러스 질병의 유력한 병리학적 요인이지만(7장 참조) 바이러스 복제가 검정되지 않은 채로 진행되는 것을 허용하는 것보다는 훨씬 나을 것이다.

항체-의존적 세포성 세포독성(ADCC, antibody-dependent cellular cytotoxicity)은 위의 두 메커니즘에 비해 덜 알려져 있다. 이것은 자연살해세포에 의해서나 CTL에 의해서 매개될 수 있다. 보체 역시 ADCC에 관련되어 있다할지라도, 세포 치사의 메커니즘은 동일하다. 그러나 이 메커니즘은 작동세포(effector cell) 표면의 항체에 의한 표적세포(target cell) 표면의 항원 인식에 의존한다. 여기에 관련된 항체는 일반적으로 T 세포 표면의 Fc 수용체에 결합되는 IgG이다. 그러므로 ADCC는 미리 존재하는 항체 반응을 필요로 하고, 바이러스 1차 감염 동안의 초기에는 일어나지 않는다. 즉 이것은 적응성 면역반응의 일부이다. ADCC가 바이러스 감염 조절에 중요한 부분이지만 바이러스 감염 조절에 대한 ADCC의 전체적인 기여도는 명확하지 않다.

바이러스와 세포사멸

세포사멸(apoptosis) 또는 '예정된 세포 죽음'은 발생 동안의 조직 재구성 및 면역계에서 중요한 메커니즘이다. 세포가 죽을 수 있는 길은 괴사와 세포사멸 두 가지가 있다.

- **괴사**는 독소나 환경적 스트레스에 의해 일어나는 손상에 대한 세포의 정상적인 반응이다. 이것은 세포막과 핵막의 파괴, 미토콘드리아와 리소좀과 같은 막성 세포소기관의 파괴, 세포 팽창, DNA/RNA의 무작위적 절단, 세포 내로의 칼슘 이온 유입 및 막 전위의 손실과 같은 비특이적 변화로 특징지어진다. 죽은 세포로부터 세포의 구성물이 방출되면 면역계의 세포에 의해 국소적 염증 반응이 일어난다. 이로 인해 인접한 세포/조직-즉 '주변' 세포의 손상이 곧잘 일어난다.
- **세포사멸**은 괴사와 달리 빈틈없이 조절되는 과정이며, 이 과정은 조절을 위한 복잡한 분자 단계적 연쇄반응에 따라 진행한다. 이것은 세포 웅축, 염색질의 응집과 농축, DNA 절단의 규칙적인 양상, 세포 구성물의 작은 막성 주머니가 거품 방울처럼 흩어지는 특징을 갖는다. 세포 구성물의 거품 방울은 염증을 방지하면서 나중에 대식세포에 의한 식균 작용으로 제거된다.

CTL 및 자연살해세포와 같은 면역 작동세포가 적절한 신호에 따라 촉발되면 세포질에 저장되어 있던 미리 합성된 용해성 소낭들을 방출한다. 이들은 표적 세포에 작용하고 다음 두 가지의 메커니즘에 의해 세포사멸을 유도한다.

- 세포독소의 방출 : (1) 퍼포린-세포용해소(cytolysin)는 보체 구성물인 C9과 관련된 펩티드로서 분비되고 나면 결과적으로 표적세포 막에서 폴리퍼포린으로 중합되어 막의 투과성을 증가시키는 막관통 통로를 형성한다. (2) 그랜자임(granzyme)은 트립신과 같은 세린 단백질분해효소이다. 이들 두 효과 인자들은 협동적으로 작용하여 그랜자임이 막 구멍을 통하여 표적세포 안으로 유입되도록 한다. 막 통로는 또한 표적 세포로부터 세포 내부의 칼슘 방출을 허용하고, 칼슘의 방출은 세포사멸 경로를 촉발시킨다.

- Fas 리간드의 발현 : CTL (자연살해세포는 아님)은 표면에 Fas 리간드를 발현한다. 이 리간드는 표적세포 표면의 Fas(CD95)와 결합하여 세포사멸을 촉발시킨다. 작동 세포 표면에 있는 Fas 리간드와 표적세포 Fas 사이의 결합은 카스파아제(caspase)로 알려진 세포성 단백질분해효소의 활성화를 유도하며, 카스파아제는 세포사멸을 이끄는 일련의 단계적 연쇄반응을 차례로 일으킨다.

바이러스 감염 동안에 일어나는 세포사멸의 유도와 억제는 최근 몇 년 동안에 많은 주목을 받았다. 이 현상은 바이러스 감염에 대응한 중요한 선천성 반응인 것으로 인식되고 있다. 세포사멸의 조절은 여기서는 완전히 설명하기가 불가능한 복잡한 논쟁이지만(그림 6.5의 요약 참조), 바이러스 감염이 세포의 생화학적 흐름을 교란시키고 종동 세포사멸 반응을 촉발한다는 것을 알아두는 것은 중요하다.

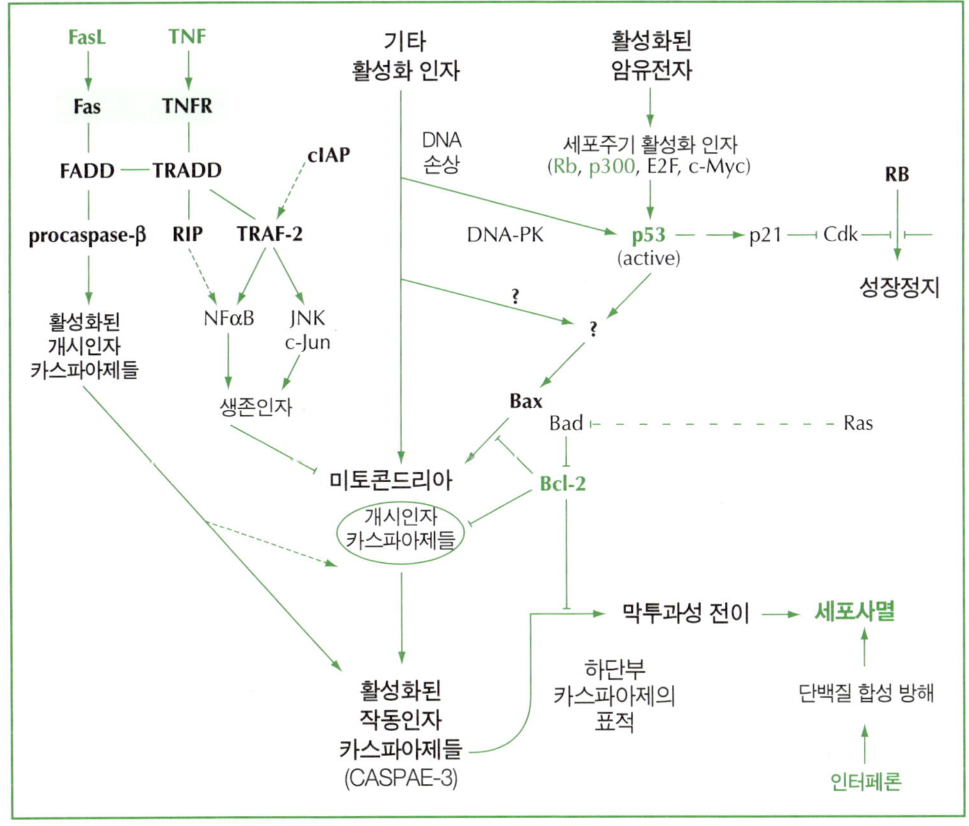

그림 6.5 세포사멸의 개관. 초록색 표시 항목들은 주로 바이러스 감염에서 중요한 것들이다.

- **수용체 신호작용:** 세포성 수용체와 바이러스 입자의 결합은 세포사멸을 유도하는 신호 메커니즘을 촉발할 수도 있다(예: HIV[7장 참조], reovirus).
- **PKR 활성화:** 인터페론의 작용물질인 PKR(RNA에 의해 활성화되는 단백질 인산화 효소; 아래 참조)은 일부 바이러스에 의해 활성화될 수도 있다(예: HIV, reovirus).
- **p53 활성화:** p53과 상호 작용하는 바이러스(7장)는 세포 성장의 억제나 세포사멸을 일으킬 수도 있다(예: adenovirus, SV40, papillomavirus).
- **전사 조절 이상:** 전사 조절 단백질을 암호화하는 바이러스는 세포사멸 반응을 촉발할 수도 있다(예: HTLV Tax).
- **외래성 단백질 발현:** 복제 주기의 후기 단계에서 바이러스 단백질의 과다발현은 다양한 메커니즘에 의해 세포사멸을 가져올 수 있다.

이와 같은 세포성 경보 체계에 대응하기 위하여, 적지 않은 종류의 바이러스가 이런 효과를 상쇄하고 세포사멸을 억제하는 메커니즘을 진화시켜 왔다.

- **Bcl-2 상동 물질:** 수많은 바이러스가 Bcl-2(세포사멸의 음성 조절자) 상동 단백질을 암호화한다(예: adenovirus E1B-19k, HHV-8 KSbcl – 2).
- **카스파아제 억제:** 카스파아제는 세포사멸의 중요한 유도인자인 시스테인 단백질분해효소의 가족이다. 이 효소의 억제는 세포사멸을 방지하는 효과적인 방법이다(예: baculovirus p35, 설핀(serpin), vIAPs — 세포사멸의 억제제).
- **Fas/TNF 억제:** 바이러스는 Fas/TNF의 효과를 저해하는 몇 가지 메커니즘을 진화시켜 왔다. 이들 효과에는 세포막을 통한 신호 전달 경로의 저해(예: adenovirus E3), 종양 괴사 인자 수용체(tumor necrosis factor receptor, TNFR)의 모방 물질(예: poxvirus crmA), 죽음 신호 인자의 모방(vFLIP) 및 FADD와 TRADD와 같은 신호 인자와의 상호작용(예: HHV-4 [EBV] LMP-1)등이 포함되어 있다.
- **p53 억제:** p53과 상호작용하는 수많은 바이러스들은 세포사멸의 촉발 가능성을 저지하는 단백질들을 진화시켜 왔다(예: adenovirus E1B-55k와 E4, SV-40 T-항원 및 papillomavirus E6).
- **기타:** 또 다른 많은 메커니즘들이 다양한 바이러스에서 확인되고 있다(예: HIV, 독감바이러스, reovirus 등).

이상과 같은 억제 메커니즘이 없다면, 대부분의 바이러스는 복제주기가 종결되기 이전에 숙주세포가 죽음으로써 복제를 완성할 수가 없다. 그러나 일부 소수의 바이러스는 그들의 성과를 위하여 세포사멸을 이용하기도 한다. 세포용해성 복제 회로를 갖는 poliovirus, hepatitis A virus 및 Sindbis virus와 같은 양성(+) RNA 바이러스들은 세포사멸을 조절할 수 있는 것으로 나타났다. 이 바이러스들은 복제할 수 있는 장소를 확보하기 위하여 초기에 세포사멸을 억제하고, 후기에는 세포로부터 바이러스 입자의 방출을 허용하기 위하여 거꾸로 세포사멸을 유도한다.

인터페론

1950년대까지, 간섭현상(즉, 경쟁적 바이러스에 의한 바이러스 감염의 억제)은 바이러스학에서 잘 알려진 현상이었다. 몇몇 사례에서 이 현상에 대한 메커니즘은 다음과 같다. 예를 들어 조류 retrovirus는 닭, 꿩, 목도리뇌조, 메추라기 등의 다양한 계통이나 이들 종으로부터 유래된 세포계에 대한 감염 능력을 바탕으로 아홉 개의 간섭 집단, 즉 A-I로 나누어진다. 이런 경우에 어떤 혈통의 동물세포에서 특정 바이러스가 성공적으로 감염하지 못하는 현상은 세포내에 존재하는 내재된 프로바이러스(provirus)의 막 당단백질 발현 때문이다. 프로바이러스의 막 당단백질은 외재성 바이러스가 감염을 위하여 필요로 하는 세포성 수용체를 고갈시킨다. 그외 다른 경우에서는 바이러스의 간섭 메커니즘이 덜 명확하다.

Alick Issacs와 Jean Lindermann은 1957년에 이런 현상을 연구하던 중 다음과 같은 실험을 수행하였다. 조직 배양에서 닭 융모 요막(chorioallantoic membrane)의 조직을 자외선이 조사된(비감염성) 독감바이러스에 노출시켰다. 이 실험(감염성 바이러스가 없는)으로부터 얻은 조정배양액(conditioned medium)이 감염성 독감바이러스에 의한 신선한 닭 융모요막 조직의 감염을 억제하는 것이 다른 배양실험에서 발견되었다. 그들이 '인터페론'이라 부른 수용성 인자는 바이러스 감염의 결과로 세포에 의해 생성되고 이 인자가 다른 세포의 감염을 방해할 수 있는 것으로 연구자들은 결론지었다. 이 획기적인 관찰의 결과로, 인터페론은 바이러스학의 커다란 희망이 되었고 세균 감염을 처치하는 항생제의 사용과 직접적으로 동등한 것으로 생각되었다.

그러나 실제로는 처음 생각보다 훨씬 복잡한 것으로 판명되었다. 인터페론은 항바이러스 성질을 갖고 있으나, 진정한 효과는 세포성 조절 단백질로서의 주요 기능을 통하여 간접적으로 발휘된다. 인터페론은 대단한 능력이 있다; 세포당 불과 50 분자 미만으로도 항바이러스 능력을 나타낸다. 이 때문에 Issacs과 Lindermann의 최초 발견 이후, 뚜렷한 결과도 없이 자연적으로 생산되는 인터페론의 미소한 양을 순수분리하기 위하여 여러 해가 소모되었다. 이런 상황은 분자생물학의 발달과 인터페론 유전자의 클론과 발현으로 변화되었고 최근 15년에 걸쳐 이에 대한 이해도 급속도로 증진되었다. 인터페론에는 α, β, γ 세 종류가 있다.

- 인터페론-α : 인터페론-α는 최소한 15 종의 분자가 있고, 모두들 밀접하게 연관되어 있다; 어떤 종은 단 하나의 아미노산만이 다르며 이들은 주로 림프구에 의해 합성된다. 성숙한 단백질은 서로 다른 종류 사이에 최소한 77% 상동성이 있는 143개의 아미노산으로 구성된다. 인터페론 α를 암호화하는 모든 유전자는 사람의 9번 염색체에 있고 이처럼 복수의 유전자가 존재하는 이유는 유전자 중복에 의한 것으로 생각된다.

- 인터페론-β: 인터페론-β의 유전자는 하나이고, 역시 9번 염색체에 있다. 145개 아미노산으로 구성된 성숙한 단백질은 인터페론-α와는 달리 탄수화물이 붙어있으며, 다른 인터페론과 약 30%가 상동성이다. 이것은 주로 섬유아세포에 의해 합성된다.
- 인터페론-γ: 인터페론-γ의 유전자는 하나이고 사람 염색체 12번에 있다. 성숙한 단백질은 146개 아미노산으로 구성되고, 탄수화물이 부착되어 있으며, 다른 인터페론과 상동성이 매우 낮다. 이것은 주로 림프구에서 합성된다.

인터페론 사이에 명확한 생물학적 차이가 있기 때문에, 인터페론-α와 인터페론-β는 I형 인터페론으로, 인터페론-γ는 II형 인터페론으로 알려져 있다. 인터페론 합성의 유도는 인터페론 유전자 프로모터의 전사가 상승 조절되기 때문이며, 여기에는 세 가지의 주요한 메커니즘이 관련되어 있다.

- **바이러스 감염:** 이 메커니즘은 대부분의 바이러스 감염에서 일어나는 세포성 단백질 합성의 억제에 의해 작동되는 것으로 생각된다. 세포내 억제 단백질 분자들의 농도가 감소되면 결과적으로 인터페론 유전자의 전사가 증가된다. 일반적으로 DNA 바이러스는 비교적 빈약한 유도원인데 반하여, RNA 바이러스는 인터페론의 효과적인 유도원이다. 그러나 이 규칙에도 예외는 있다(예: Poxvirus는 매우 효과적인 유도원이다.). 바이러스 감염에 의한 인터페론 합성의 유도에서 분자 수준의 사건 전개는 명확하지 않다. 경우에 따라(예: 독감 바이러스), 자외선이 조사된 바이러스도 효과적인 유도원이다. 그러므로 바이러스 복제가 필수적으로 요구되는 것은 아니다. 바이러스에 의한 유도는 정상적인 세포성 환경의 교란이나 또는 이중가닥 RNA의 소규모 생산이 포함될 수도 있다(아래 참조).
- **이중가닥(ds) RNA:** 자연적으로 발생하는 모든 이중가닥 RNA(예: Reovirus 유전체)는 합성 분자(예: 폴리 I:C)와 마찬가지로 인터페론의 효과적인 유도원이다. 그러므로 이 과정은 뉴클레오티드 서열과 무관하다. 단일가닥 RNA와 이중가닥 DNA는 유도원이 아니므로, 유도의 메커니즘은 어떤 특정 뉴클레오티드 서열보다는 RNA의 2차 구조에 의존하는 것으로 생각된다.
- **대사 억제제:** 세포성 전사(예: actinomycin D)나 번역(예: cycloheximide)를 억제하는 화학물질은 결과적으로 인터페론을 유도한다. TPA (tetradecanoyl phorbol acetate)나 DMSO (dimethyl sulfoxide)와 같은 종양 촉진물질도 또한 유도원이다. 그들의 작용 메커니즘은 알려져 있지 않으나, 거의 확실하게 전사 수준에서 작용하는 것으로 생각된다.

인터페론의 효과들은 거의 모든 세포에 편재하는 특이적 수용체를 통하여 발휘된다(그러므로 거의 모든 세포가 잠재적으로 인터페론에 대하여 반응성을 갖는다). I형과 II형 인터페론의 수용체는 서로 뚜렷하게 구별되며, 각각은 두 개의 폴리펩티드로 구성되어 있다. I형 수용체와 인테페론의 결합은 세포성 단백질 STAT2(signal transducer and activator of transcription)를 인산화 시키는 세포질 내의 특이적 티로신 인산화효소(Janus kinase, Jak1)를 활성화시킨다. II형 수용체와 인터페론의 결합은 STAT1을 인산화 시키는 티로신 인산화효소(Jak2)를 활성화시켜 또 다른 유전자 그룹의 전사 활성을 유도한다.

인터페론의 주요 작용은 세포의 조절 활동으로서 생각보다 복잡하다. 인터페론은 세포성 증식과 면역조절 둘 다에 영향을 미친다. 이 효과들은 다른 사이토카인을 포함, 넓은 범주의 다양한 세포성 유전자의 전사 유도로 시작되며 궁극적인 결과는 증식, 분화 및 세포간 신호교환에 대한 세포 기능의 복잡한 조절이다. 이런 세포 조절 활동 그 자체는 바이러스 복제에 대하여 간접적인 효과를 갖고 있다(아래 참조). 모든 인터페론은 비슷한 항바이러스 능력을 갖고 있으나 가장 효과적인 세포성 조절 물질은 인터페론-γ 이다.

생체에서 바이러스 감염에 관한 인터페론의 효과는 대단히 중요하다. 실험적으로, 바이러스를 감염시킨 후 항인터페론 항체를 주입시킨 동물은 동일한 바이러스에 감염된 대조 동물보다 매우 심각한 감염을 체험한다. 이는 인터페론이 세포 손상과 죽음으로부터 세포를 보호하기 때문이다. 그러나 바이러스 감염의 제거가 이들의 주요 역할은 아니다. 즉, 감염의 제거를 위하여 필수적인 것은 면역 반응의 다른 부분이다. 인터페론은 여러 가지의 메커니즘을 이용하여 초기 단계에서 바이러스 복제를 억제하는 방화벽이다. 이 메커니즘 중 두 가지는 상세하게 이해되어 있으나(아래), 다른 많은 것(특정 바이러스에 대한 특별한 경우)들이 아직 잘 알려져 있지 않다.

인터페론은 2′,5′-올리고 A 합성효소를 암호화하는 세포성 유전자의 전사를 유도한다(그림 6.6). 서로 다른 인터페론에 의해 유도되는 2′,5′-올리고 A는 최소한 4종의 분자가 있다. 이 화학물질은 바이러스 유전체 RNA, 바이러스와 세포성 mRNA 및 세포성 리보솜 RNA를 분해하는 RNA 분해효소인 RNase L을 활성화시킨다. 이 메커니즘의 최종 결과는 단백질 합성의 감소이고(mRNA와 rRNA의 분해에 기인한); 따라서 세포는 바이러스 손상으로부터 보호

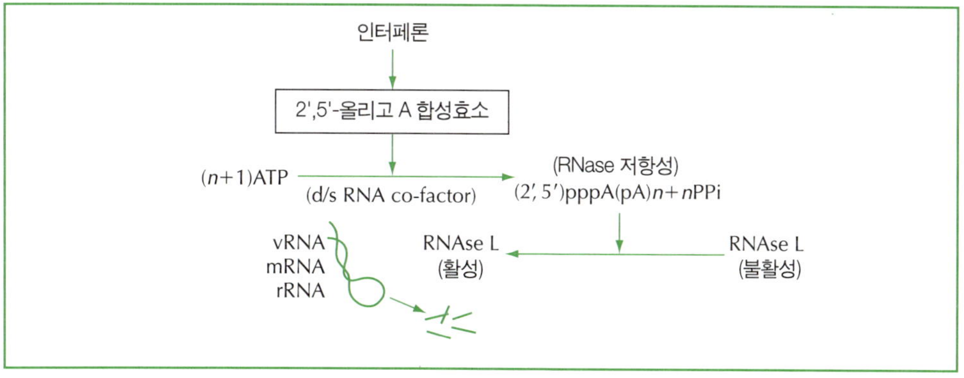

그림 6.6 인터페론에 의한 2',5'-올리고 A 합성효소의 유도 메커니즘.

된다. 두 번째 방법은 PKR(RNA-activated protein kinase)로 불리는 68 kDa 단백질의 활성화에 따른 것이다(그림 6.7). PKR은 번역의 개시를 위하여 리보솜이 필요로 하는 세포성 인자인 eIF2α를 인산화시킨다. 그러므로 이 메커니즘의 순 결과는 또한 단백질 합성의 억제이고, 이것은 2′,5′-올리고 A의 메커니즘을 다시 촉진한다. 잘 알려진 세 번째 메커니즘은 사람의 21번 염색체에 단일 유전자로 있고, 인터페론-α과 인터페론-β에 의해 유도되는(인터페론-γ 제외) M_x 유전자에 의존적이다. 이 유전자의 발현은 독감 바이러스의 1차 전사를 억제하지만, 다른 바이러스에는 영향을 미치지 못하며 작용 메커니즘은 알려져 있지 않다. 위의 세 메커니즘 이외에도 부수적으로 기록된 인터페론의 많은 효과가 있다. 이들은 세포막의 구성/구조를 변화시킴으로써 SV40와 다른 바이러스의 **침투**(penetration)와 **탈외피**(uncoating)를 억제하고; 많은 바이러스에서 **유전체**의 1차 전사(예: SV40, HSV)와 retrovirus에 의한 세포 **형질전환**도 억제하는 것으로 생각된다. 이 효과들을 매개하는 분자적 메커니즘이 완전히 설명된 것은 없다.

결론적으로 인터페론은 바이러스 감염에 대한 강력한 무기이나, 마법 탄환(특정 세포나 특정 바이러스만을 죽이는 물질)이라기보다는 18세기 구식총(정확도가 떨어지는 물질)으로서 작용한다고 선언할 수 있다. 인터페론의 강력한 세포-조절 작용에 기인한 심각한 부작용(발열, 메스꺼움, 오한)은 이 물질들이 평범한 바이러스 감염의 처치를 위하여 널리 사용되지 못 할 것이라는 것을 의미한다. 즉, 그들은 감기의 치료제가 아니다. 그러나 인터페론의 세포-조절 능력이 점점 깊게 이해되면서 특정 암에 대한 처방 약제로서 사용이 증가되고 있다(예: 털모양 세포 백혈병[hairy cell leukemia] 치료에서 인터페론-α의 처방). 인터페론의 최근 치료적 활용을 표 6.1에 요약하였다. 항바이러스 물질로서의 사용에 대한 장기적인 전망은 확실하지 않다지만 만성 바이러스성 간염과 같이 더 이상 시도할 만한 치료법이 없는, 즉 생명을 위협하는 감염에 대한 사용 가능성은 열려있다.

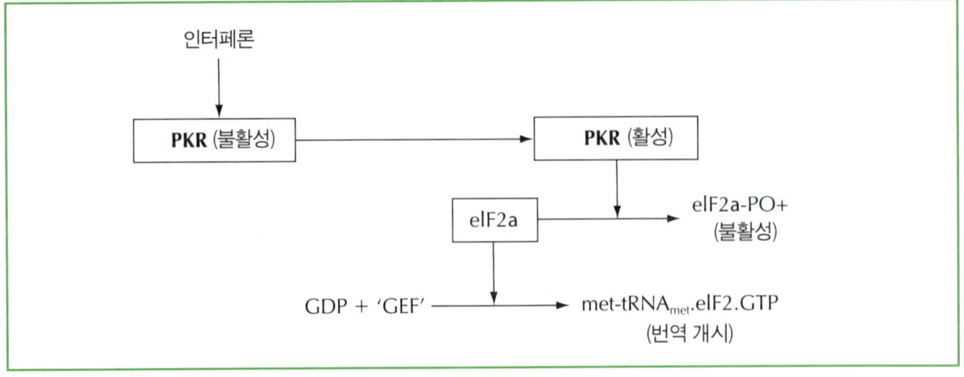

그림 6.7 인터페론에 의한 PKR 유도 메커니즘.

표 6.1 인터페론의 치료적 사용

질환	바이러스
만성 활성 간염	Hepatitis B (HBV), hepatitis C (HCV)
condylomata accuminata(생식기 사마귀)	Papillomavirus
종양	
털모양 세포 백혈병	–
카포시 육종(AIDS 환자에서)	Human herpesvirus 8 (HHV-8) (?)
비뇨생식기 질병	
만성 육아종(IFN-γ가 세균 감염을 감소시킨다)	–

바이러스에 의한 면역 작용의 회피

전체적으로, 선천성 및 적응성 면역의 수많은 구성 요소는 바이러스 복제에 대한 강력한 방어벽을 제공한다. 바이러스가 지속적으로 존재하고 있다는 사실 하나만으로도, 바이러스는 분자적 무기 경쟁을 통해 수 천 년 이상에 걸쳐 다양하고 효과적인 대응감시(counter surveillance) 메커니즘을 진화시켜 왔음은 분명하다.

MHC class I-제한 항원제시의 억제

위에서 설명한 바와 같이, CTL은 오직 표적 세포에 있는 MHC I 복합체에 의해 제시된 외래 항원에 대해서만 반응할 수 있다. 수많은 바이러스는 MHC I의 발현을 간섭하거나 이 과정을 파괴하는 기능을 이용하여 CTL 반응을 회피한다. 이와 같은 메커니즘에는 adenovirus에 의한 MHC class I 발현의 하향 조절 및 herpesvirus가 MHC I/항원 복합체 형성에 필요한 항원 가공공정을 방해하는 것 등이 포함된다.

MHC class II-제한 항원제시의 억제

MHC-II 항원은 작동세포의 항원-반응성 클론의 발생을 촉진하기 위하여 적응성 면역반응에 필수적이다. Herpesvirus와 papillomavirus는 MHC II/항원 복합체의 형성과정과 표면 발현을 방해하여 CTL 반응을 억제한다.

자연살해세포 용해의 억제

Poxvirus인 *Molluscum contagiosum*은 감염된 세포표면에는 발현되지만 항원 펩티드와는 결합할 수 없는 MHC-I의 상동물질을 암호화하고 발현함으로써 세포 표면에 MHC-I가 없을 때 촉발되는 자연살해세포에 의한 살해를 회피할 수 있다. 이와 비슷한 단백질이 HHV-5(CMV)와 같은 바이러스에서도 만들어지며 herpesvirus는 일반적으로 자연살해세포 살해를 모면하는 수많은 정교한 메커니즘을 보여준다.

세포사멸의 방해

이전 설명 참조.

사이토카인 작용의 억제

사이토카인(cytokines)은 분비성 폴리펩티드로서 염증, 세포의 활성화, 증식, 분화 및 화학 주성(chemotaxis)을 포함하는 면역 반응의 중요한 측면들을 조화롭게 한다. 어떤 바이러스는 특정 케모카인(chemokine)의 발현을 직접적으로 억제할 수 있다. 또 다른 방법으로서, herpesvirus와 poxvirus는 사이토카인 결합에 대하여 세포성 수용체와 경쟁하면서도 막 신호 전달 경로를 거치지 않는, 숙주 사이토카인 수용체의 상동물질인 바이러스성 수용체(viroreceptor)를 암호화한다. 고친화성 결합 분자도 역시 직접적으로 사이토카인과 결합해 중화시킬 수도 있으며, 바이로카인(virokine)으로 알려진 분자는 세포 수용체와 결합하지만 신호 전달은 일으키지 않는 방법으로 사이토카인 수용체를 차단한다.

인터페론은 바이러스 감염의 가장 나쁜 효과를 억제하는 효과적인 수단이다. 인터페론의 광범위한 효능은 어느 정도 일반적이며 비특이적인 효과에 기인한다(예: 바이러스가 감염된 세포에서의 단백질 합성 억제). 이처럼 특이성이 낮으면 바이러스가 이들의 효과를 상쇄하는 전략을 진화시키기가 힘들게 된다. Adenovirus VA RNA의 항인터페론 효과는 5장에서 설명하였다. 인터페론에 대한 바이러스 저항의 또 다른 메커니즘은 다음과 같다:

- Epstein-Barr virus EBER RNA는 구조와 기능이 adenovirus VA RNA와 비슷하다. 또한 EBNA-2 단백질은 인터페론이 유도하는 신호전달을 방해한다.
- Vaccinia virus는 인터페론의 항바이러스 효과에 내성을 보이는 것으로 알려져 있다. 이 바이러스의 초기 유전자중 하나인 K3L은 PKR의 작용을 억제하는 eIF-2α의 상동 물질을 암호화한다. 또한 E3L 단백질은 ds RNA와 결합하고 PKR 활성화를 억제한다.
- Poliovirus 감염은 바이러스가 감염된 세포에서 PKR의 억제인자를 활성화시킨다.
- Reovirus의 캡시드 단백질 σ3는 ds RNA를 입자 안에 격리시킴으로써 PKR의 활성화를 방지하는 것으로 알려져 있다.

체액성 면역의 회피

직접적인 체액성 면역이 세포-매개 면역보다 덜 중요하다고 하더라도, ADCC와 보체가 항바이러스 작용을 한다는 것은 바이러스의 입장에서 보면 충분히 방해하고 싶은 표적이 된다.

체액성 면역반응을 뒤엎기 위해 가장 자주 사용되는 수단은 항체가 결합하는 B-세포 항원결정기를 돌연변이로 자주 바꾸는 것이다. 이 전략은 독감바이러스나 HIV와 같이 유전적으로 변이가 심한 바이러스에서만 가능하다. Herpesvirus는 Fc-의존적 면역 활성화를 방지하기 위해 바이러스성 Fc 수용체를 암호화하는 등의 대체 전략을 사용한다.

보체 연쇄반응의 회피

Poxvirus, herpesvirus 및 reovirus 과는 보체 활성화 단백질의 정상적인 조절물질과 비슷한 모방 물질을 암호화 한다. 예를 들면, C3 전환효소의 조합을 억제하고 이 효소의 분해를 촉진하는 분비 단백질을 들 수 있다. Poxvirus는 또한 C9 중합반응을 억제하여 막의 투과성 상승을 방지할 수 있다.

바이러스-숙주 상호작용

이 시점에서, 바이러스에 의한 발병은 바이러스에게는 무익하고 비정상적인 상황이라는 것을 다시 한 번 명시하는 것이 좋을 것 같다. 즉, 바이러스 감염의 대부분은 증상이 없다. 그러나 병원성 바이러스를 보면, 바이러스가 일으키는 질병의 특성을 결정하는 수많은 중요한 단계가 복제과정에 있다. 모든 바이러스에 대하여, 병원성이건 비병원성이건, 감염 경로에 영향을 미치는 첫 번째 요인은 신체로 침입하는 부위와 그 메커니즘이다(그림 6.8)

- **피부:** 포유동물의 피부는 바이러스에 대하여 굉장히 효과적인 방어벽이다. 외층(상피)은 죽은 세포로 구성되어 있기 때문에 바이러스의 복제를 지원하지 않는다. 곤충이나 동물에게 물리거나 피하 주사와 같은 작은 외상이나 구멍과 같은 상처가 없이는 매우 소수의 바이러스만이 이 경로를 통해 직접적으로 감염된다. 어쩌면 작은 찰과상이나 습진과 같은 피부의 손상이 필요할 수도 있겠지만, herpesvirus와 papillomavirus는 이 경로로 감염한다.
- **점막:** 눈과 비뇨생식기관의 점막은 바이러스가 신체 조직에 접근할 때 특히 선호하는 경로이다. 성교에 의해 전염되는 수많은 바이러스가 이를 반영하고, 눈을 통한 바이러스 감염도 또한 매우 일반적이다.
- **소화관:** 구강 경로를 경유하여 장에 감염되는 바이러스는 매우 낮은 pH와 고농도의 소화효소가 가득차 지극히 위협적인 환경인 위를 통과하는 동안 반드시 살아남아야 하지만, 바이러스는 구강, 구강인두, 장이나 직장을 경유하여 소화관에 감염될 수도 있다. 그럼에도 불구하고, 장은 바이러스에 대하여 매우 적합한 표적이다. 즉, 창자 상피는 지속적으로 분열하는 조직이고, 장과 연합된 상당량의 림프 조직은 바이러스 복제를 위하여 많은 기회를 제공한다. 더욱이, 식품과 음료의 지속적인 섭취는 바이러스가 이들 조직에 감염될 넉넉한 기회를 제공한다(표 6.3). 이런 문제에 대응하기 위하여, 장은 많은 특이적(예: 분비 항체) 방어 메커니즘과 비특이적(예: 위산과 담즙 염) 방어 메커니즘을 갖고 있다.

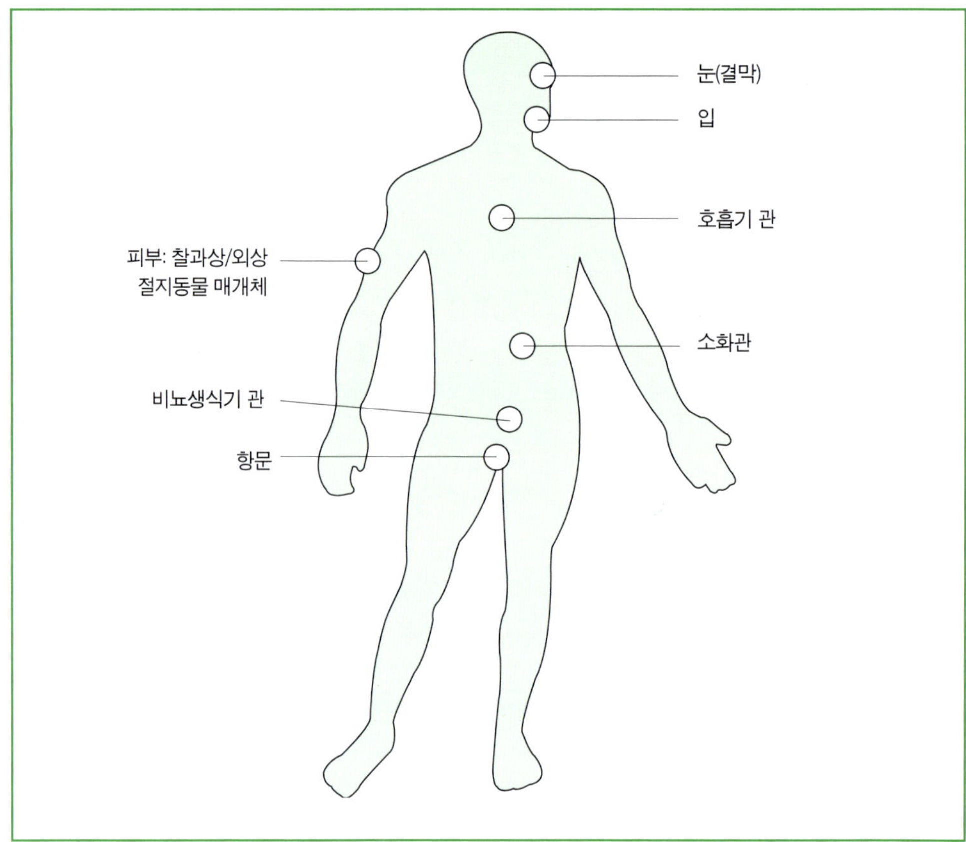

그림 6.8 바이러스 침입이 가능한 신체부위를 나타낸 개요도.

표 6.2 점막을 경유하여 감염되는 바이러스

바이러스	감염 부위
Adenovirus	결막
Picornavirus: enterovirus 70	결막
Papillomavirus	비뇨생식기 관
Herpesvirus	비뇨생식기 관
Retrovirus: HIV, HTLV	비뇨생식기 관

표 6.3 소화기관을 경유하여 감염되는 바이러스

바이러스	감염 부위
Herpesvirus	입과 구강인두
Adenovirus	창자
Calicivirus	창자
Coronavirus	창자
Picornavirus: enterovirus	창자
Reovirus	창자

표 6.4 호흡기 관을 경유하여 감염되는 바이러스

바이러스	국소적 감염
Adenovirus	호흡기 상단부(상기도)
Coronavirus	호흡기 상단부(상기도)
Orthomyxovirus	호흡기 상단부(상기도)
Picornavirus: rhinovirus	호흡기 상단부(상기도)
Paramyxovirus: parainfluenza	호흡기 상단부(상기도)
Respiratory syncytial virus(RSV)	
바이러스	**체계적 감염**
Herpesvirus	수두-대상포진
Paramyxovirus	홍역, 볼거리(유행성 이하선염)
Poxvirus	천연두
Togavirus	풍진

- **호흡기관:** 호흡기는 아마도 가장 빈도가 높은 바이러스 감염 부위일 것이다. 장에서처럼, 호흡기는 숨쉬는 동안에 들어오는 외재성 바이러스 입자와 지속적으로 접촉한다. 따라서 호흡기 또한 바이러스 감염에 대한 방어 무기를 갖고 있다. 즉, 비강에서 입자성 물질을여과하고 비강 상피의 아래층에는 면역세포와 항체가 존재한다. 공기방울(비말, aerosol)의 확산은 매우 효율적이기 때문에, 호흡기에 감염되는 바이러스는 일반적으로 다른 동물이나 사람의 호흡기로부터 직접적으로 전달된다: 기침과 재채기는 질병을 퍼뜨린다.

자연 환경은 바이러스 감염에 대해 상당히 높은 장벽이다. 몇몇 바이러스들이 열, 건조, 자외선(햇빛) 등에 저항력을 갖기는 하지만, 바이러스의 대부분은 이러한 요인에 비교적 민감하다. 이는 오염된 물이나 식품을 통하여 퍼지는 바이러스에게 특히 중요하다. 즉, 이런 바이러스들은 다른 숙주에 의해 섭취될 때까지 환경에서 반드시 살아남을 수 있어야 할 뿐 아니

라, 대부분은 분변-구강 경로에 의해 퍼지기 때문에, 대변으로 방출되기 전, 장에 감염하기 위하여 반드시 위를 통과할 수도 있어야 한다. 환경적 스트레스를 극복하는 한 방법은 1차 숙주 사이를 이동하기 위하여 2차 매개체(vector)를 이용하는 것이다. 앞에서 언급한 식물바이러스처럼, 바이러스는 매개체 안에 있는 동안에 복제할 수도 있고 하지 않을 수도 있다. 2차 매개체가 없는 바이러스는 지속적인 숙주-대-숙주 전염에 반드시 의존하여야 하고 이를 위한 다양한 전략을 진화시켜 왔다(표 6.5).

- **수평 전염:** 바이러스의 직접적인 숙주-대-숙주 전염. 이 전략은 바이러스 개체수를 유지하기 위하여 감염율이 높아야 한다.
- **수직 전염:** 숙주의 한 세대에서 다음 세대로의 바이러스 전염. 이것은 출생 전이나 출산과정에서, 또는 출산 직후에(예: 수유) 태아에 감염되어 일어날 것이다. 드물기는 하지만, 수직전염은 생식계통 자체를 경유한 바이러스의 직접적인 전달이 포함되기도 한다(예: retrovirus). 수평전염과는 대조적으로, 이 전략은 바이러스의 빠른 전파와 확산보다 숙주에서 바이러스의 장기적인 지속에 의존한다.

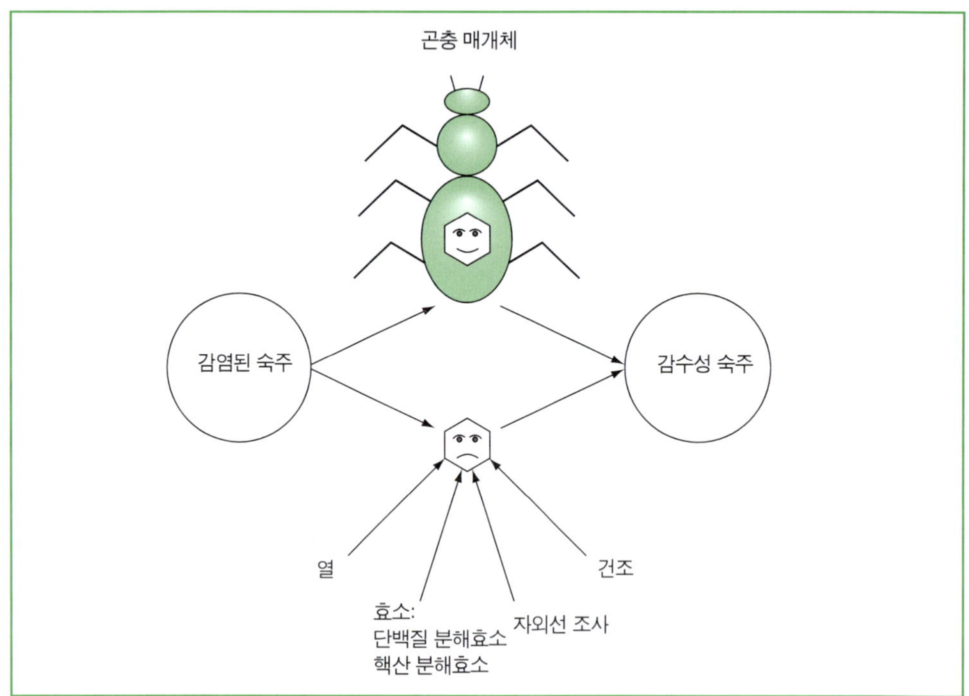

그림 6.9 환경을 통한 바이러스의 전염. 어떤 바이러스는 환경적 스트레스를 회피하기 위하여 곤충이나 절지동물과 같은 매개동물을 선택하여 왔다.

표 6.5 바이러스 감염 양식

양식	예
수평 전염	
사람-사람(비말)	독감
사람-사람(분변-구강)	rotavirus
동물-사람(직접)	광견병
동물-사람(매개동물)	Bunyavirus
수직 전염	
태반-태아	풍진
엄마-아이(출생)	HSV, HIV
엄마-아이(수유)	HIV, HTLV
생식계통	생쥐에서, retrovirus; 사람에서 ?

표 6.6 국소적 및 체계적 감염의 예

바이러스	1차 복제	2차 복제
국소적 감염		
Papillomavirus	피부	–
Rhinovirus	호흡기관 상부	–
Rotavirus	창자 상피	–
체계적 감염		
Enterovirus	창자 상피	림프 조직, CNS
Herpesvirus	구강인두나 비뇨생식기관	림프 세포, CNS

감염이 가능한 숙주에 침입하면, 바이러스는 감수성이 있는 세포에 들어가 반드시 감염을 시작하여야 한다(1차 복제). 이 초기 상호작용은 감염이 바이러스가 침입한 부위에서만 국소적으로 남을 것인가 아니면 **전신감염**(systemic infection)이 될 것인가를 종종 결정한다(표 6.6). 어떤 경우에는, 바이러스 확산이 분극화된(polarized) 상피 세포의 감염과 세포의 정단면(예: influenza virus-상기도에서의 국소적 감염)이나 기저면(예: rhabdovirus의 전신감염)에 편중된 바이러스 방출에 의해 조절된다(그림 6.10). 첫 감염 부위에서의 1차 복제에 이어서 다음 단계는 숙주 전체로 퍼질 수도 있다. 직접적인 세포-대-세포 접촉에 더하여 숙주 전체로 확산되는 데는 두 가지의 주요 메커니즘이 있다.

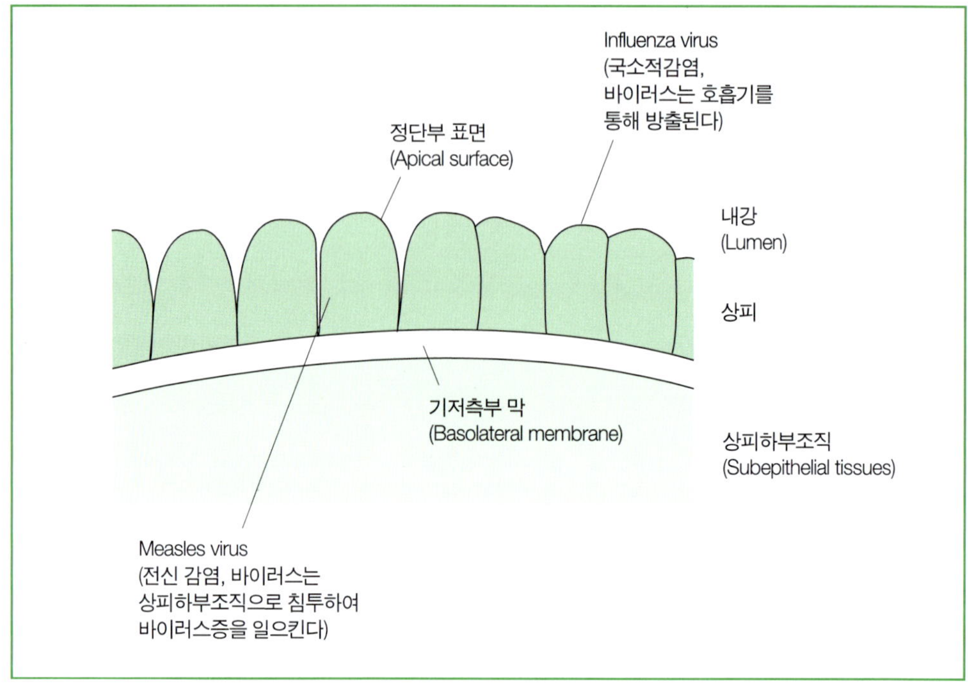

그림 6.10 분극화된 상피 세포의 바이러스 감염.

- **혈류의 경유:** 바이러스는 직접적인 접종에 의해 혈류로 들어갈 수 있다. 예를 들면, 절지동물 매개체, 혈액 전염이나 정맥주사 약물 남용(멸균이 안 된 주사바늘의 공유)에 의한 것이다. 바이러스는 혈장이나(예: togavirus, enterovirus), 적혈구(orbivirus), 혈소판(HSV), 림프구(EBV, CMV), 또는 단핵구(lentivirus)에 결합되어 자유로이 이동할 수 있다. 1차 바이러스혈증(viraemia)은, 혈류를 경유하여 신체의 다른 부분으로 바이러스가 확산되기 위한 필수적인 사전 현상이다. 바이러스가 다른 표적 조직에 도달하거나 혈구에서 직접적으로 복제됨에 따라, 보다 보편적이고 역가(titer)가 높은 2차 바이러스혈증이 이어서 나타난다.
- **신경계 경유:** 위에서처럼, 신경계에 의한 바이러스의 확산은 일반적으로 1차 바이러스혈증에 의해 진행된다. 어떤 경우의 확산은 1차 감염 부위에서 뉴런과의 접촉에 의해 직접적으로 일어나고, 다른 경우에는 일단 혈류를 경유하여 일어난다. 말초 신경에 있던 바이러스는 뉴런을 따라 축삭 수송(axonal transport)에 의해 중추신경계로 한번에 퍼질 수 있다. 이에 대한 고전적인 예는 herpes simplex virus이다(아래의 잠복 감염 참조). 시냅스 연접은 한 세포에서 다른 세포로 건너뛰는 것을 허용하는 바이러스 수용체를 종종 보유하고 있기 때문에, 바이러스는 시냅스 연접을 건널 수 있다.

신체의 다양한 부위로 바이러스가 퍼지는 것은 세포나 조직 친화성(tropism)에 의해 크게 좌우된다. 조직 친화성은 감염 경로에 의해 부분적으로 영향을 받지만, 세포 표면에 있는 수용체 분자와 바이러스 부착 단백질과의 상호작용에 크게 의존하며(4장에서 토의) 발병에 상당한 영향을 미친다.

이 단계에서, 바이러스 복제와 바이러스 항원의 생산 등의 주요단계에 뒤이어 숙주의 면역 반응이 활동을 시작한다. 앞서 말한 바와 같이 면역반응은 감염의 극복에 중요한 영향력을 갖고 있다. 대부분, 면역 반응의 효율성은 바이러스 2차 복제의 양을 결정하고, 이는 바이러스가 신체의 다른 부위로 퍼질 것인지의 여부를 결정하게 된다. 예외는 있지만, 2차 복제가 일어날 수 있는 조직으로 바이러스가 도달하는 것을 막을 수 있다면, 일반적으로는 질병이 발생하지 않는다. 또한 면역 반응은 바이러스 복제의 결과로 일어나는 세포와 조직 손상의 정도를 결정하는 데에 있어서 큰 역할을 한다. 앞에서 설명한 것처럼 인터페론의 생산은 바이러스가 유도하는 조직 손상을 방지하는 주요 인자이다.

면역계는 바이러스에 따라 그 정도가 다른 세포의 죽음을 조절하는 유일한 인자가 아니다. 바이러스가 심각한 세포 손상이나 죽음을 일으키지 않으면, 바이러스는 질병의 특별한 증상 없이 몸 전체에서 폭 넓게 복제할 수도 있다. Retrovirus는 일반적으로 세포의 용해보다는 출아에 의해 방출되기 때문에 세포를 죽이지 않으며, 이 바이러스가 생식계통에 감염되면 자손에게 수직으로 전염될 수 있는 지속성 감염을 일으킨다. 사람을 포함한 모든 척추동물 유전체에는 우리와 수 백 만년 동안 같이 있어온 retrovirus의 유전체가 존재한다. 현재, 이와 같은 고대의 바이러스 유전체가 설치류에서 종양을 일으키는 한 예가 되고는 있지만, 사람에서는 어떤 질병도 일으키지 않는 것으로 알려져 있다. 역으로, picornavirus는 자신이 복제하는 세포의 용해와 죽음을 가져오며, rhinovirus의 경우에는 발열과 점액질의 분비증가를 유도하고, poliovirus의 경우에는 마비나 죽음(중추신경계 세포에서 일어나는 바이러스 복제에 부분적으로 기인한 중추신경계의 손상으로 인한 호흡의 실패가 일반적인 원인인)을 가져온다.

어떤 바이러스의 감염이던, 궁극적인 결과는 숙주 생명체에 의한 바이러스의 제거와 바이러스 지속 사이의 균형이다. 제거는 면역반응에 의해 매개된다. 그러나 바이러스는 항원의 조성을 변화시킴으로써 면역계의 압력에 빠르게 대응하는 움직이는 표적이다. 이런 현상의 고전적인 예는 influenza virus이다. Influenza virus는 바이러스에게 항원 조성의 변화를 제공하는 유전적 메커니즘 두 가지를 보여주고 있으며, 이를 항원부동(antigenic drift)과 항원이동(antigenic shift)이라고 한다.

- **항원부동:** 이것은 바이러스 유전체에 소규모의 돌연변이(예: 뉴클레오티드의 치환)가 점진적으로 축적되는 것을 말한다. 이는 유전 암호의 미세한 변화를 가져오며 그에 따른 항원성의 변화로 인해 면역계에 의한 인식이 감소되는 결과를 낳는다. 이 과정은 모든 바이러스에서 항상 일어나지만 그 비율은 굉장히 다르다. 예를 들면, DNA 바이러스보다 RNA 바이러스에서 빈도가 훨씬 높다. 면역계는 새로운 항원 구조에 대하여 반응하고 인식하면서 지속적으로 적응하지만, 이러한 반응은 항상 한 걸음 뒤쳐져서 일어난다. 그러나 대부분의 경우, 궁극적으로 면역계는 바이러스를 제압할 수 있게 되고 마침내는 이들을 제거한다.

- **항원이동:** 이 과정에서는 바이러스 항원성의 갑작스럽고 극적인 교환이 일어나며, 이는 항원성이 서로 다른 분절형 바이러스 사이에서 유전체 분절이 재분류되는 현상에서 유래한다. 이로 인해 면역계는 새로운 항원 형태를 인식하지 못하게 되고, 바이러스는 우세한 위치를 얻게 된다(그림 6.11).

Influenza virus 집단에서 과거에 일어났던 항원이동은 **범세계적인 유행병**(pandemics)을 가져왔다(그림 6.12). 이 사건들은, 기존에 돌아다니던 바이러스에 혈구응집소와/혹은 뉴라미니다아제의 새로운 항원형이 갑작스럽게 도입됨으로써 인류 집단에 존재해 왔던 면역성을 무력하게 만드는 특징이 있다. 이미 존재하던 혈구응집소/뉴라미니다아제 형태의 바이러스도 그 항원에 대한 '면역학적 기억'을 갖고 있는 사람의 대부분이 죽었을 때는 다시 유행할 수 있게 되어 '군중 면역성(herd immunity)'의 효과도 쓸모없게 된다.

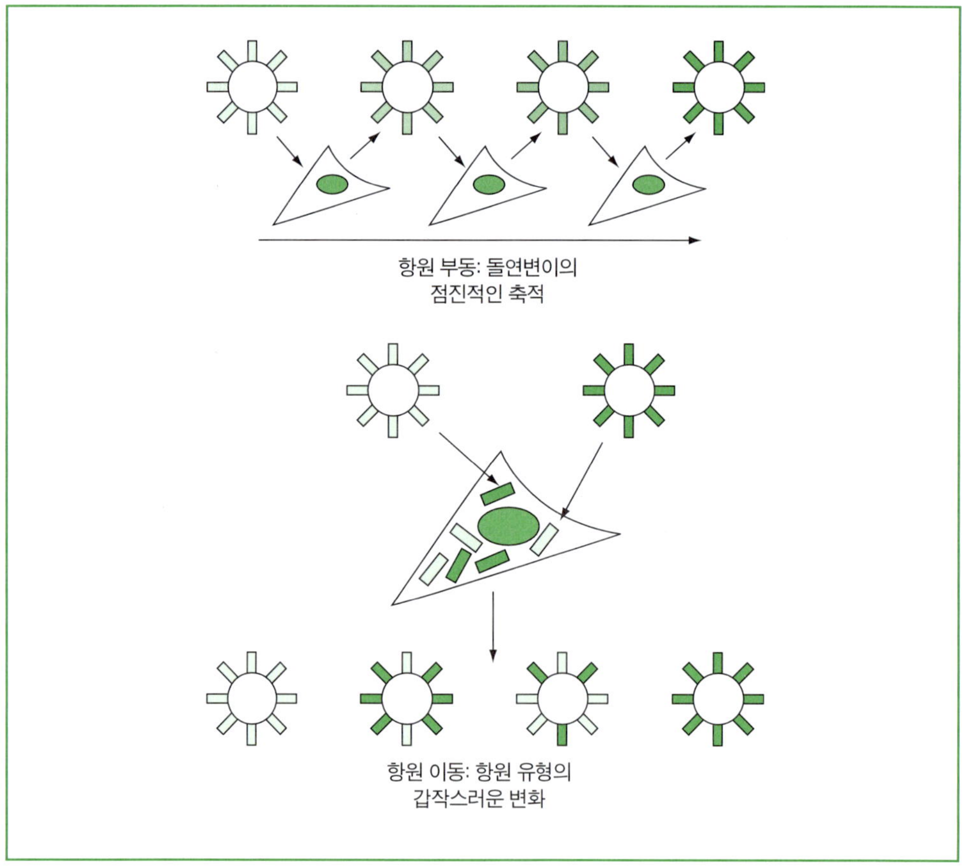

그림 6.11 Influenza virus에서의 항원 이동과 항원 부동.

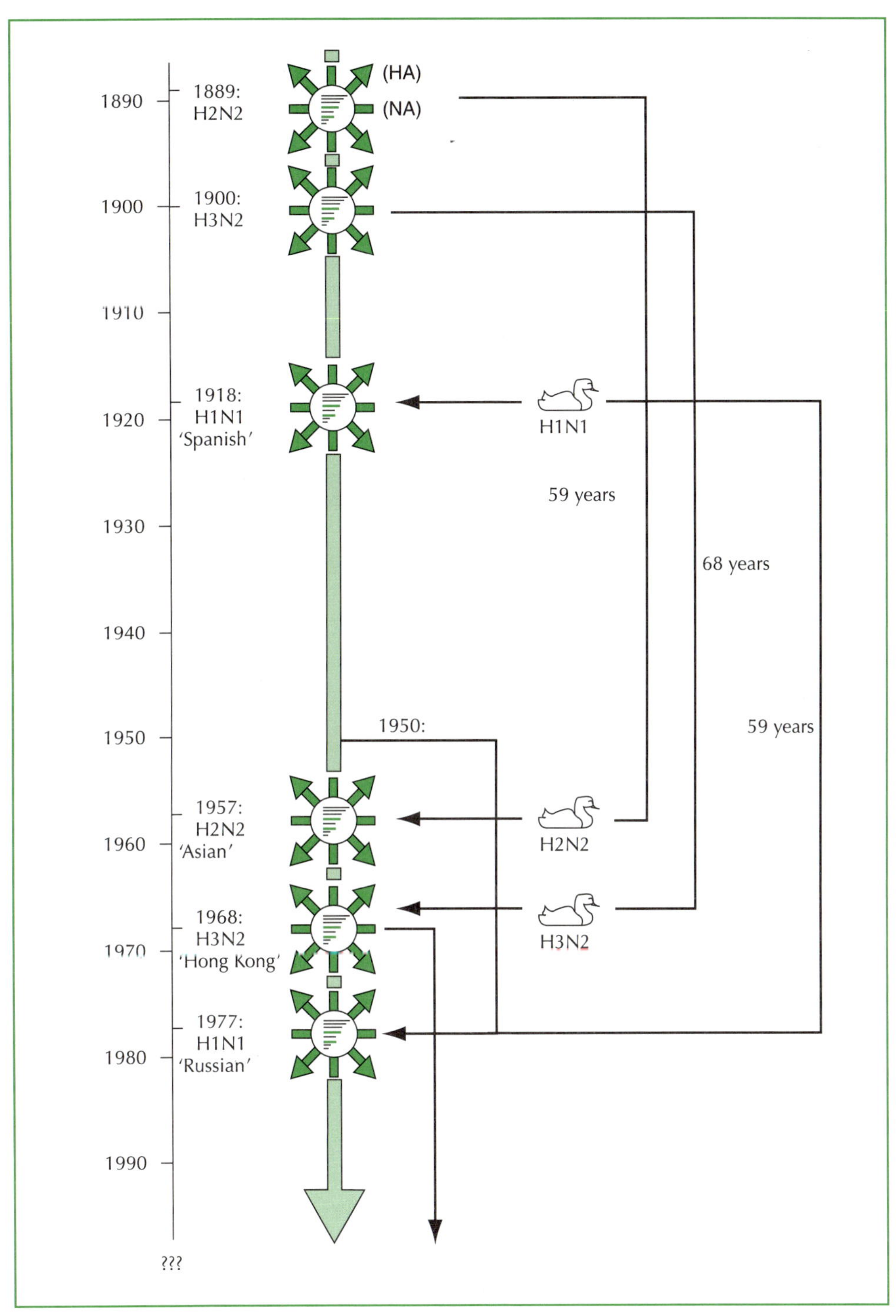

그림 6.12 독감의 범세계적 유행사례.

바이러스 감염의 궁극적 결과를 결정하는 이 관계의 다른 한 면은 바이러스가 숙주에서 지속적으로 존재하는 능력이다. 바이러스의 장기간 지속성은 두 주요 메커니즘에 기인한다. 첫째는 잠재적인 세포**용해** 능력의 조절이다. 여기서 이어지는 전략은 바이러스에 감염된 세포의 임계 숫자가 지속적으로 생존해야 하는 것이다. 즉, 숙주 생물체를 죽이지 않고 감염을 지속할 수 있는 충분한 수이어야 한다는 뜻이다. 일반적으로 자신들이 복제하고 있는 세포를 죽이지 않는 바이러스들에게는, 대체로 이것이 문제되지 않는다; 그러므로 retrovirus의 예처럼, 이 바이러스들은 자연적으로 지속감염을 일으키는 경향이 있다. Herpesvirus와 같이 용해성 감염을 일으키는 바이러스들은 바이러스 유전자 발현을 제한하여, 결과적으로 세포 손상을 막아주는 메커니즘의 개발이 필요하다. 지속성의 두 번째 측면은 위에서 언급한 것처럼 면역 감시(immune surveillance)의 회피이다.

바이러스 감염의 경로

바이러스 감염의 양상은 수많은 상이한 형태로 나눌 수 있다.

부전 감염(abortive infection)

부전 감염은 바이러스가 세포에 감염되었으나, 완전한 복제 주기를 완결하지 못하였을 때에 일어난다. 그러므로 이것은 비생산적 감염이다. 그러나 이와 같은 감염의 결과가 반드시 무의미하지는 않다; 예를 들면, 설치류 세포의 SV40에 의한 비생산적 감염은 때때로 세포의 **형질전환**을 유발한다(7장 참조).

급성 감염(acute infection)

이 양상은 많은 일반적인 바이러스 감염에서 친숙하게 볼 수 있는 것이다(예: 감기). 비교적 짧은 기간의 감염에서, 바이러스는 일반적으로 면역계에 의해 완전히 제거된다. 전형적으로, 이 같은 급성 감염에서는 바이러스 복제의 결과로 인해 또는 면역계의 활성화로 인해 일어나는 어떤 증상(예: 발열)이 시작되기도 전에 많은 바이러스의 복제가 일어난다. 그러므로 급성 감염은 역학자에게 심각한 문제를 제시하고, **유행병**(예: 감기, 홍역 등)에서 가장 높은 빈도로 나타나는 형태이다.

만성 감염(chronic infection)

이들은 급성 감염의 반대 즉, 오래 끌며 고집스러운 감염이다. 이 형태의 감염을 일으키기 위하여 바이러스는 상당기간 동안 숙주에서 반드시 지속되어야 한다. 임상의사에게는 만성, 지속성(persistent) 및 잠복성(latent) 감염 사이에 명확한 구별이 없어, 이러한 용어들은 교차적으로 사용된다. 그러나 바이러스연구자에게는, 감염 동안에 일어나는 사건에서 의미 있는 차이가 있기 때문에, 여기서는 이 유형들을 분리해서 다루었다.

지속 감염(persistent infection)

이 감염은 바이러스와 숙주 생물체 간의 미묘한 균형의 결과이다. 여기서, 바이러스의 복제는 계속해서 일어나지만, 바이러스는 숙주를 죽이는 것을 피하기 위하여 자신들의 복제와 병원성을 조절한다. 만성 감염에서는 바이러스가 일반적으로 숙주에 의해 궁극적으로 제거되지만(감염이 치명적이지만 않다면), 지속 감염에서는 바이러스가 숙주의 전 생애 동안에 존재하고 복제한다는 점에서 만성 감염과는 다르다.

이와 같은 체계의 가장 잘 연구된 예는 생쥐에서의 lymphocytic choriomeningitis virus (LCMV, arenavirus의 일종) 감염이다(그림 6.13). 생쥐의 말초 부위(예: 발바닥이나 꼬리)나 뇌에 직접적으로 접종하여 이 바이러스를 실험적으로 감염시킬 수가 있다. 뇌에 직접 감염시킨 어른 생쥐는 바이러스에 의해 죽지만, 말초 경로를 통해 감염시키면 두 가지의 감염 결과가 가능하다: 어떤 생쥐는 죽고, 반면에 몸에서 완벽하게 바이러스를 제거한 쥐들은 생존한다. 어떤 인자가 LCMV에 감염된 생쥐의 생존과 죽음을 결정하는지는 명확하지 않으나, 이것이 바이러스에 대한 면역 반응과 관계가 있다는 증거는 있다. 중추신경계 경로를 따라 감염된 면역억제 상태의 어른 생쥐에서는 바이러스가 제거되지 않은 채로 (기능을 잃은 면역

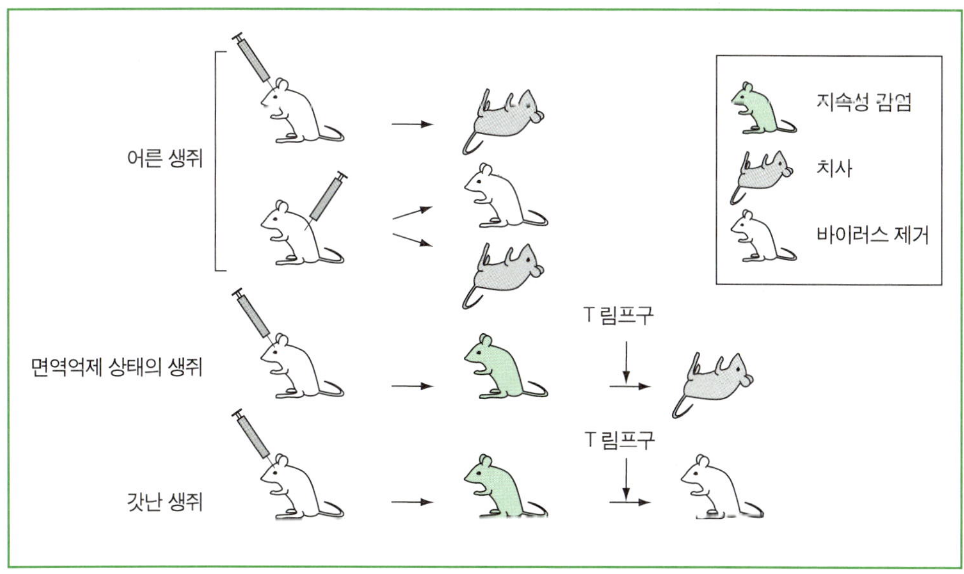

그림 6.13 Lymphocytic choriomeningitis virus (LCMV)에 의한 생쥐의 지속 감염.

때문에) 남아 있지만, 놀랍게도 이 생쥐들은 바이러스에 의해 죽지는 않는다. 그러나 동질유전자성(syngeneic) LCMV-특이적 T 림프구(즉, 동일한 MHC 형태)를 지속 감염된 이 생쥐에 주사하면 LCMV 감염의 완전한 병리학적 증후가 발달되어 결국 죽게 된다. 면역계가 미성숙한 신생 생쥐에게 중추신경계를 경유하여 감염시켜도 지속성 감염이 발달되지만, 이 경우에는 후에 동질유전자성 LCMV-특이적 T 림프구를 주사하여도, 생쥐들은 바이러스를 제거하고 감염을 이겨낸다. 이러한 현상을 조절하는 메커니즘은 완전히 이해되지 않았으나, 분명히 바이러스와 숙주 동물 사이에 미묘한 균형이 있고, 바이러스에 대한 면역 반응은 질병의 병리학과 동물의 죽음에 대하여 부분적인 책임이 있다.

드물지 않게, 지속성 감염은 결손간섭(defective-interfering, D.I.) 입자의 생성에 기인할 수도 있다(3장 참조). 이와 같은 입자는 바이러스 **유전체**가 부분적으로 결손되어 있고 독자적인 복제도 할 수 없지만, 독자적인 복제가 가능한 보조바이러스(helper virus)의 존재 하에서는 이 입자도 복제할 수 있기 때문에 감염 과정에서 유지되고 축적되는 경향이 있다. 결손간섭 입자의 생산은 특히 동물의 RNA 바이러스 감염에서 흔히 볼 수 있지만, DNA 바이러스와 식물바이러스에서도 일어나며, 배양 세포에서 높은 **역가**의 바이러스를 지속적으로 계대배양하면 비슷한 현상이 발생할 수도 있다. 독립적으로는 복제할 수 없지만, 결손간섭 입자는 유전적으로 불활성인 것만은 아니며, 독자적 복제가 가능한 바이러스 유전체와의 **재조합**에 의해 감염 경로를 변경시킬 수도 있다. 결손간섭 입자의 존재는 바이러스 감염의 경로와 결과에 깊숙하게 영향을 끼친다. 경우에 따라 결손간섭 입자는 질병을 완화시키기도 하고, 반면에 질병의 증후를 더욱 심하게 악화시키기도 한다. 더욱이 결손간섭 입자는 보조바이러스의 유전자 발현을 효과적으로 제한하기 때문에(유전적으로 결손되었기 때문에), 정상적으로는 급성 감염을 일으켜 숙주에서 신속히 제거당하는 바이러스의 의한 감염이 이들 때문에 지속감염으로 바뀌기도 한다.

잠복성 감염(latent infection)

이것이야말로 바이러스의 궁극적 감염형태이다. 잠복성 감염에서 바이러스는 자신의 유전자 발현을 하향 조절할 수 있고, 바이러스 복제가 진행되지 않도록 유전자 발현이 엄격히 제한된 불활성 상태를 정립한다. 전형적인 잠복성 바이러스 감염은 숙주의 일생 동안 지속되는 감염이다. 사람에서 이와 같은 감염의 예는 herpes simplex virus (HSV)이다. 점막에 퍼져있는 감각 신경의 감염은 국소적인 1차 감염의 결과를 가져온다. 이어서 바이러스는 축삭 수송 메커니즘을 경유하여 신경계로 더 깊이 이동한다. 거기에서 이 바이러스는 3차 신경절과 같은 배근 신경절에 '숨어서' 진정한 잠복성 감염을 확립한다. 신경계는 면역학적으로 특권적인 부위여서 신체의 나머지 지역처럼 동일한 방식으로 면역계에 의해 감시받지 않지만, 잠복성의 주요 요인은 자신의 유전자 발현을 제한하는 바이러스의 능력이다. 이로 인해 면역계에 의해 감염된 세포가 인식될 가능성은 배제된다. 제한적인 유전자 발현은 herpesvirus 복제에서 필수적인 조절점인 α-유전자 발현의 빈틈없는 조절에 의해 이루어진다(5장). 잠복성 감염 동안에 만들어지는 HSV의 mRNA에 대하여 많은 관심이 집중되어 왔다; 이들을 잠복-관련 전사물(latency-associated transcript, LAT)이라고 하며, HSV의 잠복성과 람다 파지의 용원성이 같은 맥락에 있을 가능성을 제기하였다. 그러나 잠복-관련 전사물이 세포사멸을 억제함으로써 HSV에 감염된 뉴런의 생존이 촉진된다는 사실이 최근에 밝혀졌다. 이런 항-세포사멸 기능은 다음과 같은 방법에 의해 바이러스의 재활성화를 촉진할 수 있다:

- 미래의 재활성화를 위하여 보다 많은 뉴런에 잠복 감염하는 것.
- 재활성화가 일어나는 뉴런을 보호하는 것.
- 재활성화가 일어나는 동안에 기존에 감염되어 있지 않은 뉴런을 보호하는 것.

어떤 도발적인 자극에 의해 바이러스가 재활성화되었을 때, HSV는 감각 신경을 따라 이동하여 말초조직에서 발진이나 생식기 궤양과 같은 증상을 일으킨다. 무엇이 도발적인 자극을 구성하는가와 더불어 심리적 요인과 육체적 요인을 포함하는 가능한 대체요인의 존재 여부가 모두 명확하지 않다. 바이러스의 주기적인 재활성은 숙주의 남은 일생동안에 질병 증후가 산발적이고, 때때로 매우 고통스럽게 재발하는 감염의 양상을 확립한다. 이보다 더 나쁜 경우, 나이가 들어 면역기능이 저하되면 잠복성 감염이 급진적으로 돌변할 수 있어 (이는 면역계가 정상일 때는 이 잠복성 감염이 억제되도록 도와주고 있다는 것을 의미한다), 매우 심각한 전신감염과 종종 생명을 위협하는 감염으로 귀결된다.

Herpesvirus와 얼마간 비슷한 방식으로, retrovirus에 의한 감염도 잠복성 감염이 될 수 있다. 숙주의 유전체에 프로바이러스가 통합되면 숙주 생물체의 일생 동안 바이러스가 확실하게 지속되는 결과를 가져오며 질병이 간헐적으로 재발하는 감염을 일으킬 수도 있다. 어떤 측면에서 보면, HIV의 감염으로 인한 후천성면역결핍증(acquired immune deficiency syndrome, AIDS)은 이런 감염의 양상을 보여준다. AIDS의 발병은 제7장에서 자세하게 논의될 것이다.

바이러스 감염의 방지와 치료

바이러스 질병의 위협에 대한 대응에는 두 가지 관점이 있다: 첫째, 감염의 예방, 그리고 둘째, 질병의 치료이다. 전자의 전략에는 두 가지 접근방법이 있다: 바이러스 감염 예방에서 주된 역할을 하는 공중위생과 개인위생(예: 깨끗한 식수의 준비와 오수의 처리; 외과수술 도구의 살균과 같은 좋은 의료 습관) 및 바이러스 감염과 싸우기 위하여 면역계를 이용하는 예방접종, 바이러스 감염 동안에 세포에 대한 대부분의 손상은 매우 일찍, 종종 질병의 임상적 증후가 나타나기 전에 일어난다. 이는 바이러스 감염의 치료를 매우 어렵게 만들기 때문에, 바이러스 감염의 예방은 비용도 적게 들지만 의심할 여지없이 치료보다 나은 방법이다.

효과적인 백신을 고안하기 위해서는 바이러스 감염에 대한 면역반응과 면역적 간섭의 적절한 표적인 바이러스 복제단계 둘 다를 이해하는 것이 중요하다. 백신이 효과적이기 위해서는 신체의 가능한 많은 방어 메커니즘을 자극할 수 있어야 한다. 실질적으로, 이는 발병 과정 없이 질병을 모방하려는 시도를 의미한다. 예로서, 코로 투여되는 독감 백신과 입으로 투여되는 poliovirus 백신의 사용을 들 수 있다. 백신의 효과를 보기 위해서 집단의 구성원 모두가 100% 예방접종을 받을 필요는 없다. '군중면역(herd immunity)'은 집단의 충분히 큰 부분이 면역되었을 때 바이러스의 전파가 차단되기 때문에 나타나는 현상이다. 이 전략은 홍역과 같이 바이러스의 대체 숙주가 없는 곳에서 가장 효과적이고, 어떤 백신도 집단의 100%에 적용한다는 것이 불가능하기 때문에, 이는 실질적으로 보편화된 상황이다. 그러나 여기에는 위험성도 있어서 백신에 의한 집단의 보호가 임계 수준 이하로 떨어지면 유행병은 쉽게 다시 일어날 수 있다. 백신에는 기본적으로 소단위체 백신(subunit vaccine), 불활화 백신(inactivated vaccine) 및 생백신(live virus vaccine) 3 형태가 있다.

소단위체(subunit) 백신

이 백신은 바이러스의 일부 구성요소로 만들어진다. 바이러스 구성물은 보호적 면역 반응을 유도하기는 충분하나 감염의 위험은 없다. 일반적인 조건에서 이 백신은 해로운 면역 반응이 일어날 수도 있는 드문 경우를 제외하고는 완전히 안전하다. 안타깝게도 현재까지는 가장 효과가 적고 가장 비싼 형태의 백신이기도 하다. 소단위체 백신과 관련된 주요 기술적인 문제는 빈약한 항원성과, 개선된 운반체나 보강제(adjuvants)와 같은 새로운 배달 체계의 필요성이다. 이와 같은 백신에는 몇 개의 범주가 있다.

합성 백신은 화학적으로 합성된 짧은 펩티드이다. 이 분자의 주요 단점은 일반적으로 매우 효과적인 면역항원(immunogen)이 못되며 생산 단가도 매우 비싸다는 것이다. 그러나 어떤 형태의 고안된 서열도 합성해 낼 수 있기 때문에, 장래에 커다란 잠재력을 갖고 있다. 다만 최근에 사용되는 것은 없다.

재조합 백신은 유전 공학에 의해 생산된 것이다. 이와 같은 백신은 이미 생산되어 왔고, 보다 효과적인 면역 반응을 일으키는 경향이 있기 때문에 합성 백신보다 낫다. 이런 형태의 백신을 사용하여 실질적인 성공을 거둔 사례도 있다. 예를 들면, B형 간염 바이러스(hepatitis B virus, HBV)에 대한 기존의 백신 접종에는 만성 B형 간염 보균자의 혈청으로부터 얻은 호주항원(Australian antigen, HBsAg)을 사용해 왔다. 이것은 정말로 매우 위험한 의료 행위였다(HBV의 보균자는 종종 HIV도 감염되어 있기 때문이다). 지금은 효모에서 생산된 완전히 안전한 재조합 HBV 백신이 세계적으로 사용되고 있다.

바이러스 벡터는 병원성 바이러스의 면역유도 항원을 발현하도록 유전적으로 조작된 재조합 바이러스 유전체이다. 이 아이디어는 면역계에 항원을 제시하고 발현하기 위하여 유전체 조성이 잘 알려진 약독화 바이러스(attenuated virus)를 이용하는 것이다. 상이한 여러 바이러스에 대하여 이런 형태의 접근이 가능하지만, 가장 잘 발달된 체계는 vaccinia virus(VV) 유전체에 기초를 두고 있다. 이 바이러스는 천연두를 근절하기 위한 캠페인에서 수 백 만 명에게 백신으로 접종되어 왔고(아래 참조), 일반적으로 안전하고 효과적인 항원 전달 수단이다. 재조합 벡터 백신은 생산하기도 어렵고 다양한 많은 시도가 최근에 진행 중이기는 하지만, 사람에 대하여는 아직 명확하게 성공한 예가 없다. VV – rabies virus 재조합 백신은 유럽의 여우 집단에서 광견병을 근절하기 위하여 사용되어 왔다. Vaccinia virus에 기초한 백신을 사람에게 사용하는데 장점과 단점이 있다.

- 천연두 근절 캠페인 동안에 이미 백신 접종을 받은 사람집단의 높은 비율이 재조합 vaccinia 백신에 대하여 빈약한 반응을 나타낼 수도 있다.
- 일반적으로 안전하다 할지라도, VV는 면역기능이 약화된 숙주에게는 위험하며, 따라서 HIV에 감염된 사람에게는 사용될 수 없다.

이런 문제들에 대한 가능한 해결책으로 포유동물 세포에 단지 **부전 감염**만을 정립할 수 있는 자살 벡터(suicide vector)로서 가금폭스(fowlpox)나 카나리아폭스(canarypox)와 같은 조류 poxvirus(Avipoxvirus) 벡터를 사용할 수도 있으며 다음과 같은 장점을 제공하기도 한다.

- 외래 단백질의 고준위 발현
- 발병 위험성이 없음(부전 감염)
- 사람에서는 자연 면역력이 없음(조류 바이러스).

불활화(inactivated) 백신

불활화 백신은 정밀하게 조절된 조건 하에서 바이러스를 변성시약에 노출시켜 생산된다. 목적은 항원성의 손실 없이 바이러스의 감염력을 손상시키는 것이다. 당연히 이 과정에는 미묘한 균형이 필요하다. 그러나 불활화 백신은 일반적으로 효과적인 면역원이며(올바르게 비활성화 되었다면), 비교적 안정하고, 그리고 백신과 관련된 감염의 위험성이 거의 혹은 아예 없는(올바르게 비활성화 되었다면, 그러나 사고가 일어나기도 하며 일어날 수도 있다)등의 확실한 장점을 갖고 있다. 이 백신의 단점은 바이러스 단백질이 변성되면 measles virus와 같은 종류에서는 항원성이 손상될 수도 있기 때문에, 모든 바이러스에 대하여 불활화 백신을 생산하는 것은 불가능하다는 것이다. 비교적 효과적이라 할지라도, 불활화백신은 종종 보호성 점막면역과 세포-매개 면역력을 생백신 만큼 촉진하지는 못하기 때문에, 사백신(killed vaccine)은 때때로 생백신(live vaccine)보다 감염예방에 효과적이지 못하다. 더욱이 최근에는 이러한 백신이 자체적으로(예: 양성(+) RNA 바이러스 유전체) 혹은 다른 바이러스와의 재조합을 일으킨다면 백신 자체가 감염의 원인이 될 수도 있는 바이러스 핵산을 함유하고 있다는 것에 관심이 모아지고 있다.

생(약독화) 바이러스 백신

이 백신의 전략은 질병을 일으키지 않고 면역 반응을 촉진시키면서 병원성이 감소된 바이러스를 사용하는 것이다. 백신 바이러스주는 자연적으로 일어나는 바이러스(예: 천연두에 대응하여 백신으로 접종한 Edward Jenner의 cowpox virus)이거나 작위적으로 시험관에서 약독화된(예: Albert Sabin이 개발한 경구용 소아마비 백신) 것이다. 약독화 백신(attenuated vaccine)의 장점은 좋은 항원이면서 오래 지속되는 적절한 면역력을 유도한다는 것이다. 이에 반하여 단점도 많다. 이 백신은 종종 생화학적으로나 유전학적으로 불안정하고, 항원성을 잃어버리거나(쓸모없게 되는 경우), 예기치 않게 독성을 회복할 수도 있다. 집중적인 연구에도 불구하고, 원하는 형태의 약독화 백신을 만드는 것은 불가능에 가까우며 다양한 바이러스를 믿을만하고 안전하게 약독화시키는 일반적인 메커니즘도 없다. 병원성일 가능성이 있는 다른 바이러스가 백신 원료를 오염시킬 수도 있어서 1960년 경구용 소아마비 백신에서 SV40가 처음으로 발견되었다는 사실이 이를 증명한다. 건강한 개인에게 투여하면 완벽하게 안전한 백신일지라도, 면역력이 저하된 사람이나 임산부에게 생 바이러스 백신을 부적절하게 사용하면 백신과 연관된 질병을 일으킬 수 있다.

이런 어려움들에도 불구하고, 바이러스 감염에 대응하는 백신 접종은 20세기 동안 이루어낸 커다란 의학적 성공 중의 하나이다. 가장 성공적인 사례는 천연두에 대항하는 vaccinia virus, 즉 약독화 생백신(live attenuated vaccine)의 사용이었다. 1980년 5월 8일에, 세계보건기구는 공식적으로 천연두가 완전히 근절되었다고 공표하였고, 천연두는 세상으로부터 제거된 최초의 바이러스 질병이 되었다. 최근에 세계보건기구의 면역접종 확장 계획은 어린아이들의 선별된 질병 방어에 초점을 맞추고, 2008년까지 소아마비의 근절, 홍역의 사망과 발병의 감소, 신생아 파상풍(세균의 감염)의 근절 및 B형 간염 백신의 전 세계적인 도입을 목표로 하고 있다.

바이러스 백신이 반드시 비리온의 구조 단백질에 기초를 둘 필요는 없다. 예를 들면, human papillomavirus (HPV) 감염은 자궁경부암과 관련이 있다(제7장). 두 가지의 HPV 조절 단백질, E6와 E7은 종양세포에서 지속적으로 발현된다. 따라서 HPV 16과 18의 E6와 E7 단백질을 발현하는 재조합 vaccinia virus에 기초를 둔 생백신이 자궁경부암의 방어와 처치를 위하여 개발 중에 있다. 이것은 또 하나의 중요한 점을 제기한다. 예방 백신에 의한 감염의 방어가 훨씬 선호할 만한 선택이기는 하지만, 감염 후 치료 백신도 일부 바이러스의 감염경로를 제한하는 데에 크게 기여할 수 있다는 점이다. 광견병 바이러스가 그 예로서, 감염의 경로가 매우 길기 때문에, 광견병을 일으키는 중추신경계에서의 2차 복제를 막는 노출-후 백신 접종으로 효과적인 면역 반응을 발생시킬 수 있는 시간적 여유가 있다. 이 외에도 적용가능성이 있는 예는 위에 설명한 HPV-유도성 자궁경부암과 같은 바이러스-연관 종양을 들 수 있다.

DNA 백신과 RNAi

DNA 백신은 가장 새로운 형태의 백신이며 단지 우리가 지정하는 항원이나 또는 사이토카인과 같이 면역 반응을 함께 자극하는 분자가 암호화되어 있는 DNA 분자로만 구성되어 있다. 이러한 백신의 이면에 깔려있는 개념은 DNA 구성성분이 생체에서 발현되어 첫 번째 면역 반응에 제공될 소량의 항원 단백질을 생산하면 이후 진정한 항원이 침입할 때에 보호 반응을 빠르게 생성할 수 있으리라는 것이다. 이론상, 이러한 백신은 빠르게 생산될 수 있고 체액성과 세포-매개 면역력 모두를 효과적으로 유도할 수 있다. 초기의 임상적 연구에 의하면 이런 실험적 기술이 실질적으로 쓰일 수 있기까지 아직은 좀 이른 것으로 보인다.

RNA 간섭(RNA interference, RNAi)는 비교적 최근에 새로이 발견된 현상으로, hepatitis C virus (HCV), poliovirus, influenza virus, rotavirus, hepatitis B virus (HBV), respiratory syncytial virus (RSV) 및 papillomavirus를 포함하는 다양한 바이러스 복제의 억제에 실험관에서 사용될 수 있다. 이중 가닥 RNA(dsRNA)는 인터페론을 촉발하듯이 RNAi의 촉발제로 사용된다. 진핵 세포 진화 과정에서 매우 잘 보존되어 있는 효소인 Dicer는 dsRNA를 small inhibitory RNA(siRNA)로 알려진 21-23 뉴클레오티드 길이의 절편으로 절단한다. 이 절편은 최종적으로 염기 서열이 같은 RNA를 파괴한다. siRNA는 명백하게 사람을 포함하지 않는 몇몇 종에서 더 많은 dsRNA의 합성을 유도할 수 있어, 효과를 증폭시키며 세포에서 세포로 RNAi의 확산을 허용한다. 몸속의 세포로 siRNA를 전달하는 기술적 문제들을 극복할 수 있다면, RNAi는 바이러스 질병의 처치와 방어에 새로운 중요한 수단이 될 것이다.

바이러스 벡터와 유전자 치료

바이러스는 선천성 및 후천성 질병의 치료를 위한 유전자 전달 체계로서 개발되고 있다. 유전자 치료는 다음과 같은 것들을 제공한다.

- 큰 생체분자를 세포로 전달함
- 특정한 세포 유형을 향한 표적 전달의 가능성
- 벡터의 복제에 기인한 활성의 높은 잠재력
- 다른 처치법이나 수술이 불가능한 특정 질병(머리와 목의 암과 뇌종양과 같은 질병) 처치의 능력

가장 최초로 개발된 retrovirus와 adenovirus 벡터는 1980년대 초반에 특성이 결정되었다.

사람에 대한 최초의 처치는 1990년 아데노신 탈아미노효소(adenosine deaminase, ADA)의 결핍에 기인한 면역결핍을 갖고 있는 어린이를 치료하기 위한 시도로서 완전히 성공적인 결과는 아니었지만 어느 정도의 가능성을 보여주었다. 대부분의 최초 시도와 같이, 벡터로는 재조합 retrovirus **유전체**를 사용하였다. 운동 신경과 피부에 대한 최초의 성공적인 처치가 1995년에 보고되었고, 최초의 광범위한 3차 임상 유전자 치료 시도가 1997년에 시작되었다. 중증 복합 면역결핍증(severe combined immunodeficiency disease, SCID) 환자에 대한 최초의 성공적인 처치가 1999년에 보고되었으나, 슬프게도 바이러스 벡터에 기인한 사망도 일어났고, retrovirus 벡터의 발암성 삽입에 기인한 백혈병의 출현이 처치 중에 있던 환자에게서 2002년에 발견되었다. 다수의 서로 다른 바이러스들이 잠재적인 벡터로서 시험 중이다(표 6.7). 리포솜(liposome)/DNA 복합체, 펩티드/DNA 복합체 및 재조합 DNA의 직접적인 주사를 포함하는 비(非)바이러스성 유전자전달 방법들도 활발하게 개발 중에 있다. 이와 같은 실험은 질병의 증후를 완화시키기 위해 환자의 체세포에 있는 세포성 결손 유전자를 보완하는데 그 목적을 두고 있으며, 다른 이슈인 사람의 생식 계통을 조작하려는 것은 아니다. 조심스럽게 적용되는 바이러스학의 새로운 응용은 장래에 선천성 질병의 치료전략을 변화시킬 것이라는 점에는 의심의 여지가 없다.

바이러스 감염의 화학 요법

백신접종에 대한 대안은 바이러스 복제를 방해하는 약물을 사용함으로써 바이러스 감염의 처치를 시도하는 것이다(표 6.8). 역사적으로, 항바이러스 약물의 발견은 굉장히 우연적이다. 항생제의 활용으로 인한 세균 감염 치료의 성공에 힘입어 제약 회사들은 항바이러스 활성을 갖는 화학 물질을 동정하는 막대한 무작위-감별(blind-screen) 계획을 발진시켰으나, 성공은 비교적 소수에 그쳤다. 성공적인 항바이러스 약물이 될 수 있는지에 대한 열쇠는 물질의 특이성에 있다. 바이러스 복제 단계의 대부분이 약물에 대한 표적이 될 수는 있으나, 약물은 반드시 숙주보다 바이러스에 더 독성을 나타내야 한다. 이는 다음에 주어지는 화학 요법 지수(chemotherapeutic index)에 의해 측정된다.

바이러스 복제를 억제하는 약물의 용량 ÷ 숙주에서 독성을 나타내는 약물의 용량

화학요법 지수의 수치가 낮으면 낮을수록 더 좋다. 안전하고 임상적으로 유용한 약물을 만들어내기 위해서는 실질적으로 두 독성 값 사이에 수 십 승의 차이가 일반적으로 요구된다. 분자생물학과 화학 물질의 컴퓨터 디자인까지 포함하는 현대 기술에 힘입어 우리의 의도에 따라 약물을 고안할 수도 있게 되었지만, 이를 위해서는 당신의 적을 아는 것, 즉 억제가 가능한 바이러스 복제의 중요 단계를 이해하는 것이 필요하다. 바이러스 복제의 어느 단계도 항바이러스성 간섭에 대한 표적이 될 수 있다. 다만 여기에 필요한 것은 다음과 같다:

표 6.7 유전자 치료에 사용되는 바이러스 벡터

바이러스	장점	우려되는 단점
Adenovirus	시험관에서 비교적 쉽게 조작된다 (예: retrovirus); 주요 후기 프로모터 (MLP)에 연결된 유전자는 많은 양을 효과적으로 발현한다.	부분적으로 약독화된 벡터와 관련된 발병의 가능성(특히 폐에서); 유전자가 반복적으로 투여되는 것이 필요한 경우(바이러스가 통합되지 않으면), 면역 반응은 반복적인 투여를 비효과적으로 만든다.
Parvovirus	안정된 잠복 상태를 정립하기 위하여 높은 빈도로 세포성 DNA에 통합된다; 알려진 어떤 병과도 연관이 없다; 벡터는 어떤 바이러스성 유전자 산물도 발현되지 않게 만들어질 수 있다.	단지 ~5kb 정도 DNA만이 parvovirus 캡시드 안으로 포장될 수 있고, 어떤 바이러스 서열은 포장을 위하여 반드시 존재하여야 한다; 숙주 세포 DNA로의 통합은 잠재적으로 손상된 결과를 낳을 수도 있다.
Herpesvirus	시험관에서 비교적 쉽게 조작되고, 높은 역가로 자란다; 통합 없이 신경 세포에서 장기간 지속된다.	(장기간) 병원성 결과?
Retrovirus	재조합 유전자의 오래 유지되는 (생명이 긴?) 발현을 제공하는 세포 유전체로 통합된다.	높은 역가로 키우거나 직접 투여를 위하여 순수분리 하기가 힘들다. (환자 세포는 시험관에서 배양되는 것이 필요하다); 비(非)분열성 세포 – 대부분의 체세포–에 감염될 수 없다 (Lentivirus는 제외 ?); 삽입에 따른 세포성 암 유전자의 돌연변이/활성화.
Poxvirus	외래성 단백질을 높은 수준으로 발현할 수 있다. avipoxvirus 벡터(예, 가금폭스나 카나리아폭스)는 포유동물 세포에서 부전 감염을 수행하는 자살 벡터로 사용될 수 있다. 사람에게 병원인의 위험성과 자연 면역력이 결핍되어 있다.	대부분의 사람 집단이 이미 면역되었고, 전 생애에 걸친 방어가 재조합 백신의 낮은 반응성의 결과를 나타낼 수도 있다(?). 면역이 약한 숙주에게 위험할 수 있다.

표 6.8 항바이러스제

약물	바이러스	화학적 형태	표적
비다라빈(Vidarabine)	Herpesviruses	뉴클레오시드 유사체	바이러스 중합효소
아사이클로비르(Acylovir)	Herpes simplex virus (HSV)	뉴클레오시드 유사체	바이러스 중합효소
간시클로비르(Gancyclovir)	Cytomegalovirus(CMV)	뉴클레오시드 유사체	바이러스 중합효소(활성화를 위해 바이러스 UL98 키나아제가 요구된다)
뉴클레오시드 유사체 역전사 효소 저해제(NRTI)—지도부딘(zidovudin), AZT, 디다노신(didanosine, ddl), 잘시타빈(zalcitabine, ddC), 스타부딘(stavudine, d4T), 라미부딘(lamivudine, 3TC)	Retrovirus(HIV)	뉴클레오시드 유사체	역전사효소
비-뉴클레오시드 역전사 효소 저해제(NNRTI)—네비라핀(nevirapine), 델라비리딘(delaviridine)	Retrovirus(HIV)	비-뉴클레오시드 유사체	역전사효소
단백질분해효소 저해제—사퀴나비르(saqunavir), 리토나비르(ritonavir), 인디나비르(indinavir), 넬피나비르(nelfinavir)	HIV	펩티드 유사체	HIV 단백질 분해 효소
리바비린(Ribavirine)	넓은 범위: HCV, HSV, 홍역, 볼거리, 라사열(Lassa fever)	트리아졸 카복사미드 (triazole carboxamide)	RNA 돌연변이원
아만타딘(Amantadine)/리만타딘(rimantadine)	Influenza A	트리사이클릭 아민(tricyclic amine)	기질 단백질/적혈구응집소
뉴라민 가수분해 효소 저해제—오셀타미비르(oseltamivir), 자나미비르(zanamivir)	Influenza A, B	활성 탄산 형태로 (carboxylate) 전환되기 위하여 가수 분해가 필요한 에틸 에스테르(ethyl esther) 전구 약물(pro-drug)	뉴라민가수분해효소

- 표적으로 삼은 단계가 복제의 필수 단계이어야 한다는 것.
- 약물은 바이러스에 대해서는 활성적이나, 숙주 생명체가 '견딜 수 있는 독성(acceptable toxicity)'을 가져야 한다는 것.

'견딜 수 있는 독성'의 정도는 명확하게 상당히 다르다. 예를 들면, 처방전 없이 판매될 수도 있고 수백만 명의 사람이 복용할 감기 치료제와 AIDS와 같은 치명적인 바이러스 감염을 처치하기 위하여 사용되는 약물은 독성에 차이가 있을 수밖에 없다.

복제의 부착 단계는 두 가지 방법으로 억제될 수 있다: **바이러스 부착 단백질**을 닮아서 세포성 **수용체**와 결합하는 약물에 의해서나, 반대로 수용체와 닮아 바이러스 부착 단백질과결합하는 약물에 의한 방법이다. 합성 펩티드는 이런 목적을 위하여 사용되는 가장 논리적인 화합물이다. 이에 대한 연구가 기대를 모으고 있는 반면에, 이 물질들의 임상적 사용에는 상당한 문제점이 있다. 이 문제점은 대부분의 합성 펩티드가 고가이고, 그들의 빈약한 약리역학(pharmacokinetics) 특성이다.

바이러스 복제 단계 중에서 침투/탈외피(penetration/uncoating) 단계는 비교적 거의 알려져 있지 않기 때문에, 특별히 이 단계를 표적으로 하는 것은 어렵다. 침투처럼 탈외피도 종종 하나나 그 이상의 바이러스 단백질에 의해 영향을 받기는 하지만, 특히 탈외피는 세포성 효소들이 매개하므로 간섭하기 어려운 표적이다. 아만타딘(amantadine)과 리만타딘(rimantadine)은 influenza A virus에 대하여 활성적인 두 약물이다. 서로 밀접하게 관련이 있는 이들의 작용은 세포성 막 이온 채널을 막는 것이다. 약물의 표적은 모두 독감바이러스의 기질단백질(M2)이지만, 약물에 대한 내성(resistance)은 또한 혈구응집소 유전자에 위치할 수도 있다. 이처럼 양면성을 띤 작용은 약물이 처리된 세포가 엔도솜 내부(바이러스 기질)의 pH를 낮출 수 없다는 것에 기인한다. 정상적인 경우, M2의 유전자 산물은 엔도솜 내부의 pH를 낮춰주며, 이 과정은 막 융합을 일으키는 혈구응집소 단백질의 구조적 변화를 유도하기 위하여 필수적이다(4장 참조).

많은 바이러스는 차별적으로 세포성 뷰자들을 소비하면서 바이러스 핵산을 복제하는 자신만의 특이적 효소를 진화시켜 왔다. 바이러스 중합효소는 항바이러스제의 표적으로서 충분한 특이성이 있으며, 이를 바탕으로 최근에 사용 중인 특이적 항바이러스제의 대다수가 생산되었다. 이 약물들의 대부분은 중합효소의 기질(즉, 뉴클레오티드/뉴클레오시드) 유사체로서 기능하며, 이들의 독성은 비교적 낮은 것(예: acyclovir)부터 매우 높은 것(예: AZT)까지 상당히 다양하다. 이 뉴클레오시드 유사체들은 혈청에서의 전형적인 반감기가 1~4 시간에 불과하여 약리역학에 문제점이 있다. 뉴클레오시드 유사체가 효과를 발휘하기 위해서는 인산화 과정을 거쳐야하기 때문에, 이들은 사실 전구약물(pro-drugs)이다. 다음은 이 약물들의 선택성에 대한 관건이다.

- 아시클로비르(acyclovir)는 세포성 티미딘 인산화효소보다 HSV 티미딘 인산화효소에 의해 200배나 더 효과적으로 인산화된다.

- 간시클로비르(gancyclovir)는 아시클로비르보다 CMV에 대해 10배나 효과적이지만, 약리적 활성을 가지려면 CMV 유전자 UL97에 암호화된 인산화효소에 의해 먼저 인산화되어야 한다.
- Herpesvirus에 대해서 활성적이면서 위의 약물로부터 유도된 다른 뉴클레오시드 유사체인 약물들도 개발되었다(예, 발시크로비르[valciclovir]와 팜시크로비르[famciclocvir]). 이 화합물들의 경구 투여와 같은 생물학적 유용성(bioavailability)과 반감기를 늘이는 등의 보다 나은 약리역학 특성도 발전되었다. 이에 더하여, 바이러스 중합효소를 억제하는 수많은 비(非)뉴클레오시드 유사체가 있다. 예를 들면, 포스카르넷(foscarnet)은 바이러스 DNA 중합효소와 중합에 사용되는 뉴클레오티드 삼인산과의 결합을 방해하는 이인산(pyrophosphate) 유사체이다.
- 리바비린(ribavirin)은 많은 상이한 바이러스들, 특히 음성(−) RNA 바이러스에 대해 활성이 매우 넓은 흥미로운 화학 물질이다. 이 약물은 RNA 바이러스 유전체의 돌연변이를 10배 증가시키는 RNA 돌연변이원으로 작용하고, 리바비린 존재 하에 바이러스 감염의 1주기 후에 바이러스의 감염도는 99%가 없어진다. 따라서 리바비린은 위에서 언급한 다른 뉴클레오시드 유사체와는 전혀 다르고, 이 약제의 사용은 미래에 더 많이 광범위해질 것이다.

바이러스는 복제보다 전사, mRNA 이어맞추기(splicing), 세포질로의 수송 및 번역에 있어서 세포성 기구에 훨씬 더 의존하기 때문에, 바이러스의 유전자 발현은 유전체의 복제보다 화학적으로 간섭하기 쉽지 않다. 오늘날까지, 바이러스와 세포성 유전자의 발현을 구별하는 임상적으로 유용한 약물은 개발되어 있지 않다. 침투와 탈외피처럼, 대다수 바이러스의 조립, 성숙 및 방출의 과정은 잘 이해되어 있지 못하고, 이 때문에 influenza virus 뉴라미니다아제 저해제인 항-독감바이러스 약물 레렌자(Relenza)를 제외하고는, 아직 항바이러스 간섭의 표적이 되지 못하고 있다. 뉴라미니다아제는 감염된 세포로부터 출아되는 바이러스 입자의 방출에 관련되어 있고, 이 약물은 다른 세포로의 바이러스 확산을 감소시키는 것으로 믿어지고 있다.

항바이러스 화학요법에서 가장 놀랄만한 점은 임상적으로 유용한 약물이 극히 적다는 사실이다. 그나마도, 약물 내성에 대하여 고려해야 하는 문제점도 있다. 실질적으로, 바이러스 감염을 처치하기 위하여 약물이 사용되었을 때에, 내성이 일어나는 속도와 빈도는 상당히 다양하고 화합물의 화학보다는 관련된 바이러스의 생물학에 크게 의존한다. 이와 같은 현상은 두 극단적인 경우 — 아시클로비르와 아지도티미딘(azidothymidine) — 에서 잘 나타나고 있다.

Herpes simplex virus 감염의 처치에 사용되는 아시클로비르는 쉽게, 가장 널리 사용되는 항바이러스제이다. 이 약제는 주기적으로 재발하여 고통스러운 궤양을 일으키는 생식기 포진의 경우에 특히 잘 듣는다. 미국에서만 이로 인해 고통을 받는 사람이 4000~6000 만으로 추정된다. 다행스럽게도, 아시클로비르에 대한 내성은 자주 일어나지 않는다. 이는 herpes simplex virus의 DNA 유전체 복제의 높은 충실도에 부분적으로 기인한다(3장 참조). 아시클

로비르 내성을 일으키는 메커니즘에는 다음과 같은 것들이 포함된다:

- 아시클로비르가 삽입되지 못하는 HSV *pol* 유전자의 돌연변이
- 활성도가 없거나(TK$^-$), 감소되거나 또는 기질 특이성이 변형된 HSV의 티미딘 인산화효소(TK)의 돌연변이

이상하게도, HSV의 임상적인 분리에서 이들 각각의 표현형에 돌연변이가 일어날 수 있는 확률은 10^{-3}~10^{-4}이다. 이 확률과 실제 내용이 발생하는 매우 낮은 확률 사이의 차이는 대부분의 *pol*/TK 돌연변이 바이러스가 약독화되는 것으로 설명될 수 있을 것이다(예: HSV의 TK$^-$ 돌연변이는 잠복성 상태로부터 재활성되지 않는다).

반대로, HIV 감염의 AZT 처치는 훨씬 덜 효과적이다. 다른 치료를 받지 않은 HIV-감염 환자에서, AZT는 2~6주 내에 CD4$^+$ 세포를 증가시킨다. 그러나 이런 유익한 효과는 일시적이다; 20주 후에, CD4$^+$ T-세포는 기저 수준으로 되돌아간다. 이 현상은 처치된 HIV-감염 집단에서 AZT 내성의 발달과 조혈에 대한 AZT의 독성에 부분적으로 기인하고, 따라서 AZT의 화학요법 지수가 아시클로비르에 비해 훨씬 나쁘다. AZT 내성은 HIV 역전사효소 유전자에 있는 코돈 215의 돌연변이에 의해 시작된다. 역전사효소 유전자에서 둘 내지 셋의 부가적인 돌연변이가 동시에 발생하면, 완전한 AZT-내성 표현형이 발달한다. AZT-처방 환자의 40~50%가 처치 20주 후에 최소한 셋 중에 하나의 돌연변이를 발달시킨다. 이런 높은 빈도는 역전사 효소의 오류-허용(error-prone) 성질에 기인한다(3장). 감염된 환자에서 일어나는 높은 빈도의 HIV 유전체 복제 때문에(7장), 많은 오류가 지속적으로 일어난다. 내성으로 이끄는 돌연변이가 AZT를 처치하지 않은 바이러스 집단에서도 이미 존재한다는 것이 밝혀졌다. 그러나 AZT를 처치한다고 해서 이러한 내성 바이러스가 단순히 전체 풀(pool)에서 선택받는 것은 아니다. ddI와 같은 다른 항역전사효소 약물의 경우에는, 내성 표현형이 한 염기쌍의 변화로부터 비롯된다. 그러나 ddI는 AZT보다 낮은 화학요법지수를 갖고 있으며, 비교적 낮은 내성 수준으로 인해 이 약물이 쓸모없을 수도 있다. 그러나 내성 돌연변이의 어떤 조합은 HIV가 복제하기 힘들게 만들 수도 있으며, 한 역전사효소 억제제에 대한 내성이 다른 것에 대한 내성을 상쇄할 수도 있다. HAART(highly active antiretrovial therapy)로 알려진 HIV 감염치료의 최근 전략은, 단백질분해효소 억제제에 두 종류의 뉴클레오시드 역전사효소 저해제를 섞어 만드는 약물의 조합을 사용한다. 내성과 약물간 상호작용의 분자적 메커니즘은 조합 요법을 고안하는 데에 중요하다:

- AZT + ddI 또는 AZT + 3TC와 같은 조합은 내성에 길항적 양상을 갖고 있으며 효과적이다.
- 교차반응성(cross-reactive) 내성을 보이는 ddC + 3TC의 조합은 반드시 피해야 한다.
- 특정 단백질분해효소 억제제는 간 기능에 영향을 미치고, 조합으로 복용하는 역전사효소 저해제의 약리역학에 좋은 영향을 미칠 수도 있다.

조합적인 항바이러스 치료의 다른 잠재적 이익에는 낮은 독성 수준 및 다른 조직이나 세포로 배분되거나 **친화성**을 가질 수도 있는 약물의 사용이 포함된다. 조합 치료는 또한 약제 내성을 막거나 지연시킬 수도 있다. 사용할 수 있는 약물의 조합은 작은 합성 분자뿐만 아니라, 인터루킨이나 인터페론과 같은 생물학적 반응의 조절물질을 포함할 수도 있다.

단원 요약

바이러스의 감염은 복잡하고, 바이러스와 숙주 생물체간의 다단계 상호작용이다. 어떤 감염의 경로와 궁극적인 결과도 숙주와 바이러스 감염 과정 사이에 만들어지는 균형에서 비롯된다. 관련된 숙주 인자에는 바이러스 전염의 다양한 경로에 대한 노출과 면역 반응에 의한 바이러스 복제의 조절이 포함된다. 바이러스 감염 과정에는 숙주의 최초 감염, 숙주 전체로의 확산 및 면역 반응을 회피하기 위한 유전자 발현의 조절이 포함된다. 바이러스 감염에 대한 의학적 간섭에는 면역 반응을 촉진하기 위한 백신과 바이러스 복제를 억제하는 약물의 사용이 있다. 분자생물학은 새로운 세대의 항바이러스제와 백신의 생산을 촉진시키는 중이다.

참고문헌

Burgert, H. G. et al. (2002). Subversion of host defens mechanisms by adenoviruses. *Current Topics Microbiology and Immunology*, 269: 273-318.

Crotty, S. and Andino, R. (2002). Implications of high RNA virus mutation rates; lethal mutagenesis and the antiviral drug ribavirin. *Microbes and Infection*, 4: 1301-1307.

DeClereq, E. (Ed.) (2000) *Antiretroviral Therapy*. American Society for Microbiology, Washington D.C. ISBN 1555811566.

Doherty, P. C. and Christensen, J. P. (2000). Accessing complexity: the dynamics of virus-specific T cell responses. *Annual Review of Immunology,* 18: 561-592.

Driscoll, J. S. (2002). *Antiviral Drugs*. Gower Publishing, Hampshire, U.K. ISBN 0566083108.

Kuby, J. et al. (Eds.) (2003). *Immunology*. W.H. Freeman, New York. ISBN 0716749475.

Gurunathan, S. et al. (2000). DNA vaccines: immunology, application, and optimization. *Annual Review of Immunology* 18: 927-974.

Lee, S. H. et al. (2003). Complementing viral infection: mechanisms for evading innate immunity. *Trends in Microbiology*, 11: 449-452

Lemoine, N. R. (Ed.) (2000). *Understanding Gene Therapy*. BIOS Scientific, New York. ISBN 0387915125.

Noad, R. and Roy, P. (2003). Virus-like particles as immnogens. *Trends in Microbiology*, 11: 438-444.

Scalzo, A. (2002). Successful control of viruses by NK cells—a balance of opposing forces? *Trends in Microbiology*, 10: 470-474.

Seet, B. T. et al. (2003). Poxviruses and immune evasion. *Annual Review of Immunology*, 21: 377-423.

Sen, G. C. (2001). Viruses and interferons. *Annual Review of Microbiology*, 55:255-281.

Saksela, K. (2003). Human viruses under attack by small inhibitory RNA. *Trends in Microbiology*, 11: 345-347.

Tortorella D., et al. (2000). Viral subversion of the immune system. *Annual Review of Immunology*, 18: 861-926.

Webby, R. J. and Webster, R. G. (2003) Are we ready for pandemic influenza? *Science*, 302: 1519-1522.

Welsh, R. M. et al. (2004). Immunological memory to viral infections. *Annual Review of Immunology*, 22: 711-743.

7
CHAPTER

바이러스 병인론

학습목표

- 바이러스 감염에 대한 병인론 개념을 설명할 수 있어야 한다.
- 바이러스 감염으로 유발된 면역 결핍(후천성면역결핍증 포함)과 세포형질전환의 분자적 근거를 공부한다.
- 바이러스 감염으로 인한 세포 손상 기전을 이해한다.

병원성이란 한 개체가 다른 개체에서 병을 일으키는 능력을 말하는데, 이는 다양하고 복잡한 현상이다. 그래서 정의를 내리기가 어렵다. 간단하게 '병이란 무엇인가'를 생각해보자. 모든 것을 포함하는 정의는 한 개체가 정상적인 생리학적 기준에서 벗어난 것이다. 병은 일시적이거나, 약간의 체온 상승 같은 매우 경미한 상태, 또는 주관적인 무기력 증상에서부터 만성적 병적 상태로 되어 결국 죽음에 이르기까지 광범위하다. 병적 상태는 매우 많은 내외적 요인에 의한 것이지만 드물게 한 가지 요인에 의해 병이 생기는 경우도 있다. 대부분의 병적 상태는 다양한 요인에 의해 발생한다.

바이러스 병은 두 가지 요인을 염두에 두어야 한다. 즉, 바이러스 증식에 의한 직접적인 영향과 감염에 대한 숙주 신체 반응이 그것들이다. 바이러스 감염의 경과는 제6장에서 설명하였듯이 숙주와 바이러스 간의 섬세하고 역동적인 균형에 의해 결정된다. 바이러스 병의 확산과 심하고 가벼운 정도도 이와 비슷하게 결정된다. 몇몇 바이러스 감염에서 관찰되는 병리학적 증상의 대부분은 바이러스 증식에 의한 것이 아니고 면역반응의 부작용이다. 염증, 고열, 두통, 피부 발적 등은 바이러스 자체에 의한 것이 아니고, 면역 세포에서 생산한 인터페론, 인터루킨과 같은 화학물질에 의한 것이다. 극단적인 경우에 어떤 병의 병리학적 효과들은 바이러스의 직접적인 작용에 의한 것은 없고, 다만 바이러스의 존재가 면역계를 활성화시키는 것에 따른 결과이다.

바이러스에 의한 병적 상태는 비정상적이고 매우 드문 상황이다. 대부분의 바이러스 감염은 무증상이고 겉으로 나타나는 증상이 없다. 바이러스가 숙주를 죽인다면 바이러스가 사라질 것이라고 자주 말하지만 이는 사실이 아니다. 바이러스가 죽어가는 숙주로부터 다음 숙주로 재빨리 움직이는 '치고 도망가는(hit-and-run)전술'을 사용하여 그들의 생존을 유지하는 것을 선명하게 상상할 수 있다. 또 한편으로는 바이러스는 가능하다면 숙주에게 해를 주지 않으려는 경향이 있다. 광견병을 일으키는 rabies virus는 그 좋은 예이다. 이 바이러스의 사람 감염 증상은 죽음인데 사람 감염은 다행스럽게도 드물다. 그러나 rabies virus의 자연 숙주인 여우에게는 증상이 매우 약하여 숙주가 죽지 않는다. 사람은 rabies virus의 자연 숙주가 아니며 다음 숙주로 전파도 불가능한 경우(dead-end host)로서 사람의 rabies virus 감염은 매우 드물지만 일단 발병하면 치명적이다. 바이러스의 입장에서 이상적인 것은 바이러스가 숙주 면역 반응을 일으키지 않거나, 면역반응을 피해 숨을 수 있는 경우이다. Herpesvirus와 몇몇 retrovirus는 이런 목적을 이룰 수 있도록 진화되어서 그 생활방식이 복잡하다. 물론 후천성면역결핍증(AIDS)과 광견병에 의한 죽음은 항상 뉴스 주요제목을 차지한다. 하지만 사람, 가축, 곡식 등에서 (아직까지는) 잘 알려진 질병들을 일으키지 않는 수많은 바이러스들을 분리하고 연구하는 노력은 매우 미흡한 상태로 머물러 있다.

지난 20년간 분자유전학적 분석이 바이러스 병인론을 이해하는데 크게 공헌하였다. 염기서열 분석과 위치지정 돌연변이(site-directed mutagenesis)가 여러 바이러스의 병원성 관련 결정 부위를 분자적으로 밝히는데 사용되었다. 특정 바이러스에서 병을 일으키는 바이러스주에만 존재하고 이와 유사하거나 **비병원성**(avirulent)인 바이러스주에는 존재하지 않는 특이 염기서열과 구조들이 밝혀졌다. 염기서열 분석으로 면역계에 인지되는 바이러스 단백질 중 T-세포, B-세포 항원 결정기가 규명되었다. 이런 발전에도 불구하고 병원성에 관계된 기전을 저절로 이해하게 된 것은 아니다.

여기에서는 주로 동물에서 병을 일으키는 바이러스를 설명할 것이고 제6장에서 언급한 식물에서 병을 일으키는 바이러스는 제외하였다. 바이러스 병인론의 3가지 중요한 관점으로서 바이러스 증식에 의한 직접적인 세포 손상, 면역계 활성화나 억제에 의한 손상, 그리고 세포의 **형질전환**을 소개한다.

세포 손상 기전

바이러스 감염 세포에서는 눈에 보이거나 생화학적 실험으로 알 수 있는 많은 변화가 일어난다. 이런 변화는 바이러스 단백질 및 핵산의 생산이 원인이지만 숙주세포의 생합성 능력이 변화된 때문이기도 한다. 바이러스의 세포내 기생성은 정상적으로는 세포 물질 합성에 이용되는 재료나 리보솜과 같은 세포기관을 장악하는 것이다. **진핵세포**는 끊임없이 거대분자 합성을 지속해야 하는데, 이들의 합성은 세포 성장, 분열, 휴지기에도 일어난다. 성장기 세포는 분열 이전에 크기를 증가시키는 수많은 구성성분, 단백질, 핵산들을 더 많이 필요로 한다. 이런 활동을 위하여 보다 많은 요소들이 기본적으로 필요하다. 모든 세포의 기능은 조절된 유전 정보 발현과 생산된 물질들의 분해에 의해 통제된다. 이런 통제는 합성과 분해 사이의 섬세하고 역동적인 균형에 의지하는데, 이런 균형은 모든 주요 분자들의 세포내 양을 결정한다. 이런 것은 세포주기 조절이 세포 분열 활동을 결정하는 예에서 알 수 있다. 바이러스가 감염된 세포에서는 흔히 표현형 변화를 관찰 할 수 있는데, 이런 변화를 바이러스의 **세포병변효과**(Cytopathic effects, **c.p.e.**)라고 부르며 다음과 같은 특징을 나타낸다.

- **세포 모양의 변화:** 정상적으로는 다른 세포에 부착하거나(in vivo), 인공물질의 표면에 달라붙는(in vitro) 부착성 세포가 평편한 모양에서 둥근 모양으로 바뀐다. 부착이나 운동에 이용되는 돌기물(덩굴손과 유사한 세포 표면 돌기)들이 세포 안으로 거두어져 들어간다.
- **물질표면에서의 이탈:** 바닥에 붙어 자라는 세포의 경우 이 현상은 모양변화에 연이은 세포 손상 단계이다. 이들 두 단계는 세포 모양을 유지하는 세포골격이 파괴되거나 부분적으로 분해되어 일어난다.
- **세포 용해:** 세포병변의 최종적인 단계로서 세포가 완전히 파괴되는 것이다. 세포막이 파괴되어 세포 외액을 흡수, 세포가 부풀게 되고 최종적으로 터진다. 그러나 세포 용해는 세포 손상의 극단적인 경우에 해당되며 모든 바이러스가 이런 결과를 일으키지는 않는다. 바이러스에 따라서는 이와 다른 세포병변효과를 나타낼 수도 있다. 세포 용해는 감염 세포로부터 새로운 바이러스 입자를 방출하는 방법이 되므로 바이러스에게는 이익이 되는 방법이지만 바이러스 입자를 **방출**하기 위해 **출아**(budding)라는 다른 방법도 있다.
- **세포막 융합:** 인접한 세포들의 세포막이 융합하여 세포질에 한 개 이상의 핵을 가진 세포가 형성되는데 이를 **세포합포체**(syncytium) 또는 합쳐진 세포 수에 따라 거대세포(giant cell)라고 한다. 융합된 세포는 수명이 짧아 곧 용해되는데 이는 바이러스의 직접적인 영향과는 상관없는 것으로서 한 세포에 둘 이상의 핵을 보유하기 어렵기 때문이다.
- **세포막 투과성:** 수많은 바이러스들이 세포막 투과성을 증가시킨다. 그래서 나트륨이온과 같은 세포 바깥의 이온들이 세포내로 유입된다. 몇몇 바이러스 전령RNA의 기능은 높은

농도의 나트륨이온 속에서도 견딜 수 있어서 세포 손상에도 불구하고 바이러스 유전자 발현이 가능하다.

- **세포내 봉입체**(inclusion bodies): 바이러스 구성 성분이 모인 세포내 영역이 있다. 이 장소에서 흔히 바이러스 입자 조립이 일어나서 어떤 봉입체는 잘 배열된 바이러스 입자들로 구성된다. 이러한 구조물이 세포 손상을 일으키는 지는 확실하지 않다. 다만, 세포 용해를 일으키는 herpesvirus나 rabies virus 감염에서 흔히 봉입체가 발견된다.
- **세포사멸**(apoptosis): 바이러스 감염은 세포자살이라고도 불리는 세포사멸을 유발시키기도 한다. 세포사멸은 개체의 정상적 발달에 관여하는 매우 특이한 기전이다.

몇몇 경우에는 세포 손상에 대한 분자학적 기전이 자세히 밝혀졌다. 세포 분해를 일으키는 많은 바이러스들은 감염 초기에 '**차단**(shutoff)'으로 알려진 현상을 일으킨다. 바이러스 감염에서 차단 현상은 거의 모든 숙주 세포의 거대분자 합성이 갑자기 현저하게 중단되는 것이다. Poliovirus에 감염된 세포에서는 바이러스 2A 단백질이 이런 차단현상을 일으킨다. Poliovirus 2A 분자는 리보솜에서 전령 RNA가 캡-의존성 번역(cap-dependent translation)을 할 때 필요한 복합 단백질인 eIF-4F의 p220 부분을 절단하는 단백질분해효소이다. Poliovirus RNA는 5'에 메틸화 캡이 없는 대신에 바이러스 단백질이 결합되어있다. 그래서 바이러스의 RNA는 2A 단백질의 영향을 받지 않고 번역을 계속할 수 있다. Poliovirus 감염 세포에서는 세포골격으로부터 폴리리보솜(polyribosome)과 전령 RNA가 분리되는 현상이 보이는데 이는 숙주세포 자신의 유전자 정보를 번역할 수 없는 상태이다. 숙주세포의 번역이 중단되고 2~3시간 후에 세포 용해가 일어난다.

다른 분자적 기전에 의해서 세포 거대분자 합성이 중단되기도 한다. 많은 바이러스에서 그 기전의 발생순서는 알려져 있지 않다. Adenovirus의 경우에는 바이러스 **캡시드**에 존재하는 펜톤 섬유(penton fiber)가 세포 독성을 나타낸다. 세포에 대한 정확한 작용은 밝혀지지 않았지만 배양세포에 정제된 펜톤 섬유를 첨가하면 세포는 곧 죽는다. 병원성 세균에 의한 독소 생산은 일반적인 현상이지만 녹소 작용을 나타내는 바이러스 분자는 adenovirus가 유일하게 잘 알려져 있다. 그러나 세포가 용해될 때 주변으로 흩어지는 정상적인 세포 성분들이 다른 세포에 독성작용을 나타낼 수도 있다. 숙주에 의해서 자기(self)로 인식되지 않은 바이러스 항원(핵단백질)이 면역계를 활성화시키고 염증을 유발한다. Adenovirus E3-11.6K는 감염 초기에 E3 촉진자(promotor)로부터 작은 양이 만들어지며 감염후기에 많은 양이 합성된다. E3-11.6K가 adenovirus 감염 세포의 용해에 필요하며, 아울러 핵으로부터 바이러스 입자 **방출**에도 필요하다는 것이 최근에 밝혀졌다.

세포막 **융합**은 세포감염에 필요한 바이러스 단백질들 때문에 일어나는데, 특히 **외막형**(enveloped) **바이러스**의 당단백질들이 이에 해당된다. 잘 알려진 사례로는 Sendai virus 단백질이 있으며 이 바이러스는 단일클론 항체를 만들 때 세포융합에 이용되었다. 11 종류의 herpesvirus 단백질 중 9가지가 바이러스 증식에 관여한다고 알려졌다. 이런 단백질 들 중 여러 종류가 세포막과 바이러스 외막의 융합과 뒤이은 세포 **침투**에 관여한다. **세포합포체**(syncytia)가 생기는 것은 herpesvirus 감염의 일반적인 특성이다.

세포융합을 일으키는 또 다른 바이러스는 human immunodeficiency virus (HIV)이다. 일부의 HIV 분리주를 $CD4^+$ 세포에 감염시키면 세포융합이 일어나고 세포합포체나 거대세포가 만들어진다(그림 7.1 참조). 이에 관여하는 바이러스 단백질은 외막을 관통하는 당단백질인 gp41이다. 세포융합에 관여하는 부분은 아미노 말단 부근에 위치한 도메인(domain)이라는 것이 분자유전학적 분석으로 밝혀졌다. HIV가 $CD4^+$ 세포를 감염시키고, 후천성면역결핍증에서 가장 분명한 결함인 이러한 세포 감소가 면역계에서 일어나기 때문에 처음에는 바이러스가 이들 세포를 직접 죽이는 것이 후천성면역결핍증의 병인이라고 믿었다.

비록 생체 내에서 HIV에 의해 직접적인 세포 죽음이 분명하게 일어나지만, 후천성면역결핍증의 병인론은 더욱 복잡한 것으로 여겨지고 있다. 많은 종류의 동물 retrovirus도 세포를 죽인다. 이때 대부분의 경우에서 바이러스 외막 단백질이 필요한데, 이 과정에 적어도 한 가지 이상의 기전들이 작용한다.

바이러스와 면역결핍

Herpesvirus와 retrovirus를 포함한 최소한 두 종류의 바이러스들이 면역계 세포들을 직접 감염한다. 이것은 숙주의 면역계와 감염 결과에 매우 중요하다. HSV(herpes Simplex virus)는 혈소판을 이용하여 혈류를 따라 몸 전체에 **전신감염**(systemic infection)을 일으키는데, 면역계 세포들에 대한 특별한 **친화성**(tropism)을 나타내지는 않는다. 그러나 *Herpes saimirii*와 Marek's disease virus는 각각 원숭이와 닭에서 종양과는 다른 형태의 림프구 증식 질환을 일으키는 herpesvirus이다. 가장 최근에 발견된 사람 herpesvirus 6형(HHV-6), HHV-7, HHV-8은 모두 림프구를 감염시킨다(제8장).

Epstein-Barr virus(HHV-4, EBV)가 B 림프구에 감염되면 B 림프구는 죽지 않고 계속 증식하게 되어 전염단핵구증(glandular fever, infectious mononucleosis)을 일으킨다. 이 병은 환자를 쇠약하게 만들지만 양성 질환이다. EBV는 버킷림프종(Burkitt's lymphoma)에서 유래된 림프아세포형 세포주(lymphblastoid cell line)에서 발견되었다. 드물지만, EBV 감염으로 악성종양이 발생하기도 한다. HSV와 같은 일부 herpesvirus는 뚜렷하게 세포병변을 일으키지만, 림프구에서 증식하는 대부분의 herpesvirus는 심각할 정도의 세포 손상을 일으키지는 않는다. 그러나 예민한 면역계 세포들이 감염되면 면역계의 정상적 기능이 파괴될 지도 모른다. 면역계는 내부적으로 상호연결 신호의 복잡한 네트워크에 의해 조절되고 있기 때문에 세

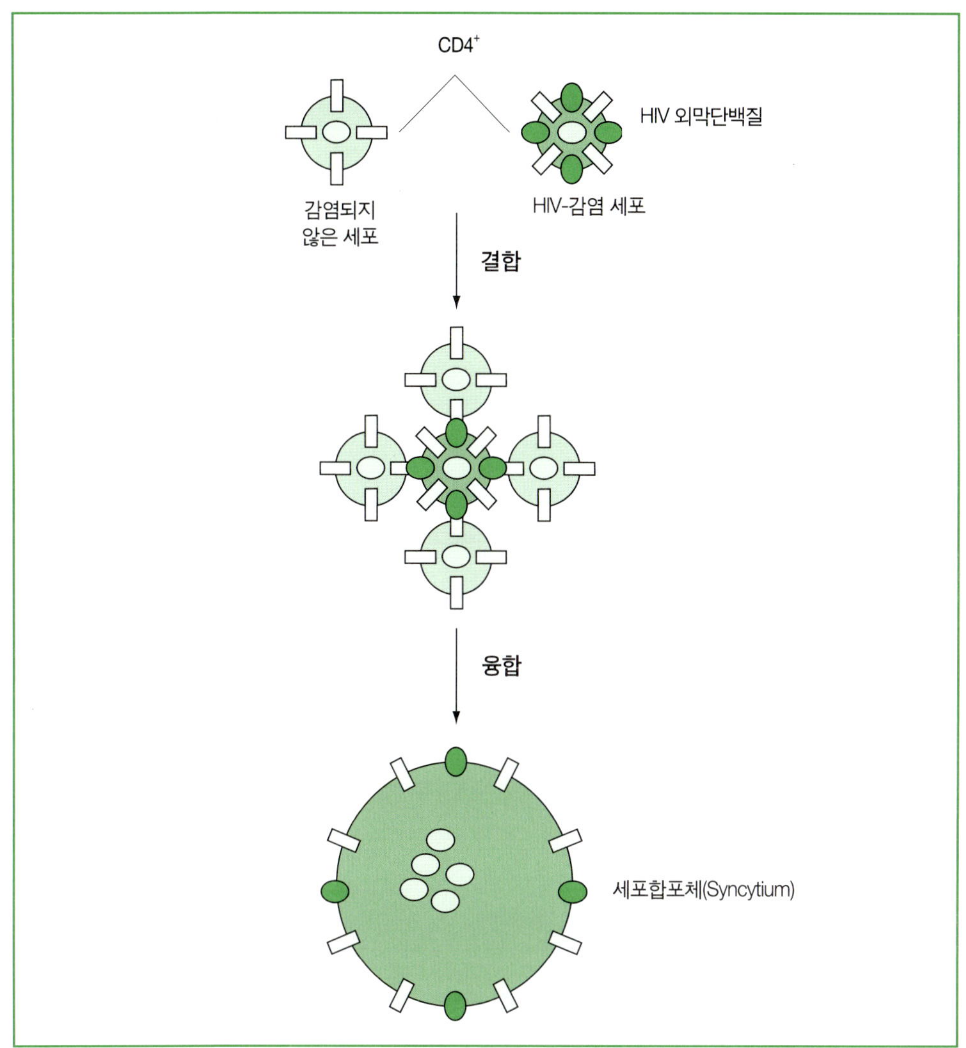

그림 7.1 HIV에 의한 세포융합 기전. 바이러스 입자와 세포 수용체 사이의 결합 및 세포막과의 융합을 담당하고 있는 바이러스 외막 당단백질이 감염된 세포 표면에서 발현된다. 감염되지 않은 $CD4^+$ 세포들이 감염세포와 만나 융합하여 다핵성 합포체를 형성한다.

포 기능에 비교적 작은 변화라도 생긴다면 전체 면역계가 무너질 수도 있다. 사이토카인의 정상적인 생산에 변화가 온다면 면역 기능에 심각한 영향을 줄 수 있다. Herpesvirus의 유전자 발현을 조절하는 *트랜스*-조절 단백질(trans-regulatory proteins)들이 숙주세포 유전자의 전사에 영향을 줄 가능성도 있다. 이 때문에 herpesvirus의 면역계 세포에 대한 영향은 세포를 죽이는 것 이상으로 복잡하다.

Retrovirus들은 마비, 관절염, 악성 **세포형질전환** 같은 다양한 병적 상태를 일으킨다. 많은 retrovirus가 면역계 세포를 감염시킨다. 이들의 감염으로 빈혈, 림프구 증식 같은 조혈기능 이상이나 다양한 질환이 나타날 수 있으며 retrovirus 감염의 가장 흔한 결과는 림프구 종양이다. 면역결핍의 정도는 아주 약한 상태에서부터 매우 위중한 상태까지 이르며 림프구 종양이나 골수세포 종양이 발생하면 일반적으로 면역계도 손상을 입게 된다.

바이러스에 의한 면역결핍에서 가장 대표적인 후천성면역결핍증(AIDS)은 HIV의 감염 결과이다. HIV는 retrovirus과 (*Retroviridae*), *Lentivirus* 속에 속한다. 동물에서도 면역결핍질환을 일으키는 유사한 lentivirus가 많이 존재한다. 다른 retrovirus에 의한 감염과는 다르게 HIV 감염은 직접적으로 종양을 형성하지는 않는다. 후천성면역결핍증 환자에서 B-세포 림프종과 같은 일부 종양을 관찰할 수 있지만, 이것은 정상적인 개체에서 종양 파괴 역할을 하는 면역감시가 면역결핍 환자에서는 없기 때문이다. AIDS의 임상적 경과는 길고 매우 다양하며 여러 가지 면역계 이상이 많이 관찰된다(표 7-1). Lentivirus 감염으로 인한 생물학적 결과 때문에 후천성면역결핍증의 병인론은 매우 복잡하다.

후천성면역결핍증의 병리학적 소견 중 어떤 것이 직접적으로 바이러스에 의한 것인지, 혹은 면역계에 의한 것인 지는 아직 확실하지 않다. HIV가 어떻게 면역결핍을 일으키는 지에 대한 많은 가설이 있다. 이들 기전들은 서로 관련이 없는 것이 아니고, 오히려 후천성면역결핍증에서 $CD4^+$ 세포의 결핍은 다양한 요인에 의할 것이라고 생각되고 있다. $CD4^+$ 세포의 결핍은 다음과 같은 다양한 메커니즘에 의한다.

표 7.1 HIV 감염에서 면역계 이상 소견

사이토카인 발현 변화
CTL과 NK 세포 기능 저하
항체매개 면역반응, 항원과 분열촉진제에 대한 세포 증식 반응의 감소
MHC-II 발현 감소
단핵세포 화학주성 감소
$CD4^+$ 세포수 감소
지연성 과민반응의 손상
림프구 감소증
다중클론 B-세포 활성화

T 림프구 무력증

무력증(anergy)이란 림프구가 존재하지만 기능적으로는 활성화되지 않는 면역학적 무반응 상태이다. 무력증은 일반적으로 림프구에 대한 활성화 신호가 불완전하기 때문이며 면역계에서 중요한 조절 기전일 수도 있다. 예를 들어, 자기항원에 대한 면역관용이 이에 해당한다. 후천성면역결핍증에서 HIV 감염으로 인해 사이토카인의 생산이 방해되면 무력증이 일어날 수 있다. gp120과 CD4의 결합으로 신호전달에 장애가 생겨 무력증이 일어난다는 실험적 증거도 있다. 많은 수의 후천성면역결핍증 환자가 T세포 무력증을 나타내어, 피부반응 항원에 대한 지연성 과민반응(DTH)을 일으키지 못한다. 지연성 과민반응의 손상은 $CD4^+$ T-림프구 수가 줄어든 것과 직접적 연관이 있다. 그러나 이런 현상은 면역기능의 저하와 연관될 것으로 생각되지만, 생체 내에서 일어나는 HIV 감염의 특정 양상과 직접적인 연관이 있다는 강력한 증거는 없다.

세포사멸(Apoptosis)

세포사멸 또는 세포예정사(programmed cell death)는 T 림프구 분화과정에서 자기항원에 반응하는 클론의 제거 등이 포함된 정상적 현상의 일부분으로 여겨진다. 서로 연관이 없는 많은 바이러스들이 바이러스 감염세포의 세포사멸을 유도한다고 알려져 있다(제6장 참조). T 림프구 무력증처럼 HIV에 감염된 비교적 적은 수의 세포에서 나온 어떤 물질들에 의해 감염되지 않은 다수의 세포에서 세포사멸이 유도될 가능성도 있다. T 림프구의 분화과정 중 정상적인 클론의 제거 외에도 T 림프구가 활성화된 후에 면역반응의 강도와 기간을 제어하는 음성조절의 한 방법으로 세포사멸이 유도될 수 있다. HIV가 T 림프구를 감염시키면 세포표면에 CD45나 HLA-DR 단백질이 나타나는데, 이런 세포들은 세포사멸 경로가 활성화되어 필연적으로 죽게 된다는 것을 의미한다. HIV가 지속적인 감염상태를 만들기 때문에 세포사멸이 부정적인 효과를 나타낸다고는 할 수 없다. 즉, 감염세포가 죽음으로써 바이러스 생산을 제한하고 감염 경과가 천천히 진행될 지도 모른다. 현재는 HIV의 단백질들이 여러 상황에서 세포사멸을 유도하기도하고 억제하기도 하여 혼란스러운 것이 사실이다(표 7.2). 그러나 세포사멸 후기에 들어가 있는 $CD4^+$ T 림프구는 감염되지 않은 사람들보다 감염된 사람에서 2배가량 많다.

초항원(Superantigen)

초항원은 면역계를 차단시키는 분자로, 외부 항원에 대해 신중히게 조절되는 일반직인 반응에 비해 T 림프구들의 대대적인 활성화를 일으킨다. 초항원들의 이런 작용은 초항원이 T 세포 수용체 β 사슬의 가변부(Vβ)와 MHC class II 분자에 동시에 결합하는 비특이적 교차결합

표 7.2 HIV와 세포사멸

바이러스 유전자	효과
	유발
tat	FasL 합성증가; 망간-의존성 과산화물불균등화효소 발현 감소; 사이클린 의존성 키나아제 활성화
gp160	세포내 칼슘 농도 증가; CD4 교차 연결; CXCR4 케모카인 (chemokine) 수용체 신호전달.
vpr	G2시기에서 세포주기 중단.
	억제
tat	Bcl-2 유발
vpr	전사인자 NF- κB 활성의 억제

때문이라고 생각된다(그림 7.3). 일반적으로는 MHC class Ⅱ와 함께 제시된 하나의 특정항원에 대해 2~3개의 T 세포 클론이 활성화되는 반면에 이런 교차 결합이 발생하면 다중클론(polyclonal) T 세포 활성화가 일어나게 된다. 면역계의 과도한 반응은 초항원의 결합으로 모든 T 세포계열이 활성화되어 자가면역반응이 생기거나, 활성화된 세포들이 또 다른 활성화 T 세포들에 의해 죽거나 세포사멸을 일으켜 면역억제가 발생한다. 그러나 다른 retrovirus(설치류 후천성면역결핍증의 원인인 murine leukemia virus와 mouse mammary tumour virus)와는 달리 HIV에서는 많은 연구에도 불구하고 초항원을 찾을 수가 없었다. 따라서 후천성면역결핍증과 초항원의 실제적인 연관은 아직 불확실하다. 하지만, 후천성면역결핍증에서 기회감염으로 인해 노출된 초항원이 그런 역할을 할 가능성은 있다.

T_H1/T_H2 불균형

면역계의 조절은 세포들 간의 복잡한 네트워크에 의한 것이다. 하지만 조절의 중심이 되는 것은 $CD4^+$ 보조 T 세포($CD4^+$ T helper cell, T_H)이다. 면역학적 이론에 의하면 이들 세포는 두 종류인데, T_H1 세포는 세포매개 면역반응을 일으키고, T_H2 세포는 항체매개 면역반응을 진행시키는 것으로 생각된다(그림 7.4). 따라서 HIV 감염 초기에 T_H1-반응성 T 세포들이 우세하면 완전한 바이러스 제거는 일어나지 않지만, 바이러스에 대한 대처가 효과적임을 암시한다. 일정한 시기에 T_H1 반응의 점진적인 감소가 일어나고 HIV에 반응하는 T_H2 세포들이 우세해진다. 최소 몇 종류의 변형 바이러스주가 HIV에 대한 세포독성 T 림프구(CTL)의 활동을 억제하는 것으로 알려졌다. 결국, HIV 증식이 낮은 상태로 유지될 때는 T_H2 세포가 주도하는 항체반응은 효과적이지 못하여 바이러스 양이 증가하게 되고 결국 후천성면역결핍증이 생

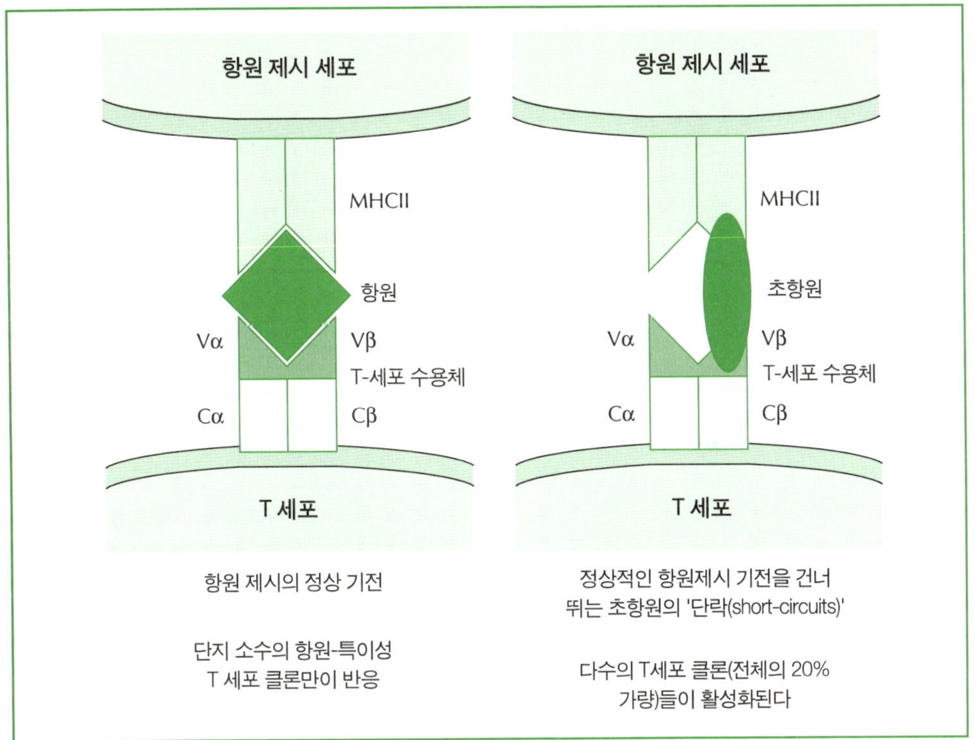

그림 7.3 초항원의 작용 메커니즘.

긴다는 가설이다. 이런 이론적인 가설들은 HIV 뿐만 아니라 다른 많은 병원체들에 대한 면역반응을 이해하는데 도움이 된다. 그러나 T_H1에서 T_H2 양상으로 사이토카인 생산과 분비가 변하는 것이 병 진행과 연관되어 있다는 실험적 연구는 아직 없기 때문에 후천성면역결핍증에서 이런 기전들이 관여한다는 증거는 없다.

바이러스의 양과 증식 역학

감염 개체에서 바이러스 양을 정확히 측정할 수 있게 되면서 예전에 사용하던 민감도가 낮은 측정 방법에 의한 것보다 많은 양의 바이러스가 존재한다는 것을 알았다. 지금은 중합효소연쇄반응법을 사용하여 존재하는 바이러스 양을 정확하게 측정하게 되고 환자가 HIV 증식을 억제시키는 약으로 치료받을 때 바이러스 양이 어떻게 변화하는지를 알 수 있게 되었다. 이를 이용하여 다음과 같은 사실들이 밝혀졌다.

- 감염 개체에서 HIV의 증식은 지속적으로 높게 일어난다. 다만 서로 다른 개체 간에 70배 이상의 차이가 날 정도로 바이러스 증식률의 차이는 크다.

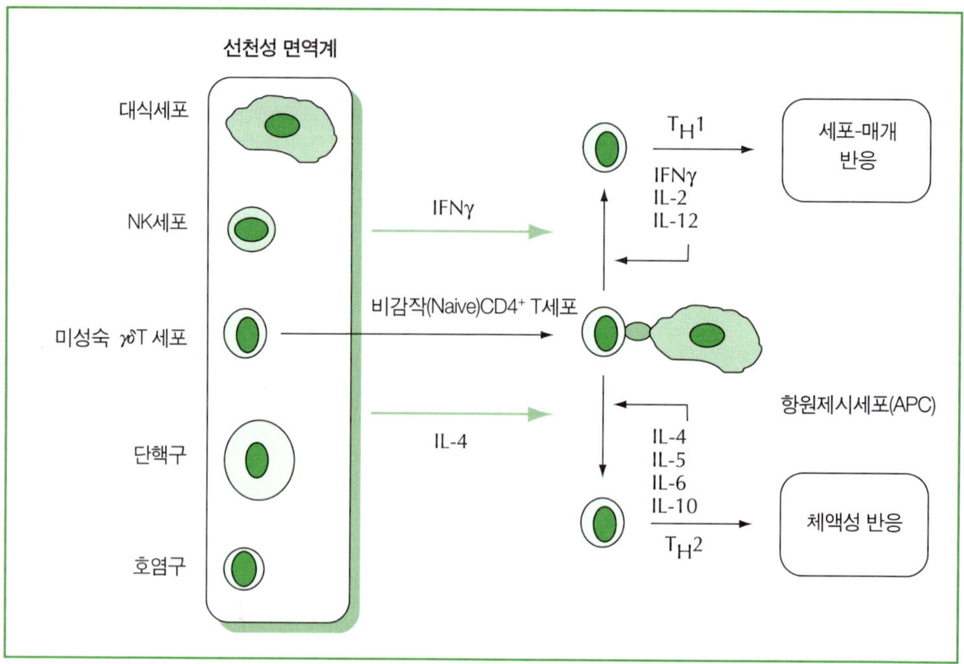

그림 7.4 세포 및 항체-매개 면역반응의 조절. IFN, 인터페론; IL, 인터루킨; T_H, 보조 T 세포.

- 생체 내에서 HIV의 평균 반감기는 2.1일이다.
- 매일 HIV 입자가 10^9에서 10^{10}개까지 만들어진다.
- 매일 2×10^9 개의 $CD4^+$ 세포가 만들어진다.

처음에 믿었던 것과는 달리, HIV 감염은 계속되는 $CD4^+$ 세포의 감염과 파괴, 그리고 새로운 세포의 대체 등으로 이루어진 매우 역동적인 상태에 있다. 매일 많은 양의 $CD4^+$ 세포가 만들어지고, 감염되고 또 죽는다. 이런 자료들은 후천성면역결핍증에서 $CD4^+$ 세포 감소의 직접적인 원인이 세포사멸(apoptosis)이라는 원래 주장으로 다시 돌아간다는 것을 암시한다. 이때의 세포죽음은 세포융합보다는 면역반응에 의한 세포치사나 세포사멸이 더 많다. 이런 새로운 생각들은 HIV 감염 개체에서 가능한 치료 방법을 새롭게 찾는데 도움이 되고 있다. 분명한 것은 후천성면역결핍증이 발생하려면 HIV가 존재하여야 한다는 것과 HIV 감염의 전 세계적 확산을 멈추게 하고 후퇴시켜야 한다는 것이다. HIV **백신** 개발에 대한 연구는 계속되고 있지만 바이러스 생물학의 복잡성 때문에 커다란 난관에 봉착해 있음이 판명되었다. 후천성면역결핍증의 병인론에 대한, 특히 질병초기에 면역계 역할에 대한 더 많은 이해가 보다 정확한 치료 방법을 개발하는데 매우 중요하다. HAART(highly active antiretroviral therapy, 제6장 참조)는 바이러스 생산을 억제하고 CD4$^+$ 세포 수의 회복에 뚜렷한 효과가 있다. 불행하게도 잠복감염된 세포의 반감기가 길어서 신체로부터 HIV를 완전하게 제거하는데 걸리는 예상시간은 12년~ 60년이다. 이 기간에 치료약에 의한 독성과 내성 바이러스가 생겨나서 치료가 실패하기 때문에 바이러스의 완전한 제거는 현재 성공하지 못하고 있다.

바이러스 관련 질환

바이러스 감염이 발병에 필요한 전제조건이라고 여겨지는 사람의 질환 증후들이 많이 있다. 어떤 경우에는 특정 바이러스와 특정 병적 상태 사이의 관계가 잘 알려져 있지만, 다른 경우에는 병인론이 복잡하고 병인론에 숙주 면역계가 관여한다는 것도 분명하다. 경우에 따라서는 특정 바이러스의 병인성 관련이 불확실하여 몇몇 예에서는 추측일 뿐이다.

비록 measles virus 감염 숫자가 **예방접종**에 의해 현저하게 줄었지만, 홍역은 여전히 매년 수십만 명의 죽음을 낳는다. Measles virus 감염의 일반적인 경과는 급성 열성질환으로 바이러스가 신체 여러 부위로 퍼지면서 많은 조직들을 감염시킨다. 대부분은 후유증 없이 저절로 낫지만 드물게는 약 2,000명중 한명 정도가 심각한 뇌염으로 진행하기도 한다. 뇌염은 급성 상태로 2~3주 안에 회복되거나 환자를 죽게 한다. 더욱 드물게는 홍역의 후유증으로 처음 감염 후 수개월~수년 후에 아급성경화범뇌염(SSPE)이 발생한다. 모든 아급성경화범뇌염 환자에서 measles virus의 과거 감염 증거인 항체나 바이러스가 검출된다. 약 삼십만 명의 홍역 환자 중 한 명 정도에서 면역계에 의해 바이러스가 완전히 제거되지 못하고 중추신경계에서 지속감염이 성립된다. 이런 상태에서 바이러스 증식은 낮은 수준을 유지하지만, **외막단백질** 유전자가 결핍되어 있어, 세포의 감염성 바이러스 입자 생산을 방해한다. 외막단백질이 생산되지 않으면 면역계가 감염세포를 인지하고 제거하는 일이 어렵게 된다. 그러나 바이러스는 감염의 일반적 경로를 이용하는 대신 세포에서 이웃 세포로 직접 전파될 수 있다. 뇌세포 손상이 바이러스 증식에 의한 직접적인 결과인지, 아급성경화범뇌염 병인론에 면역계가 어떤 역할을 하는 지는 알려져 있지 않다. 근본적으로 measles virus 예방접종과 1차감염의 방지만이 아급성경화범뇌염 발생을 없애줄 것이다.

면역계가 병인론에 관계된다고 잘 알려진 또 다른 경우는 dengue virus 감염이다. Dengue virus는 flavivirus 속에 속해 있으며 모기에 의해 사람 숙주에서 다른 사람에게로 전파된다. 1차 감염은 무증상이거나 뎅기열(dengue fever)을 유발한다. 뎅기열은 일반적으로 후유증 없이 7일~10일 후에 저절로 회복되는 질환이다. 1차 감염 후에 환자는 바이러스에 대한 항체를 보유하게 된다. 불행하게도 dengue virus는 4가지의 혈청형(DEN-1, 2, 3, 4)이 있는

데, 한 가지 형에 대한 항체를 갖고 있어도 나머지 3가지 혈청형에 대한 교차면역을 나타내지는 못한다. 더 나쁜 것은 항체가 말초 혈액의 단핵세포 감염을 촉진시킬 수 있다는 것이다. 이는 단핵세포가 Fc-수용체를 매개로 하여 항체와 반응한 바이러스 입자를 받아들여 감염이 이루어지기 때문이다(제4장 참조). 드물지만 dengue virus 감염이 뎅기열보다 심각한 결과를 가져오는 경우도 있다. 뎅기출혈열(dengue haemorrhagic fever, DHF)은 생명을 위협하는 질환으로 극단적인 경우에 많은 내부 출혈로 혈액량 감소 쇼크(dengue shock syndrome, DSS)가 발생한다. DSS는 종종 치명적이다. 뎅기나 기타 출혈열에서 일어나는 쇼크는 부분적으로 바이러스 때문이지만, 대부분은 바이러스 감염 세포에 대한 면역계에 의한 손상이 그 원인이다(그림 7-5). Dengue virus 1차 감염에서 DHF와 DSS의 발생은 각각 14,000대 1과 500대 1이다. 그러나 두 번째 감염에서는 DHF가 90대 1, DSS는 50대 1이 된다. 이는 교차면역

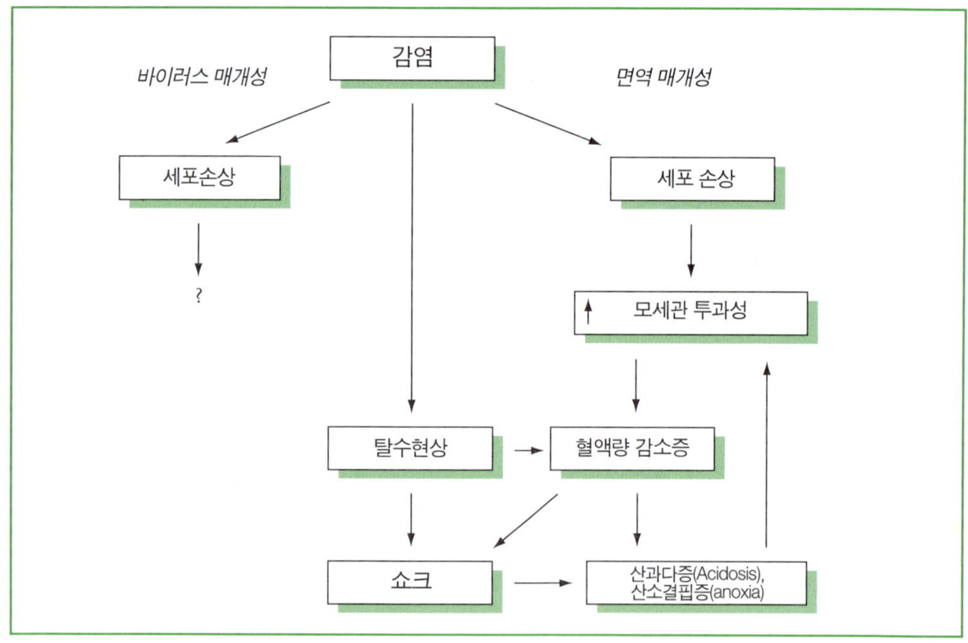

그림 7.5 출혈열에서 발생하는 쇼크의 원인.

반응은 일어나지만 중화작용은 하지 못하는 바이러스 항체때문이다. 이런 면들이 여러 혈청형의 dengue virus에 의한 교차감염의 문제점과 안전한 **백신** 개발의 어려움을 알려준다. Dengue virus는 이 장 후반부(새롭게 출현하는 바이러스)에서 다루겠다.

바이러스 백신이 병을 예방하는 것보다 병적 상태를 악화시키는 다른 예로써 예방접종 후에 나타나는 라이증후군(post vaccination Reye's syndrome)이 있다. 라이증후군은 급성 대뇌 부종을 포함하는 신경학적 상태인데, 대부분이 어린이에게서 잘 발생한다. 다양한 종류의 다른 바이러스들의 감염된 후에 나타나는 드문 후유증으로 알려져 있으며, 특히 influenza virus와 Varicella-Zoster virus(VZV, 수두바이러스)에서 가장 흔하다. 증상으로는 잦은 구토, 심한 두통, 행동 이상, 극심한 피로, 지각력 장애가 나타난다. 라이증후군은 병 초기에 아스피린을 먹었을 경우에 더 잘 발생한다. 라이증후군 병인론의 근거는 거의 알려져 있지 않은데, 가장 심각한 경우 중 일부는 실험용 influenza virus 백신을 접종하고 나서 곧 발생하였다.

Guillain-Barre syndrome도 마찬가지로 이해할 수 없는 질환으로서 신경말이집탈락(demyelination)에 의해 부분적 마비와 근육 위축이 생긴다. Guillain-Barre syndrome은 바이러스 감염과 같은 급성 증상 후에 나타나는데, 어떤 특정 바이러스 때문이라는 증거는 없다. Kawasaki 병은 어린아이에서 발생한다는 점에서 라이증후군과 유사하지만, 심장에 심각한 손상을 주는 것이 다르다. Guillain-Barre syndrome처럼 Kawasaki 병도 급성감염 후에 따라온다. Kawasaki 병 자체는 전염성이 없지만, **유행성**으로 나타난다. 그래서 원인으로 감염성 병원체가 의심되기도 한다. Kawasaki 병의 발생과 관계된 것으로 추측되는 많은 종류의 세균과 바이러스가 있지만 병리학적으로 잠정적인 원인은 여전히 알려지지 않았다. 아마도 특정 병원체보다는 급성감염이 Kawasaki 병의 원인일 지도 모른다.

최근에 만성피로증후군(chronic fatigue syndrome, CFS)이나 근육통성 뇌척수염(myalgic encephalomyelitis, ME)으로 새롭게 진단된 병에 대한 원인 병원체 연구가 진행되고 있다. 지금까지 소개한 질환과는 달리, CFS는 불명확한 질환으로서 모든 의사들이 인정하는 것은 아니다. CFS의 원인이 EBV라고 여겼던 초기의 주장은 최근 연구로 인해 많이 퇴색하고 있다. 대신에 EBV외의 다른 herpesvirus, enterovirus, retrovirus가 원인으로 추정되고 있다. 여러 연구를 통해, 완전한 면역기능을 갖추지 못한 생후 2세 이전의 홍역 감염은 궤양결장염 및 크론씨병(Crohn's disease)과 관련이 있을 것으로 추측하고 있다. 이런 생각은 measles virus가 소화관 내피세포에서 지속감염을 이룩하고 거대세포를 형성하며 면역반응을 일으킬 수 있다는 점에서 타당성이 있다. 그러나 이것이 증명되려면 더 많은 증거가 필요하다.

이들 증후군과 병적 상태는 바이러스 병인론의 복잡성을 반증하며, 간혹 바이러스 증식에 의한 직접적 효과와 면역계 조절 이상 때문에 자기 스스로 해를 입는 상태를 구분하기가 어렵다.

박테리오파지와 사람의 병

원핵세포만을 감염시킬 수 있는 바이러스인 **박테리오파지**가 사람의 질환에 나름의 역할을 할 수 있을까? 놀랍게도 대답은 '예'이다. 시가독소(Shiga toxin, Stx)를 생산하는 *대장균*(STEC)은 설사와 출혈성 결장염 같은 식품매개 소화기계 질병을 일으킬 수 있다. STEC O157:H7 혈청형(일명 햄버거 병원균)은 최근 수년간 많은 주목을 받아왔다. STEC 감염은 용혈요독(haemolytic-uraemic) 증후군이나 신경학적 질환 같은 치명적 후유증을 가져올 수 있다. 이 균주의 중요한 병원성 특징은 대장균의 특성상 창자에서 증식하고 '시가독소'를 생산하는데, 이 독소가 혈관 내피세포, 콩팥뇨세관 내피세포에 손상을 주어 급성신부전을 일으킬 수 있다. 시가독소를 생산하는 대장균 혈청형은 100가지가 넘는데, STEC는 소, 양, 염소, 돼지, 말의 창자에서 자주 발견되며 도살을 할 때 분변에 의해 고기가 오염된다. 햄버거처럼 갈아 만든 고기는 특히 위험한데, 그 이유는 표면에 있던 오염이 고기 속으로 깊게 파묻혀서 조리과정을 거쳐도 죽지 않을 수 있기 때문이다.

박테리오파지가 어떤 역할을 할까? 시가독소는 여러 종류가 알려져 있지만, 제1형 시가독소(Stx1)와 제2형(Stx2)으로 크게 두 가지로 나뉜다. 제1형과 제2형 시가독소 유전자는 세균 내 람다와 같은 **용원성** 박테리오파지(프로파지)의 유전체상에 위치하는 형태로 존재한다. 자외선이나 미토마이신 C(mitomycin C)에 의해 이 프로파지가 다수의 박테리오파지 입자를 생산하고 이들은 다시 창자에 존재하는 다른 감수성 세균을 감염시켜 용원화 되기 때문에 STEC가 높은 비율로 존재하게 된다(소의 특정 집단에서 50% 이상까지도). 최근 연구에 의하면 가축의 성장 촉진제로 사용되는 항생제의 무분별한 남용과 감염환자의 항생제 치료조차도 박테리오파지 생산을 증진시킬 수 있고, STEC 세균에 의한 유병율과 사망률을 증가시킬 수 있다고 하였다. 용원성 박테리오파지에 의한 또 다른 세균 병원성 결정인자들이 있다. 디프테리아 독소, *Streptococcus* 발열성 외독소, *Staphylococcus* 장독소들인데, 이런 상태를 유지하는 선택적 압력에 대한 이유는 아직 밝혀지지 않았다. 세균 유전체의 염기서열 정보를 충분히 얻게 되고나서 박테리오파지가 광범위한 병원성 세균들에게 병원성 인자들을 퍼뜨린다는 것이 강력하게 제기되고 있다.

박테리오파지가 사람 질환에 영향을 줄 수 있는 또 다른 영역은 박테리오파지를 항생제로 사용하는 박테리오파지 치료법이다. 이것은 새로운 개념이 아니며, 첫 실험은 거의 100년 전에 박테리오파지가 발견된 후 단기간 동안 진행되었지만 실패하였다(Appendix 3). 하지만 항생제에 대한 세균내성의 증가와 모든 효과적인 치료를 피해가는 '슈퍼세균(superbugs)'의 등장으로 박테리오파지 치료법에 대한 관심이 다시 제기되고 있다. 이론적으로는 매혹적이지만 이를 진행하기에는 많은 약점들이 있다:

- 박테리오파지는 수용체를 이용하므로 매우 특이적이다. 그러므로 감염시킬 수 있는 균주들이 정해져 있다. 그래서 박테리오파지는 좁은 범위의 항균제이다.

- 박테리오파지에 노출된 세균은 신속하게 파지 수용체를 적게 생산하거나 돌연변이 시키는 방법으로 저항성을 나타낸다.
- 몸속에서의 광범위한 세균 파괴로 내독소(endotoxin)가 나와서 독소증후군이 생길 수 있다.
- 박테리오파지를 반복 투여하면 박테리오파지 입자를 중화시키는 면역반응이 생겨서 박테리오파지가 활동할 수 없게 된다.

그럼에도 불구하고 박테리오파지 치료법은 지금의 방법으로 치료되지 않는 특정 세균감염에 효과적인 치료법이 될 지도 모른다. 최근에 박테리오파지 벡터를 이용하여 뇌 속에 생명공학 기술로 만든 항체를 운반할 수 있다는 것이 알려졌는데, 이를 이용하여 코카인 중독, 알츠하이머병 치료에 응용하려는 시도가 있다.

바이러스에 의한 세포 형질전환

형질전환(transformation)이란 세포가 형태학적, 생화학적, 증식의 지표가 달라진 것이다. 세포 형질전환으로 실험동물에서 종양이 형성되거나 그렇지 않을 수도 있다. 종양이 형성되는 경우에 종양성 형질전환이라고 한다. 형질전환된 세포들이 자동적으로 암(cancer)으로 발전하지는 않는다. 암 발생(carcinogenesis 또는 oncogenesis)은 복잡한 다단계 과정인데, 세포 형질전환은 필수적이지만 단지 첫 단계로서 존재한다고 추측하고 있다. 형질전환된 세포들은 표현형이 변하여 다음 특징(들)을 나타낸다.

- **부착성의 상실:** 섬유아세포나 상피세포 등의 정상적인(형질전환 되지 않은) 부착성 세포들에게는 부착할 수 있는 표면이 필요하다. 이런 필요성은 몸속에서는 바로 옆에 있는 세포나 구조물에 의해 충족된다 시험관에서 배양된 세포는 플라스틱이나 유리병의 내면이 이를 대신해 준다. 일부 형질전환된 세포는 표면에 부착하는 성질을 잊고 배지 속에서 자유롭게 또는 덩어리로 뭉친 상태로 증식한다.
- **접촉저지 특성의 상실:** 정상적인 부착성 세포는 부착에 이용될 수 있는 모든 표면을 덮을 때까지 분열 증식한다. 이때, 옆의 세포와 서로 닿게 되면 분열을 멈춘다. 세포들은 서로 겹쳐지지 않도록 증식을 멈추게 된다. 많은 형질전환 세포들은 이런 특성이 없다. 배양용기 속에서 형질전환된 한 개의 세포가 증식하여 겹쳐 자란 부분을 형질전환된 초점(transformed foci)이라고 부르며 작고 두꺼워진 증식부위를 형성한다.
- **반고형 배지에서의 집락 형성:** 부착성이든 아니든 대부분의 정상 세포들은 아가로오스나 하이드록시메틸 셀룰로오스 같은 성분을 넣어 반 고형 상태로 만든 배지에서는 증식하지 못한다. 그러나 대부분의 형질전환된 세포들은 이런 상태에서도 증식하며 배지가 세포 움

직임을 제한하기 때문에 세포집락이 형성된다.

- **성장인자 요구의 감소:** 모든 세포는 증식에 여러 인자들을 필요로 한다. 넓은 의미로 이런 것들에는 철분, 비타민, 호르몬과 같은 물질들이 포함되는데 이들은 세포가 자체적으로 생산하지 못한다. 좀더 자세히 말해서 세포 증식을 조절하는 상피세포성장인자(EGF)와 혈소판유래 성장인자(PDGF) 같은 조절 펩티드가 포함되며 이들은 세포 증식에 강력한 효과를 나타내는 물질이다. 일부 형질전환 세포는 특정 인자에 대한 필요성이 없어지거나 감소된다. 자신의 증식에 필요한 어떤 성장인자를 세포가 스스로 생산하는 것을 **자가분비 자극**(autocrine stimulation)이라고 하며 세포가 형질전환되는 한 가지 경로이다.

세포 형질전환은 한 번의 사건(single-hit process)으로 일어나는데 예를 들면 하나의 바이러스가 세포 한 개를 형질전환시키는 것이다(반면에 종양형성의 경우는 여러 단계의 과정에 의해 이루어진다). 형질전환된 세포에는 바이러스 **유전체** 전부 또는 일부가 존재하며 일반적으로는 숙주세포 **염색질**에 삽입되어 있다. 형질전환은 바이러스 유전자중 일부 제한된 것들만이 계속적으로 발현되어 일어난다. 드물게는 바이러스 입자를 형성하는 경우에도 형질전환이 일어나기도 한다. 형질전환 세포에서 발견되는 바이러스 유전체는 흔히 복제를 하지 못하며, 상당부분 훼손되어(substantial deletion) 있다.

형질전환은 **암유전자**가 생산한 단백질에 의해 일어난다. 이런 조절 유전자들을 출처, 생화학적 기능, 세포내 위치 등에 의해 나눌 수 있다(표 7.3). 세포 형질전환 바이러스는 RNA나 DNA 유전체를 갖고 있지만, 증식을 위해서는 모두 DNA 유전체 형태를 거쳐야 한다. 세포 형질전환을 직접적으로 일으키는 유일한 RNA 바이러스는 retrovirus 뿐이다(표 7.4). 어떤 retrovirus는 숙주세포 유전자에 존재하는 세포암유전자(c-*oncs*)와 같은 염기서열을 보유하며 이를 바이러스암유전자(v-*oncs*)라고 부른다. 형질전환을 일으키는 DNA 바이러스의 암유전자는 바이러스 유전체에만 존재하며 정상 세포에는 이와 같은 염기서열이 없다.

종양 형성에 관여하는 유전자들을 생화학적 기능에 의해 다음과 같이 나눌 수 있다.

- **암유전자와 원암유전자:** 암유전자는 원발암유전자가 돌연변이된 형태이다. 원암유전자는 세포의 정상적인 증식과 분열을 관장하는 세포 유전자이다.
- **종양 억제 유전자:** 이들 유전자들은 세포증식주기와 세포분열을 억제하는 정상적 기능을 나타낸다.
- **DNA 수선 유전자:** 이들 유전자는 세포증식주기에서 세포 분열시 유전정보 각각의 가닥이 정확하게 복제되었는지를 확인한다. 이들 유전자의 돌연변이는 다른 돌연변이 확률을 증가시킨다. 예를 들어 모세혈관확장성 조화운동 불능(ataxia telangiectasia), 색소성건피증(xeroderma pigmentosum) 등이다.

표 7.3 종양유전자 분류

분류형	예
세포외 성장 인자: (정상 성장인자 상동체)	*c-cis:* PDGF B(Simian sarcoma virus의 v-*sis*)의 유전자 *int-2:* FGF 연관 성장인자(Mouse mammary tumor virus의 일반적인 통합 위치)
수용체 타이로신키나아제 (세포막 안쪽면에 위치)	c-*fms:* 제1집락지극인자(CSF-1)의 수용체 유전자—최초로 알려진 retrovirus 종양 유전자. c-*kit:* 비만세포 증식인자 수용체의 유전자
비수용체 타이로신키나아제 (신호 전달)	c-*src:* v-*src*는 최초로 확인된 종양유전자(Rous sarcoma virus) *lck*: T 세포CD4, CD8 분자와 관련
G 단백질 연결 수용체 (신호 전달)	*mas:* 안지오텐신(angiotensin) 수용체의 유전자
세포막 위치 G 단백질	c-*ras:* c-*ras* 유전자는 세 종류의 상동체가 있음. 서로 다른 retrovirus에 의한 형질도입으로 발생한 세 가지의 다른 종양으로부터 각각 발견
세린/트레오닌 키나아제 (신호 전달)	*c-raf:* 신호전달에 관여, 수용체 활성화 후에 MAP 키나아제의 트레오닌 인산화
핵 DNA-결합/전사인자	c-*myc:* (Avian myelocytomatosis virus의 v-*myc*), retrovirus의 통합이나 염색체 재정렬로 c-*myc*의 파괴가 일어나고 육종(sarcoma)이 생김. c-*fos:* (Feline osteosarcoma virus의 v-*fos*),원암유전자(protooncogene) jun과 작용하여 전사조절 복합체를 구성

표 7.4 세포 형질전환을 유발하는 Retrovirus

바이러스 유형	종양 형성 기간	종양 형성 효과	종양 유전자 종류
형질도입형	짧다(수주)	고효율로서 100%까지 기능	바이러스에 의해 형질 도입된 세포암유전자(즉, 바이러스 유전체에 존재하는 바이러스암유전자로서 바이러스 유전체는 일반적으로 복제가 안된다.)
cis-활성형 (만성적 형질전환)	중간정도 (수개월)	중간 효율	세포 유전체에 있는 세포암유전자가 바이러스 삽입에 의해 활성화, 바이러스 유전체 에는 암유전자가 없다. 바이러스 유전체는 복제가 가능하다.
trans-활성형	길다(수년)	낮은 효율 (1%이하)	바이러스 단백질의 *trans*-활성 작용으로 세포 유전자의 활성화

암유전자로부터 생산된 단백질의 기능은 세포내 위치에 따라 다르다(그림 7.6). 여러 부류의 암유전자들은 세포수용체에 결합한 외부물질의 정보를 핵으로 전달하는 신호전달 과정과 관련이 있다(그림 7.7). 이런 그룹에 속하는 많은 키나아제는 소수성 막 관통 부분과 친수성 세포내 활성효소 부분으로 이루어진 공통적인 구조를 갖고 있는데, 보존되어 온 기능영역이 포함되어 있다(그림 7.8). 이 단백질들은 세포막에 연결되거나, 세포질에 존재한다. 핵에 위치한 다른 종류의 암유전자는 세포주기의 조절에 관여한다(그림 7.9). 이들 유전자 생산물들은 세포증식주기 G1과 S기 사이에 놓인 진행장벽을 풀어준다. 정상적으로는 G1과 S 시기의 사이를 통제하여 무분별한 세포 분열을 방지하는 중요한 역할을 맡는다. 일부 바이러스의 암유전자는 세포를 완전하게 형질전환 시키는데 혼자만으로는 충분하지 않은 경우가 있다. 하지만, 경우에 따라 다른 암유전자의 보완적 기능과 함께 협동하여 완전한 형질전환을 일으킬 수 있다. 예를 들면 adenovirus E1A 유전자와 E1B 유전자 또는 c-*ras* 유전자가 같이 작용하면 생쥐 섬유아세포 세포주인 NIH 3T3을 형질전환 시킨다. 이런 사실은 종양형성이 복잡하고 다단계 과정이라는 것을 암시한다.

Retrovirus에 의한 세포 형질전환

모든 retrovirus가 세포 형질전환을 일으킬 수 있는 것은 아니다. 예를 들면 HIV같은 lentivirus는 세포를 형질전환 시키지 않고 오히려 세포병변을 일으킨다. 형질전환을 일으키는 retrovirus는 3가지 그룹으로 나누는데, 형질도입형(transducing), 시스활성형(*cis*-

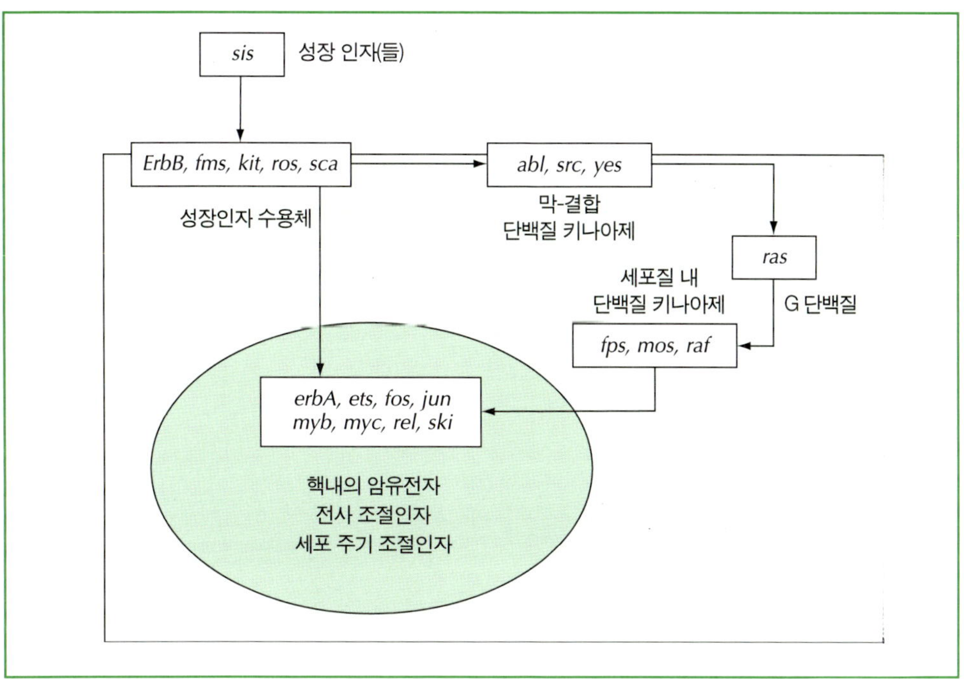

그림 7.6 암단백질의 세포내 위치.

activating), 트랜스활성형(trans-activating) 등이며 각 그룹의 특성을 표 7.4에 정리하였다. **암유전자**가 모든 세포에 존재한다면, 왜 바이러스가 감염되어야 형질전환이 일어나는가? 그 이유는 암유전자 구조에 미세한 변화가 생기던지, 발현에서 정상적인 조절의 실패가 발생하던지 또는 이 두 가지 방법 모두에 의해 암유전자가 활성화되기 때문이다. 급성 형질전환 retrovirus의 형질전환 유전자(v-*oncs*)는 세포암유전자에서 유래되었으며 따라서 염기서열 상동성이 높다. 그런데 이 유전자는 바이러스에 의해 형질도입된 것으로 믿어진다. 그러나 대부분의 바이러스암유전자는 그들의 원본인 세포암유전자와 약간의 차이가 있다. 많은 경우에 소규모의 염기서열 변화가 있는데 이로 인하여 암단백질(oncoprotein)의 구조와 기능이 변한다. 다른 경우에서는 유전자에 작은 결실이 발견된다. 복제불능의 급성 형질전환 retrovirus에서 생산된 대부분의 암단백질은 **융합단백질**로서 아미노말단에 바이러스－유래 gag 유전자가 암호화하는 단백질을 포함하고 있다. 이렇게 추가된 염기서열이 단백질의 기능과 세포내 위치를 변화시키고 이로 인하여 형질전환이 일어날 수도 있다.

한편, 암단백질의 변화 없이 바이러스가 비정상적인 발현을 일으킬 수도 있다. 세포의 정상적 **프로모터**보다 바이러스 프로모터의 지배로 종양유전자가 과발현되거나, 세포증식주기를 파괴하는 암단백질의 부적절한 일시적 발현이 일어날지도 모른다. 만성적 형질전환 retrovirus의 **유전체**에는 암유전자가 없다. 이들 바이러스는 삽입활성화(insertional

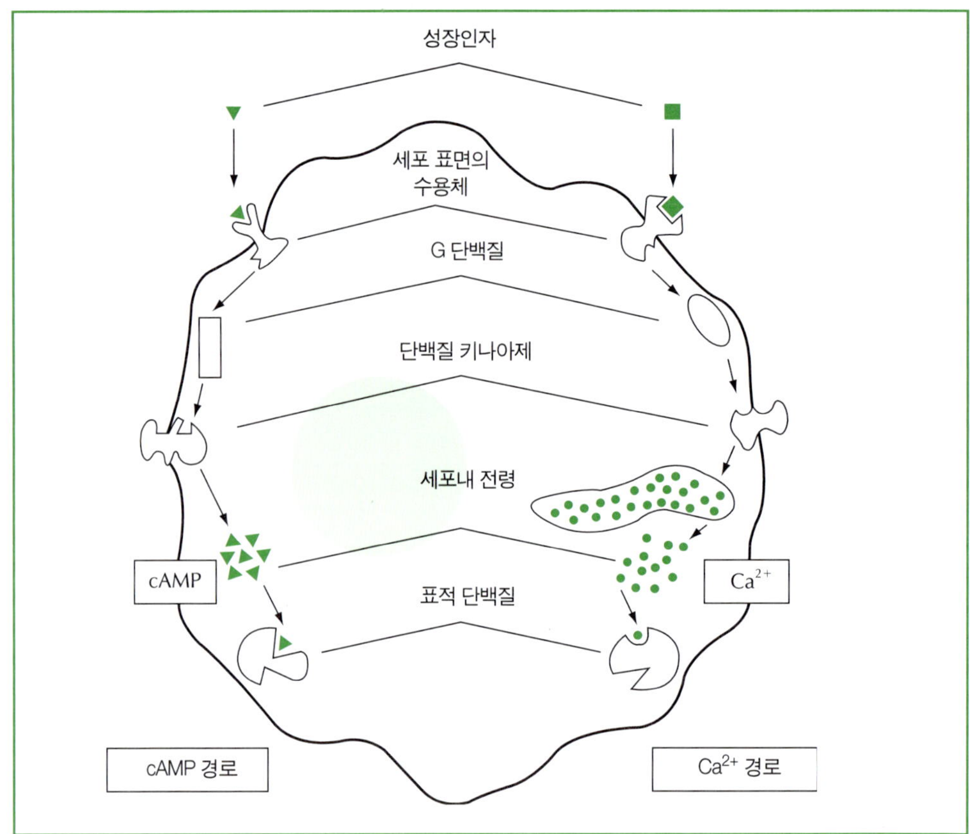

그림 7.7 신호전달의 세포내 기전.

activation)라고 알려진 기전에 의해 c-*oncs* 유전자를 활성화시킨다. 숙주세포 유전체의 세포암유전자 염기서열 근처에 삽입된 **프로바이러스**가 형질도입에 의해 활성화된 바이러스 암유전자(v-*oncs*)와 유사한 기전으로 암유전자를 간접적으로 활성화시킬 수 있다(그림 7.10). 프로바이러스가 숙주 유전체의 c-*onc* 유전자 인접 부위에 삽입된다면, 바이러스 유전자에 더해서 그 아래 염기서열도 전사되어 발현될 수도 있다. 그러나 삽입활성화는 프로바이러스가 세포의 c-*onc* 유전자 하단, 즉 뒤쪽에 삽입되거나 혹은 앞쪽(상단)이지만 뒤집어진 자세로 삽입되었을 때에도 발생할 수 있다. 이런 경우의 활성화는 바이러스 프로모터의 **증진자 요소**(enhancer element)에 의한다. 프로바이러스가 세포암유전자로부터 수천 염기쌍이 떨어진 거리에 삽입되어도 활성화가 일어날 수 있다. 이런 현상이 가장 잘 알려진 경우가 Avian leukosis virus(ALV)가 삽입되어 *myc* 유전자를 활성화시키는 것과 Mouse mammary tumour virus(MMTV)의 삽입이 *int* 유전자를 활성화시키는 경우이다.

Retrovirus 형질전환의 세 번째 기전은 매우 다른 방법으로 진행된다. Human T-cell

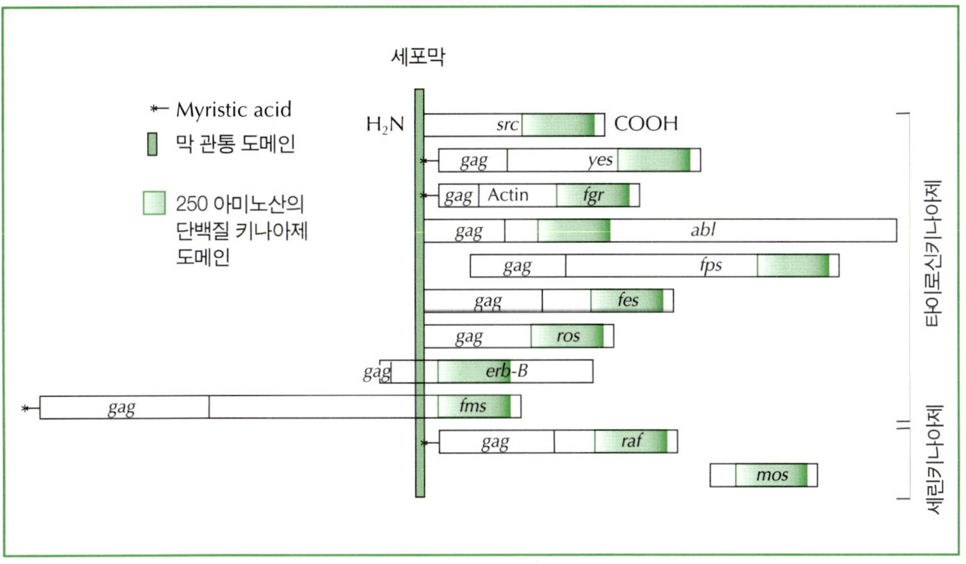

그림 7.8 세포 형질전환에 관여하는 retrovirus 단백질 키나아제 그룹. 이 분자들 중 많은 것들이 바이러스 *gag* 유전자에서 유래된 말단 아미노산 서열을 보유한 융합단백질이다. 이런 형태의 대부분은 myristate 지방산을 가지는데, 이 지방산은 단백질이 합성된 후에 아미노 말단에 추가되어서 숙주세포막 안쪽면에 단백질을 연결시켜 준다. 전이 후 변형이 단백질의 형질전환 작용에 필수적이라는 것이 많은 경우에 알려졌다.

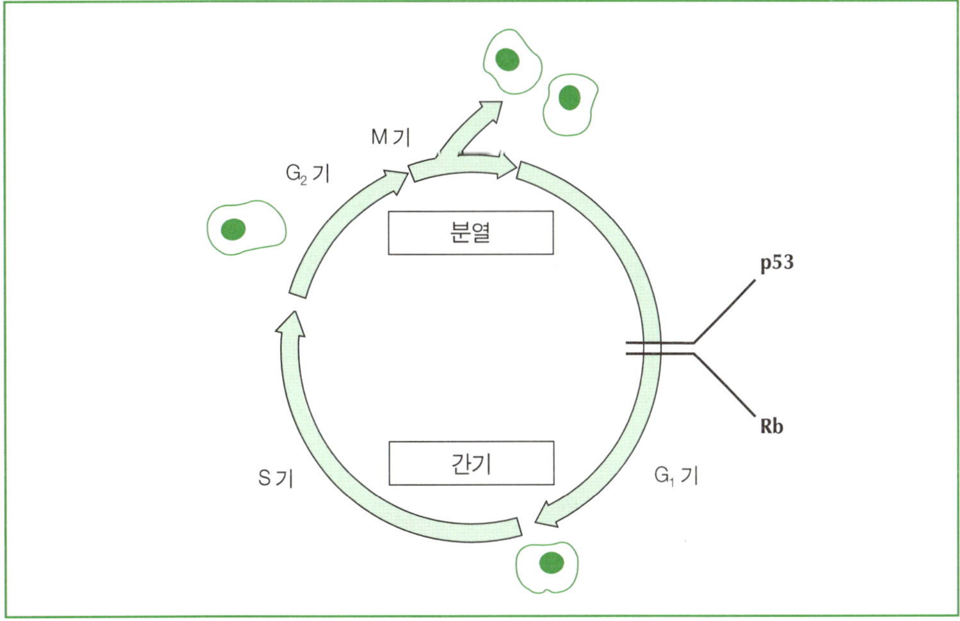

그림 7.9 진핵세포주기의 모식도.

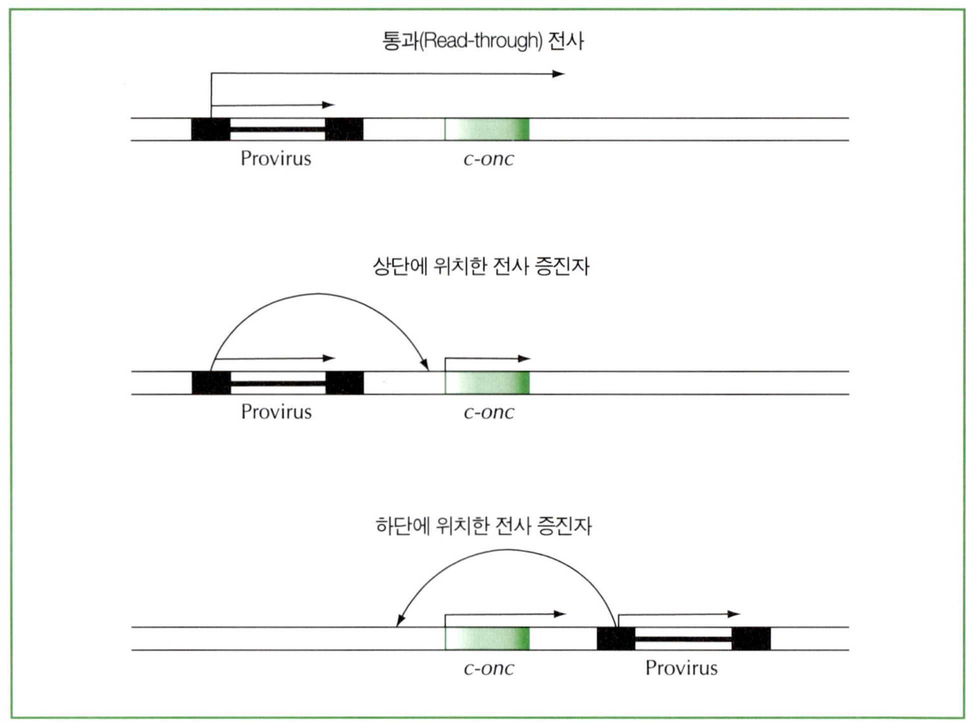

그림 7.10 Retrovirus 삽입에 의한 돌연변이로 세포 암유전자가 전사될 때에 활성화되는 기전들.

leukaemia virus(HTLV) 및 이와 유사한 동물바이러스는 바이러스 *tax* 유전자에 전사활성화 단백질(transcriptional activator protein)을 암호화하고 있다. *tax* 단백질은 바이러스 긴말단 반복배열(LTR)로부터 전사를 트랜스–활성화시킨다. 이 단백질이 전사 요소들과 상호작용하여 많은 세포유전자들의 전사를 활성화시키는 것으로 믿고 있다. 그러나 HTLV에 의한 종양(백혈병) 발생은 약 20~30년의 잠복기가 있다. 그래서 시험관에서 비슷하게 재현시킬 수 있는 세포 형질전환과 그렇지 못한 종양 형성은 다르다. 백혈병이 발생하려면 또 다른 요소가 필요하다. HTLV에 의해 형질전환된 세포들이 악성 종양으로 발전하려면 염색체의 이상이 필요하다. 오랜 기간을 연구해야하는 어려움 때문에 염색체 이상에 대해서는 완전하게 알려져 있지 않다.

DNA 바이러스에 의한 세포 형질전환

Retrovirus의 암유전자와 달리 DNA 종양바이러스의 형질전환 유전자들은 세포에 원암유전자가 없지만 여러 과의 DNA 바이러스가 세포를 형질전환 시킬 수 있다(표 7.5). DNA 바이러스 암단백질의 기능은 일반적으로 retrovirus에 의한 것보다 다양하지 않으며 대부분이

표 7.5 DNA 종양바이러스의 형질전환 단백질

바이러스	형질전환 단백질	세포내 작용 대상
Adenovirus	E1A + E1B	Rb, p53
Polyomavirus(SV40)	T-항원	p53, Rb
Papillomavirus:	E5	PDGF 수용체
BPV-1	E6	p53
HPV-16, 18	E7	Rb

DNA 복제 조절에 관여하는 핵단백질로서 세포주기에 직접적으로 관여한다. 이 단백질들은 세포 분열시 정상적으로 억제 작용을 하는 세포 단백질과 작용하여 그 효과를 나타낸다. 이런 세포단백질로 가장 잘 알려진 것이 p53과 Rb이다.

p53은 SV40의 T-항원과 결합하여 복합체를 이룬다는 것 때문에 처음으로 발견되었다. p53은 adenovirus와 papillomavirus 같은 다른 DNA 바이러스 암단백질과도 결합한다고 알려졌다. p53 유전자는 대부분의 종양에서 변형되거나 돌연변이를 일으켜 정상적인 유전자 산물이 생산되지 못하게 되고, 악성 형질전환된 세포가 출현하게 된다. 시험관실험(*in vitro*)에서 종양세포에 정상적인 단백질을 주입하면 세포분열 속도가 감소하고, 생체실험(*in vivo*)에서 종양발생이 줄었다. 정상적인 p53 유전자가 없는 유전자이식 생쥐(transgenic mice)는 정상적으로 발육하였지만 종양의 자연적 발생에 감수성이 있다. p53은 세포주기를 조절하는 중추적인 역할을 하기 때문에 종양억제유전자나 '항암유전자(anti-oncogene)'로 믿고 있으며 '유전체의 수호자(the guardian of the genome)'로 부른다. p53은 WAF1이라는 세포유전자의 발현을 활성화시키는 전사인자이다. WAF1 유전자는 G1사이클린-의존성 키나아제의 억제제를 생성하여 세포주기가 G1기에서 멈추도록 한다(그림7.9). DNA 바이러스가 증식하기 위하여 세포 DNA의 복제가 필요하다는 사실은 바이러스의 형질전환 단백질이 p53을 표적으로 삼는 이유가 될 것이다.

Rb 유전자는 망막아세포종(retinoblastoma)이라는 시신경 종양에서 항상 손상되어있거나 결실되어있기 때문에 발견되었다. 그래서 이 유전자의 정상적인 기능은 종양억제일 것으로 생각되었다. Rb 단백질은 E2F라고 하는 전사인자와 복합체를 이룬다. E2F는 adenovirus 유전자들의 전사에 필요하며 활동이 정지된 세포가 S기로 넘어가도록 하는 세포 유전자의 전사에도 관여한다. E2F – Rb 복합체 형성은 G1기에서 세포주기를 멈추게 하는 p53 역할과 같은 효과를 나타낸다. E2F – Rb 복합체 대신에 adenovirus E1A – Rb, T-항원 – Rb, papillomavirus E7 – Rb 복합체가 만들어지면 세포와 바이러스 DNA 복제가 활성화된다.

SV40의 T-항원은 p53과 결합하는 바이러스 단백질 중 하나이다. 제5장에서 SV40 전사조절에 큰 T-항원(large T-antigen)의 역할을 설명하였다. SV40나 다른 polyomavirus가 세포를 감염시키면 두 종류의 결과가 나타날 수 있다.

- 생산적(**용해성**) 감염
- 비생산적(**부전**) 감염

감염 결과는 주로 감염된 세포의 종류에 따라 결정되는 것으로 알려졌다. 예를 들면, 생쥐 polyomavirus는 생쥐세포에서는 용해성 감염(lytic infection)을 일으키지만, 쥐나 햄스터 세포에서는 **부전감염**(abortive infection)을 일으킨다. 반면에 SV40는 원숭이 세포에서는 용해성 감염을 일으키지만, 생쥐세포에서는 부전감염을 일으킨다. 그러나 전사과정 외에 T-항원은 유전체 복제에도 관여한다. SV40 DNA 복제는 **유전체**의 복제기점(origin) 부위에 큰 T-항원이 결합하면서 시작된다(그림 7-11). T-항원의 기능은 인산화가 과정으로 조절되는데, 인산화 되면 SV40 유전체 복제기원 부위에 결합하는 능력이 감소된다.

SV40 **유전체**는 매우 작고 DNA 복제에 필요한 모든 유전 정보를 갖고 있지 못하다. 그래서 SV40 유전체 복제가 가능하려면 숙주세포가 S기로 들어가는 것이 필수적인데, 이 시기에 숙주세포 DNA와 바이러스 유전체가 같이 복제된다. T-항원과 DNA 중합효소 α간의 단백질-단백질 결합이 직접적으로 바이러스 유전체 복제를 활성화시킨다. DNA, DNA 중합효소 α, p53 및 Rb에 결합하는 T-항원의 정확한 부위는 잘 알려져 있다(그림 7.11). T-항원에 결합한 종양 억제 단백질(p53, Rb)이 불활성화 되면 G1기에 멈추었던 세포가 S기로 진행하여 분열을 시작함으로써 형질전환이 일어난다는 기전이다. 그러나 부전감염된 세포가 형질전환되는 비율은 약 십 만개 중 하나 꼴로 낮다. 그래서 T-항원의 기능은 바이러스 DNA 복제가 일어나도록 세포 환경을 바꾸는 것이며 형질전환은 종양억제 단백질들의 기능이 없어짐으로써 발생하는 드물고 우발적인 결과이다.

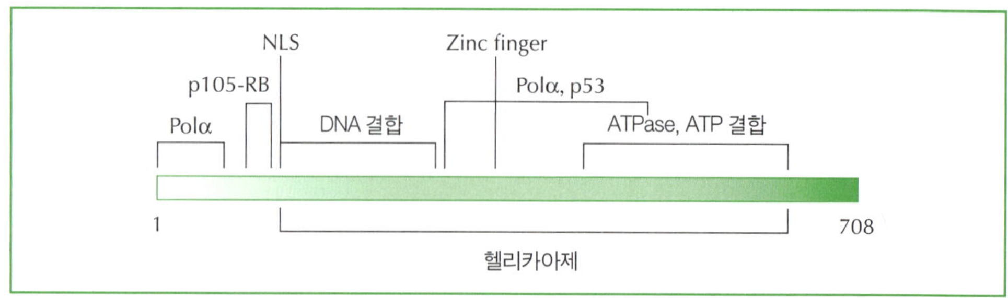

그림 7.11 다양한 단백질들과 상호작용 하는 SV40 T-항원의 부위. 바이러스 DNA의 복제에 관여하는 도메인(헬리카아제, ATP 가수분해효소, 핵 위치신호-NLS)들도 위치하고 있다.

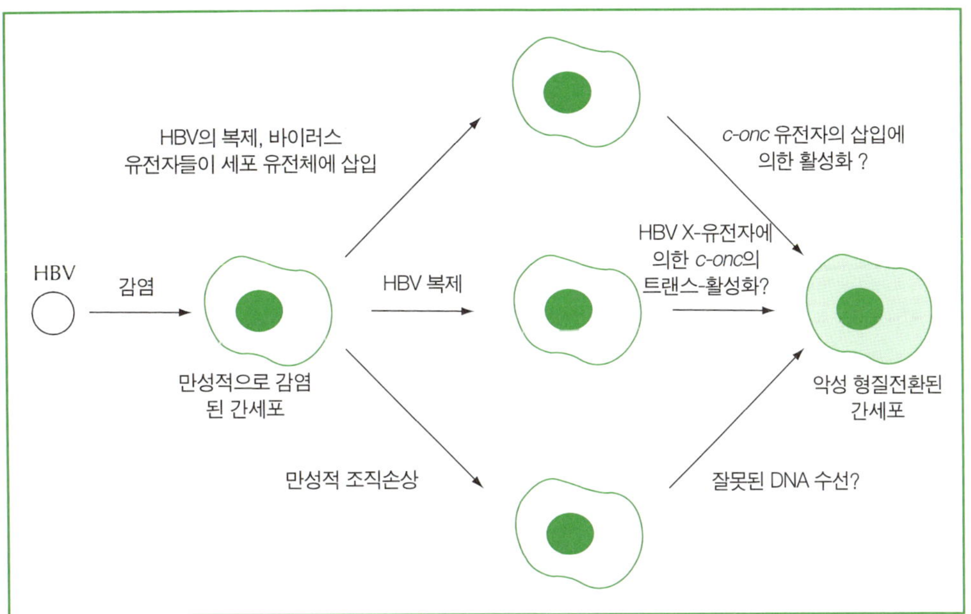

그림 7.12 Hepatitis B virus 감염에 의한 간암 형성의 가능한 기전.

표 7.6 세포 형질전환에서 Adenovirus E1A와 E1B 단백질의 역할

단백질	세포의 표현형
E1A.	형태적으로 변함없이 분열은 영구함. 동물에서 종양발생능이 없다
E1B	세포 형질전환이 없다
E1A+E1B	형태적으로 변화되고 영구한 분열. 동물에서 종양발생.

Adenovirus의 즉시초기 발현 단백질들은 여러 가지 점에서 SV40 T-항원과 비슷하다. E1A는 adenovirus 초기 발현 유전자의 **트랜스-활성** 전사 조절인자이다(제5장 참조). T-항원처럼 E1A는 Rb에 결합하여 Rb의 작용을 차단하고 바이러스의 DNA 복제를 진행시킨다. 우발적이지만 숙주세포 DNA의 복제도 자극하며 E1B는 p53에 결합하여 E1A의 작용을 증강시킨다. 이들 두 단백질의 연합된 효과는 이 유전자들이 포함된 DNA를 핵산전달감염(transfection)시킨 세포들의 표현형에서 확인할 수 있다(표 7.6). 그러나 이 두 형질전환 단백질들의 세포내 상호작용은 단순한 DNA 합성 유도보다는 더 복잡하다. E1A 단독 발현만으로도 세포들은 세포사멸을 겪는다. E1A와 E1B가 같이 작용하면 세포사멸은 일어나지 않고 형질전환된 세포가 되어 분열을 지속한다.

Human papillomavirus(HPV)의 생식기계 감염은 매우 흔해서 젊고 성적 활동성이 강한 성인의 50% 이상이 감염되어 있으며 임상적으로 무증상이 대부분이다. HPV의 특정 혈청형은 낮은 확률이지만 수십 년간의 잠복기를 지나서 자궁경부암 같은 항문생식기계통 암의 발생과 연관되어 있는 것으로 알려졌다. 매년 약 50만 건의 새로운 자궁경부암이 진단되는데, 자궁경부암은 전 세계적으로 여성이 암으로 죽는 경우의 1/3을 차지한다. HPV는 자궁경부암의 주요 원인인데, 자궁경부암의 93%에서 하나 또는 그 이상의 암발생 연관 HPV 혈청형에 양성반응을 보였다. 최근까지 60종의 HPV 혈청형이 알려졌는데, 이중에서 4가지 혈청형(HPV-16, HPV-18, HPV-31, HPV-45)만이 종양 형성과 강력하게 연관되어 있는 것으로 밝혀졌다. 형질전환은 바이러스의 초기 발현 유전자 산물에 의한다. 그러나 형질전환 단백질은 표 7.5에서 나타난 것처럼 papillomavirus의 혈청형에 따라 다양하다. 일반적으로 두 종류 이상의 초기 단백질들이 협조하여 형질전환을 일으키는 것으로 밝혀졌다. Bovine papillomavirus-1(BPV-1)과 같은 일부 papillomavirus는 혼자만으로 세포 형질전환을 일으킬 수 있지만, 다른 종류들은 세포 **종양유전자**의 활성이 함께 발생되어야 한다(예, HPV-16/*ras*). BPV에서 형질전환에 관련 있는 것은 E5 단백질인데, HPV-16과 HPV-18에서는 E6와 E7 단백질이 관련되어 있다.

E6 단백질은 p53과 결합하여 분해를 촉진하고 세포내에서 p53의 양을 감소시키는 것으로 알려졌다. E7 단백질은 Rb와 결합하며, adenovirus의 E1A와 구조적, 기능적 유사성이 있다. 일반적으로 두 개 또는 그 이상의 초기 발현 단백질들이 협력하여 형질전환된 표현형을 나타내는 것으로 생각된다. 비록 BPV-1과 같은 일부 papillomavirus가 혼자만으로 세포 형질전환을 일으킬 수 있지만, 다른 papillomavirus는 HPV-16/ras와 같은 활성화된 세포 암유전자의 협력이 필요한 것으로 알려졌다. 대부분의 경우, 종양세포들에서 형질전환에 관여할 것으로 추정되는 유전자를 포함한 papillomavirus 유전체의 일부 또는 전체가 존재하는데, 반면에 BPV-4 같은 경우에는 바이러스 DNA가 형질전환 후에 없어지기도 한다. 이 때문에 형질전환을 일으키는 기전으로 치고 빠지기 전략(hit-and-run)이 가능함을 시사한다. 다른 papillomavirus는 유전체를 복제할 때 조금 다른 기전을 사용하는 것으로 알려졌는데, 이 때문에 형질전환이 약간 다른 경로로 진행되기도 한다. Adenovirus나 polyomavirus가 사람의 종양형성에 관여한다는 직접적인 증거는 없다. 반면에 papillomavirus가 악성 음경암과 자궁경부암 형성에 흔히 관여한다는 증거는 매우 강력하다.

최근에 p53과 Rb가 **세포사멸**(apoptosis)의 중요한 감지기로 밝혀졌다. 이 단백질들이 기능을 잃게 되면 세포사멸이 촉발되는데, 이는 세포의 중요한 항암 기전이다. 그래서 이 단백질들의 활동을 방해하는 바이러스는 이들의 효과를 없애는 기전을 진화시켜야만 했을 것이다.

바이러스와 암

실험동물에서 종양을 일으키는 바이러스는 여러 종류가 있다. 이 때문에 사람에서 암을 일으킬 수 있는 바이러스에 대한 오랜 연구가 시작되었다. 여러 해 동안 이런 연구는 성공하지 못했고 일부 학자들은 단정적으로 바이러스는 사람 종양의 원인이 아니라고 주장하였다. 물론, 경솔했던 다른 주장들과 마찬가지로 이 주장도 잘못된 것이다. 지금까지 최소한 6 종류의 바이러스(HHV-4/EBV, HBV, HCV, HHV-8, HPVs, HTLV)가 감염환자의 종양형성과 관계있는 것으로 알려졌다. 그러나, 바이러스 감염과 종양형성사이의 연관은 간접적이고 복잡하다. 백혈병에서 HTLV tax 단백질의 역할은 이미 설명하였다(Retrovirus에 의한 세포의 형질전환 참조). Papillomavirus가 사람 종양에 관여할 지도 모른다는 증거는 점점 많아지고 있다. 거의 확실하게 사람 종양의 원인인 바이러스가 많이 있지만 여기에서는 집중적으로 연구되고 있는 Epstein-Barr virus(EBV)와 hepatitis B virus(HBV), 두 가지 사례만을 언급할 것이다.

EBV는 1964년에 아프리카의 버킷림프종(Burkitt's lymphoma) 환자로부터 얻은 림프아세포 세포주에서 처음으로 동정되었다. 1962년에 Dennis Burkitt는 아프리카에서 말라리아의 분포와 지역적으로 겹쳐있는 고도의 악성 림프종을 보고하였다. Burkitt은 이 종양이 인도에서는 드물지만 아프리카에 살고 있는 인도 어린이에서 발생하였기 때문에 환경적인 원인을 찾으려고 하였다. 처음에 그는 이 종양이(잘못된 생각이었지만) 모기에 의해 전파되는 바이러스에 인한 것으로 생각하였다. EBV와 버킷림프종의 관계는 아직 분명하지는 않다:

- EBV는 전 세계에 걸쳐 분포하지만 버킷림프종은 드물다.
- EBV는 버킷림프종 환자의 종양세포 뿐만이 아니고 여러 다른 세포에서도 발견된다.
- 말라리아가 없는 나라에서 EBV-음성 버킷림프종이 간혹 발견되는데, 이 종양의 형성에 한 가지 이상의 경로가 존재할 수도 있다는 것을 시사한다.

EBV는 B 림프구와 상피세포, 두 종류의 세포에 **친화성**을 나타내는데, B 림프구의 경우에는 일반적으로 입자를 생산하지 않는 감염이고, 상피세포에서는 바이러스 입자가 만들어지는 **생산적 감염**이 일어난다. EBV 감염의 일반적인 결과는 다클론 B 세포의 활성화인데, 이 세포들의 수적 증가로 인한 증상은 나타나지 않는 것이 일반적이다. 그러나 가끔은 비교적 약한 질환인 전염단핵구증(infectious mononucleosis, glandular fever)을 일으킨다. 1968년 *in vitro*에서, EBV가 사람 B 림프구를 효과적으로 형질전환시켜 죽지 않도록 할 수 있다는 것이 알려졌다. 이 때문에 EBV가 종양형성에 관여한다는 것이 분명하게 뒷받침되었다. EBV 감염은 최소한 5가지의 사람 종양과 연관이 있다는 역학적, 분자적 증거가 있다:

- 버킷림프종
- 코인두 암종(nasopharyngeal carcinoma, NPC)으로, 중국에서 가장 흔하게 발견되는 고도 악성 종양. EBV와 NPC는 강력한 연관 관계가 있다: 버킷림프종과는 달리 연구된 모든 종양에서 바이러스가 발견되었다. 소금으로 절인 생선에 존재하는 니트로사민(nitrosamine)의 섭취와 같은 환경적 요인들도 NPC 형성에 기여한다고 믿고 있다(버킷림프종 형성에서 말라리아의 역할처럼).

- 후천성면역결핍증과 같은 면역기능저하 환자에서의 B 세포 림프종
- 호지킨씨병(Hodgkin's disease)의 일부
- X 염색체 – 연관 림프증식증후군(X – linked lymphoproliferative syndrome, XLP), EBV 감염이며 일반적으로 남자에서 나타나는 드문 병으로서 과다한 면역반응을 보이며, 때로는 치명적인 전염단핵구증이나 림프절 종양을 일으킨다. XLP는 X 염색체에 있는 한 유전자가 잘못되어 발생하는 유전적 결함이다:

EBV에 의한 세포 형질전환은 여러 바이러스 단백질들 간의 상호작용이 포함된 복잡한 과정이다. EBV와 버킷림프종간의 연관을 설명하는 3가지 가설이 있다.

1. EBV는 거대한 B 림프구 집단을 불멸화시킨다. 동시에 말라리아가 T 세포 면역억제를 유발시킨다. 따라서 거대한 표적세포 집단에서는 염색체 전위 등이 일어나 형질전환된 악성세포가 형성된다. 대부분의 버킷림프종에서는 8번 염색체에 전위가 일어나서 c-myc 유전자의 활성화를 일으키는데 이 가설을 뒷받침한다.
2. 말라리아가 여러 B 세포 클론을 활성화시킨다. EBV는 c-myc 전위가 이미 일어난 세포를 불멸화시킨다. 이런 기전은 위의 가설과 크게 다르지 않다.
3. EBV는 단순히 거쳐 가는 바이러스일 뿐이다. 버킷림프종은 매우 드물기는 하지만 유럽과 북아프리카 지역에서도 발생한다. 이들 환자의 85%는 EBV에 감염되어 있지 않기 때문에 버킷림프종에는 다른 원인이 있음을 암시한다.

정식으로 증명된 것은 아닐지라도 첫째나 둘째 가설이 버킷림프종의 기원에 대한 사실적인 설명인 것으로 여기고 있다.

바이러스가 사람 종양 형성에 관여하는 또 다른 예로 hepatitis B virus(HBV)와 간암(hepatocellular carcinoma)이 있다. 간염은 간의 염증상태로 한 종류의 질병이 아니다. 간은 대사에서 중추적인 역할을 하는데, 많은 바이러스가 간염을 일으킨다. 하지만, 간세포에 특이적으로 감염되고 손상을 주는 것으로 알려진 바이러스는 최소한 7 종류가 있다. 이들 7 종류의 바이러스는 모두 각기 다른 과(family)에 속해있다(제8장 참조). HBV는 *Hepadnaviridae* 과의 원형(prototype) 바이러스이다. HBV는 과거에 혈청 간염(serum hepatitis)으로 알려졌던 병의 원인이다. 이 병은 임상적으로 1930년대의 전염성 간염(infectious hepatitis)과 구별되었는데, 전염성 간염은 다른 종류의 간염바이러스가 원인이다. HBV 감염은 수혈이나 장기이식 같은 사람혈청이 접종되어 발생하곤 하였다. 오늘날에는 마약중독자들이 주사기와 주사바늘을 같이 사용하여 전파되는 것이 보통이다. 하지만, HBV는 성행위나 구강을 통해서도 전파되며, 엄마로부터 아기에게 전파되어 HBV 감염이 가족단위로 발생하기도 한다. 선진국에서는 모든 헌혈 혈액 및 기증된 장기나 조직에 대해 HBV를 검사하여 전파위험도가

매우 낮다. HBV는 조직배양에서 증식하지 않기 때문에 병인론에 대한 연구가 심각한 어려움을 겪어왔다. HBV 감염은 다음 3가지 결과를 가져올 수 있다.

1. 급성 감염 후에 완전히 회복을 하고, 재감염을 막아주는 면역력을 얻는다(90% 이상).
2. 전격간염(fulminant hepatitis)은 급속하게 나타나 짧은 기간 유지되는데, 간 기능부전으로 인해 치사율이 거의 90%에 이른다(1% 이하).
3. 만성감염으로 바이러스 증식이 유지되는 보균자 상태가 된다(약 10%).

지금 전 세계에는 약 3억 5천만 명의 만성 HBV 보균자가 있다. 전 세계 인구가 60억 명이라면 약 5%가 HBV에 지속적으로 감염되어 있는 것이다. 바이러스 만성 보균자에서 간암 발생이 비보균자보다 100~200배 높다. 서구에서는 간암이 드물며, 치명적인 암의 2% 이하를 차지한다. 서구에서 발생하는 간암의 대부분은 알코올과 관련이 있으며, 이것이 간암 병인론에 중요한 단서가 되고 있다. 그러나 중국, 동남아시아에서는 간암이 가장 흔한 치명적 암으로 매년 50만 명을 죽게 한다. 바이러스가 종양을 형성하는데 가능한 3가지 경로가 제시되었다. 세포 종양 유전자의 직접적 활성화, 세포암유전자들의 *트랜스*-활성화, 조직 재생을 통한 간접적 형성(그림 7.12) 들이 그것이다. EBV와 버킷림프종 사이의 경우와 마찬가지로 HBV와 간암의 연관도 분명하지는 않다:

- 간경변(알코올 등의 여러 가지 독성요인이나 감염의 결과로 간이 딱딱해진 상태)이 간암 발생의 전제 조건으로 알려졌다. 만성적인 간 손상으로 조직 재생이 유발되고 DNA 수선 기전이 잘못되어 악성 세포로의 형질전환이 일어난다고 생각하는 것이다. HBV와는 연관이 없는 flavivirus인 hepatitis C virus(HCV)도 만성 활동성 간염을 일으키는데, 오랜 잠복기 후의 간암 발생과 관련이 있다.
- 실험동물에서 아플라톡신(aflatoxin)이나 니트로사민과 같은 수많은 보조인자들이 바이러스 감염 없이도 간암 유사 종양을 일으킬 수 있다. 그래서 사람 간암 형성에 니트로사민이나 NPC가 연관이 있을지도 모른다고 생각한다.
- HBV 유전체가 종양세포에 통합되어 있거나 특정 HBV 유전자(HTLV tax 단백질과 기능이 유사한 *트랜스*-활성 단백질을 생산하는 X 유전자 등)들이 종양세포에서 존재한다는 일관된 증거는 없다.

그림 7.12에서 나타난 모든 기전은 생체에서도 일어날 수 있다고 생각하고 있다. 가장 중요한 위험인자는 급성 HBV 감염과 반대되는 만성감염의 발생이다. 만성간염의 발생은 수많은 다른 요인들에 의해 결정된다.

- 나이 — 감염 때 나이가 많을수록 만성감염 발생은 줄어든다.
- 성별 — 만성감염은 남자 대 여자 비율 1.5:1, 간경변의 경우에 남자 대 여자 비율 3:1
- 간암 — 남자 대 여자 비율 6:1
- 감염경로 — 구강이나 성 접촉에 의한 감염은 혈청에 의한 감염보다 만성감염이 적게 발생한다.

HBV 감염의 일반적인 경로와 병인론에 대한 더 많은 지식들이 알려질 때까지 이런 차이점들에 대한 이해가 이루어질 것 같지는 않다. 다행인 것은 HBV 감염을 예방하는 안정적이고 효과적인 백신이 상용화되어 있고, 세계보건기구 예방접종 프로그램의 지원으로 HBV 감염 유행 지역에서 **백신**이 널리 사용되고 있다는 것이다. 이로써 앞으로도 간암과 HBV 질환으로 해마다 백만 명의 죽음을 예방하게 될 것이다.

신종 및 변종 바이러스

'새로운' 감염성 병원체란 무엇을 의미하는가? 전에는 없었던 바이러스이거나 알려진 바이러스가 양상이 변화하였을 때를 말하는가? 이 단원에서는 이런 범위에 해당하는 병원체에 대한 최근의 지식을 소개하려고 한다. 여기에서 언급하는 정보의 대부분은 수년간의 연구 결과가 아니라 새로운 감염성 병원체에 대한 최근의 연구들로부터 발췌한 것이다. 지난 20년간 특정한 바이러스들에 의해 대규모이면서 예측하지 못했던 **유행병**(epidemics)들이 발생하였다. 대부분은 완전히 새로운 바이러스(전에는 알려지지 않았던)들에 의한 것이 아니라 지역적으로 풍토병(endemics)을 일으키는 잘 알려졌었던 바이러스들에 의한 것이며 이들을 **신변종**(emergent) **바이러스**라 한다(표 7.7). 시기에 따라 바이러스 양상이 원인 모르게 변화하여 병원성에 심각한 영향을 준 바이러스들의 예가 있다.

이와 같은 현상의 한 예로 잘 알려진 것이 poliovirus이다. Poliovirus와 회백질척수염(소아마비)은 사람에서 지난 4000년간 존재하였다. 4000년간의 대부분은 **유행병**이기보다는 **풍토병** 형태로 감염율이 낮지만 특정지역에서 지속적으로 존재하는 형태였다. 20세기 전반부에 유럽, 북미, 오스트레일리아에서의 회백질척수염 발생 양상이 유행병으로 변하여 매년 소아마비가 폭발적으로 발생하였다. 수세기 전에 발생하였던 poliovirus 검사물은 가지고 있지 않았지만, 임상증상만으로도 바이러스가 실질적으로 변하였다는 증거는 없었다. 그러면 왜 병의 양상이 급격하게 변하였는가? 그 이유는 다음과 같다고 생각한다. 원시적인 위생 시설의 농촌지역에서 poliovirus는 자유롭게 전파되었다. 오늘날, 환경조건이 유사한 지역의 혈

표 7.7 신변종 바이러스

바이러스	과	요약
Cocoa swollen shoot	Badnavirus	서부아프리카에서 2억 그루의 코코아나무를 파괴. 숲의 파괴로 빛나무 깍지벌레 매개체와 질병 전파가 증가됨.
Hendravirus (Equine Morbillivirus)	Paramyxovirus	1994년 9월에 오스트레일리아 브리스번에서 발생. 말에서는 높은 치사율의 급성호흡기 질환을 일으키고 사람에서는 치명적 뇌염을 일으켜 2명이 사망. 과일박쥐에 의해 전파되는데 박쥐 자체에는 병원성이 없다. 1999년 1월 퀸스랜드에서는 말에서 다시 발병하였는데 사람의 사망은 없었다.
Nipha virus	Paramyxovirus	1998년에 말레이시아에서 발생. Hendra viru와 매우 유사함. 동물(돼지?)로부터 사람에게로 전파되는 인수공통전염병을 일으킴.
Phocine distemper	Paramyxovirus	1987년에 발틱해와 북해의 바다표범에서 발생하여 높은 치사율을 나타냄. 아이리시해와 지중해에서의 돌고래 죽음의 원인으로 여겨지는 바이러스와 유사함. 바다표범의 수는 증가하지만 발병전의 수준까지 도달하지는 못했다. 하프 바다표범(harp seal)이 베링해로부터 북부유럽으로 대규모로 이동할 때 면역학적으로 경험이 없는 바다표범 무리에 바이러스가 퍼진 것으로 믿고 있다.
Rabbit haemorrhagic disease(RHD) rabbit calicivirus disease(RCD) 바이러스 출혈열(VHD)	Calicivirus	1984년 중국 토끼농장에서 발생하여 영국, 유럽, 멕시코까지 퍼짐. 토끼 수 조절 실험을 위해 오스트레일리아 남부 해안 Wardang 섬에 퍼뜨린 후에 우발적으로 질병이 대륙으로 넘어가 많은 수의 토끼를 죽임. 애완용, 사육용 토끼에 대한 백신이 개발되었다. 1997년 RHD가 뉴질랜드 남섬에 불법적으로 도입되었고, 미국에서는 2000년 4월에 발생하였다.

청학적 검사에서 3세 어린아이들의 90% 이상이 poliovirus 3가지 혈청중 최소 한 가지 이상에 대한 항체를 갖고 있음이 밝혀졌다. 가장 병원성이 강력한 poliovirus도 무증상 감염 100~200건당 마비형 회백질척수염 1건이 발생한다. 그런 집단에서 유아들은 자연적 **예방접종** 형태로 엄마의 항체에 의해 보호받으며 무증상 감염을 겪게 된다. 마비형이나 치명적인 경우는 비교적 적게 발생하여 무시되기도 하며, 영 유아 사망률이 높은 경우에는 더욱 그렇다. 19세기동안 산업화와 도시화로 poliovirus 전파 양상이 바뀌었다. 도시인구의 과밀화와 여행의 증가는 바이러스에게 신속한 전파 기회를 제공하였다. 또한 개선된 위생 상태가 바이러스 전파의 자연적 양상을 변화시켰다. 어린아이들은 나이가 들어서야 바이러스들을 접하게 되고 이때는 엄마의 항체에 의한 보호가 더 이상 없다. 어린이들이 감염될 때에는 결국 위험도가 최고가 되며 이런 사회적 변화는 질병 양상에 변화를 가져왔다. 다행스럽게도 poliovirus **백신**이 널리 사용되어 산업화된 국가에서는 폴리오 발생이 없어졌고 세계적으로 2008년에 poliovirus 박멸을 예상하고 있다.

바이러스의 **유행병**적인 전파는 사람들의 이동에 의해 일어나는 예가 많이 있다. 고대 그리스에서는 홍역과 천연두는 알려져 있지 않았다. 이 두 종류의 바이러스는 사람 간의 직접적인 접촉에 의한 전파로 유지되며 사람 외의 숙주는 알려져 있지 않다. 그래서 중국, 로마제국에서 이 바이러스들이 유행병 형태로 증식할 수 있을 정도로 인구수가 늘어날 때까지 이 질병의 폭발적 발생은 없었던 것으로 생각되었다. 이 시기 전에 발생하였던 두세 번의 사례는 큰 사건 없이 지나갔다. 천연두는 710년에 극동아시아에서 유럽으로 옮겨와서 18세기의 페스트 역할을 담당하였다. 이때 다섯 명의 유럽 왕들이 천연두로 죽었다. 하지만 최악의 경우는 천연두바이러스가 신세계로 옮겨갔을 때에 일어났다. 천연두는 1520년에 Hernando Cortes에 의해 아메리카대륙으로 전파되었다. 2년 동안 350만 명의 아즈텍 사람들이 천연두로 죽었고 아즈텍 제국은 정복자보다는 질병 때문에 멸망하였다. 천연두처럼 강력한 병원성은 아니지만 다음에 유행한 홍역은 아즈텍과 잉카문명의 종말을 가져왔다. 최근에, 작은 규모이기는 하지만 격리된 생활을 하는 에스키모, 뉴기니아 부족, 남아메리카 부족들이 처음 바이러스에 접촉했을 때도 유사하게 참혹한 결과가 발생하였다. 이러한 역사적 사건들은 기존의 바이러스도 사람들의 행동 변화에 따라 대참사에 가까운 규모의 질병이나 죽음을 일으킬 수 있다는 것을 알려준다.

홍역과 천연두 바이러스는 오로지 사람에서만 전파된다. 2차 숙주와 곤충 매개를 하는 복잡한 전파방식을 갖는 바이러스들은 감염 관리가 더욱 어렵다(그림 7.13). 특히 'arbovirus' (arenavirus, bunyavirus, flavivirus, togavirus) 계열에서 이런 점들이 두드러진다. 사람의 거주 영역이 확장됨에 따라 사람들은 바이러스가 존재하는 환경, 즉 따뜻하고 습기가 많고 초

목지대로서 곤충매개체가 높은 밀도로 발생하는 지역인 늪지나 밀림지역 등에 접촉할 기회가 많아졌다.

역사적으로 대표적인 예는 19세기 말 파나마운하 공사기간 동안의 yellow fever virus에 의한 죽음이었다. 최근에 증가되는 열대지역의 생태계 변화에 의해 중앙아메리카에서 황열이 다시 나타났는데, 특히 모기에 의해 사람에서 다른 사람에게로 직접 전파되는 도시형 황열이었다. 뎅기열은 일반적으로 열대지역의 도시형 질병이다. 뎅기열은 낮 동안에 활동하며 집안에서 자주 발견되는 Aedes 모기(*Aedes aegypti*)에 의해 전파되는데, 이 모기는 도시형으로, 주로 낮에 사람들로부터 영양분을 얻는다. 이떤 경우에는 뎅기열 발생이 백만 명 이상이 넘어 한 집단의 90%가 감염되었다. 매년 dengue virus에 4000만 명이 감염되는 것으로 알려져 있다. 뎅기열은 1780년에 처음 보고 되었다. 1906년 이 바이러스가 모기에 의해 전파된다는 것이 밝혀졌고 1944년에는 바이러스가 분리되었다. 따라서 dengue virus는 새로운 것이 아니지만 지난 30년간 dengue virus 감염은 현저하게 증가하였다.

Arbovirus는 모두 520종 이상이 알려졌는데 이중 최소한 100 종류가 사람에 병원성이 있으며 20종이 **신변종**(emergent) **바이러스**에 해당되는 것으로 생각된다. 이런 질병들을 관리

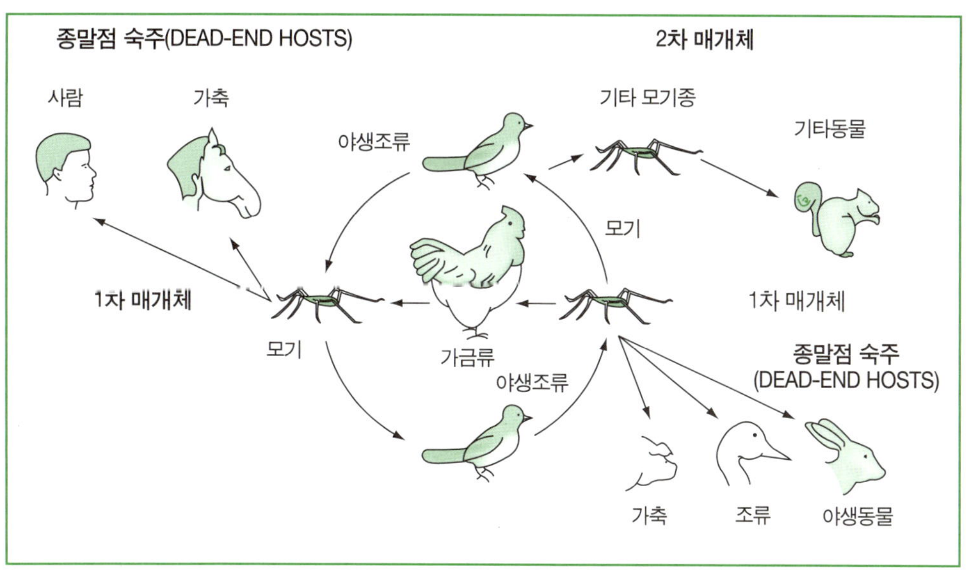

그림 7.13 Arbovirus의 복잡한 전파 양식.

하는 시도는 두 가지로서 사람에 바이러스를 전파하는 곤충 매개체에 대한 관리와 사람을 보호하는 **백신**의 개발이 그것이다. 그러나 이 두 가지 접근 방법에는 심각한 어려움이 있는데, 소위 환경 파괴를 피하는 것과 바이러스 병인론을 이해하여 적절한 백신을 개발하는 것이다(Dengue virus 병인론 설명 참조). Rift Valley fever virus는 1930년에 양으로부터 분리되었지만 지난 20년 동안 아프리카 사하라 남부지역에서 재발하는 **유행병**의 원인으로 유행지역에서 사람 감염률이 35% 이상이었다. 이는 동물유행병(epizootic)인데 다른 종류의 모기에 의해 양에서 사람에게로 전파되었다. 댐의 건설로 모기 개체수가 증가하였으며, 여기에다 늘어난 양의 숫자, 양과 사람들의 이동이 이 질병의 급작스러운 발생의 원인이라고 믿고 있다.

Hantavirus 속(*Bunyaviridae*)은 특별한 관심을 갖게 한다. Hantavirus는 세계 여러 곳에서 매년 수백만 건의 출혈열을 일으킨다. Hantavirus는 arbovirus와는 다르게 무척추 숙주가 아닌 설치류 숙주의 분변을 통하여 사람에게로 직접 전파된다. Hantavirus가 일으키는 두 가지 급성 질환은 신증후출혈열(haemorrhagic fever with renal syndrome, HFRS)과 한타바이러스폐증후군(hantavirus pulmonary syndrome HPS)이다. 신증후출혈열은 1951년에 우리나라에 주둔하고 있던 미군들에게서 발생하였다. 1993년에 한타바이러스폐증후군이 미국에서 처음으로 보고 되었고 이의 병원체로 새로운 바이러스인 Sin Nombre virus가 분리, 동정되었다. 신증후출혈열의 원인으로 최소한 서로 다른 3가지 한타바이러스가, 한타바이러스폐증후군의 원인으로는 4가지 한타바이러스가 알려졌다. 1995년 에 미국 21개주에서 102명의 환자가, 캐나다에서는 7명, 브라질에서는 3명의 환자가 보고되었으며 사망률은 40%에 이르렀다. 이는 신변종바이러스의 질병 유발 가능성을 예시한 것이다.

West Nile virus는 *Flaviviridae* 과 *Flavivirus* 속의 일본뇌염 항원 그룹에 속한다. 이 그룹에 속한 바이러스들은 모기에 의해 전파되며 많은 바이러스들이 사람에서 열성질환을 일으키는데 가끔은 치명적이다. West Nile virus는 1937년에 우간다의 웨스트나일 지역에서 처음으로 분리되었지만, 실제로는 아프리카와 유라시아를 포함한 지역들에 넓게 분포되어 있다. 1999년 미국 뉴욕과 인근 주에서 예상치 못하게 West Nile virus에 의한 arbovirus 사람뇌염이 발생하였다. 이 경우에 바이러스는 야생, 애완, 외래의 수입조류로부터 전파되었으며 (건조한 상태에서 번식하는 도시형 모기인) Culex 모기에 의해 옮겨진다. 이는 전형적인 arbovirus의 전파방식이다. 월동하는 모기와 조류에서 West Nile virus RNA가 검출되었고 이제 미국에서 이 질환은 매년 여름에 발생하는 유행병이 되었다.

식물바이러스도 **신변종 질환**(emergent disease)의 원인이 될 수 있다. Geminivirus 제3그룹은 곤충 매개체인 흰파리(whitefly)에 의해 전파되는데, 바이러스 **유전체**는 두 개의 고리형 단일가닥 DNA(제3장)로 구성되어 있다. 이 바이러스들은 토마토, 콩, 호박, 카사바(cassava), 목화 같은 농작물에 심각한 피해를 준다. 이들의 전파는 흰파리(*Bemisia tabaci*)의 특정 생물형이 전 세계적으로 퍼지는 것과 연관되어 있다. 이 흰파리 매개체는 바이러스의 무차별적인 사육자로서 바이러스가 감염 식물로부터 주변의 작물로 신속하고도 효과적으로 퍼질 수 있도록 한다.

가끔 외부 유전자들을 얻은 신변종 바이러스가 새로운 유전적 능력을 갖게 되어서 감염성 있는 새로운 종으로 되는 경우가 있다. 이런 현상의 예가 tomato spotted wilt virus(TSWV)이다. TSWV는 bunyavirus에 속하는데, 숙주영역이 넓어서 70개 과의 600개 종 이상을 감염시킨다. 최근 수십 년간 이 바이러스들은 아시아, 아메리카, 유럽, 아프리카에서 중요한 농작물 역병의 원인이었다. 이들의 신속한 전파는 곤충매개체(삽주벌레, *Frankinellia occidentalis*)가 퍼지는 것에 의한다. TSWV는 *Tospovirus* 속의 원형(prototype) 비이러스로써 다른 bunyavirus와 모양이나 유전체 구성이 유사하다(제3장). 그러나 TSWV는 **증식성 전파**를 하며 식물이나 다른 식물바이러스로부터 **재조합**을 통하여 M 분절에 외부 유전자가 도입된 것으로 알려져 있다. 이 새로운 유전자가 **이동 단백질**(movement protein)을 만들어 식물을 감염시키고 심각한 손상을 일으킨다.

숙주 감염 능력이 변화한 바이러스 외에도 새로운 바이러스가 계속적으로 발견되고 있으며 최근에는 3가지의 사람 herpesvirus가 발견되었다.

- **Human herpesvirus 6(HHV-6):** 이 바이러스는 1986년에 림프세망성 질환(lymphoreticular disorder) 환자의 림프구로부터 분리되었으며 바이러스는 $CD4^+$ 림프구 친화적이다. HHV-6는 이제 전 세계적으로 감염을 일으키는 것으로 인정되고 있다. 이 바이러스가 발견됨에 따라 오랜 숙제가 해결되었다. 어린이의 일차감염 중 영아장미진(roseola infantum) 또는 제4형 질환(fourth disease)이 일어나는데 과거에는 이들 질환의 원인을 몰랐었다. 항체 역가(titre)가 어린이 시절에 가장 높고 나이가 들어감에 따라 낮아지며 어린이에서 감염은 경미하다. 어른에서 일차감염은 드물지만 좀더 심각한 결과로서 단핵구증이나 간염을 일으킨다. 장기이식 환자에서는 심각한 문제를 일으킬 수도 있다.
- **Human herpesvirus 7(HHV-7):** 이 바이러스는 1990년에 사람 $CD4^+$ 세포로부터 분리되었다. 유전체 구성은 HHV-6과 유사하지만 분명한 차이가 있다. 이 두 바이러스 항원사이에 제한적인 교차반응이 있다. 현재로는 HHV-7이 사람 질환과 직접적인 연관이 있다는 명백한 증거는 없다. 다만, HHV-6과 연관된 증후군의 보조인자로 작용할 수도 있다는 정도로 알려졌다.
- **Human herpesvirus 8(HHV-8):** 카포시육종(Kaposi's sarcoma, KS)을 가진 후천성면역결핍증 환자의 DNA 검체와 후천성면역결핍증 환자의 카포시육종을 제외한 일부 조직에서 herpesvirus의 특징적 염기서열이 발견되었다. 카포시육종은 HIV 양성 및 HIV2 환자와 강력한 연관성(95% 이상)을 나타내었다. HHV-8은 림프구나 종양조직으로부터 분리될 수 있다. HHV-8은 HHV나 EBV같은 특정 질환에만 연관된 기타의 HHV들에 비해 분포

가 넓지 않다. 하지만, HHV-8은 카포시육종-유래 세포주에는 존재하지 않아서 카포시육종 형성에 이 바이러스가 **자가분비성**이나 주변분비성 요인(autocrine or paracrine factor)으로 작용할 가능성도 제시되고 있다. HHV-8이 EBV와 함께, 또는 EBV의 도움없이 B-세포림프종 같은 다른 종양을 일으킬 수도 있다는 일부 증거가 있다 (±EBV '보조바이러스').

많은 여러 바이러스 감염에 간이 포함되지만 특이적으로 간세포를 감염시키고 손상을 주는 바이러스는 최소한 6종류가 있다. 이 6종류는 각각 다른 과에 속해있다. 이 바이러스들의 분리 및 동정은 오랜 시간에 걸쳐 이루어졌다.

- B형 간염바이러스(Hepatitis B virus, HBV)(Hepadnavirus): 1963
- A형 간염바이러스(Hepatitis A virus, HAV)(Picornavirus): 1973
- D형 간염바이러스(Hepatitis D virus, HDV)(Deltavirus, 제8장 참조): 1977
- C형 간염바이러스(Hepatitis C virus, HCV)(Flavivirus): 1989
- E형 간염바이러스(Hepatitis E virus, HEV): 1990
- GBV – C/HGV: 1995
- '수혈전염바이러스'(Transfusion-transmitted virus, TTV): 1998

또 다른 간염바이러스의 존재에 대한 보고들이 계속 진행되고 있다. 이들 중 일부는 클로로포름을 처리하면 감염능력을 상실하는데, 이는 바이러스가 외막(envelope)을 보유하고 있다는 것을 의미하며 반면에 다른 바이러스들은 클로로포름의 영향을 받지 않는다. 이것은 불확실하기는 하지만 아직 밝혀지지 않은 많은 바이러스가 존재할 가능성을 시사하고 있다. 사람에게 간염을 일으키는 대부분의 바이러스 병원체들은 동정되었지만 앞으로 더욱 많은 간염바이러스가 발견될 것으로 기대된다.

인수공통전염병

많은 **신변종바이러스 질병**은 **인수공통전염병**(동물에게서 사람으로 전파)이다. 그래서 감염질환의 전파를 막기 위하여 '종간 장벽(species barrier)'의 중요성이 강조된다. 최근의 여러 예들이 이런 종간 장벽이 무너졌을 때 발생할 수 있는 심각한 결과를 알려준다.

중증급성호흡기증후군(SARS)은 고열, 마른기침, 호흡곤란, 두통 증상을 나타내는 바이러스 폐렴이다. 폐손상에 이은 진행성 호흡부전으로 사망할 수 있다. 최초의 중증급성호흡기증후군 발생은 2003년에 중국 광동지역에서 일어났다. 300명의 환자 중 5명이 죽었다. 병원체는 새로운 coronavirus인 SARS-CoV로 밝혀졌다. 중증급성호흡증후군 바이러스는 기침, 재채기에 의한 비말 전파를 하는 것으로 알려졌는데, 분변 오염 등의 다른 방법에 의한 전파도 가능할 것으로 추측하고 있다. 중증급성호흡기증후군 바이러스는 어디에서부터 오는 것일까? 사람 중증급성호흡기증후군 바이러스 분리주와 표면 스파이크 단백질 아미노산 서열이 99%가 같은 coronavirus가 중국 광동지역의 건강한 사향고양이로부터 분리되었다. 이 사향고양이는 광동지역에서 미묘한 문제를 만들었다. 사람들은 감염된 고기를 먹는 것보다는 동물을 사육하거나 죽이는 과정에서 감염되는 것으로 알려졌다.

Ebola virus는 1976년에 처음으로 보고되었다. 이 바이러스의 강력한 병원성때문에 바이러스 연구가 심각한 지장을 받았고 연구의 대부분은 분자생물학적인 기술로 이루어졌다. 하지만, 이런 분자생물학적인 접근은 중요한 의문점들을 남겼다. 일부 Ebola virus는 병원성이 매우 강한데, 다른 분리주들은 그렇지 않았다. 중앙아프리카 분리 바이러스주들은 병원성이 강하였지만, 필리핀 분리주들은 사람에 대한 병원성이 약했다. 이런 차이점에 대한 분자생물학적인 근거는 밝혀지지 않았다.

대부분의 Ebola virus 발생은 감염된 유인원과의 접촉에 의한 것으로 알려졌다. 그러나 중앙아프리카에서의 방대한 생태학적 조사로도 유인원이 자연계 숙주 매개체라는 증거를 찾지 못하였다. 유인원 외에도 수천 종의 동식물, 무척추 생물도 조사 대상이었다. 동물 숙주를 찾지는 못하였지만, 과일과 곤충을 먹는 박쥐에서 높은 역가의 Ebola virus가 존재하거나 증식되고 있다는 것을 알았다. 중증급성호흡기증후군 감염처럼 외래 야생 고기, 특히 유인원의 고기를 먹는 것은 Ebola virus 감염의 위험이 있다.

생물테러

이 세상은 신변종 바이러스의 위협과 함께 테러용 무기로 바이러스를 사용하는 문제점에 당면해 있다. 이런 주제는 많은 신문방송 매체에서 언급되었지만, 진실은 생물무기 병원체들이 계획적으로 살포되었을 때 일반적으로 인정하는 것보다 의학적 영향이 적을 수도 있다는 것이다. 많은 나라가 전쟁무기로서의 바이러스 개발에 많은 노력을 기울였지만, 군사적 사용이 매우 제한적이라는 것을 나중에야 알게 되었다. 미국 질병관리센터에서는 잠재적이면서 위험한 테러용 무기로 2가지 바이러스를 지목하였다. 천연두바이러스와 출혈열 병원체(filovirus, arenavirus)이다. Nipha virus, hantavirus같은 변종바이러스도 앞으로 위협 가능성이 있는 것으로 인정하였다. 그러나 세균, 독소의 경우에는 더욱 많다. 그 이유는 세균 병원체는 테러집단이 준비하고 살포하는 과정이 바이러스보다 훨씬 쉽기 때문이다. 실제로 생물테러의 잠재적 위협은 매년 전 세계적으로 감염 때문에 죽는 숫자에 비교하면 심각한 것은 아니다. 그럼에도 불구하고 여러 나라에서는 커다란 심각성을 가지고 예민하게 다루고 있다.

단원 요약

바이러스에 의한 발병은 복잡하고 변화가 많고 또 비교적 드문 상황이다. 바이러스 감염 경과처럼 병 발생은 숙주와 바이러스 요인 간의 균형에 의해 결정된다. 바이러스 감염에서 관찰되는 병적 증상들이 모두 바이러스에 의해 직접적으로 일어나는 것은 아니며 일부는 면역계에 의한 세포와 조직의 손상 때문이다. 바이러스들은 세포들을 형질전환 시켜서 끊임없이 증식하도록 한다. 이때 일부 경우에 종양이 형성될 수 있다. 특정한 바이러스들이 사람 종양을 유발한다고 증명된 경우는 2~3건에 불과하고, 그 외에 많은 경우는 가능성은 있지만 아직 밝혀지지 않았다. 바이러스와 종양형성과의 관계는 간단하지 않다. 하지만 바이러스 감염을 예방하면 종양 형성의 위험성은 분명히 줄어든다. 새로운 병원성 바이러스는 항상 발견되고 있는데, 사람 행동 양상의 변화 이후로 과거에는 인식하지 못했거나 혹은 새로운 질병들이 출현하게 된다.

참고문헌

Bell, A. and Rickinson, A.B.(2003). Epstein-Barr virus, the TCL-1 oncogene and Burkitt's lymphoma. *Trends in Microbiology*, 11: 495-497

Bonhoeffer, S. et al. (2003). Glancing behind virus load variation in HIV-1 infection. T*rends in Microbiology*, 11: 499-504.

Casadevall, A. and Pirofski, L.A.(2004). The weapon potential of a microbe. *Trends in Microbiology*, 12: 259-263.

Douek, D.C. et al. (2003). T cell dynamics in HIV-1 infection. *Annual Review of Immunology*, 21: 265-304

Gandhi, R.T. and Walker, B.D.(2002). Immunologic control of HIV-1. *Annual Review of Medicine*, 53: 149-172.

Jansen, K.U. and Shaw, A.R. (2004). Human papillomavirus vaccines and prevention of cervica cancer. *Annual Review of Medicine*, 55: 319-331.

Stephen, A., Mims, C.A., and Nash, A. (2000). *Mims' Pathogenesis of Infectious Disease*, 5th ed. Academic Press, London. ISBN 0124982654

Roulston, A. et al. (1999). Viruses and apoptosis. *Annual Review of Microbiology*, 53: 577-628.

Theodorou, I. et al. (2003). Genetic control of HIV disease. *Trends in Microbiology*, 11: 392-397.

Weiss, R.A. (2002). Virulence and pathogenesis.*Trends in Microbiology*, 10: 314-317.

8
CHAPTER

준바이러스성 병원체: Genomes without viruses, Viruses without genomes

학습목표

- 준바이러스성 병원체에 대한 개념을 이해한다.
- 위성바이러스(satellites)와 바이로이드(viroid)의 차이점을 설명할 수 있어야 한다.
- 전염성 해면뇌병증(TSEs)에 대한 최근 지식을 요약한다.

감염성 병원체를 유지하기 위한 최소한의 유전체 크기는 얼마인가? 뉴클레오티드 1700개의 유전체 한 개를 보유한 바이러스가 존재할 수 있을까? 240개 뉴클레오티드로 된 유전체를 보유한 병원체가 존재할 수 있을까? 유전체가 전혀 없는 감염성 병원체가 존재할 수 있을까? 아마도 처음 두 가지는 가능할 지도 모른다. 하지만 유전체가 없는 감염성 병원체란 생각은 이상하고 터무니없다. 이상할지도 모르지만 그러한 병원체가 존재하며 사람을 포함한 동물과 식물에서 질병을 일으킨다.

위성바이러스(Satellites)와 바이로이드(Viroids)

위성바이러스는 작은 RNA 분자로서 증식을 위해 전적으로 다른 바이러스의 도움을 받는다. 바이러스 자체에 기생체가 존재하는 꼴이다! 대부분의 위성바이러스는 식물바이러스들인데, 박테리오파지나 동물바이러스도 드물게 존재한다. 예로써 Dependovirus 속은 adenovirus의 위성바이러스이다. 위성바이러스는 다시 두 그룹으로 나뉜다: 하나는 바이러스 단백질껍질을 생산하는 위성바이러스이고 두 번째는 위성 RNA(또는 '바이러소이드')로서 보조바이러스의 외피단백질을 이용한다(부록2 참조). 위성바이러스의 전형적인 특성은 다음과 같다.

- 약 500개에서 2000개 뉴클레오티드로 구성된 단일가닥 RNA 유전체를 보유한다.
- 결손바이러스(defective virus)의 유전체와는 다르게 위성바이러스와 보조바이러스(helper virus) 유전체 사이에 염기서열 유사성이 거의 없다.
- 식물에서 분명한 증상을 나타내는데, 이 증상은 보조바이러스 혼자서는 나타내지 못한다.
- 위성바이러스의 증식은 보조바이러스의 증식을 방해한다. 대부분의 결손바이러스 유전체는 그렇지 않다.

위성바이러스의 예는 다음과 같다.

- Barley yellow dwarf virus satellite RNA(보조바이러스: luteovirus)
- Tobacco ringspot virus satellite RNA(보조바이러스: nepovirus)
- Subterranean clover mottle virus satellite RNA(보조바이러스: sobemovirus)

위성바이러스는 RNA 의존성 RNA 중합효소를 사용하여 세포질에서 증식하는데, 이 효소는 식물세포에만 있고 동물세포에는 없다.

바이로이드는 뉴클레오티드가 200~400개 정도로 매우 작고 고도의 2차 구조를 나타내는 막대기 모양의 RNA 분자들이다(그림 8.1). 바이로이드는 바이러스 **캡시드**나 **외막**이 없고 핵산분자 한개로 구성된다. 바이로이드는 식물 질병과 관련이 있고 많은 점에서 **위성바이러스**와는 다르다(표 8.1). 처음으로 발견되어 연구가 잘 된 것은 감자방추돌기바이로이드(potato spindle tuber viroid, PSTVd, 바이러스와 구분하기 위하여 바이로이드를 Vd로 표시)이다. 바이로이드에는 단백질 유전정보가 없고 숙주세포의 RNA 중합효소 II를 이용하여 증식하거나, 일부 진핵세포에 존재하는 RNA-의존성 RNA 중합효소 유전자 생산물을 이용하여 증식하는 것이 가능하다. 자세한 증식 과정은 알려져 있지 않지만, 회전환 복제(rolling circle) 기전에 이어서 자가분해에 의한 절단과 자가 연결(self-ligation)로 바이로이드를 만드는 것으로 생각하고 있다.

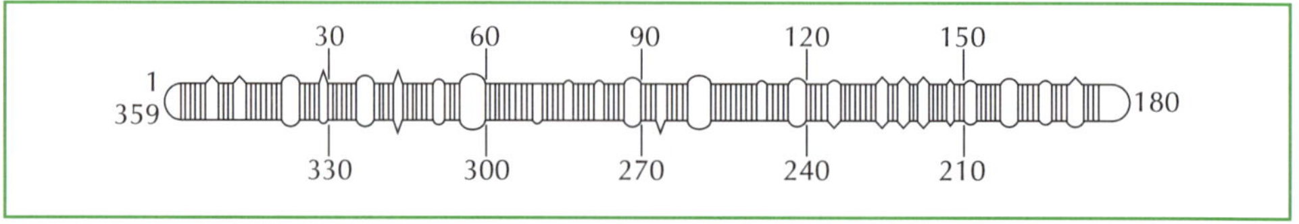

그림 8.1 바이로이드 RNA의 구조.

표 8.1 위성바이러스와 바이로이드

특성	위성바이러스	바이로이드
복제에 보조바이러스의 필요	필요함	필요없음.
단백질 합성 유전정보	보유	없음.
유전체 복제	보조바이러스의 효소를 이용	숙주세포 RNA 중합효소 II.
복제 장소	보조바이러스와 동일 (핵이나 세포질)	핵

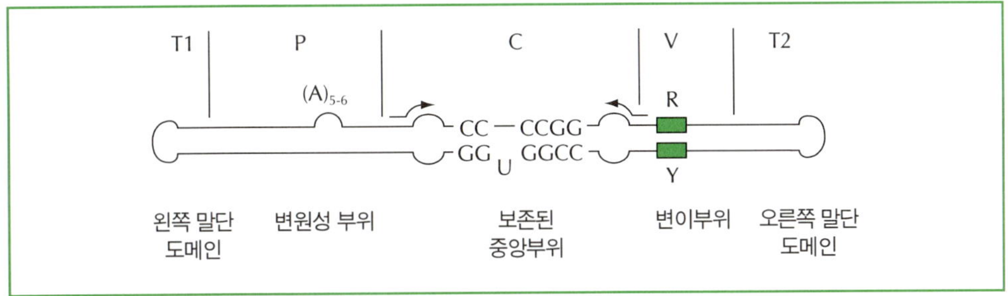

그림 8.2 바이로이드 RNA 분자의 기능 부위들.

모든 바이로이드는 공통적으로 중앙부위의 염기서열 보존이 잘 되어있는 특성이 있는데 이 부위가 증식에 관련이 있다고 믿고 있다(그림 8.2). 바이로이드 중 한 그룹은 망치 머리(hammerhead) 모양 구조를 형성할 수 있는데, 이 구조는 자가분해성, 자가 절단 RNA 분자인 리보자임(ribozyme) 효소 역할을 제공한다. 이런 작용은 바이로이드 증식과정에서 생산된 다량체(multimeric) 구조들을 절단하는데 이용된다. 다른 종류의 바이로이드들은 이런 목적을 위해 알려져 있지 않은 숙주 핵내 효소들을 사용한다. 카당카당 코코넛 바이로이드(cadang-cadang coconut viroid, CCCVd)같은 일부 바이로이드들은 그들의 숙주식물에 심각하고도 치명적인 병을 일으킨다. 다른 바이로이드들은 병원성이 분명하지 않은 것(hop latent viroid, HLVd)에서부터 경미한 병 증상을 나타내는 것(apple scar skin viroid, ASSVd)까지 범위가 다양하다. 바이로이드들이 어떻게 병 증상을 나타내는 지는 규명되지 않았지만 숙주세포 대사 일부를 방해하여 나타난 결과라는 것은 분명하다. 바이로이드들은 숙주 **진핵세포**의 특정 염기서열과 어느 정도의 유사성을 나타내는데, 특히 리보솜 RNA 5.8S와 23S 사이에 존재하는 **인트론** 및 **이어맞추기**(splicing)에 관여하는 U3 snRNA와 유사성이 있다. 그래서 바이로이드들은 감염된 세포에서 전사후 RNA 과정을 방해할 지도 모른다고 생각되었다. 잘 정제한 포유류 단백질키나아제(PKR, 제6장)를 이용한 시험관 실험에서 심각한 증상을 나타내는 바이로이드들이 키나아제를 강력하게 활성화(인산화)시켰지만 경미한 증상을 나타내는 바이로이드들은 그 작용이 매우 약하다는 것이 밝혀졌다. PKR과 동일한 식물 효소를 활성화시키면 바이로이드의 병원성을 나타내는 과정을 촉발할 수 있다(제6장 과민반응 고찰 부분을 참조).

대부분의 바이로이드들은 식물세포 증식, 예를 들어 감염된 식물의 분열에 의해 전파된다. 일부에서는 곤충매개체(비증식성)에 의한 전파나 기계적 전파가 일어난다. 바이로이드들은 핵산 보호에 필요한 캡시드를 지니지 않기 때문에 바이로이드 RNA는 환경에서 파괴될 위험성이 매우 큰 것으로 생각되었다. 하지만 바이로이드 RNA의 작은 크기와 고도의 2차 구조가 바이로이드 RNA를 상당히 보호하며, 바이로이드 RNA는 다른 숙주로 옮겨가기까지 충분히 오랜 기간 동안 환경에서 존재할 수 있다. 바이로이드의 기원은 알려져 있지 않다. 기원에 대한 한 가지 이론으로 바이로이드는 RNA **유전체**의 가장 원시적 형태로, 생물발생 이전의 진화 시대 동안 존재하였을 것으로 믿어지는 RNA 세계로부터 비롯되었을 가능성이다(제3장). 그 외에, 기생체의 가장 극단적인 형태로 좀 더 최근에 진화하였을 지도 모른다는 이론이 있다. 이 이론에 대한 진실을 알 수 없지만, 바이로이드는 존재하며 사람과 식물에서 병을 일으킨다.

Hepatitis delta virus(HDV)는 사람에서 병을 일으키는데, **위성바이러스**의 특성 일부와 **바이로이드** 특성 일부를 가진 독특한 융합 분자이다(표 8.2). HDV는 증식을 할 때 hepatitis B virus를 보조바이러스로 요구하며, HBV의 전파방식과 동일하게 전파된다. HDV는 HBV의 단백질에 지질이 추가되어 구성된 보호 단백질껍질의 도움을 받는다. HBV와 HDV가 같이 감염된 동물로부터 바이러스를 검출하면 HBV의 모양과는 분명히 다른 다양한 입자들(불규칙하고 윤곽이 불분명한 구조)이 포함되어 있다. 이런 입자들은 HBV 항원으로 만들어지는데 그 내부에는 기타 바이로이드와 비슷한 모양의 막대기나 분지(branched) 형태의 고리형 HDV RNA(covalently closed circular RNA)가 담겨 있다(그림 8.3). 다른 모든 바이로이드와는 다르게 HDV는 δ 항원이라는 단백질을 생산하는데, 이 단백질은 핵 인단백질(nuclear phosphoprotein)이다. 전사 후 RNA 변형으로 약간 다른 두 가지 단백질, δAg-S와 δAg-L이 만들어진다. δAg-S은 195개 아미노산으로 구성되고 HDV의 증식에 필요하며 δAg-L은 214개 아미노산으로 구성되고 HDV 입자의 조립과 방출에 필요하다. HDV 유전체는 숙주세포의 RNA 중합효소 II에 의해 복제되는데, 회전환(rolling circle) 복제 기전으로 선형 연쇄체

표 8.2 Hepatitis delta virus(HDV)의 특성

위성바이러스 특성	바이로이드 특성
유전체 크기와 구성—1,640개 뉴클레오티드 (식물 바이로이드의 약 4배)	바이로이드 복제에 관여하는 보존적 중앙부위
	염기서열과 유사한 서열 보유
단일가닥의 고리형 RNA 분자	
증식에 B형 간염바이러스가 필요—HDV RNA는 지질과 HBV 유래 단백질이 포함된 껍질속에 존재	
한 개의 폴리펩티드(δ항원) 유전 정보 보유	

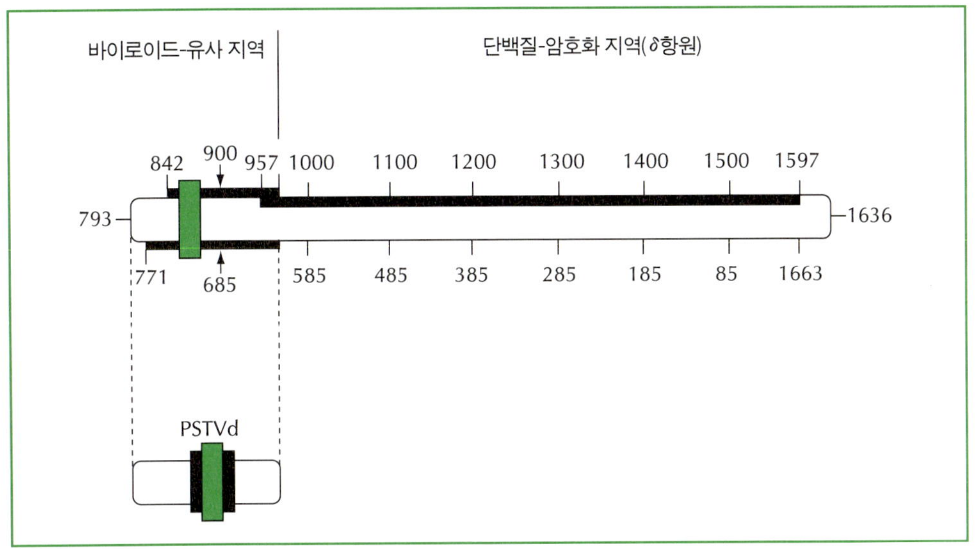

그림 8.3 Hepatitis delta virus RNA의 구조. 유전체 왼쪽 끝 부위는 감자방추돌기 바이로이드(PSTVd)와 같은 식물 바이로이드 RNA와 매우 유사함.

(linear concatamer)를 만든다. 이 선형 연쇄체는 HDV RNA에 존재하는 리보자임(ribozyme) 도메인에 의해 이뤄지는 절단과정을 거쳐야 감염능력을 갖게 된다. HDV RNA는 동물바이러스 유전체중 리보자임이 존재하는 유일한 예이다. HDV는 HBV 감염이 발생하는 곳이면 모두 발견된다. HBV와 HDV의 관계는 연구하기가 어렵지만, HDV가 HBV 감염의 병원성을 증강시켜주는 것으로 이해되고 있다. 사망률이 80% 정도인 전격간염(fulminant hepatitis)의 발생은 HBV가 홀로 감염되어 있을 때보다 HDV의 중복감염이 있는 경우가 10배 이상이다. HDV가 증식하려면 HBV를 필요로 하기 때문에 HBV **예방접종**이 HDV를 관리하는 길이다.

프리온(prions)

신경계에서 공통적인 병리 소견을 보이며, 전파가 가능하고, 만성적이며, 예외 없이 치명적인 진행성 감염 그룹이 있다. 병리소견으로는 알츠하이머병 같은 아밀로이드(amyloid) 질환을 의심케 한다. 그래서 아밀로이드 질환들과 구분하기위하여 이들을 전염성해면뇌병증(Transmissible spongiform encephalopathies, TSEs)이라고 하였다. TSE에 대한 최초 기록은 수세기 전으로 면양에서 처음으로 관찰되어 면양떨림병 혹은 스크라피(scrapie)라고 불렀다. TSEs에 관계된 병원체가 오랜 동안 바이러스일 것으로 여겼지만, 이에 대한 의심이 1960년대에 생겼다. 1967년에 Tikvah Alper가 면양떨림병의 병원체가 핵산 없이 증식할 수도 있다고 제시하였고 1982년에 Stanley Prusiner가 감염성 단백질 입자라는 뜻으로 프리온(proteinaceous infectious particle, prion)이란 용어를 사용하였는데, 발음은 '**프리온**(preeon)'으로 하였다. 프리온의 분자학적 성질은 분명하게 증명되지는 않았지만, 일반적인 과학적 이해의 틀을 벗어난 새로운 현상이라는 증거가 계속 강해져 가고 있다.

프리온 질환의 병리적 소견

모든 프리온 질환들은 여러 상태에서 의미 있는 차이를 보이지만 근본적인 병리소견은 유사하다. 많은 여러 질환들은 콩팥, 지라, 간, 뇌 등의 여러 장기에 비정상적인 단백질 침착을 특징으로 한다. 이들 '아밀로이드' 침착은 여러 단백질들이 유래된 종류에 따라 플라크(plaque)나 원섬유(fibrils) 형태로 축적되어 있다. 예를 들면 알츠하이머병은 β-아밀로이드 단백질이 엉켜서 플라크가 침착된 특징을 나타낸다. 일반적인 아밀로이드증(amyloidosis)은 어떤 것도 감염병이 아니며 광범위한 연구결과, 실험동물에 전파시킬 수 없음을 알게 되었다. 아밀로이드증은 거의 알려져 있지 않은 여러 요인들의 변화에 의해 대사과정이 내부적으로 잘못된 결과이다. 아밀로이드 침착은 그 자체로 세포독성이 있다. 세포 죽음에 대한 분자학적 기전은 불분명하지만, 신경세포의 죽음으로 해면뇌병증이 이름 그대로 나타내는데, 손상된 뇌조직 절편을 현미경으로 관찰하면 특징적인 구멍들이 존재하기 때문이다. 이런 구멍들은 신경세포 손실과 신경아교증(gliosis)에 의한다. 그래서 아밀로이드의 침착은 일반적인 아밀로이드증과 TSEs를 연결짓는 유일한 것으로서 두 질환 모두에서 나타나는 조직 손상을 설명한다. 즉, 아밀로이드 침착만으로는 그들의 근본적인 원인을 알 수 없다는 것을 의미한다. TSE의 확정적 진단은 임상적 근거들만으로는 내릴 수 없고 부검 뇌조직에 대한 면역조직화학적 검사, 분자유전학적 검사, 실험동물을 이용한 전염 및 전파 등에 의해 프리온 단백질(PrP) 침착을 증명해야 한다.

동물에서의 TSE

동물에서 많은 종류의 TSE들이 발견되었고, 집중적으로 연구되었다. 특히 면양떨림병은 사람 TSE를 이해하는데 좋은 예이다. 이들 질환의 일부는 자연적으로 발생하였고 수백 년간 알려져 왔다. 반면에 다른 일부 질환들은 최근에서야 발견되었고 대부분은 서로 원인적으로 연관되어 있다.

면양떨림병(Scrapie)

면양떨림병은 면양에서 자연적으로 발생하는 질환으로 200년 전에 최초로 보고 되었는데, 전 세계적으로 분포하지는 않지만 세계 여러 곳에서 발견된다. 면양떨림병은 스페인에서 시작하여 유럽 서부로 퍼져나갔다. 19세기에 영국에서 면양이 수출되면서 세계적으로 전파되었다고 여겨진다. 면양떨림병은 염소도 감염시킬 수 있지만 주로 면양의 질환이다. 면양떨림병의 병원체는 집중적으로 연구되었고 수차례 실험동물에 실험적으로 전파되었다. 감염 면양은 심각하면서도 진행성인 신경계 증상들(비정상적인 걸음걸이, 담장이나 기둥에 반복적인 문지름인데 이 때문에 병이름이 지어졌다)을 나타낸다. 동물의 연령이 증가함에 따라 발생 빈도는 증가한다. 오스트레일리아, 뉴질랜드같은 일부 국가에서는 감염 면양을 처분하고 엄격한 수입 통제를 통하여 면양떨림병을 제거하였다. 아이슬랜드 연구에서 감염된 면양을 방목시킨 땅을 그대로 방치하면 3년 후까지도 면양이 감염될 수 있다는 것을 알았다.

면양떨림병의 발생 빈도는 품종과 관련이 있다. 일부 품종들은 비교적 저항성이 있지만 다른 품종들은 걸리기 쉬워서 이 질환의 감수성에 유전적 요인이 있음을 의미한다. 최근 영국에서 면양의 면양떨림병 발생은 소에서의 BSE 발생 빈도와 밀접하게 연관이 있다(그림 8.4). 감염된 면양으로 만든 사료를 통해 소가 BSE 병원체(이것은 면양에 감수성이 있다고 알려짐)에 감염되었을 가능성이 제기된다. 면양 사이에서 자연적인 전파 방식은 불분명하다.

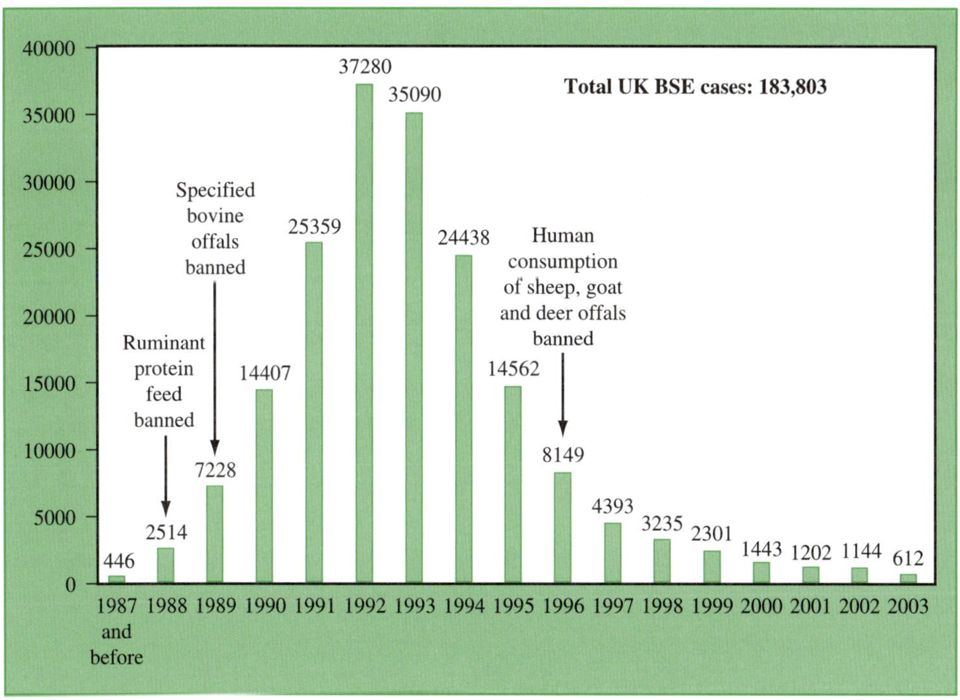

그림 8.4 영국에서 발생하는 소해면뇌병증(bovine spongiform encephalopathy, BSE)의 보고 사례.

이 질환에 감염된 면양의 새끼는 병 발생이 좀 더 쉬운데, 그 이유는 명확하지 않다. 면양떨림병 증상들은 1.5세 이하의 면양에서는 나타나지 않는데, 이는 잠복기가 최소한 이것보다 길다는 것을 의미한다. 10~14개월 된 면양 감염의 첫 흔적은 편도, 창자간막림프절(mesenteric lymph nodes), 창자등에서 볼 수 있는데, 이로써 면양떨림병은 입을 통해 감염됨을 시사하고 있다. 병원체는 태아막에서 발견되지만 초유, 젖, 또는 갓 태어난 양의 조직에서는 없었다.

전염성 밍크뇌병증(Transmissible mink encephalopathy, TME)

TME는 사육 밍크가 사료를 통하여 면양떨림병 병원체와 유사한 원인체와 접촉하여 발생하는 드문 질환이다. 이 병은 1947년 미국 위스콘신 주에서 처음으로 발견되었고 캐나다, 핀란드, 독일, 러시아에서도 보고 었다. 다른 TSE처럼 TME도 느리게 진행되는 신경 질환이다. 초기 증상으로는 먹고 삼키는데 장애가 있고 생활태도와 청결에서 변화가 있다. TME에 감염된 밍크는 극도로 흥분될 수 있고 꼬리를 등위로 말아 올리기 시작하고 결국 운동 기능 장애를 나타낸다. 자연발생 TME는 잠복기가 최소 7~12개월이며 감염은 일반적으로 입을 통해 시작하고 밍크끼리의 감염도 배제할 수 없다. TME 병원체의 기원은 오염된 사료임이 알려졌다. 이것은 아래 부분에서 설명하겠다.(소해면뇌병증 참고)

고양이 해면뇌병증(Feline spongiform encephalopathy, FSE)

FSE는 1990년에 영국에서 애완고양이가 불규칙적이고 경련적 움직임 같은 조화운동 불능(ataxia)과 전형적인 해면뇌병증 증상을 보여 이를 면양떨림병－유사 증후군으로 기록하였다. 1997년 12월까지 영국에서 모두 81건이 보고되었다. 노르웨이에서도 애완고양이에서 FSE가 발견되었고, 3종류의 야생고양이과(치타, 퓨마, 스라소니) 동물에서도 보고되었다. 1990년에 애완동물 사료에서 소내장 사용을 금지하자 이 질환의 발생도 급속하게 줄어들었다.

만성소모병(Chronic wasting disease, CWD)

CWD는 사슴과 외래종(captive exotic) 유제동물에서 발생하는 면양떨림병과 비슷한 질환이다. 1967년에 미국서부의 사슴과 고라니에서 처음으로 발견되어 이 지역 **풍토병**의 기원이 되었다. 콜로라도의 야생 사슴과 고라니에서의 발생 빈도는 15%에 달했다. 이것은 염려스러운 것으로, 사람에서 병을 발생시킬 수 있는 지에 대한 연구에서 감염 사슴과 감염 고라니의 뇌에서 얻은 프리온이 정상적인 사람 프리온을 단백질분해효소 저항성인 형태로 변화시킬 수가 있다고 나타났기 때문이다. 그러나 사람 건강을 위협하는 이 병의 위험요소는 아직 불분명하다.

소해면뇌병증(Bovine spongiform encephalopathy, BSE)

BSE는 1986년에 영국 젖소에서 전형적인 해면뇌병증을 발견하여 처음으로 보고되었다. 감염된 소는 행동의 변화, 비틀거림을 보여 병이름을 '광우병(mad cow disease)'이라고 하였다. 현미경 검시에서 감염된 소의 뇌는 광범위한 스폰지 형태의 파괴를 나타냈다. BSE는 병원체로 오염된 사료를 사용한 결과라고 결론지었다. 농장 동물로부터 더 많은 우유를 얻고 발육속도를 증가시키려고 면양, 소 등 동물 사체의 고기, 골분에서 얻은 단백질을 첨가하여 사료의 영양가를 높였다. 이런 상황은 영국뿐만이 아니고 뒤따라서 대부분의 선진국에서 행해졌다. 2003년 말에 영국에서 모두 183,803 건의 BSE가 보고되었고, 그 외 지역(오스트리아, 벨기에, 캐나다, 체코, 덴마크, 핀란드, 프랑스, 독일, 그리스, 아일랜드, 이스라엘, 이탈리아, 일본, 네덜란드, 폴란드, 포루투갈, 슬로바키아, 슬로베니아, 스페인, 스위스, 미국)에서 4957 건이 보고되었다(그림 8.4).

영국에서 BSE의 발병에 대한 첫 설명은 다음과 같다. 영국에서 면양떨림병이 **풍토병**이기 때문에 사료에 병원체가 존재하였을 것으로 추측되었다. 전통적으로 고기와 골분(meat and bonemeal, MBM)'은 증기 처리, 탄화수소 추출을 포함한 정제 과정을 거쳐 2가지 생산물이 만들어지는데, 하나는 굳기름찌끼(greaves)로 1%의 지방을 함유한다. 다른 것은 수지(tallow)로 지방이 풍부하여 다양하게 산업적으로 이용된다. 1970년대 후반에 수지가격이 떨어지고 정제과정에서 값이 비싼 탄화수소의 사용이 중단되었다. 결과적으로 병원성 물질이 불활성화 되지 않을 수도 있는 14% 지방 함유 고기, 골분 사료가 생산되었다. 1988년 7월에 소 사료에 이런 동물 단백질을 사용하지 못하게 하였다(그림 8.4). 특정한 소의 내장(뇌, 지라, 가슴샘, 편도, 창자)을 사람이 소비하여 감염이 전파되었다고 인정되어 1989년 11월에 사람에서의 소비를 금지시켰다. 1996년 7월에는 BSE가 면양으로 전파되는 것을 염려하여 면양, 염소, 사슴의 내장 소비를 금지시켰다. 우유와 낙농제품에서는 검출가능한 양의 병원체가 없다는 주장이 믿을만한 증거들에 의해 제기되었다. BSE의 총 발생 건수는 잠복기가 길어서 증가하였지만, 이는 예측된 것이며 최고 발생 건수는 1992년 마지막 4분기에 일어났고 새로운 발생 건수는 줄어들기 시작하였다. 하지만, 많은 잘못된 가정들이 밝혀졌다.

1980년대 전후로 시용하였던 정제과정은 프리온의 감염능력을 완전히 없애지는 못하였다고 알려졌다. 그래서 1980년대 영국뿐만이 아니고, 면양떨림병이 존재하고 고기내장 사료를 사용하는 세계 모든 나라에서 소들이 면양떨림병 프리온에 노출되었다는 것이다. 예를 들어 미국에서 면양떨림병의 발생 건수는 분명하게 말하기 어렵다. 그 이유는 1977년에 감염된 면양을 없애는 보상금이 300$로 오른 후에 보고 건수가 10배정도 증가하여 매년 50 여개의 양떼 무리가 신고되었다.

BSE는 면양떨림병이 아니다. 면양떨림병과 BSE 병원체의 생물학적 성상은 서로 다른 동물로의 전파능력이나 감염 동물에서의 증상 양상 등에서 차이가 분명하다. BSE가 소에서의 면양떨림병이라는 가정을 지지할만한 증거는 없다. 현재까지의 지식에 근거하여 유일하게 그럴듯한 결론은 BSE는 내재된 소의 프리온인데 고기내장 사료의 소유래 단백질을 먹음으로써 증폭되었고 이것들이 다시 소로 들어갔다는 것이다. 그래서 영국에서 BSE의 발생은 반추동물 사료에 고기내장을 사용하는 등 불량한 낙농 습관에 의해 일어난 우연적 사고에 의한 것으로 나타났다.

세계적으로 보고 된 BSE의 분포는 알려진 사실들과 맞지 않는다. 독일, 스페인, 이탈리아에서는 유행이 최고일 때 영국으로부터 13,000두의 소와 1,200톤의 영국 고기 내장 사료를 수입하였는데, 미국은 영국으로부터 126두와 내장골분 사료 44톤이 수입되었다. 1985년부터 1988년 사이에 영국에서 4만 톤의 내장골분사료가 수출되었다. 이 기간 동안 프랑스는 혼자서 17,000톤을 수입하였지만 같은 기간 영국에서의 100,000건과 비교하여 단지 20건이 보고되었을 뿐이다. 1985년부터 1990년까지 영국은 57,900두를 수출하였다. 이 동물들이 영국에 남았다면 1,668건이 생겼을 것인데, 수입국가에서는 단지 극히 적은 건수만이 보고되었다. 미국 농림부는 미국에서 확인된 BSE는 한건도 없다고 하였지만, 소 재료를 먹이로 사육한 밍크에서 TME가 발생하였고 단지 면양의 먹이로 사용하지 않았기 때문에 이를 피할 수 있었던 것이다.

BSE에 관한 중요한 의문에 대한 해답이 아직은 없다. 이런 의문들 중 많은 것이 1988년 위험한 사료의 사용 금지 후에 태어난 소가 감염되는 경우(41,000건 이상)이다. 사료 금지 정책이 처음에는 강제성이 부적절하였고 더구나 소에 대한 사료에만 적용하였다. 소 사료를 생산하는 같은 공장에서 면양, 돼지, 닭에 대한 내장 골분 함유 사료를 생산하였기 때문에 오염될 기회가 많이 있었다. 그 결과 영국에서는 1996년 3월에 동물용 사료에 모든 포유류 내장, 골분의 사용을 금지하였다. 가축 무리 중에서 BSE의 수직 전파는 1~10%의 빈도로 일어날 수 있다고 알려졌다. 면양떨림병의 전파 사례와 비슷하게 사람에 대한 자연환경성 전파 가능성도 있다. BSE에 의한 경제적 손실은 별도로 하고, 현재의 주된 관심은 사람 건강에 대한 위험 가능성이다.

사람 TSEs

현재까지 알려진 사람의 TSE는 모두 4종류이다(표 8.3). 사람 TSE에 대한 이해는 이미 설명한 동물 TSE에 대한 대부분의 연구에서 비롯된다. 사람 TSE의 기원으로는 3가지가 신빙성이 있다.

- **산발적 TES:** 크로이츠펠트 – 제이콥병(Creutzfeldt-Jakob disease, CJD)은 매년 전 세계에 걸쳐서 거의 변함없이 백만 명당 한 명꼴로 자연적으로 발생한다. 병 발생의 평균 연령은 65이며 평균 3개월 동안 앓는다. 이 병이 사람 TSE의 90%를 차지하는데, 이런 산발적인 CJD의 1% 정도만이 생쥐에게로 전파가 가능하다.
- **의인성(iatrogenic)/후천적 TSE:** 이것은 인지된 위험요인, 예를 들면 신경외과적 수술이나 장기이식 등에 의한다. 약 50건의 TSE가 사체의 뇌하수체로부터 얻은 사람성장호르몬이

표 8.3 사람 전염성 해면뇌병증(TSEs)

질병	설명	요약
Creutzfeldt-Jakob disease(CJD)	대뇌피질이나 소뇌피질, 피질 밑층 회백질 또는 동시에 발생하는 해면뇌병증 또는 프리온 단백질 존재하는 뇌병변 면역반응성〔프리온 단백질이 플라크나 널리 퍼져있는 반점형태나 공포주위형(perivacuolar) 분포를 함〕	3가지 유형: 산발적, 의인성(신경외과 수술같이 인지된 위험), 가족력(친족에서 같은 질병)
Fatal familial insomnia(FFI)	시상부 파괴, 대뇌에 다양한 해면성 변화	PrP178 Asp-Asn 돌연변이가 있는 가족에서 발생
Gerstmann-Straussler-Scheinker disease(GSS)	다발성 PrP 플라크가 존재하는 뇌(척수)병증	우성 유전 조화운동 불능이나 치매가 있는 가족에서 발생
Kuru	큰 아밀로이드 플라크 형성	뉴기니 포어 부족의 종교적 식인습관에 의해 발생. 이 풍습은 지금은 없어짐.

나 생식샘자극호르몬을 주사 받은 젊은 사람에게서 발생하였다. 이 시술은 재조합 DNA로 얻은 호르몬에 의해 더 이상 시행되지 않고 있다.

- **가족성 TSE:** 사람 TSE의 약 10%가 가족력, 즉 유전성이 있다. TSE를 발생시키는 것으로 알려진 사람 PrP 유전자에는 많은 돌연변이가 있는데, 멘델의 유전법칙에 의해 보통염색체 우성 방식으로 전달된다(그림 8.5).

쿠루(kuru)는 자세히 연구된 최초의 사람 해면뇌병증이다. 쿠루는 그 어떤 역학적 조사로부터 나온 이야기들 중 가장 매력적인 것 중의 하나일 것이다. 이 병은 뉴기니 고산지대의 포어(Fore) 부족이 거주하던 169개 마을에서 주로 발생하였다. 첫 환자는 1950년대에 보고되었는데, 점진적인 비자율신경계 조절 상실이 나타나고, 증상 시작 후 1년 이내에 죽었다. 이 병의 기원에 대한 열쇠는 환자들의 일반적인 상황이 제공해 주었다. 환자들에 아주 어린아이는 없고 남자 어른도 드물었으며, 여자 어른과 남녀 청소년에서 가장 흔하였다. 포어 부족은 죽음을 애도하는 의식으로서 종교적 식인습관을 실행하였다. 여자와 어린이들만이 이 의식에 참여하였으며 남자 어른은 참여하지 않았기 때문에 이 병의 발생 나이와 성별을 설명 할 수 있다. 쿠루의 잠복기는 30년을 넘을 수도 있지만 대부분은 그보다 짧다. 이런 종교적 식인습관은 1950년대 후반에 금지되었고 쿠루의 발생은 현저히 줄었다. 현재 쿠루는 없어졌다.

이상의 설명은 수십 년 동안에 힘들게 이룩한 사람 TSE에 대해 알려진 상황들이다. 사람 TSE가 면양떨림병이 감염된 면양을 먹는다던지 하는 전통적인 구강경로를 통해 감염된다는 어떤 증거도 없다. 왜 그래야 하는 지에 대한 적절한 이유들이 있다('프리온의 분자 생물학'

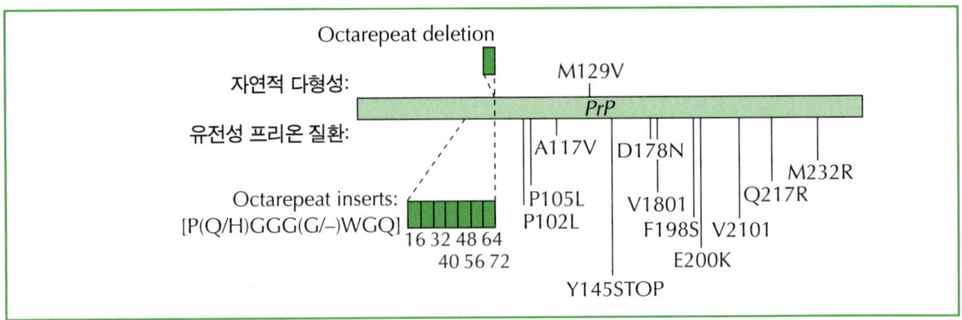

그림 8.5 사람 PrP 유전자의 돌연변이.

참조). 하지만 1996년 4월 CJD의 새로운 변이형(vCJD)이 영국에서 보고되었다(참고문헌). 이 vCJD는 발생 건수가 적을지라도 CJD와 구별이 되는 다른 특성을 갖고 있다.

- 병 발생이나 죽는 나이가 빠르다(평균 27세, 반면에 CJD는 65세).
- 병 기간이 평균 13개월로서 CJD의 3개월보다 길다.
- 신경학적 증상보다는 불안, 우울, 의기소침 같은 정신과적인 증상이 현저하다.
- 조화운동 불능과 함께 소뇌 증상이 순차적으로 발생한다.
- 건망증과 기억 장애가 나타나고 심각한 인지능력 파괴가 발생한다.
- 간대성 근경련증(myoclonus)이 환자 대부분에서 발생한다.
- CJD에서 나타나는 전형적인 뇌파 소견이 없다.
- 기저핵(basal ganglia)과 시상(thalamus)에서 신경세포 소실, 별아교세포 신경아교증(astrocytic gliosis), 신경병리학적 해면적 변화가 명백함.
- 가장 현저하고 일정한 신경병리학적 특징은 대뇌, 소뇌에 걸쳐서 넓게 분포한 아밀로이드 플라크의 형성인데 이는 쿠루에서 나타난 것과 유사하다.

공식적인 영국 해면뇌병증 자문회의에서는 vCJD가 과거에는 인지하지 못하였지만 존재하고 있었던 질병 양상이라고 결론지었다. 현재의 정보로는 연관지을 수 있는 직접적인 증거는 없으며, 현재로서 믿을 만한 대안이 없는 상태에서 가장 그럴듯한 설명은 vCJD가 BSE에 노출된 것과 연관이 있다는 것이다. 영국에서 2004년에 약 150명이 vCJD로 죽었고, 다른 나라에서도 여러 명이 죽었다. 역학적 조사로 영국에서 vCJD에 의한 최대 사망자 수는 14,000명 정도로 추정되며 이는 물론 기분 좋은 예측이라 할 수 없을 것이다.

프리온의 분자생물학

프리온이 일반적인 바이러스가 아니라는 증거는 감염에서 핵산이 필요하지 않다는 다음 정황들에 기반을 두고 있다:

- **가열 불활화에 대한 저항성:** 고압증기멸균(135℃에서 18분)으로 감염능이 줄어들지만, 없어지지는 않는다. 일부 감염능은 600℃로 처리 후에도 유지되어 무기질로 구성된 주형 물질이 병원체의 생물학적 복제를 일으킬 수 있다고 추정된다.
- **방사능 손상에 대한 저항성:** 감염능은 자외선 조사와 이온화 방사능에도 저항성이 있다는 것이 밝혀졌다. 일반적으로는 이런 처치에 의해 유전체가 손상을 입어 감염능을 상실하게 된다. 핵산 분자의 크기와 병원체를 불활화시키는 자외선, 방사능의 양 사이에 역상관관계가 있다. 즉, 큰 분자는 작은 분자보다 적은 양의 방사능에 의해 불활화된다(그림 8.6). 면

양떨림병 병원체는 자외선과 이온화 방사선에 매우 높은 저항성이 있는데, 이것은 핵산이 존재한다하더라도 뉴클레오티드 80개 이하일 것이라는 것을 의미한다.

- DNA 분해효소와 RNA 분해효소 처리에 대한 저항성, 소라렌(psoralens)에 대한 저항성, Zn^{2+} 촉매 가수분해에 대한 저항성: 모든 이런 처치는 핵산을 불활화 시킨다.
- 요소, SDS, 페놀, 그 외 단백질 변성 화학제들에 대한 감수성

이런 모든 특성들은 프리온이 바이러스라기보다는 특정한 단백질 성질을 지닌 병원체라는 것을 말한다. 단백질 PrP^{Sc}가 아미노산 254개로 이루어졌는데, 면양떨림병 감염능과 관련이 있다. 면양떨림병 감염력을 보유한 생화학적 정제에서 PrP^{Sc}가 매우 풍부하였고, PrP^{Sc}의 정제로 면양떨림병 감염력이 증강되었다. 1984년에 Prusiner는 정제된 PrP^{Sc} 말단 15개 아미노

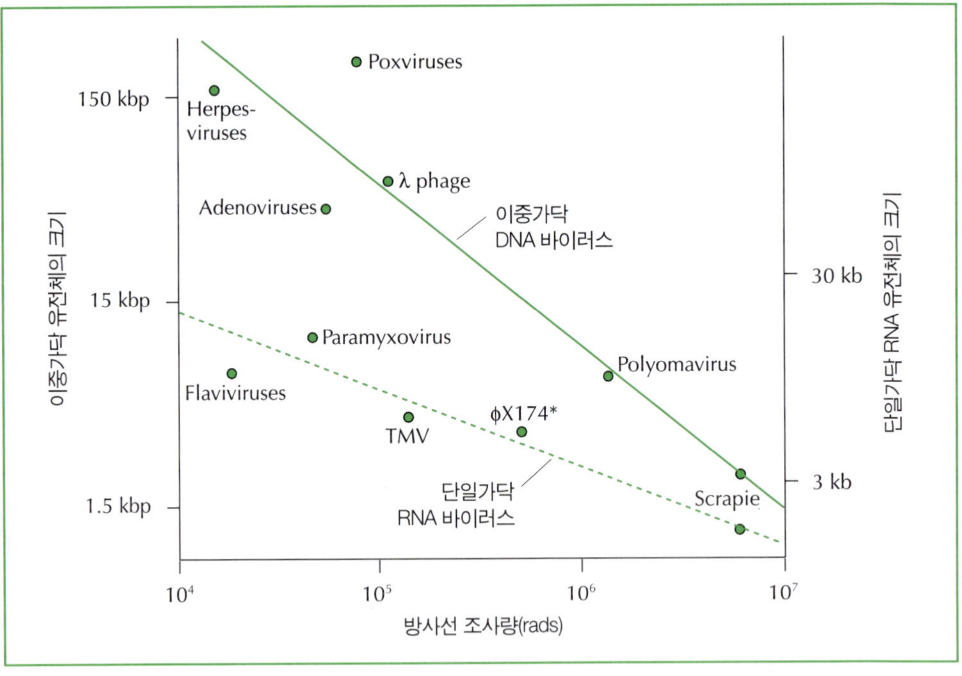

그림 8.6 병원체 감염능에 대한 방사선 효과. 병원체의 감염력을 파괴시키는데 필요한 이온화 방사선의 양은 유전체 크기에 따라 변한다. 유전체가 클수록 영향받는 대상도 커지기 때문에(이중가닥 DNA 바이러스-윗줄) 크기가 작은 유전체(단일가닥 RNA 바이러스-아래줄; N.B. X174는 단일가닥DNA 유전체를 보유) 보다 파괴가 더욱 잘 일어난다. 면양떨림병 병원체는 알려진 그 어떤 바이러스보다 방사선에 저항성이 있다(수직축은 로그스케일이다).

산 서열을 밝혔다. 이것으로부터 PrP^{Sc}와 똑같은 단백질(그 이름이 PrP^{C})을 생산하는 *Prnp* 유전자를 모든 포유류 세포가 가지고 있다는 것이 발견되었다. PrPSc와 PrP^{C} 사이에 생화학적 차이는 없는 것으로 밝혀졌는데, 다만, PrP^{Sc}는 141개 아미노산으로 구성된 단백질분해효소 저항성 분절을 형성하여 단백질분해효소 소화작용에 부분적으로 저항성을 나타내고, 감염된 세포에서 원섬유(fibril) 형태로 축적된다(그림 8.7). 병든 조직에서 전체 PrP의 오직 한부분만이 PrP^{Sc}로써 존재한다. 그래서 고도로 정제된 PrP^{Sc}를 실험동물에 접종했을 때 감염성이 있기 때문에 PrP^{Sc}가 PrP 단백질의 감염 형태로 알려졌다. 다른 감염성 병원체처럼 PrP^{Sc}의 접종량과 발병 때까지의 잠복기 사이에 강한 상관관계를 나타내는 용량 효과(dosage effect)가 있다.

감염성 병원체와 같은 양상을 보이는 TSEs는 내재된 유전자/단백질에 의한 것으로 밝혀졌다(그림 8.8). 프리온 감염에 대한 숙주의 감수성은 프리온 접종과 *Prnp* 유전자에 의해 결정된다. 각 프리온 분리주의 잠복기는 순계(inbred)생쥐 종류에 따라 변화하지만, 한 종류의 분리주가 특정 순계생쥐에 대하여 잠복하는 기간은 매우 일정하다. 이런 사실로 두 가지 중요한 개념을 얻을 수 있었다:

1. **프리온 분리주의 변이:** 최소한 15종류의 PrP^{Sc}가 알려져 있다. 이들은 발병까지의 잠복기, 순계생쥐 중추신경계의 병소(lesion) 형태와 분포로 구별된다. 그래서 프리온은 분자생물학적 동정 및 분류가 가능해졌고 BSE는 면양떨림병이나 CJD와 구별할 수 있게 되었다.
2. **종간 장벽(species barrier):** 프리온들이 한 종에서 다른 종으로 처음에 전파될 때에 병이 발생한다면 발병까지는 매우 긴 잠복기를 거친다. 새로운 종에서 계속하여 계대되면 잠복기는 흔히 짧아지고 일정해진다. 프리온을 얻은 개체의 PrP 유전자를 접종하려는 개체로 옮기면 종간 장벽은 없어진다(그림 8.9).

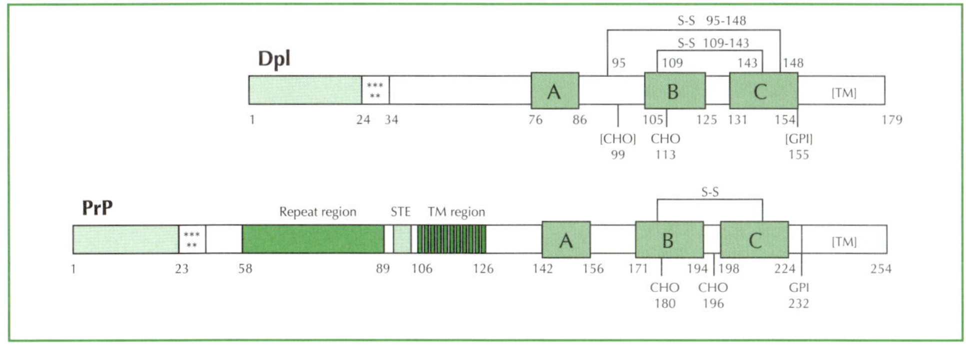

그림 8.7 프리온(PrP)과 Doppel (Dpl) 단백질의 구조.

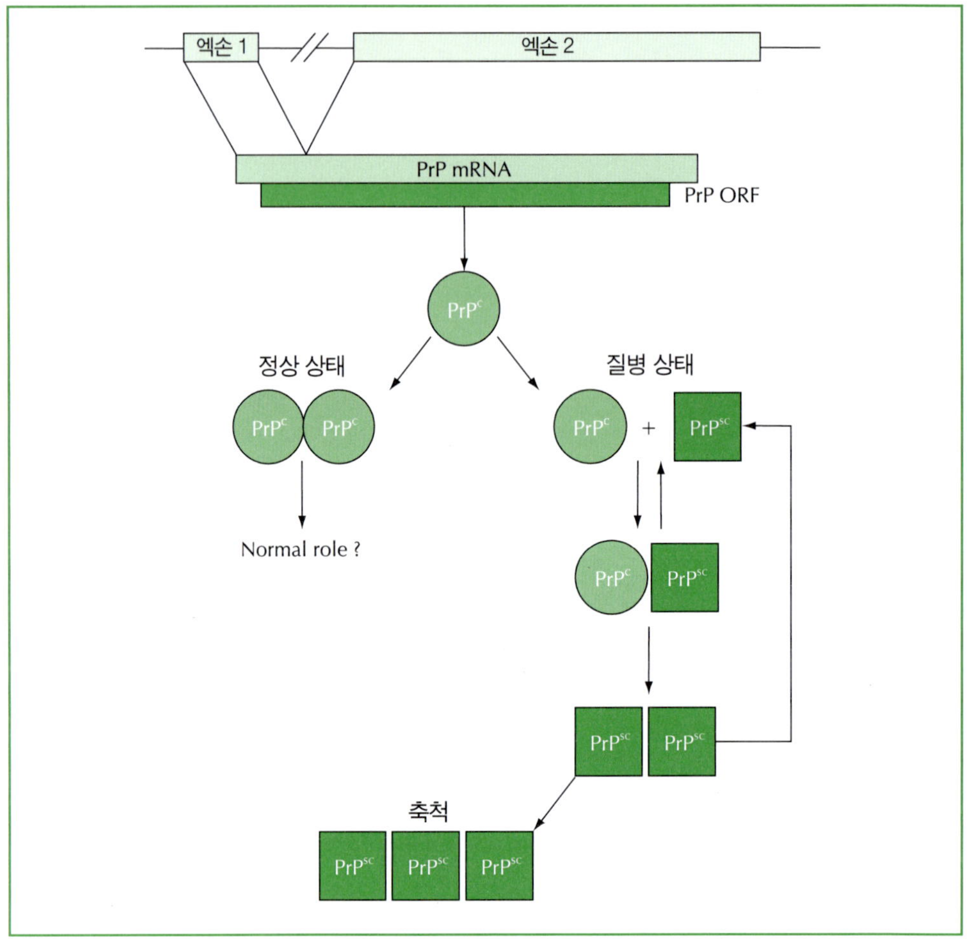

그림 8.8 전염성해면뇌병증(TSEs)에서의 PrP의 역할.

하지만 PrP^{C}와 PrP^{Sc}는 유전암호번역 후에 변형을 일으킨 것이 아니고, 이들의 생산 정보를 갖고 있는 유전자가 돌연변이된 것도 아니므로 CJD의 멘델법칙에 따른 가족력 형태와는 다르다. 그러나 254개 아미노산으로 된 단백질이 나타낼 수 있는 그런 복잡한 양상에 대해서는 확실하게 정립되지 않았다. 다만, 감염성, 병원성 형태(PrPSc)와 내인성 형태(PrP^{C}) 사이에 근본적인 차이는 단백질 접힘 구조에 변화가 있어서 β-sheet 모양이 많아지게 된다(그림 8.10).

유전자 조작으로 *Prnp* 유전자를 없앤 생쥐(transgenic knockout $Prnp^{0/0}$)는 내인성 프리온 유전자가 없다. 이런 생쥐는 PrP^{Sc}의 효과에 대해 완벽한 면역을 나타내며 정상적인 생쥐에 감염을 전파하지 못한다. 이런 사실로부터 내인성 PrP^{C}의 생산이 TSE 발생과정에 필수적이라는 것과 PrP^{Sc}를 접종하는 것 그 자체로는 증식하지 못한다는 것을 알 수 있다. 불행하게도 이 실험들은 PrP^{C}의 정상 기능에 대한 아무런 정보를 주지 못했다. 대부분의 $Prnp^{0/0}$ 생쥐는

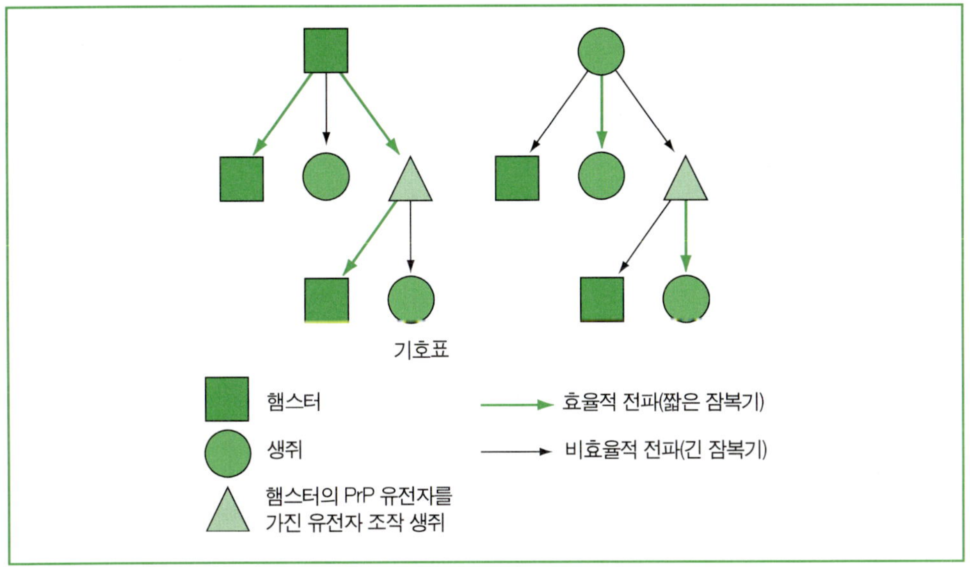

그림 8.9 면양떨림병을 동물에 전파시키는 실험에서 종간 장벽이 분명히 존재한다. 햄스터끼리 혹은 생쥐끼리의 전파는 비교적 짧은 잠복기(각각 75일과 175일)후에 발병한다. 하지만 한 종의 숙주에서 다른 종으로의 전파는 효과적이지 못하여 더욱 긴 잠복기 후에야 발병한다. 햄스터에서 얻은 PrP를 햄스터 PrP 유전자 여러 개를 보유한 유전자 조작 생쥐에 전파시키면 성공적으로 일어나는데, 햄스터 PrP는 생쥐 PrP 유전자를 보유한 유전자 조작 생쥐에게는 전파가 효과적이지 못하다. 유전자 조작 생쥐로부터 다른 종으로의 전파실험에서 병원체의 일부 성질이 변화가 의심된다.

정상적으로 발육되었고 중추신경계 이상이 없어서, PrP^{C}의 정상적 기능 상실이 TSE의 원인은 아니라는 것을 의미하며, PrP^{Sc}의 축적이 병 증상에 책임이 있다는 것을 시사한다. 그러나 *Prnp*$^{0/0}$ 생쥐 한 종류에서 조절운동부조화가 늦게 나타나고 신경세포 파괴가 관찰되었다. 이런 관찰로 *Prnp* 유전자 가까이에 *Prnd*라 부르는 또 다른 유전자를 발견하게 되었는데, 이 유전자는 PrP와 유사하며 179개 아미노산으로 구성된 단백질을 생산한다. 'Doppel(Dpl)'이라고 부르는 이 단백질이 과발현되면 신경세포의 파괴가 나타난다(그림 8.7). *Prnp*처럼 이 유전자는 사람을 포함한 포유류에 존재하고 유전자 복제에 의해 *Prnp*로부터 생길 수도 있다. *Prn* 유전자 계통의 또 다른 유전자들이 있을 지도 모른다고 추정되고 있다.

효모(*Saccharomyces cerevisiae*) URE3 단백질은 PrP와 매우 유사한 성질을 갖고 있다. PrP와 유사한 다른 단백질들도 알려져 있는데, 효모의 PSI와 곰팡이(*Podospora*)의 Het-s★들이다. URE3는 세포단백질 Ure2p를 변형시켜서 변화된 질소대사를 일으킨다. PSI 형질은 Ure2p이

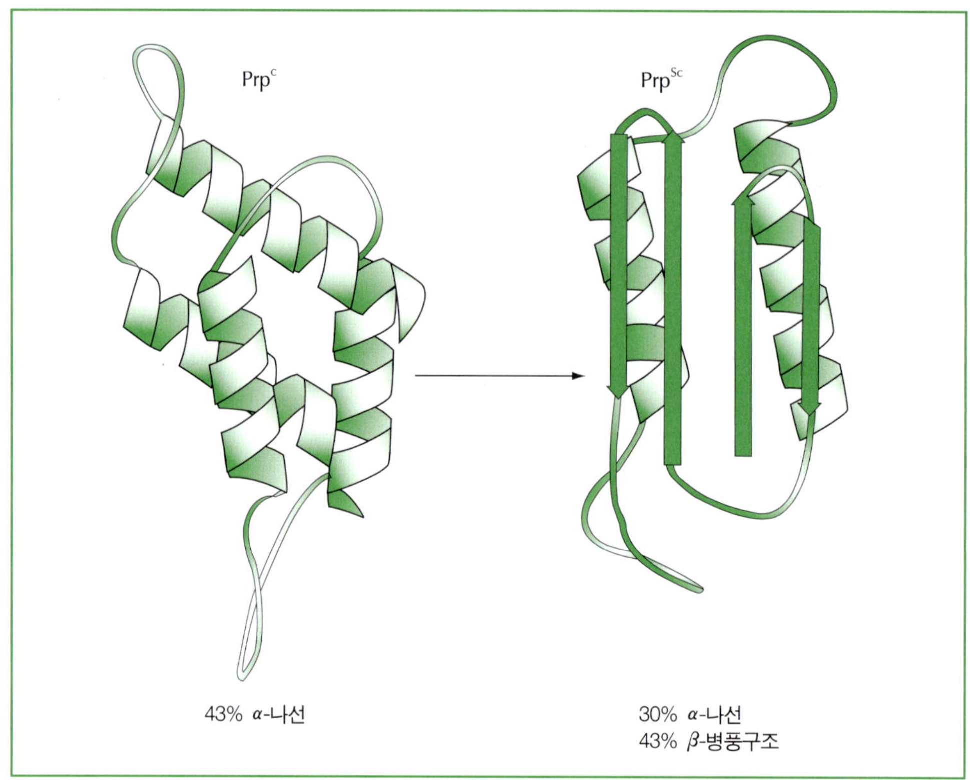

그림 8.10 PrP의 형태 변화.

스스로 증식하여 응집하는 특성을 가지고 있다. URE3로 감염된 세포는 구아니디윰(guanidium) 같은 단백질 변성 약제로 처리하면 회복될 수 있는데, URE3의 재접힘(refolding)이 Ure2p 형태의 원인이 된다고 믿고 있다. 프리온 질병의 유전적 가족력 형태에 대한 설명에 따르면 유전된 돌연변이가 PrP^{C}에서 PrP^{Sc}로 저절로 바뀌게 되는 속도를 증강시켜 영향을 받는 개체의 수명기간 동안에 질병 양상이 나타나게 된다고 추정된다. 이런 개념은 CJD의 산발적인 발생이 PrP 유전자의 체세포 돌연변이에 의해서 올 수 있다는 것을 시사하며, 소 PrP 유전자의 자연적 돌연변이가 먹이사슬을 통해 증폭되는 감염성 프리온을 만들어내는 것처럼 BSE의 출현에 대한 가능성 있는 설명이 될 수 있다. 최근에 **유전자이식**(transgenic) 동물을 만들 수 있게 된 것은 이런 개념에 서광을 비춰주었다.

프리온 가설은 혁명적이어서 당연히 회의적인 반응에 부딪쳤다. PrP는 강하게 응집되고, 크기도 다양하며, 잘 정제하여도 생쥐 한 마리를 감염시키려면 1×10^5 분자량이 필요하는 등, 연구하기가 매우 어려운 단백질이다. 미확인 병원체가 응집된 단백질 덩어리에 숨어있는 것인지, 또는 아닌지에 대한 의문이 제기되었다. 분명히 프리온 이야기는 완전하지 않다. 실험 결과를 설명하기 위해 여러 정도로 복잡함과 그럴듯함을 가진 많은 변형된 가설들이 만들어질 가능성은 여전히 있다. 과학은 실험적으로 증명할 수 있는 가설들이 만들어지면서 발전한다. 수년간 해면뇌병증에 대한 연구는 고민스러울 정도로 느리게 진행되었는데 그 이유는 각 실험들이 끝날 때까지 최소한 1년, 일부 경우에는 수년씩 걸렸기 때문이다. 이제는 분자생물학의 발달로 인해 신속하고 역동적인 연구분야로 바뀌었다. 의심할 여지없이 앞으로 2~3년 내에 이 질환들의 원인에 대한 더 많은 정보가 제공될 것이고 아마도 감염성 질환의 병인론에서 숙주와 병원체 간의 상호작용에 대한 생각에 도움이 되는 많은 자료들이 제공될 것이다.

핵산이 효소적 활성을 수행할 수 있는 것과 마찬가지로, 단백질 또한 유전자가 될 수 있다.—Reed Wickner

단원 요약

다양한 새로운 병원체가 사람과 동식물에서 병을 일으킨다. 여러 형태의 비(非)바이러스성이며 준세포성(subcellular) 병원체들이 병을 일으키는 잠재력을 가지고 있다. 이들은 **위성바이러스**, **바이로이드**, **프리온** 등이다. 약제나 **백신**과 같은 바이러스에 대한 일반적인 대응 전략은 특별한 이 병원체들에는 효과적이지 못하다. 이들에 의한 질병 치료가 가능해지려면 우선적으로 이 새로운 감염체들에 대한 생물학을 모두 이해하는 것이 우선 필요할 것이다.

참고문헌

Collinge, J. (2001). Prion diseases of humans and animals: their causes and molecular basis. *Annual Review of Neuroscience*, 24: 519-550.

Dodds, J.A. (1998). Satellite tobacco mosaic virus. *Annual Review of Phytopathology*, 36: 295-310.

Edskes, H.K. and Wickner, R.B. (2004). Transmissible spongiform encephalopathies: prion proof in progress. *Nature*, 430: 977-979

Klitzman, R. (1998). *The Trembling Mountain: A Personal Account of Kuru, Cannibals, and Mad Cow Disease*. Plenum Press, New York. ISBN 030645792X

Soto, C. and Castilla, J. (2004). The controversial protein-only hypothesis of prion propagation. *Nature Medicine*, 10: S63-S67.

Tabler, M. and Tsagris, M. (2004). Viroids: petite RNA pathogens with distinguished talents.

Trends in Plant Science, 9: 339-348.

Taylor, J.M. (2003) Replication of human hepatitis delta virus: recent developments. *Trends in Microbiology*, 11: 185-190.

Wickner, R.B. et al. (2004). Prions: proteins as genes and infectious entities. *Genes & Development*, 18: 470-485.

용어와 약어

본문 중 **볼드색체**로 나타낸 용어를 여기서 설명하였다. 발음법은 괄호 안에 표시하였다: 이것은 단지 한 가지 기준일 뿐이며 다른 발음법이 있을 수도 있고 많은 단어들의 발음에 지역적 차이가 있다.

부전감염(abortive infection) ('a-bore-tiv in-fec-shon') 감염주기가 완전하지 못하여 감염성 바이러스 입자가 만들어지지 않는다.(대립어: 생산적 감염, **productive infection**)

보강제(adjuvant) ('aj-oo-vant') 다른 구성 성분의 작용을 증강시키기 위하여 약물에 첨가한 물질; 일반적으로 백신의 면역원성을 보강하는 성분으로 알루미늄 설페이트 등이 있다.

양극성(ambisense) ('ambi-sense') 양성, 음성 두 방향으로 유전정보를 보유한 단일가닥 바이러스 유전체, 양성은 바이러스 유전정보 가닥이고 음성은 상보성 가닥, 예로씨 *Bunyaviridae*와 *Arenaviridae*.

무기력증(anergy) ('an-er-gee') 림프구가 존재하지만 기능적으로 활성화되지 못하여 면역학적으로 무반응 상태.

세포사멸(apoptosis) ('ap-atow-sis') 세포자살, 다세포 기관의 발달과정에서 일어나는 어떤 세포들의 유전적으로 예정된 세포 죽음, 면역반응 조절에 도 관여

조립(assembly) ('ass-embly') 바이러스 복제의 후기 단계로, 바이러스 입자 형성에 필요한 모든 구성요소들이 숙주 세포의 특정 장소에 모이고 바이러스 입자 기본 구조가 만들어진다(제4장 참조).

부착(attachment) ('a-tactch-ment') 바이러스 입자와 세포수용체 분자간의 첫 상호작용; 이런 상황이 일어나는 바이러스 복제중의 한 시기(제4장 참조).

약독화된(attenuated) ('at-ten-u-ated') 유전적으로 변하여 병원체가 감소된 독성을 나타냄. 약독화된 바이러스가 생바이러스백신의 기본이다(제6장 참조).

자가분비(autocrine) ('auto-krine') 증식에 필요한 증식인자를 자신의 세포에서 생산, 이런 양성 되먹임 메커니즘으로 세포형질전환이 나타날 수 도 있다. (제7장 참조).

비병원성의(avirulent) ('a-vir-u-lent') 병을 일으킬 수 있는 능력이 없는 감염체. 이런 감염체가 실제로 존재하는 지에 대한 의심이 있다. 가장 해가 없는 미생물도 면역학적으로 손상을 입은 숙주 같은 특정한 환경에서는 병을 일으킬 지도 모른다.

박테리오파지(bacteriophage) ('bac-teer-ee-o-fage') 세균을 숙주로 하여 증식하는 바이러스.

bp ('base pair') 염기쌍 – 왓슨 크릭 수소 결합으로 이루어진 이중가닥의 핵산 분자에서 뉴클레오티드의 잔기 한 쌍

출아(budding) ('bud-ding') 감염된 세포로부터 바이러스 입자가 방출될 때 세포막이 돌출하는 기전. 출아 위치는 바이러스 입자의 조립 위치에 따라 세포표면, 세포 소기관이나 핵막이 포함되기도 한다. 바이러스 **외막**은 출아과정에 의해 만들어진다.

캡시드(capsid) ('cap-sid') 바이러스 입자를 보호하는 단백질 외피(제2장 참조).

염색질(chromatin) ('cro-mat-in') **진핵세포** 핵에서 발견되는 DNA와 단백질의 잘 정돈된 복합체, 단백질은 히스톤과 비히스톤 염색체 단백질이다.

시스-활성(*cis*-acting) ('sis-acting') 인접한 부위나 동일한 핵산 분자의 활성화에 영향을 주는 유전적 성분. 전사 프로모터, 증진자는 구조유전자 근처에 위치하여 자신들의 전사과정을 조절하는 시스-활성 염기서열이다.

상보(complementation) ('comp-lee-men-tay-shon') 바이러스 감염세포에서 돌연변이 바이러스 양쪽이나 한쪽이 바이러스 유전자 생산물들의 상호작용에 의해 보완되는 결과이다. 유전자형의 변함은 없다.

조건 돌연변이주(conditional mutant) ('con-dish-on-al mu-tant') 증식이 허용된 환경조건에서는 증식하지만 제한적이거나 증식이 허용되지 않는 조건에서는 증식하지 못하는 돌연변이 표현형. 예로서 온도감수성 돌연변이 바이러스는 증식허용 온도인 33℃에서는 증식하지만 38℃에서는 증식이 심하게 억제되거나 증식하지 못한다.

세포병변효과(cytopathic effect) ('sy-toe-path-ik ee-fect') 바이러스 감염으로 인한 세포 손상; 배양세포에서 바이러스 감염 효과로 현미경이나 직접적인 육안으로 관찰이 가능하다(제7장 참조).

결손간섭입자(defective interfering particles) 바이러스 증식에 필수적인 하나 또는 그 이상의 기능들이 유전적으로 결손된 바이러스 유전체에 의해 만들어진 입자.

('dee-fect-ive inter-feer-ing part-ik-els')

ds ('double stranded') 핵산의 이중가닥.

암흑기(eclipse period) ('ee-clips peer-ee-od') 바이러스의 감염 초기로서 세포에 침투한 후에 증식을 위하여 바이러스 입자가 분해되고 유전체가 숙주세포 내부로 배출되는 단계. 특히 박테리오파지를 설명할 때 자주 이용된다.

신변종 바이러스(emergent virus) ('ee-merge-ent vy-rus') 발생이 증가하는 질병의 원인으로 동정된 바이러스. 환경이나 사회적 요인의 변화에 의한 것으로 추정.

풍토병의(endemic) ('en-dem-ik') 특정한 지역에서 발생하거나 흔히 발견되는 질병의 한 양상. 대립어; **epidemic**(유행병 또는 유행성 전염병의)

증진자(enhancer) ('en-han-ser') 유전자 전사나 mRNA 해독을 증진시키는 시스-활성 유전적 요소

외막(envelope) ('en-vel-ope') 많은 바이러스들이 가진 바깥의 이중 지질 단백질막. 주의할 것은 일부 바이러스들이 복잡한 바깥층의 한 부분으로 지질을 보유하지만, 이들이 이중층 단위막 구조를 분명하게 나타내지 않으면 외막을 보유했다고 하지 않는다.

유행(성 전염)병의(epidemic) ('epy-dem-ik') 지리적으로 넓고 그리고 신속하게 발생이 증가하는 질병양상. 대립어; **endemic**(풍토병의). 병의 유행이 전 세계로 퍼지면 범세계적 **유행병**(pandemic)이라고 한다.

진핵생물/세포 (eukaryote/eukaryotic) ('u-kary-ote') 핵막에 의해 유전물질과 세포질과 분리되어 있는 세포로서 분리된 염색체에 의해 분류된다.

엑손(exon) ('x-on') 유전자 해독 후 이어맞추기 과정에서 **인트론**을 없애고 단백질로 발현되는 유전자 부위

융합단백질(fusion protein) ('few-shon pro-teen') 숙주세포막과 바이러스 **외막**(때로는 **캡시드**)을 융합시키는데 필요한 바이러스 단백질로 융합과정 후에 바이러스가 세포 내로 들어간다.

게놈/유전체(genome) ('gee-nome *or* gen-ome') 한 개체의 완전한 유전 정보로 구성된 핵산.

나선(helix) ('hee-licks') 소단위체가 두께 및 높이의 일정한 형태를 갖추고 차곡차곡 쌓여 만들어진 원통형 구조물(제2장 참조). **Helical**(나선형 구조의).

혈구응집반응(haemagglutination) ('hay-ma-glut-in-nation') 바이러스나 그 외 단백질에 의해 적혈구가 특이적으로 응집하는 것.

잡종형성(heterozygosis) ('het-er-ozy-go-sis') — 여러 개의 유전체들이 잘못 합쳐져 다배체 입자(한 개 이상의 유전체를 보유한)가 만들어지는 것을 잡종형성이라고 함.

이형 핵 RNA(heterogenous nuclear RNA) ('heavy nuclear RNA') — 진핵세포 핵에서 발견되는 이어맞추기 과정 이전의 초기 전사 산물이며 heavy nuclear RNA라고도 함.

이상 증식(hyperplasia) ('hyper-play-see-a') — 과도한 세포분열이나 비정상적으로 큰 세포들의 증식. 식물에서는 바이러스에 의해 부풀어 오르거나 뒤틀려진 부위가 생긴다.

발육부전(hypoplasia) ('high-po-play-see-a') — 세포 증식의 부분적 지연. 많은 식물바이러스가 이런 효과를 나타내며 종종 **섞임증**(mosaicism, 잎에 노랗고 얇아진 부위의 출현)을 일으킨다.

정이십면체(icosahedron) ('eye-cos-a heed-ron') — 공 모양의 표면에 20개의 정삼각형이 정렬되어 구성된 구조. 많은 바이러스 입자들의 기본적 대칭형(제2장 참조). **Icosahedral**(정20면체형/모양의).

불멸 세포(immortalized cell) ('im-mort-al-ized sell') — 배양할 때 무한정으로 증식(세포분열 횟수)할 수 있는 세포. 불멸세포는 드물게 자연적으로 생기는데, 일반적으로는 바이러스에 의한 **형질전환**과 같은 돌연변이가 원인이다(제7장 참조).

봉입체(inclusion bodies) ('in-klusion bod-ees') — 바이러스 감염으로 형성된 세포내 구조. 흔히 바이러스 조립 장소이다.

내부 리보솜 결합자리(internal ribosome entry site, IRES) ('eye-res') — Picornavirus나 flavivirus와 같은 양성가닥 RNA 바이러스에서 5′ 방향의 번역되지 않는 부위에서 발견되는 RNA 2차 구조. 이들의 기능은 리보솜 결합 자리로서 바이러스 RNA 해독 시작과 관련이 있다.

인트론(intron) ('in-tron') — 전사 후 이어맞추기에 의해 제거된 유전자의 한 부분으로 단백질로 발현되지 않는 부위. 대립어로 **exon**(엑손).

등장성(isometric) ('eye-so-met-rik') — 구형 대칭을 나타내는 형태. 정이십면체가 그 중의 하나.

kb ('kilobase') — 천개의 뉴클레오티드-단일가닥 핵산 분자의 측정 단위. 때로 **kbp**와 같은 의미로 사용되는데 이는 잘못이다.

kbp ('kilobase pair') — 100개의 염기쌍-이중가닥 핵산분자의 측정단위.

잠복기(latent period) ('lay-tent peer-ee-od') — 바이러스 감염 직후부터 새로운 바이러스 입자가 세포밖에 나타날 때까지의 기간(제4장 참조).

용원성(lysogeny) ('lie-soj-en-ee') — λ 파지 같은 용원성 파지가 세균 내에서 지속적, 잠복성 감염이 유지되는 것.

용해성 바이러스(lytic virus) ('lit-ik-vy-rus')	바이러스 감염으로 감염세포가 죽게 되고 구조적으로 파괴되는 바이러스나 그 감염.
성숙(maturation) ('mat-yoor-ay-shon')	새롭게 형성된 바이러스 입자가 감염능력을 갖게 되는 바이러스 증식의 후기 단계. 일반적으로는 성숙된 형태가 만들어지려면 캡시드 단백질의 특이적인 분해나 조립과정 중에 단백질들의 형태적 변화가 일어난다(제4장 참조).
모노시스트론(monocistronic) ('mono-sis-tron-ik')	단일 유전자의 전사 부분으로 구성된 전령RNA이며 단일 폴리펩티드를 만든다. 또는 이러한 전령 RNA를 만드는 바이러스. 대립어; **polycistronic**(폴리시스트론)
단층(monolayer) ('mono-layer')	배양용기 바닥 표면에 세포들이 편평하게 주위세포들과 접촉하여 붙어있는 경우.
섞임증(mosacism) ('mo-say-iss-cis-em')	식물바이러스의 세포병변 효과로 잎에 얇으면서 노란 부위가 발생함.
이동단백질(movement portein) ('move-ment pro-teen')	식물바이러스가 만드는 특이한 단백질로 원형질연락사(plasmodesmata, 옆 세포 세포질을 연결하는 세포벽의 통로)를 변형시키고 이를 통하여 바이러스 핵산을 다음 세포로 옮겨서 바이러스 감염이 퍼지도록 함.
전령RNA(mRNA) ('messenger RNA')	Messenger RNA
감염다중도(multiplicity of infection, m.o.i) ('multi-pliss-itty of in-fec-shon')	실험적으로 각 세포에 감염되는 바이러스 입자의 평균수.
괴사(necrosis) ('neck-ro-sis')	세포의 죽음, 특히 외부 영향에 의한 것임. 대립어; **apoptosis**(세포사멸)
음성의(negative-sense) ('neg-at-iv sense')	단백질이 암호화된 염기서열을 보유하는 핵산 가닥과 상보적인 가닥이나 또는 음성 가닥의 유전체를 갖는 바이러스. 동의어;'minus-sense' or '(-)sense'
비증식성의(non-propagative) ('non prop-a-gate-iv')	바이러스가 절지동물 같은 이차 숙주를 통하여 전파될 때 매개체에서는 증식하지 않는 것을 일컬음. 예; geminiviruses. 같은 의미로 비순환성 전파(noncirculative transmission)가 있는데, 바이러스가 매개체 집단에서는 전파하지 않기 때문이다.
nt ('nucleotide')	핵산분자에서 한 개의 뉴클레오티드
뉴클레오캡시드(nucleocapsid) ('new-clio-cap-sid')	바이러스의 핵산 유전체와 바이러스 단백질의 복합체

암유전자(oncogene) ('on-co-gene') — 세포 **형질전환**을 일으키는 단백질을 생산하는 유전자

ORF ('open reading frame') — 열린번역틀-폴리펩티드를 만드는 전령 RNA나 유전자 부분으로 5′ 말단에 개시코돈인 AUG가 위치 해 있고 3′ 말단에 종결코돈이 존재한다. 천연두바이러스를 orf로 부르는 것과 혼동하지 말것.

포장신호(packaging signal) ('pack-a-jing sig-nal') — 특정 바이러스 단백질과 특이적으로 반응하는 염기서열이나 뉴클레오티드 구조를 갖고 있는 바이러스 유전체의 한 부분. 결과적으로 유전체가 바이러스 입자 속에 담겨진다.

범유행성(병)의(pandemic) ('pan-dem-ik') — 어떤 질병이 전 세계적으로 **유행**하는 경우(제4장 참조).

침투(penetration) ('pen-ee-tray-shon') — 바이러스 입자나 유전체가 숙주세포 속으로 들어가는 바이러스 증식의 한 단계.

파지(phage) — **박테리오파지**, 세균을 숙주로 하는 바이러스.

표현형 혼합(phenotypic mixing) ('fee-no-tip-ik mix-ing') — 중복감염 때에 부모 바이러스 양쪽으로부터 유래된 구조단백질을 자손 바이러스가 같이 보유한 경우.

플라크(plaque) ('plak') — 한 층으로 배양된 세포집단에서 일정 부분이 바이러스 감염에 의해 파괴되거나 증식이 지연되어 나타난 모양

플라크 형성 단위(plaque forming unit, p.f.u.) ('plak forming units') — 바이러스 부유용액에 존재하는 감염성 바이러스의 양을 측정하는 단위. 이 수치에는 감염된 세포의 내부에 존재하거나 외부로 방출된 감염성 바이러스 입자가 모두 포함된다.

플라스미드(plasmid) ('pls-mid') — 스스로 복제할 수 있는 염색체 외의 유전 물질

폴리시스트론(polycistronic) ('poly-sis-tron-ik') — 한개 이상의 폴리펩티드를 생산하는 유전정보를 보유한 전령 RNA. 대립어; **monocistronic**(단일시스트론)

폴리프로틴(polyprotein) ('poly-pro-teen') — 해독된 후에 단백질분해효소에 의해 절단되어 각기 다른 기능을 가진 작은 단위의 단백질들을 형성하게 되는 큰 단백질

양성(positive-sense) ('pos-it-iv sense') — 단백질 합성 염기서열을 보유하는 핵산 가닥이나 양성(+) 가닥으로 이루어진 바이러스 유전체. 동의어;'plus-sense' 또는 '(+)sense'

일차세포(primary cell) ('pri-mary sell') — 세포분열 횟수가 한정되어 있는 배양 세포. 대립어; **immortalized cell**(불멸세포)

프리온(prion) ('pree-on') — 단백질로 구성된 감염성 입자로서 전염성 해면뇌병증(Creutzfeldt-Jakob 병-CJD, 소 해면뇌병증-BSE)의 원인으로 추정.

생산적 감염(productive infection) ('pro-duct-iv in-fect-shon') 새로운 감염성 바이러스입자가 만들어지는 완전한 형태의 바이러스 감염. 대립어; **abortive infection**(부전감염)

원핵생물(prokaryote) ('pro-kary-ote') 유전물질이 핵막에 의해 세포질로부터 분리되어 있지 않은 생물.

프로모터(promotor) ('pro-mote-er') 촉진(유전)자, 전사복합체 단백질들의 결합을 촉진시켜 전사 과정을 활발히 진행시키는 역할을 함. 유전자에서 유전정보 부위보다 5′ 방향으로 위치하며 **시스-활성** 조절 작용을 함.

증식성 전파(propagative transmission) ('prop-a-gate-ive tran-mish-on') 바이러스가 절지동물과 같은 2차 숙주(매개체)를 통하여 전파될 때, 일차 숙주는 물론 2차 숙주에서도 바이러스가 증식할 수 있는 전파 방식. 예로 식물레트로바이러스가 있다. 동의어로 순환성 전파(circulative transmission)라는 용어가 있는데, 이는 바이러스가 매개체 집단에서 순환증식하는 것을 뜻한다.

프로파지(prophage) ('pro-fage') 잠재성(temperate) 파지의 유전체가 숙주 세균의 유전체에 삽입되어 통합된 용원성 상태로 존재하는 것.

프로바이러스(provirus) ('pro-vy-rus') 레트로바이러스 유전체가 이중가닥 DNA의 형태로 숙주세포의 **염색체**에 삽입되어 통합된 상태로 존재하는 것.

거짓매듭(pseudoknot) ('s'yoo-doh-not') 유전자 번역과정에서 번역틀 이동을 일으키는 RNA의 2차구조. 결과적으로 변형된 번역틀의 정보에 의해 잡종(hybrid)펩티드가 만들어진다.

거짓복귀돌연변이주(pseudorevertant) ('s'yoo-doh-re-vert-ant') 표현형은 분명한 야생형인데 유전체는 돌연변이 상태를 유지하고 있는 바이러스. 이런 현상은 유전적 **억제**에 의한 것일 수도 있다.

거짓표현형(pseudotyping) ('s'yoo-doh-type-ing') 바이러스 유전체가 다른 바이러스의 캡시드나 외피 속에 포장된 경우. **표현형 섞임**의 극단적인 형태.

유사등가(quasi-equivalence) ('kwayz-eye-ee-kwiv-al-ense') 거의 같은 주변조건 하에 존재하는 소단위체가 인접한 소단위체들과 등가결합을 통하여 불규칙한 모양의 소단위체를 사용하여 규칙적인 모양을 형성하는 방법을 기술.

유사종(quasi-species) ('kwayz-eye-ee-spee-sees') 대부분 RNA 바이러스의 유전체는 빠르게 진화하여 분자적 변이주들이 서로 경쟁하게 되는데 이들의 복합체를 의미(제2장 참조).

수용체(receptor) ('ree-sep-tor') 바이러스가 세포 내로 들어가기 위해서 세포와 결합할 때 바이러스와 작용하는 세포표면의 특이적 분자.

재조합(recombination) ('ree-com-bin-nation') 바이러스가 중복 감염된 세포 속에서 바이러스 유전체들이 서로 작용하여 새로 만들어진 자손바이러스가 부모세대에는 없었던 유전 정보를 보유하게 되는 것.

방출(release) ('ree-lease') 바이러스 감염 과정의 후기에 새롭게 만들어진 자손 바이러스 입자가 세포를 떠나는 과정.

복제효소(replicase) ('rep-lick-aze') RNA 바이러스 유전체 복제에 관여하는 효소(**전사효소** 참조).

복제단위(replicon) ('rep-lick-on') 자신의 복제에 필요한 유전 정보를 보유한 핵산분자로 **유전체**, **플라스미드**, **위성바이러스** 등이 포함된다.

레트로트랜스포존 (retrotransposon) ('ret-tro-trans-pose-on') 역전이인자, retrovirus 유전체와 매우 유사한 전이가 가능한 유전물질로서 긴말단반복배열(LTR)을 갖고 있다.

위성바이러스(satellites) ('sat-el-ites') 위성체, 작은 RNA 분자(500~3000nt)로 증식을 위해서 보조바이러스가 있어야 한다. 결손바이러스와는 달리 보조바이러스의 유전체와 유사성은 없다. 커다란 위성바이러스 RNA에는 단백질 생산 정보가 존재 할 수도 있다. 대립어; **viriods**, **virusoids**.

차단(shutoff) ('shut-off') 차단현상, 일부 바이러스 감염 세포에서 대부분의 숙주세포 거대분자 합성이 갑작스럽고 현저하게 중단되는 것으로 세포가 손상을 입거나 죽게 된다(제7장 참조).

이어맞추기(splicing) ('sp-lice-ing') 스플라이싱, **진핵세포** 핵에서 RNA 전사체는 전사후 변형 과정을 거치는데 **인트론**이 제거되고 엑손들이 연결되어 전령 RNA가 만들어진다.

초항원(superantigens) ('super-anti-gens') 비정상적인 경로를 통해 면역계를 활성화 시키는 물질(항원). T 세포 수용체 β사슬의 가변부와 MHC class II 분자에 동시에 결합하는데, 이들이 비특이적으로 연결되므로 강력한 T 세포 활성화가 광범위하게 일어난다(그림 7.3).

중복감염(superinfection) ('super-infect-shon') 한개 이상의 바이러스입자, 특히 두 종류 이상의 바이러스가 한 세포에 감염되는 것. 또는 계획적으로 돌연변이 바이러스를 구제하기 위한 감염.

억제(suppression) ('sup-press-shon') 바이러스 유전체나 혹은 숙주세포의 유전체에서 2차(억제)돌연변이가 발생하여 원래의 돌연변이 형질이 억제되는 것(제3장 참조).

합포체(syncytium) ('sin-sit-ee-um') 각각 독립적인 여러 개의 핵들이 한 세포막 안에 존재하는 다핵성 거대 세포. 여러 세포들이 융합된 결과. 복수형: **syncytia**.

전신감염(systemic infection) ('sis-tem-ik infect-shon') 체계(적)감염, 다세포 생명체에서 여러 기관에 감염이 일어나는 것.

잠재성 파지(temperate 약독화 파지 혹은 용원성 파지. 용원성 감염을 일으킬 수 있는

bacteriophage) ('temper-ate bac-teer-ee-o-fage')	파지. 대립어: 병원성 파지(virulent phage) **용원성** 감염을 일으킬 수 없고 파지가 증식할 때 숙주 세균이 항상 죽게 되는 파지.
말단중복서열(terminal redundancy) ('ter-minal ree-dun-dance-ee')	핵산 분자 끝부분에 존재하는 반복 염기서열
역가(titre) ('tight-er' or 'teet-er')	검사물에 존재하는 바이러스나 항체와 같은 특정 물질의 양에 대한 상대적 수치
트랜스-활성(*trans*-acting) ('trans-acting')	확산 가능한 생성물을 암호화하는 유전적 요소(혹은 그 작용 양상)이며 이 생성물은 생성 위치와 인접해 있거나 혹은 멀리 떨어진 조절부위에 작용할 수 있다. 예를 들면 전사인자와 같이 특정 세포의 핵산 분자에 위치한 특이 염기서열에 결합하는 단백질. 대립어: **시스-활성**(*cis*-acting)
전사효소(transcriptase) ('trans-crypt-aze')	일반적으로 바이러스 입자 속에 포함되어 있으면서 RNA 바이러스 유전체의 전사에 관여하는 효소.
트랜스펙션(transfection) ('trans-fect-shon')	핵산 감염. 바이러스 입자가 아닌 바이러스 핵산만으로 시도하는 세포 감염
형질전환(transformation) ('trans-form-ay-shon')	세포에서 일어나는 형태적, 생화학적, 증식성 지표들의 변화
유전자이식의(transgenic) ('trans-gene-ik' or 'trans-gen-ik')	동물이나 식물을 유전적으로 조작하여 다른 종의 유전자를 포함하게 한. 추가된 유전자는 유전자조작 생물의 체세포 혹은 생식세포에서만 발현된다. 생식세포에서 발현되는 경우에는 자손에게로 유전될 수도 있다.
전이인자(transposon) ('trans-pose-ons')	특정 생명체의 유전체에서 한 장소로부터 다른 장소로 옮겨갈 수 있는 특이 DNA 염기서열(제3장 참조).
삼각분할수(triangulation number) ('tri-ang-u-lay-shon num-ber')	정이십면체형의 다면체를 규정짓는 수적 인자(제2장 참조).
친화성(tropism) ('trope-ism')	향성. 바이러스가 증식할 수 있는 숙주세포나 조직의 유형.
탈외피(uncoating) ('un-coat-ing')	바이러스 입자가 숙주세포를 침투한 후에 연결되어 일어나는 과정으로 바이러스 외피가 완전하게 혹은 부분적으로 제거되어 일반적으로는 핵산단백질로 이루어진 바이러스 유전체가 노출되는 것.
백신(vaccine) ('vax-seen')	면역반응을 일으키도록 만들어진 항원성 분자나 분자복합체를 함유하고 있는 제제. 바이러스 백신에는 3가지의 기본적인 형태로서 소단위체백신, 사백신, 생백신 등이 있다(제6장 참조).

예방접종(vaccination) ('vax-sin-ay-shon') — **백신**의 투여.

인두접종(variolation) ('var-ee-o-lay-shon') — 예방접종의 초기 형태로서 천연두 환자로부터 얻은 물질을 면역학적으로 경험이 없는 사람에게 접종하는 고대의 예방접종 (제1장 참조).

비리온(virion) ('vir-ee-on') — 형태학적으로 완전한 감염성 바이러스 입자.

바이로이드(viroid) ('vy-royd') — 200~400개의 뉴클레오티드로 구성된 단일가닥 고리형RNA로서 스스로 복제하는 식물성 병원체. 바이로이드에는 단백질 생산 정보가 없다. 일부 바이로이드 RNA는 리보자임 활성을 가지고 있어서 스스로 절단할 수 있다. 대립어: **satellites, virusoids.**

바이러스 부착단백질 (virusattachment protein) ('vyr-us at-tatch-ment pro-teen') — 숙주세포의 특이적 수용체 분자와 결합하는 바이러스의 단백질.

바이러소이드(virusoids) ('vy-rus-oyds') — 대부분의 염기가 쌍을 이룬 고리형의 작은 위성바이러스 RNA로서 비로이드와 비슷하다. 유전체의 복제와 외피 형성을 숙주 바이러스에 의존하며, 일부 단백질의 유전정보를 보유한다. 모든 바이러소이드 RNA는 리보자임 활성도가 있는 것으로 알려졌다. 대립어: **satellites, viroids**

인수공통질환(zoonosis) ('zoo-no-sis') — 동물에서 사람으로 전파되는 감염성 질병. 복수형: **zoonoses**.

2

APPENDIX

준세포성 감염인자의 분류체계

(※분류체계의 국제성을 고려하여 이 부록은 번역 없이 원문대로 싣습니다 – 역자)

Classifying subcellular infectious agents is more complex than it may appear at first sight and it is appropriate to start with a few definitions:

- *Systematics* is the science of organizing the history of the evolutionary relationships of organisms.
- *Classification* is determining the evolutionary relationships between organisms.
- *Identifcation* is recognizing the place of an organism in an existing classification scheme, often using dichotomous keys to identify the organism.
- *Taxonomy* (nomenclature) is assigning scientific names according to agreed inter-national scientific rules. The official taxonomic groups (from the largest to the smallest are):

    - *Kingdom* (e.g. animals, plants, bacteria; does not apply to viruses)
    - *Phylum* (e.g. vertebrates; does not apply to viruses)
    - *Class* (group of related orders; does not apply to viruses)
    - *Order* (group of related families)
    - *Family* (group of related genera)
    - *Genus* (group of related species)
    - *Species*, the smallest taxonomic group.

The importance of virus identification has been discussed in Chapter 4. Subcellular agents present a particular problem for taxonomists. They are too small to be seen without electron microscopes but very small changes in molecular structure may give rise to agents with radically different properties. The vast majority of viruses which are known have been studied because they have pathogenic potential for humans, animals or plants. Therefore, the disease symptoms caused by infection are one criterion used to aid classification. The physical structure of a virus particle can be determined directly (by electron microscopy) or indirectly (by biochemical or serological investigation) and is also used in classification. However, the structure and sequence of the virus genome continues to increase in importance as molecular biological analysis provides a rapid and sensitive way to detect and differentiate many diverse viruses.

In 1966, the International Committee on Nomenclature of Viruses was established and produced the first unified scheme for virus classification. In 1973, this committee expanded its objectives and renamed itself the International Committee on Taxonomy of Viruses (ICTV); it meets every four years Rrules for virus taxonomy have been established, some of which include:

- Latin binomial names (e. g. *Rhabdovirus carpio*) are not used. No person's name should be used in nomenclature. Names should have international meaning.
- A virus name should be meaningful and should consist of as few words as possible. Serial numbers or letters are not acceptable as names.
- A virus species is a polythetic class (i. e. a group whose members always have several properties in common, although no single common attribute is present in all of its members) of viruses that constitute a replicating lineage and occupy a particular ecological niche.
- A genus is a group of virus species sharing common characters. Approval of a new genus is linked to the acceptance of a type species, i.e. a species which displays the typical characteristics on which the genus is based.
- A family is a group of genera with common characters. Approval of a new familyis linked to the acceptance of a type genus.

In general terms, groups of related viruses are divided into families whose names end in the suffix *'viridae'* (e.g. *Poxviridae*). In most cases, a higher level of classification than the family has not been established, although three orders (groups of related families) have now been recognized(see Chapter 3). In a few cases, very large families have been subdivided into subfamilies, and end in the suffix *'virinae'*. Subspecies, strains, isolates, variants, mutants and artificially created laboratory recombinants are not officially recognized by the ICTV.

- The names of virus orders, families, subfamilies, genera and species should be written in italics with the first letter capitalized.
- Other words are not capitalized unless they are proper nouns, e.g. Tobacco mosaic virus, Poliovirus, Murray River encephalitis virus.
- This format should only be used when official taxonomic entities are referred to — it is not possible to centrifuge the species *Poliovirus* for example, but it is possible to centrifuge poliovirus.

- Italics and capitalization are not used for vernacular usage(e.g. rhinoviruses, cf. the genus *Rhinovirus*), for acronyms(e.g. HIV-1), norfor adjectival forms(e.g. poliovirus polymerase).

(See M.H.V. Van Regenmortel (1999) How to write the names of virus species. *Archives of Virology* 144(5) : 1041-1042.

The seventh report of the ICTV was published in 2000 (H.V.Van Regenmortel, D.H.L. Bishop, M.H.Van Regenmortel and Claude M. Fauquet (Eds) (2000). Vius *Taxonomy: Seventh Report of the International Committee on Taxonomy of Viruses*. Academic Press, London. ISBN 0123702003) and the information in this appendix is drawn from that report, with subsequent revisions to 2004. More than 1550 virus species belonging to 3 orders, 56 families, 9 subfamilies and 233 genera are recognized in the report. These well-characterized viruses are an unknown proportion of the total number of viruses that exist. By the time of the next ICTV meeting, undoubtedly many more viruses will have been added to the list.

Group I dsDNA viruses

Order Caudovirales: tailed bacteriophages

Family	Genus	Type species	Hosts
Myoviridae	T4-like phages	*Enterobacteria phage T4*	Bacteria
	P1-like phages	*Enterobacteria phage P1*	Bacteria
	P2-like phages	*Enterobacteria phage P2*	Bacteria
	Mu-like phages	*Enterobacteria phage Mu*	Bacteria
	SP01-like phages	*Bacillus phage SP01*	Bacteria
	ϕH-like phages	*Halobacterium virus ϕH*	Bacteria
Podoviridae	T7-like phages	*Enterobacteria phage T7*	Bacteria
	P22-like phages	*Enterobacteria phage P22*	Bacteria
	ϕ29-like phages	*Bacillus phage ϕ29*	Bacteria
Siphoviridae	λ-like phages	*Enterobacteria phage λ*	Bacteria
	T1-like phages	*Enterobacteria phage T1*	Bacteria
	T5-like phages	*Enterobacteria phage T5*	Bacteria
	L5-like phages	*Mycobacterium phage L5*	Bacteria
	c2-like phages	*Lactococcus phage c2*	Bacteria
	χM1-like phages	*Methanobacterium virus χM1*	Bacteria

continued

Group I dsDNA viruses—*Continued*			
Family (subfamily)	Genus	Type species	Hosts
Ascoviridae	*Ascovirus*	*Spodoptera frugiperda ascovirus*	Invertebrates
Adenoviridae	*Atadenovirus*	*Ovine adenovirus D*	Vertebrates
	Aviadenovirus	*Fowl adenovirus A*	Vertebrates
	Mastadenovirus	*Human adenovirus C*	Vertebrates
	Siadenovirus	*Turkey adenovirus B*	Vertebrates
Asfarviridae	*Asfivirus*	*African swine fever virus*	Vertebrates
Baculoviridae	*Nucleopolyhedrovirus*	*Autographa californica nucleopolyhedrovirus*	Invertebrates
	Granulovirus	*Cydia pomonella granulovirus*	Invertebrates
Corticoviridae	*Corticovirus*	*Alteromonas phage PM2*	Bacteria
Fuselloviridae	*Fusellovirus*	*Sulfolobus virus SSV1*	Archaea
Guttaviridae	*Guttavirus*	*Sulfolobus virus SNDV*	Archaea
Herpesviridae:	*Ictalurivirus*	*Ictalurid herpesvirus 1*	Vertebrates
Alphaherpesvirinae	*Mardivirus*	*Gallid herpesvirus 2*	Vertebrates
	Simplexvirus	*Human herpesvirus 1*	Vertebrates
	Varicellovirus	*Human herpesvirus 3*	Vertebrates
	Iltovirus	*Gallid herpesvirus 1*	Vertebrates
Betaherpesvirinae	*Cytomegalovirus*	*Human herpesvirus 5*	Vertebrates
	Muromegalovirus	*Murine herpesvirus 1*	Vertebrates
	Roseolovirus	*Human herpesvirus 6*	Vertebrates
Gammaherpesvirinae	*Lymphocryptovirus*	*Human herpesvirus 4*	Vertebrates
	Rhadinovirus	*Simian herpesvirus 2*	Vertebrates
Iridoviridae	*Iridovirus*	*Invertebrate iridescent virus 6*	Invertebrates
	Chloriridovirus	*Invertebrate iridescent virus 3*	Invertebrates
	Ranavirus	*Frog virus 3*	Vertebrates
	Lymphocystivirus	*Lymphocystis disease virus 1*	Vertebrates
Lipothrixviridae	*Lipothrixvirus*	*Thermoproteus virus 1*	Archaea
Nimaviridae	*Whispovirus*	*White spot syndrome virus 1*	Invertebrates
Polyomaviridae	*Polyomavirus*	*Simian virus 40*	Vertebrates
Papillomaviridae	*Papillomavirus*	*Cottontail rabbit papillomavirus*	Vertebrates
Phycodnaviridae	*Chlorovirus*	*Paramecium bursaria Chlorella virus 1*	Algae
	Prasinovirus	*Micromonas pusilla virus SP1*	Algae
	Prymnesiovirus	*Chryosochromomulina brevifilium virus PW1*	Algae

Group I dsDNA viruses—*Continued*

Family (subfamily)	Genus	Type species	Hosts
	Phaeovirus	*Extocarpus siliculosus virus 1*	Algae
Plasmaviridae	*Plasmavirus*	*Acholeplasma phage L2*	Mycoplasma
Polydnaviridae	*Ichnovirus*	*Campoletis sonorensis ichnovirus*	Invertebrates
	Bracovirus	*Cotesia melanoscela brachovirus*	Invertebrates
Poxviridae:	*Orthopoxvirus*	*Vaccinia virus*	Vertebrates
Chordopoxvirinae	*Parapoxvirus*	*Orf virus*	Vertebrates
	Avipoxvirus	*Fowlpox virus*	Vertebrates
	Capripoxvirus	*Sheeppox virus*	Vertebrates
	Leporipoxvirus	*Myxoma virus*	Vertebrates
	Suipoxvirus	*Swinepox virus*	Vertebrates
	Molluscipoxvirus	*Molluscum contagiosum virus*	Vertebrates
	Yatapoxvirus	*Yaba monkey tumor virus*	Vertebrates
Entomopoxvirinae	*Entomopoxvirus A*	*Melolontha melolontha entomopoxvirus*	Invertebrates
	Entomopoxvirus B	*Amsacta moorei entomopoxvirus*	Invertebrates
	Entomopoxvirus C	*Chironomus luridus entomopoxvirus*	Invertebrates
Rhizidovirus		*Rhizidomyces virus*	Fungi
Rudiviridae	*Rudivirus*	*Sulfolobus virus SIRV1*	Archaea
Tectiviridae	*Tectivirus*	*Enterobacteria phage PRD1*	Bacteria

Group II ssDNA viruses

Family (subfamily)	Genus	Type species	Hosts
Circoviridae	*Circovirus*	*Porcine circovirus*	Vertebrates
	Gyrovirus	*Chicken anemia virus*	Vertebrates
Geminiviridae	*Mastrevirus*	*Maize streak virus*	Plants
	Curtovirus	*Beet curly top virus*	Plants
	Topocuvirus	*Tomato pseudo-curly top virus*	Plants
	Begomovirus	*Bean golden mosaic virus*	Plants
Inoviridae	*Inovirus*	*Enterobacteria phage M13*	Bacteria
	Plectrovirus	*Acholeplasma phage MV-L51*	Bacteria
Microviridae	*Microvirus*	*Enterobacteria* ϕ*174*	Bacteria
	Spiromicrovirus	*Spiroplasma phage 4*	Spiroplasma
	Bdellomicrovirus	*Bdellovibrio phage MAC1*	Bacteria
	Chlamydiamicrovirus	*Chlamydia phage 1*	Bacteria
Nanoviridae	*Nanovirus*	*Subterranean clover stunt virus*	Plants
	Babuvirus	*Banana bunchy top virus*	Plants
Parvoviridae:			
Parvovirinae	*Parvovirus*	*Mice minute virus*	Vertebrates
	Erythrovirus	*B19 virus*	Vertebrates
	Dependovirus	*Adeno-associated virus 2*	Vertebrates
Densovirinae	*Densovirus*	*Junonia coenia densovirus*	Invertebrates
	Iteravirus	*Bombyx mori densovirus*	Invertebrates
	Brevidensovirus	*Aedes aegypti densovirus*	Invertebrates

Group III dsDNA viruses

Family	Genus	Type species	Hosts
Birnaviridae	*Aquabirnavirus*	*Infectious pancreatic necrosis virus*	Vertebrates
	Avibirnavirus	*Infectious bursal disease virus*	Vertebrates
	Entomobirnavirus	*Drosophila X virus*	Invertebrates
Chrysoviridae	*Chrysovirus*	*Penicillium chrysogenum virus*	Fungi
Cystoviridae	*Cystovirus*	*Pseudomonas phage* ϕ*6*	Bacteria
Hypoviridae	*Hypovirus*	*Cryphonectria hypovirus 1-EP713*	Fungi
Partitiviridae	*Partitivirus*	*Gaeumarmomyces graminis virus 019/6-A*	Fungi
	Chrysovirus	*Penicillium chrysogenum virus*	Fungi
	Alphacryptovirus	*White clover cryptic virus 1*	Plants
	Betacryptovirus	*White clover cryptic virus 2*	Plants
Reoviridae	*Orthoreovirus*	*Mammalian orthoreovirus*	Vertebrates
	Orbivirus	*Bluetongue virus*	Vertebrates
	Rotavirus	*Rotavirus A*	Vertebrates
	Coltivirus	*Colorado tick fever virus*	Vertebrates
	Aquareovirus	*Golden shiner virus*	Vertebrates
	Cypovirus	*Cypovirus 1*	Invertebrates
	Fijivirus	*Fiji disease virus*	Plants
	Phytoreovirus	*Wound tumor virus*	Plants
	Oryzavirus	*Rice ragged stunt virus*	Plants
Totiviridae	*Totivirus*	*Saccharomyces cerevisiae virus L-A*	Fungi
	Giardiavirus	*Giardia lamblia virus*	Protozoa
	Leishmaniavirus	*Leishmania RNA virus 1-1*	Protozoa

Group IV (+)sense RNA viruses

Order *Nidovirales*: 'nested' viruses

Family	Genus	Type species	Hosts
Arteriviridae	*Arterivirus*	*Equine arteritis virus*	*Vertebrates*
Coronaviridae	*Coronavirus*	*Infectious bronchitis virus*	*Vertebrates*
	Torovirus	*Equine totovirus*	*Vertebrates*
Roniviridae	*Okavirus*	*Gill-associated virus*	*Vertebrates*

Family (subfamily)	Genus	Type species	Hosts
Allexivirus		*Shallot virus X*	Plants
Astroviridae	*Avastrovirus*	*Turkey astrovirus*	Vertebrates
	Mamastrovirus	*Human astrovirus*	Vertebrates
Barnaviridae	*Barnavirus*	*Mushroom bacilliform virus*	Fungi
Benyvirus		*Beet necrotic yellow vein virus*	Plants
Bromoviridae	*Alfamovirus*	*Alfalfa mosaic virus*	Plants
	Bromovirus	*Brome mosaic virus*	Plants
	Cucumovirus	*Cucumber mosaic virus*	Plants
	Ilarvirus	*Tobacco streak virus*	Plants
	Oleavirus	*Olive latent virus 2*	Plants
Caliciviridae	*Lagovirus*	*Rabbit haemorrhagic disease virus*	Vertebrates
	Norovirus	*Norwalk virus*	Vertebrates
	Sapovirus	*Sapporo virus*	Vertebrates
	Vesivirus	*Swine vesicular exanthema virus*	Vertebrates
Capillovirus		*Apple stem grooving virus*	Plants
Carlavirus		*Carnation latent virus*	Plants
Closteroviridae	*Ampelovirus*	*Grapevine leafroll-associated virus 3*	Plants
	Closterovirus	*Beet yellows virus*	Plants
	Idaeovirus	*Rasberry bushy dwarf virus*	Plants
Comoviridae	*Comovirus*	*Cowpea mosaic virus*	Plants
	Fabavirus	*Broad bean wilt virus 1*	Plants
	Nepovirus	*Tobacco ringspot virus*	Plants
Dicistroviridae	*Cripavirus*	*Cricket paralysis virus*	Invertebrates
Flaviviridae	*Flavivirus*	*Yellow fever virus*	Vertebrates
	Pestivirus	*Bovine diarrhea virus 1*	Vertebrates
	Hepacivirus	*Hepatitis C virus*	Vertebrates
Foveavirus		*Apple stem pitting virus*	Plants
Furovirus		*Soil-borne wheat mosaic virus*	Plants

Group IV (+)sense RNA viruses—*Continued*

Family (subfamily)	Genus	Type species	Hosts
Hepatitis E-like viruses		*Hepatitis E virus*	Vertebrates
Hordeivirus		*Barley stripe mosaic virus*	Plants
Iflavirus		*Infectious flacherie virus*	Invertebrates
Leviviridae	*Levivirus*	*Enterobacteria phage MS2*	Bacteria
	Allolevivirus	*Enterobacteria phage Qβ*	Bacteria
Luteoviridae	*Luteovirus*	*Cereal yellow dwarf virus-PAV*	Plants
	Polerovirus	*Potato leafroll virus*	Plants
	Enamovirus	*Pea enation mosaic virus-1*	Plants
Machlomovirus		*Maize chlorotic mottle virus*	Plants
Marafivirus		*Maize rayado fino virus*	Plants
Narnaviridae	*Narnavirus*	*Saccharomyces cerevisiae narnavirus 20S*	Fungi
	Mitovirus	*Cryphonectria parasitica mitovirus 1-NB631*	Fungi
Nodaviridae	*Alphanodoavirus*	*Nodamura virus*	Invertebrates
	Betanodovirus	*Striped jack nervous necrosis virus*	Vertebrates
Pecluvirus		*Peanut clump virus*	Plants
Ourmiavirus		*Ourmia melon virus*	Plants
Picornaviridae	*Enterovirus*	*Poliovirus*	Vertebrates
	Rhinovirus	*Human rhinovirus A*	Vertebrates
	Hepatovirus	*Hepatitis A virus*	Vertebrates
	Cardiovirus	*Encephalomyocarditis virus*	Vertebrates
	Aphthovirus	*Foot-and-mouth disease virus O*	Vertebrates
	Parechovirus	*Human parechovirus*	Vertebrates
	Erbovirus	*Equine rhinitis B virus*	Vertebrates
	Kobuvirus	*Aichi virus*	Vertebrates
	Teschovirus	*Porcine teschovirus*	Vertebrates
Pomovirus		*Potato mop-top virus*	Plants
Potexvirus		*Potato virus X*	Plants
Potyviridae	*Potyvirus*	*Potato virus Y*	Plants
	Ipovirus	*Sweet potato mild mottle virus*	Plants
	Macluravirus	*Maclura mosaic virus*	Plants
	Rymovirus	*Ryegrass mosaic virus*	Plants
	Tritimovirus	*Wheat streak mosaic virus*	Plants
	Bymovirus	*Barley yellow mosaic virus*	Plants

Group IV (+)sense RNA viruses—*Continued*			
Family (subfamily)	Genus	Type species	Hosts
Sequiviridae	*Sequivirus*	*Parsnip yellow fleck virus*	Plants
	Waikavirus	*Rice tungro spherical virus*	Plants
Sobemovirus		*Southern bean mosaic virus*	Plants
Tetraviridae	*Betatetravirus*	*Nudaurelia capensis* β *virus*	Invertebrates
	Omegatetravirus	*Nudaurelia capensis* ω *virus*	Invertebrates
Tobamovirus		*Tobacco mosaic virus*	Plants
Tobravirus		*Tobacco rattle virus*	Plants
Tombusviridae	*Tombusvirus*	*Tomato bushy stunt virus*	Plants
	Avenavirus	*Oat chlorotic stunt virus*	Plants
	Aureusvirus	*Pothos latent virus*	Plants
	Carmovirus	*Carnation mottle virus*	Plants
	Dainthovirus	*Carnation ringspot virus*	Plants
	Machlomovirus	*Maize chlorotic mottle virus*	Plants
	Necrovirus	*Tobacco necrosis virus*	Plants
	Panicovirus	*Panicum mosaic virus*	Plants
Togaviridae	*Alphavirus*	*Sindbis virus*	Vertebrates
	Rubivirus	*Rubella virus*	Vertebrates
Trichovirus		*Apple chlorotic leaf spot virus*	Plants
Tymoviridae	*Maculavirus*	*Grapevine fleck virus*	Plants
	Marafivirus	*Maize rayado fino virus*	Plants
	Tymovirus	*Turnip yellow mosaic virus*	Plants
Umbravirus		*Carrot mottle virus*	Plants
Vitivirus		*Grapevine virus A*	Plants

Group IV (+)sense RNA viruses—*Continued*

Order *Mononegavirales*

Family (subfamily)	Genus	Type species	Hosts
Bornaviridae	*Bornavirus*	*Borna disease virus*	Vertebrates
Filoviridae	*Marburg-like viruses*	*Marburg virus*	Vertebrates
	Ebola-like viruses	*Ebola virus*	Vertebrates
Paramyxoviridae			
Paramyxovirinae	*Avulavirus*	*Newcastle disease virus*	Vertebrates
	Henipavirus	*Hendra virus*	Vertebrates
	Morbillivirus	*Measles virus*	Vertebrates
	Respirovirus	*Sendai virus*	Vertebrates
	Rubulavirus	*Mumps virus*	Vertebrates
Pneumovirinae	*Pneumovirus*	*Human respiratory syncytial virus*	Vertebrates
	Metapneumovirus	*Avian pneumovirus*	Vertebrates
Rhabdoviridae	*Vesiculovirus*	*Vesicular stomatitis Indiana virus*	Vertebrates
	Lyssavirus	*Rabies virus*	Vertebrates
	Ephemerovirus	*Bovine ephemeral fever virus*	Vertebrates
	Novirhabdovirus	*Infectious haematopoetic necrosis virus*	Vertebrates
	Cytorhabdovirus	*Lettuce necrotic yellows virus*	Plants
	Nucleorhabdovirus	*Potato yellow dwarf virus*	Plants

Family	Genus	Type species	Hosts
Arenaviridae	*Arenavirus*	*Lymphocytic choriomeningitis virus*	Vertebrates
Bunyaviridae	*Orthobunyavirus*	*Bunyamwera virus*	Vertebrates
	Hantavirus	*Hantaan virus*	Vertebrates
	Nairovirus	*Nairobi sheep disease virus*	Vertebrates
	Phlebovirus	*Sandfly fever Sicilian virus*	Vertebrates
	Tospovirus	*Tomato spotted wilt virus*	Plants
Deltavirus		*Hepatitis delta virus*	Vertebrates
Ophiovirus		*Citrus psorosis virus*	Plants
Orthomyxoviridae	*Influenza A virus*	*Influenza A virus*	Vertebrates
	Influenza B virus	*Influenza B virus*	Vertebrates
	Influenza C virus	*Influenza C virus*	Vertebrates
	Isavirus	*Infectious salmon anemia virus*	Vertebrates
	Thogotovirus	*Thogoto virus*	Vertebrates
Tenuivirus		*Rice stripe virus*	Plants

Group VI RNA reverse transcribing viruses

Family	Genus	Type species	Hosts
Retroviridae	*Alpharetrovirus*	*Avian leukosis virus*	Vertebrates
	Betaretrovirus	*Mouse mammary tumor virus*	Vertebrates
	Gammaretrovirus	*Murine leukemia virus*	Vertebrates
	Deltaretrovirus	*Bovine leukemia virus*	Vertebrates
	Epsilonretrovirus	*Walley dermal sarcoma virus*	Vertebrates
	Lentivirus	*Human immunodeficiency virus 1*	Vertebrates
	Spumavirus	*Human spumavirus*	Vertebrates
Metaviridae	*Metavirus*	*Saccharomyces cerevisiae Ty3 virus*	Fungi
	Errantivirus	*Drosophila melanogaster gypsy virus*	Invertebrates
Pseudoviridae	*Pseudovirus*	*Saccharomyces cerevisiae Ty1 virus*	Invertebrates
	Hemivirus	*Drosophila melanogaster copia virus*	Invertebrates

Group VII RNA reverse transcribing viruses

Family	Genus	Type species	Hosts
Hepadnaviridae	*Orthohepadnavirus*	*Hepatitis B virus*	Vertebrates
	Avihepadnavirus	*Duck hepatitis B virus*	Vertebrates
Caulimoviridae	*Caulimovirus*	*Cauliflower mosaic virus*	Plants
	Badnavirus	*Commelina yellow mottle virus*	Plants
	Cavemovirus	*Cassava vein mosaic virus*	Plants
	Petuvirus	*Petunia vein clearing virus*	Plants
	Soymovirus	*Soybean chlorotic mottle virus*	Plants
	Tungrovirus	*Rice tungro bacilliform virus*	Plants

Subviral agents: viroids			
Family	Genus	Type species	Hosts
Pospiviroidae	*Pospiviroid*	*Potato spindle tuber viroid*	Plants
	Hostuviroid	*Hop stunt viroid*	Plants
	Cocadviroid	*Coconut cadang-cadang viroid*	Plants
	Apscaviroid	*Apple scar skin viroid*	Plants
	Coleviroid	*Coleus blumei viroid 1*	Plants
Avsunviroidae	*Avsunviroidae*	*Avocado sunblotch viroid*	Plants
	Pelamonviroid	*Peach latent mosaic viroid*	Plants

Subviral agents: satellites and prions				
Agent	Group	Type	Subgroup	Hosts
Satellites	Satellite viruses	Single-stranded RNA satellite viruses	*Chronic bee-paralysis satellite virus*	Invertebrates
			Tobacco necrosis satellite virus	Plants
	Satellite nucleic acids	Single-stranded satellite DNAs	*Tomato leaf curl virus satellite DNA*	Plants
		Double-stranded satellite RNAs	Satellite of *Saccaromyces cerevisiae M virus*	Fungi
		Single-stranded satellite RNAs	Large satellite RNAs	Plants
			Small linear satellite RNAs	Plants
			Circular satellite RNAs	Plants
Prions		Mammalian prions	Scrapie agent	Vertebrates
		Fungal prions	[URE3]	Fungi

바이러스학의 역사

'Those who cannot remember the past are condemned to repeat it.' — George Santayana

1796: Edward Jenner는 천연두(smallpox)의 **예방접종**을 위해 cowpox를 이용하였다. 예방접종의 시도에 대한 공로는 일반적으로 Jenner에게 돌려지고 있지만 최악의 질병 유형으로부터 사람들을 보호하기 위해 smallpox를 의도적으로 감염시키는 방법인 **인두접종**(variolation)은 이미 Jenner보다 적어도 2000년이나 앞서 중국에서 시술되어왔다. 1774년, Benjamin Jesty라는 이름의 농부는 감염된 젖소의 유방에서 얻은 cowpox를 그의 아내와 두 아들에게 접종하고 이 경험을 기록으로 남겼다(1979 참조). Jenner는 어떤 감염성 질병에 대응하기 위해 의도적으로 예방접종을 시도한 최초의 사람으로서 항원성 분자나 또는 면역반응을 이끌어 내기 위해 고안된 분자들의 혼합물을 접종에 사용하였다.

1885: Louis Pasteur는 광견병(rabies)의 예방접종을 시도하고 광견병의 병원체를 '바이러스(라틴어로 독극물)'라는 용어로 묘사하였다. Pasteur가 비록 바이러스와 기타 감염성 병원체의 차이를 설명하진 못했지만 그는 '바이러스'와 (Jenner를 기리며 명명한) '종두' 등의 용어를 창시하고 종두법에 대한 Jenner의 실험적 접근을 위한 과학적 기반을 개척하였다.

1886: 스코틀랜드의 병리학자인 **John Buist**는 smallpox 환자 피부의 발진부위에서 얻은 림프액을 염색하여 'elementary bodies'를 관찰하였으며 당시에는 이를 micrococci의 포자라고 생각했다. 사실 이들은 바이러스 입자였다 – 단지 광학현미경으로도 볼 수 있을 만큼 제법 큰 것이었다.

1892: Dmiti Iwanowski는 그때까지 알려져 있던 어떤 박테리아보다 작은 최초의 '여과 가능한' 감염성 병원체 tobacco mosaic virus (TMV) – 를 기술하였다. 비록 Iwanowski는 이 발견의 중요성을 충분히 인식하지는 못했지만 바이러스와 기타 감염성 병원체의 차이를 구별해낸 첫 번째 사람이었다.

1898: Martinus Beijerinick은 Iwanowski의 TMV 연구를 더욱 발전시켜 바이러스를 *'contagium vivum fluidum'* 즉, 용액상태의 살아있는 병원체로 정의하여 최초로 선명한 바이러스의 개념을 형성하

였다. Beijerinick은 Iwanowski의 업적을 재확인하고 또 발전시켰으며 하나의 독립된 실체로서의 바이러스를 개념화한 사람이었다. **Freidrich Loeffler**와 **Paul Frosch**도 foot-and-mouth(수족구) 질환이 '여과 가능한' 병원체로 인해 발병한다는 것을 보여주었다. Loeffle와 Frosch는 바이러스가 식물과 마찬가지로 동물도 감염할 수 있음을 처음으로 입증하였다.

1900: **Walter Reed**는 yellow fever(황열병)가 모기에 의해 전파된다는 것을 보여주었다. Reed가 비록 yellow fever 병원체의 특성에 관해 주목하지는 않았지만 그와 동료 연구자들은 바이러스가 모기와 같은 곤충에 의해 확산될 수 있음을 처음으로 알려주었다.

1908: **Karl Landsteiner**와 **Erwin Popper**는 poliomyelitis(급성 회백수염)가 바이러스 감염에 의한 것임을 증명하였다. Landsteiner와 Popper는 바이러스가 동물과 마찬가지로 인간도 감염할 수 있다는 것을 처음으로 입증하였다.

1911: **Francis Peyton Rous**는 바이러스(Rous sarcoma virus)가 닭에서 암을 유발할 수 있음을 보여주었다(노벨상 수상, 1966) (1981 참조). Rous는 바이러스가 암을 일으킬 수 있다는 것을 처음으로 증명하였다.

1915: **Frederick Twort**는 박테리아에 감염하는 바이러스를 발견하였다.

1917: **Felix d'Herelle**도 독자적으로 박테리아의 바이러스를 발견하였으며 박테리오파지(bacteriophage)라는 용어를 도입하였다. 박테리오파지의 발견은 생명체 자체를 감염하는 것만이 유일한 바이러스 연구방법이었던 시대에 조직세포배양 기술이 개발되기 이전부터 바이러스의 증식과정을 탐구할 수 있는 소중한 기회를 제공하게 되었다.

1935: **Wendell Stanley**는 TMV의 결정체를 만들고 또 이 상태의 바이러스도 감염성을 그대로 유지하고 있음을 보여주었다(노벨상 수상, 1946). Stanley의 업적은 바이러스의 분자구조를 이해하는 첫 걸음이었으며 동시에 바이러스의 본질을 심도 있게 규명하는데 도움이 되었다.

1938: **Max Theiler**는 yellow fever에 대한 약독화 생백신(live attenuated vaccine)을 개발하였다(노벨상 수상, 1951). Theiler가 개발한 백신은 매우 안전하고 효과적이어서 오늘날까지도 사용되고 있다! 그의 연구는 수백만의 생명을 구했으며 뒤이어 나온 많은 백신 생신의 기반모델이 되었다.

1939: **Emory Ellis**와 **Max Delbruck**은 바이러스 증식을 이해하는데 핵심이 되는 'one step virus growth cycle'의 개념을 정립하였다(노벨상 수상, 1969). 이들의 연구는 바이러스 증식 특성 – 바이러스 입자는 '성장'하는 것이 아닌 미리 만들어진 구성요소들의 조합으로 만들어진다 – 을 이해하기 위한 기초를 마련하였다.

1940: **Helmuth Ruska**는 전자현미경을 사용하여 최초로 바이러스 입자를 촬영했다. 바이러스에 대한 여러 물리학적 연구와 더불어 비리온의 직접적인 관찰은 바이러스 구조를 이해하는데 중요한 진보였다.

1941: **George Hirst**는 **influenza virus**가 적혈구를 응집시킨다는 것을 보여주었다. 이는 진핵생물 바이러스의 수를 측정하는 최초의 빠르고 정량적인 방법이었다. 이제 바이러스도 셀 수 있게 되었다!

1945: **Salvador Luria**와 **Alfred Hershey**는 박테리오파지가 돌연변이를 일으킨다는 것을 증명하였다(노벨상 수상, 1969). 이 연구는 세포성 생명체와 마찬가지로 바이러스에서도 유전적 메커니즘이

작동한다는 사실을 입증하였으며 바이러스의 항원성 변이를 이해하는 기초가 되었다.

1949: John Enders, Thomas Weller 및 **Frederick Robbins** 등은 인간의 조직세포배양을 이용하여 *in vitro*에서 poliovirus를 증식하는데 성공하였다(노벨상 수상, 1969). 이 연구로 인해 이후 많은 새로운 바이러스들이 조직세포배양을 이용해 분리되었다.

1950: Andre Lwoff, Louis Siminovich 및 **Niels Kjeldgaard** 등은 자외선을 쪼인 *Bacillus megaterium*에서 용원성 박테리오파지를 발견하고 **프로파지**(prophage)라는 용어를 도입하였다(노벨상 수상, 1965). 이미 1920년대 이후로 용원성에 대한 개념은 종종 언급되었지만 이들의 연구는 **잠재성**(temperate) 및 **병원성**(virulent) **박테리오파지**가 각기 존재한다는 것을 밝혀주었고 원핵생물에서의 유전자 발현 조절에 관한 후속 연구의 출발점이 되어 마침내 Jacob과 Monod의 오페론 가설에 이르렀다.

1952: Renato Dulbecco는 동물바이러스도 박테리오파지와 유사한 방법으로 플라크를 형성할 수 있음을 보여주었다(노벨상 수상, 1975). Dulbecco의 연구로 그 동안 **박테리오파지**의 경우에만 해당되었던 분석법으로 동물바이러스의 신속한 정량이 가능해졌다.

Alfred Hershey과 **Martha Chase**는 DNA가 박테리오파지의 유전물질임을 증명하였다. DNA가 유전현상의 분자적 기초라는 초기의 증거는 **박테리오파지**를 이용해서 발견되었지만 물론 이 원칙은 모든 세포성 생물들에 적용된다(그러나 모든 바이러스에 적용되는 것은 아니다!)

1957: Heinz Fraenkel-Conrat와 **R. C. Williams**는 정제된 tobacco mosaic virus (TMV)의 RNA와 외피단백질을 혼합하여 배양하면 자체적으로 바이러스 입자가 형성된다는 것을 보여주었다. 정제된 소단위체(subunit)들로부터 외부 정보의 개입 없이 자체적으로 바이러스 입자가 만들어질 수 있음은 입자가 자유에너지 최소 상태 즉, 구성요소들이 선호하는 구조라는 것을 의미하는 것이었다. 이와 같은 안정성은 바이러스 입자의 주요 특성이다.

Alick Isaacs과 **Jean Lindermann**은 인터페론을 발견하였다. 인터페론이 항생제처럼 광범위하게 작용하는 항바이러스제이기를 바랐던 처음의 희망은 점차 사라졌지만 인터페론은 상세하게 연구되었던 최초의 사이토카인(cytokine)이었다.

Carleton Gajdusek은 'slow virus'가 **프리온**(prion) 질환인 쿠루(kuru)를 유발한다고 제안하였다(노벨상 수상, 1976) (1982 참조). Gajdusek은 쿠루의 질병발생과정이 면양떨림병(scrapie) 와 비슷하고, 침팬지들에게 전파될 수 있으며, 병원체가 전형적인 바이러스가 아니라는 것을 밝혔다.

1961: Sydney Brenner, Francois Jacob 및 **Matthew Meselson** 등은 박테리오파지 T4가 바이러스 단백질을 합성하기 위해 숙주세포의 리보솜을 사용한다는 것을 증명하였다. 이 발견으로 인해 단백질 해독의 기본적인 분자적 메커니즘이 밝혀졌다.

1963: Baruch Blumberg는 hepatitis B virus(HBV)의 발견자이다(노벨상 수상, 1976). Blum- berg는 연구를 지속하여 HBV에 대한 최초의 백신을 개발했으며 어떤 이들은 HBV와 간암 사이의 강력한 유착관계를 들어 이를 암에 대한 최초의 백신으로 여겼다.

1967: Mark Ptashne는 λ의 억제(repressor)단백질을 분리하고 연구하였다. 조절분자인 억제단백질은 Jacob과 Monod에 의해 그 존재가 유추된 바 있었다. Ptashne의 연구는 *E. coli*의 Lac 억제단백질에 대한 Walter Gilbert의 연구와 더불어 억제단백질이 어떻게 유전자 조절의 핵심요소로 작용하

며 또 외부 환경의 신호에 대한 유전자반응을 조절하는지를 밝혀냈다.

Theodor Diener는 단백질 캡시드를 갖지 않는 식물 병원체인 **바이로이드**(viroids)를 발견하였다. 바이로이드는 단백질 캡시드 없이 분자량이 적은 하나의 RNA만으로 구성된 감염성 병원체로서 많은 식물에서 질병을 일으킨다.

1970: Howard Temin과 **David Baltimore**는 각자의 독립적인 연구에서 retrovirus의 역전사효소를 발견하였다(노벨상 수상, 1975). 역전사의 발견으로 인해 분자생물학에서 말하는 소위 'central dogma'를 반박하며 RNA로부터 DNA로 흐르는 새로운 유전정보의 경로가 정립되었다.

1972: Paul Berg는 치음으로 재조합 DNA 분자를 만들어 냈으며 그 구성은 고리형의 SV40 DNA 유전체에 λ 파지의 유전자와 *E. coli*의 갈락토오스 오페론이 연결된 것이었다(노벨상 수상, 1980). 이 연구는 재조합 DNA 공학의 시발점이 되었다.

1973: Peter Doherty와 **Rolf Zinkernagl**은 세포성 면역체계에 의한 항원인식의 기초를 입증하였다(노벨상 수상, 1996). 이 연구는 림프구들이 바이러스에 감염된 숙주세포를 없애기 위해 바이러스 항원과 주조직적합성항원(major histocompatibility antigen) 두 가지 모두를 인식한다는 것을 보여주었으며 이로서 세포성 면역체계의 특이성이 정립되었다.

1975: Bernard Moss, Aaron Shatkin 및 동료 연구자들은 mRNA 분자의 올바른 번역과정을 위해 5′ 말단에 특이한 뉴클레오티드 캡(cap)이 부착되어 있음을 보여주었다. Reovirus와 vaccinia 연구에서 발견된 이 사실은 이후에 세포성 mRNA에도 적용된다는 것이 확인되어 하나의 기본 원칙이 되었다.

1976: J. Michael Bishop과 **Harold Varmus**는 Rous sarcoma virus에서 밝혀진 **암유전자**(oncogene)가 인간을 포함한 정상적인 동물의 세포에도 존재한다는 것을 확인하였다(노벨상 수상, 1989). 원암유전자(proto-oncogene)는 원래 정상적인 발생과정에 필수적인 것이지만 세포 조절인자들이 바이러스의 **형질도입**(transduction) 등으로 인해 손상 또는 변형되었을 경우 암유전자로 작용하게 된다.

1977: Richard Roberts와 **Phillip Sharp**는 각자의 독립적인 연구에서 adenovirus의 유전자 서열 이곳저곳에 단백질 구조를 지정하지 않는 비암호성(non-coding) 분절인 **인트론**(intron)들이 자리 잡고 있는 것을 보여주었다(노벨상 수상, 1993). Adenovirus에서 밝혀진 유전자 이어맞추기(splicing)는 이후에 세포성 mRNA에도 적용된다는 것이 확인되어 하나의 기본 원칙이 되었다.

Frederick Sanger와 동료연구자들은 박테리오파지 ϕX174 **유전체**를 구성하는 5375개의 뉴클레오티드 서열 전부를 밝혀냈다(노벨상 수상, 1980). 이는 최초로 완전하게 읽어낸 생물체의 유전체 서열이다.

1979: 세계보건기구(WHO)가 smallpox의 박멸을 공식 선포하였다. 자연발생적 smallpox의 마지막 사례는 1977년 소말리아에서 있었다. 천연두는 인간에 의해 완전히 박멸된 최초의 미생물 감염질환이었다.

1981: Yorio Hinuma와 동료연구자들은 T 세포 백혈병에 걸린 성인 환자로부터 human T-cell leukemia virus (HTLV)를 분리해냈다. 인간의 종양에 관계된 여러 종류의 바이러스 중에서 HTLV는 이견 없이 확인된 인간의 암 바이러스였다.

1982: **Stanley Prusiner**는 그가 **프리온**(prion)이라고 명명한 감염성 단백질이 양에서 치명적인 퇴행성 신경질환을 일으킨다는 것을 증명하였다(노벨상 수상, 1997). 이 연구는 오늘날 전염성 해면뇌병증(transmissible spongiform encephalopathy, TSE)이라 불리는 소위 'slow virus' 질환을 이해하는데 가장 의미 깊은 진보였다고 할 수 있다.

1983: **Luc Montaigner**와 **Robert Gallo**는 AIDS의 병원체인 human immunodeficiency virus (HIV)를 발견했다고 발표하였다. AIDS 역병이 시작된 지 불과 2~3년 만에 원인 병원체가 밝혀진 것이었다.

1985: 미국 농림성(US Department of Agriculture, USDA)은 처음으로 유전자 조작 생물체(genetically modified organism, GMO)를 법적으로 허가하였다. 돼지의 대상포진(herpes)에 대한 백신 바이러스는 최초의 GMO로서 기록되었다.

1986: **Roger Beachy, Rob Fraley** 및 동료연구자들은 tobacco mosaic virus의 외피 단백질 유전자로 형질전환된 담배식물이 TMV 감염에 저항력을 갖게 된다는 것을 증명하였다. 이 연구로 인해, 수 세기 동안 농민들의 주요 목표였던 식물의 바이러스 저항성에 대해 이해할 수 있게 되었다.

1989: A형 및 B형 간염 중 어느 쪽에도 속하지 않는 간염 중 대부분의 원인 병원체인hepatitis C virus (HCV)가 확실하게 동정되었다. HCV는 보다 전통적 기술을 이용하는 대신 유전체 분자의 클로닝 기법에 의해 밝혀진 최초의 감염성 병원체이다(1994 참조).

1990: 처음으로 (인증된) 인간 유전자 치료 공정이 retrovirus 벡터를 이용하여 중증통합성면역결핍증(severe combined immune deficiency, SCID)을 앓고 있는 어린이 환자에게 시술되었다. 비록 성공을 거두지는 못했지만 이 시술은 인간의 유전 질환을 고치려는 최초의 시도였다.

1993: Smallpox virus 유전체의 뉴클레오티드 서열이 완전히 결정되었다(185,578 bp). 이 바이러스 유전체의 서열이 완전히 밝혀졌을 때, 처음에는 전 세계의 실험실에 남아 있던 연구용 smallpox virus를 모두 없애려고 생각했었다. 그러나 이 결정은 아직까지 보류중이다.

1994: Yuan Chang, Patrick Moore 및 협동연구자들은 카포시 육종(Kaposi's sarcoma)의 병원바이러스인 human herpesvirus 8 (HHV-8)을 동정해냈다. 중합효소연쇄반응(PCR)기반 기술인 대표성차별화분석법(representational difference assay)를 이용하여 이 새로운 병원체를 확인하게 되었다.

2001: AIDS 발견 25주년. 범세계적 AIDS 유행은 계속 번지고 있다; 확인된 감염자 수는 전 세계의 실제 감염자 수보다 낮게 추정된 것이다.

사람의 유전체를 구성하는 완전한 염기서열이 발표되었다. 사람 유전체의 약 11%가 retrovirus와 유사한 레트로트랜스포존으로 구성되었는데 (반복 서열이 아닌) 독특한 유전자들은 전체 유전체의 불과 2.5%에 불과하다.

2003: HIV/AIDS 감염자로 확인된 숫자는 전 세계적으로 4천6백만에 이르며 AIDS 유행은 지속적으로 확산추세이다.

새로 발견된 *Mimivirus*는 지금까지 알려진 것 중 가장 큰 바이러스로서 입자의 지름은 400 nm이고 유전체는 1.2 Mbp에 달한다.

중국에서 중증급성호흡기증후군(사스, SARS)이 발생하고 이어서 전 세계로 확산되었다.

찾아보기

거짓매듭 163
거짓표현형 72
결손간섭입자 70
괴사 174
극성 82, 84

나선 29
나선형 14, 28, 30, 42, 87, 126
뉴클레오캡시드 32, 41, 46, 49, 52, 53, 87, 92, 116, 119, 120, 149

단층 7

레트로트랜스포존 3, 89, 90

말단부 반복 77
말단부 중복 97
모노시스트론 81, 121, 139, 144, 148, 156, 160, 163
무력증 217

바이러소이드 3
바이러스 부착난백질 72, 110, 189, 203
바이러스 입자 123, 126 149, 161
바이러스-부착 단백질 27, 114
바이러스와 유사한 입자 120
바이로이드 3, 25, 250, 252, 267
박테리오파지 3, 5, 7, 18, 19, 20, 30, 35, 56, 57, 58, 104, 106, 133
방출 40, 42, 125, 126, 128, 129, 135, 204, 210, 211
백신 196, 198, 220, 223, 240, 242, 244, 267
백신접종 4, 5
범세계적인 유행병 190
보강제 196
복제단위체 59
복제효소 99, 147, 149
봉입체 98, 125
부전 234
부전 감염 192, 197, 234
부착 109
불멸 7
비리온 2, 14, 15, 16, 39, 41, 42, 43, 50, 53, 58, 77, 92, 94, 95, 98, 104, 198,
비병원성 209

삼삭분할수 35, 36
상보 68

새로운 감염 85
생산적 감염 237
생산적인 감염 113
생쥐 232
성숙 40, 42, 119, 125, 126, 204
세포내 봉입체 211
세포병변효과 210
세포사멸 174, 195, 211, 217, 218, 236
세포합포체 210, 212
세포형질전환 214
수용체 27, 39, 41, 53, 72, 91, 110, 111, 114, 115, 188, 203
스플라이싱 70
시스 163
시스-활성 89, 132, 160,
신변종 바이러스 240, 243
신변종 질환 244
신변종바이러스 질병 246
신종 바이러스 100

암유전자 69, 226, 228, 229, 232
암흑기 104
양극성 56, 123
억제 163
엑손 58
역가 6, 9, 105, 188, 194
열린번역틀 22
염색질 50, 57, 92, 138, 226
예방접종 195, 21, 242, 253
외막 3, 14, 32, 39, 52, 72, 91, 116, 116, 118, 128, 161, 250
외막단백질 221
외막형 42, 71, 125
외막형 바이러스 128, 211
요소 158
용원성 89, 133, 135, 195, 224
용해 192
용해성 128, 153, 234
원핵생물 2, 42, 58, 67, 89, 103
원핵세포 131, 135, 138, 160, 163, 224
위성바이러스 3, 250, 252, 267,
유사등가 18, 35
유사복귀체 67
유사종 65
유전자 조작 6, 7
유전자이식 266
유전체 1, 6, 14, 15, 18, 19, 22, 23, 25, 27, 28, 31, 32, 33, 34, 44, 45, 49, 51, 52, 56, 103, 105, 107, 118, 119, 120, 125, 126, 129, 131, 133, 140, 150, 152, 154, 156, 158, 159, 160, 178, 180, 189, 194, 195, 196, 200, 204, 205, 226, 229, 234, 239, 244, 249, 252, 261,
유행병 7, 71, 192, 196, 240, 242, 244
유행성 223
유행성 전염병 98
융합 42, 116, 117, 126, 211
융합단백질 229
음성 32, 82
이동 단백질 245
이어맞추기 75, 78, 81, 139, 140, 149, 156, 160, 204, 250
이중가닥 RNA 144
인두접종 4, 5
인수공통전염병 246
인트론 58, 156, 159, 250
일차세포 7

자가분비 자극 226
자가분비성 246
잠복기 105
잠재성 89
재조합 63, 66, 68, 69, 92, 135, 194, 245
전사효소 123, 149, 155
전신감염 187, 195, 212

정이십면체 14, 18, 28, 34, 35, 42, 75, 111
조건적 돌연변이체 66
조립 123
종양유전자 236
중복감염 68, 71, 87, 143
증식성 전파 245
증진자 59, 139, 151, 158
증진자 요소 230
진핵생물 2, 7, 18, 57, 58, 61, 71, 89, 90, 94, 103, 105, 131, 135
진핵세포 6, 53, 54, 135, 150, 160, 163, 210, 250
진핵세포 유전체 3

차단 211
초록색 볼드체 2
출아 39, 125, 126, 128, 210
친화성 72, 114, 188, 206, 212, 237
침투 45, 113, 115, 118, 119, 127, 180, 212

캡시드 3, 15, 18, 27, 28, 29, 34, 39, 45, 51, 52, 53, 72, 75, 85, 87, 118, 111, 115, 119, 126, 128, 129, 182, 211, 250

트랜스-활성 89, 132, 133, 140, 141, 152, 154, 156, 163, 235
트랜스펙션 60, 63, 89

파지 30, 31, 32, 52, 57, 133, 195
포장 신호 50
폴리시스트론 121, 163
폴리프로틴 38, 80, 81, 121, 160, 161, 163,
표현형 혼합 72
풍토병 4, 240, 256
프로모터 22, 58, 59, 66, 74, 75, 90, 132, 133, 139, 142, 150, 151, 152, 156, 160, 229
프로바이러스 22, 71, 92, 114, 119, 138, 150, 152, 153, 195, 230
프로캡시드 35
프로테옴 19
프로파지 90, 133
프리온 3, 254, 267
플라스미드 3
플라크 7, 50, 105
플라크형성단위 104

혈구응집반응 9, 42, 113
형질전환 157, 180, 192, 209, 225

abortive infection 234
adjuvants 196
alternate splicing 75
ambisense 56, 82, 123
anergy 217
apoptosis 174, 211, 236
attenuated vaccine 198
autocrine stimulation 226
avirulent 209

bacteriophage 3, 5, 30, 35
budding 39, 125, 126, 128, 210

Capsid 3
cellular receptor 39, 53
chromatin 50
cis-acting 89
cis-activate 132
complementation 68
Cytopathic effects, c.p.e. 210

defective interfering particle 70
ds 178

eclipse period 104
emergent 240, 243

emergent disease 244
emergent virus 100
enhancer 139, 158
enhancer element 230
enhancers 59
envelop 3, 39, 52
enveloped 211
epidemics 98, 240
exon 58

fusion 42

genome 1, 44, 49

haemagglutination 9, 42
hnRNA 139, 156

icosahedral 28, 34
immortalized 7
inclusion bodies 98, 211
inclusion body 125
intron 58
IRES 80, 160

latent period 105
lipid envelop 32
lysogeny 89
lytic 89 128

maturation 40, 42
monocistron 81, 139, 156
monocitronic 121
movement protein 245
mRNA 6, 56, 60, 62, 132

negative-sensed 32
nonpropagative transmission 87
nucleocapsid 32, 41, 52, 87, 149

Oncogene 69
ORF 22, 78
pandemics 71, 190
penetration 45, 115, 180
phage 30
phenotype mixing 72
plaque-forming unit, p.f.u 104
plasmid 3
polycistronic 121
polyprotein 38, 80, 81
preeon 254
primary cell 7
prion 3
procapsid 35
promoter 22
prophage 90, 133
proteome 19
provirus 22, 71, 92, 114, 138
pseudoknot 163
pseudorevertant 67

quasi-equivalence 18, 35
quasispecies 65

receptor 27
release 40
replicase 147
replicon 59
retrotransposon 3, 89
rod-like phage 52

Shutoff 211
splicing 78, 139, 149, 204, 250
superinfection 68 143
syncytia 212

syncytium 210
systemic infection 187, 212

temperate 89
terminal redundancy 77, 97
titer 45, 105, 188
trans-acting 89
trans-activate 132
transfection 60
transformation 225
transgenic 6, 266
transgenic mice 232
transposon 89
triangulation number 35
tropism 114, 188, 212

Uncoating 118, 180

Vaccination 4
vaccine 43
variolation 4
virion 3, 14, 25, 53
virus-attachment protein 27
virusoid 3